21世纪应用型本科院校规划教材

机械制造装备及其设计

（第二版）

主　编　王正刚
副主编　杜玉玲　吴卫东　汪通悦

扫码加入读者圈，轻松解决重难点

南京大学出版社

内容提要

全书除绪论外，共八章。内容包括：金属切削机床，传动系统设计，机床典型部件设计，组合机床设计，金属切削刀具，机床夹具设计，现代工艺装备及物流系统设计等。每章后附有一定数量的习题与思考题。

本书既适用于高等工科院校机械设计制造及其自动化专业以及机械类其他专业的教学，也可供从事机械制造装备设计与研究工作的工程技术人员和研究生参考。

图书在版编目(CIP)数据

机械制造装备及其设计 / 王正刚主编. — 2版. — 南京：南京大学出版社，2020.7

ISBN 978-7-305-23397-5

Ⅰ. ①机… Ⅱ. ①王… Ⅲ. ①机械制造—工艺装备—设计—高等学校—教材 Ⅳ. ①TH16

中国版本图书馆CIP数据核字(2020)第097769号

出版发行 南京大学出版社
社　　址 南京市汉口路22号　　邮编 210093
出 版 人 金鑫荣

书　　名 **机械制造装备及其设计**
主　　编 王正刚
责任编辑 吴　华　　编辑热线 025-83596997
助理编辑 王秉华

扫码教师可免费获取教学资源

照　　排 南京开卷文化传媒有限公司
印　　刷 南京京新印刷有限公司
开　　本 787×1092　1/16　印张 19.75　字数 456千
版　　次 2020年7月第2版　2020年7月第1次印刷
ISBN 978-7-305-23397-5
定　　价 49.80元

网　　址：http://www.njupco.com
官方微博：http://weibo.com/njupco
微信服务号：njuyuexue
销售咨询热线：(025)83594756

前　言

本书是普通高等院校机械设计制造及自动化专业以及机械类其他专业的专业课教材。于2012年出版后，至今经历了7年的教学实践，各兄弟院校对教材提出了宝贵的意见和建议，为此，有必要对教材进行修订。这次修订后，保留了原教材的体系和特点，重点增加了第一章金属切削机床和第六章机床夹具设计实例，并对个别勘误进行了修正，以期更加完善。

本书内容包括金属切削机床、传动系统设计、组合机床设计、机床典型部件设计；机床夹具设计、金属切削刀具、现代工艺装备；物流系统设计等。教学时数60学时，课程学习的目的是掌握机械制造装备先进的设计原理和方法，并具备一定的主要工艺装备的设计能力。

本书修订工作由王正刚负责，参加本书编写的有：盐城工学院王正刚（绪论、第四、六章，第一章第一、二节）、吴卫东（第二、五章，第一章第四节）；淮海工学院杜玉玲（第三、八章）；淮阴工学院汪通悦（第七章，第一章第三、五节）。本书由王正刚担任主编，杜玉玲、吴卫东、汪通悦担任副主编。全书由倪骁骅教授担任主审。

由于编者水平有限，书中难免存在不足和错误，恳请读者批评指正。

编者

2020年3月

目　　录

绪　论

一、机械制造装备的状况及发展前景

装备工业是我国最大的工业产业，装备制造业的工业增加值仅次于美国、日本、德国而居世界第四位，其万元产值消耗的能源和资源在重工业中是最低的。随着信息技术、软件技术以及先进制造技术在装备工业中的普及应用，使得产品的技术含量不断提高，附加价值不断增加，装备制造业已成为我国对外经济贸易的第一大产业。

在20世纪中，机械制造装备经历了多次更新换代。50年代为“规模效益”模式，即少品种大批量刚性生产模式；70年代，是“精益生产”模式，以提高质量、降低成本为标志；80年代，较多的采用数控机床、机械手、机器人、柔性制造单元和系统等高技术的集成机械制造装备；90年代，机械制造装备普遍具有柔性化、自动化和精密化的特点，适应多品种小批量产品的需求。

进入21世纪，随着工业现代化进程的加快，基础制造装备水平得到了快速提升，主要体现在高精度、高效率、低成本和高柔性等几个方面。发达工业国家数控机床的加工精度普遍已达到1 μm的水平，有些已达到0.1 μm。国外主轴转速在10 000～20 000 r/min的加工中心已普及，转速高达250 000 r/min的实用主轴也正在研制中，超高速切削的研究已转移到一些难加工材料的切削加工上。国际上超精密车床主轴回转精度均已达0.025 μm，工件表面粗糙度R_a=0.01～0.02 μm，最高达0.004 5 μm。超精密加工尤其是纳米加工是当前各工业发达国家主攻的目标。以三维曲面加工为主的高性能超精密加工工艺和装备以及配套的三维超精密技术和加工环境的控制技术等正成为进一步的发展趋势。精密成形技术，如近/净成形技术，其目的是尽量减少切削，甚至免除切削，减少原材料的浪费，同时提高制造效率，在工业发达国家已得到广泛应用。如：美国的汽车、宇航、航空工业的模锻件、精密锻件占总锻件量的80%以上；日本汽车锻件达到63.9%；德国达到70%～75%。柔性自动化仍是机床业发展的重要趋势之一，其进一步发展是敏捷生产设备的出现。为适应敏捷生产模式，人们正在探求设备自身的结构重组以及生产单元的动态重组问题。

目前，我国已能生产从小型仪表机床到重型机床的各种机床，能够生产出各种精密的、高度自动化的以及高效率的机床和自动生产线，能研制并生产出六轴五联动的数控系统，分辨率可达1 μm，适用于复杂形体的加工，有几种数控机床已成功用于日本富士通公司的无人工厂。然而，尽管我国已在装备工业领域取得了很大的成就，但是与世界先进水平相比，还有较大的差距。主要表现在：大部分高精度和超高精度机床的性能还不能满足要求，精度保持性也较差，特别是高效自动化和数控机床的产量、技术水平和质量等方面都明显落后。为此，我们必须及时了解世界装备工业发展的前沿动态，站在战略的高度，努力用创新的思维不断研究和探索装备工业的新技术，刻苦学习，勤奋工作，尽快赶上并超过世界先进水平。

二、机械制造装备的类型

机械制造过程是一个十分复杂的生产过程，所使用装备的类型很多，总体上可分为加工装备、工艺装备、储运装备和辅助装备四大类。机械制造装备与制造方法、制造工艺紧密联系在一起，是机械制造技术的重要载体。

(1) 加工装备是机械制造装备的主体和核心，是采用机械制造方法制造机器零件或毛坯的机器设备，又称为机床或工作母机。机床的类型很多，除了金属切削机床之外，还有特种加工机床、锻压机床、冲压机床、挤压机、注塑机、快速成形机、焊接设备、铸造设备等。

(2) 工艺装备是产品制造过程中所用各种工具的总称，包括刀具、夹具、量具、模具和辅具等。它们是保证产品制造质量、贯彻工艺规程、提高生产效率的重要手段。

(3) 物料储运装备主要包括物料运输装置、机床上下料装置、刀具输送设备以及各级仓库及其设备。

物料运输主要指坯料、半成品及成品在车间内各工作站(或单元)间的输送。采用输送方法有各种输送装置和自动运输小车。自动运输小车分为有轨小车(RGV)和无轨小车(AGV)两大类。

机床上下料装置是指将待加工件送到正确的加工位置及将加工好的工件从机床上取下的自动或半自动机械装置。机床上下料装置类型很多，有料仓式和料斗式上料装置、上下料机械手等。生产线上的机械手能完成简单的抓取、搬运，实现机床的自动上、下料工作。

在柔性制造系统中，必须有完备的刀具准备与输送系统，完成包括刀具准备、测量、输送及重磨刀具回收等工作。刀具输送常采用传输链、机械手等手段，也可采用自动运输小车对备用刀库等进行输送。

仓储装备机械制造生产中离不开不同级别的仓库及其装备。仓库是用来存储原料、外购器材、半成品、成品、工具、胎夹模具、托盘等，分别归厂和车间管理。自动化仓库又称立体仓库，它是一种设置有高层货架，并配有仓储机械、自动控制和计算机管理系统，能够自动地储存和取出物料，具有管理现代化的新型仓库，是物流中心重要的组成部分。

(4) 辅助装备包括清洗机、排屑设备及测量、包装设备等。

清洗机是用来对工件表面的尘屑油污等进行清洗的机械设备。所有零件在装配前均需经过清洗，以保证装配质量和使用寿命，清洗液常用3%～10%的苏打水或氢氧化钠水溶液，加热到80～90 ℃，可采用浸洗、喷洗、气相清洗和超声波清洗等方法，在自动装配中应分步自动完成。

排屑装置用于自动机床、自动加工单元或自动线上，包括清除切屑装置和输送装置。清除切屑装置常采用离心力、压缩空气、电磁或真空、冷却液冲刷等方法；输送装置有平带式、螺旋式和刮板式等多种类型，保证将铁屑输送至机外或线外的集屑器中，并能与加工过程协调控制。

三、本教材主要研究内容

作为机械设计制造及其自动化专业及机械类其他相关专业的专业课教材，包含如下主要知识模块：金属切削机床，传动系统设计，机床典型部件设计，组合机床设计，金属切削刀具，机床夹具设计，现代工艺装备及物流系统设计。

学生使用本教材进行专业课程的学习，应使学生获得合理选择、正确使用机械制造装备及设计机械制造装备所必需的基本理论知识，具备工艺装备的设计能力。

第一章　金属切削机床

第一节　金属切削机床的基本知识

一、金属切削机床的分类与型号编制

金属切削机床的品种和规格繁多,为了便于区别、使用和管理,国家制定了标准对机床进行分类并编制型号。

（一）金属切削机床的分类

金属切削机床是用切削的方法将金属毛坯加工成机器零件的机器。它是制造机器的机器,所以称为“工件母机”或“工具机”,习惯上简称为机床。

按加工性质和使用的刀具可分为：车床、钻床、镗床、磨床、齿轮加工机床、螺纹加工机床、铣床、刨插床、拉床、锯床、其他机床。每一类机床又按工艺范围、布局形式和结构等分为若干组,每一组又可以细分为若干系(系列)。

同类机床按应用范围(通用程度)又可分为：通用机床、专门化机床和专用机床。

(1) 通用机床。它可用于加工多种零件的不同工序,加工范围较宽,通用性较大,但结构较复杂。这种机床主要适用于单件小批量生产,例如卧式车床、万能升降台铣床等。

(2) 专门化机床。它可专门用于加工某一类或几类零件的某一道(或几道)特定工序,工艺范围较窄,这种机床适用于成批生产,例如曲轴车床、凸轮轴车床等。

(3) 专用机床。它只能用于加工某一种零件的某一道特定工序,工艺范围最窄,这种机床适用于大批量生产,例如机床主轴箱的专用镗床,车床床身导轨的专用龙门磨床。

同类型机床按工作精度不同,可分为：普通精度机床、精密机床和高精度机床。

机床按自动化程度不同,可分为：手动、机动、半自动和自动机床。

机床按重量与尺寸不同,可分为：仪表机床、中型机床、大型机床(重量达 10 t)、重型机床(大于 30 t)和超重型机床(大于 100 t)。

机床按主要工作部件的数目不同,可分为单轴、多轴或单刀、多刀机床等。

随着机床工业的发展,其分类方法也将不断变化。现代数控机床的功能日趋多样化,它集中了越来越多的传统机床的功能。例如,数控车床在卧式车床功能的基础上,又集中了转塔车床、仿形车床、自动车床的功能;车削中心在数控车床功能的基础上,又加入了钻、铣、镗等类机床的功能;具有自动换刀功能的镗铣加工中心机床,又集中了钻、镗、铣等类机床的功能;有的加工中心机床的主轴同时集中了立式、卧式加工中心机床的功能。由此可见,机床数控化引起了机床传统分类方法的变化。这种变化主要表现在机床品种不是越分越细,而是趋向综合。

（二）金属切削机床型号的编制方法

机床的名称往往很长，书写和称呼都不方便，如果按一定的规律给每种机床一个代号(即型号)，会使管理和使用机床方便得多。例如，最大车削直径为 320 mm 的精密普通车床，用 CM6132 表示就十分方便。

每种机床的型号必须反映机床的类型、通用性、结构特性以及主要技术参数等。我国机床的型号是按 2008 年颁布的标准 GB/T15375—2008《金属切削机床型号编制方法》编制的。该标准规定，机床型号由汉语拼音字母和阿拉伯数字按一定的规律组合而成。

1. 通用机床型号

(1) 型号表示方法

通用机床型号由基本部分和辅助部分组成，中间用“ / ”隔开，前者需要统一管理，后者是否纳入型号由企业自定。型号构成如图 1－1 所示。

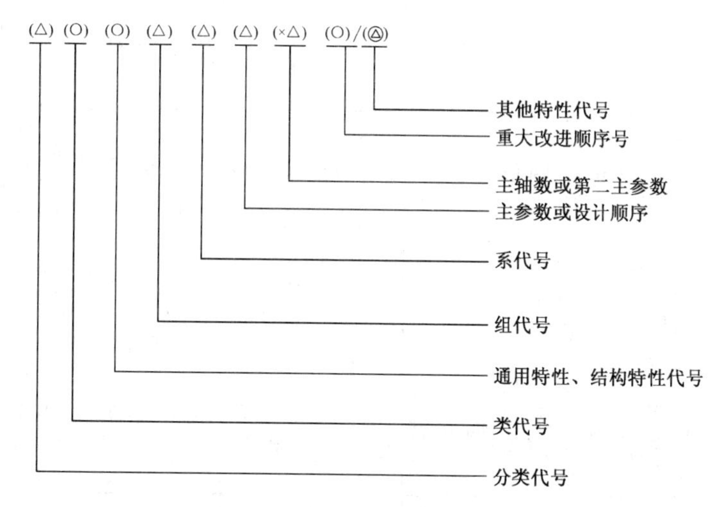

图 1－1　机床型号的表示方法

注：1. 有“(　)”的代号或数字，当无内容时，则不表示；若有内容则不带括号。
2. 有“○”符号者，为大写的汉语拼音字母。
3. 有“△”符号者，为阿拉伯数字。
4. 有“◎”符号者，为大写的汉语拼音字母或阿拉伯数字，或两者兼之。

(2) 机床类、组、系的划分及其代号

机床的类代号用汉语拼音大写字母表示，当需要时，每类可分为若干分类，分类代号在类代号之前，作为型号的首位，用阿拉伯数字表示。但第一分类代号不予表示，例如，磨床类分为 M、2M、3M 三个分类。机床的类别和分类代号及其读音见表 1－1。

表 1－1　机床的类别和分类代号

类别	车床	钻床	镗床	磨床			齿轮加工机床	螺纹加工机床	铣床	刨插床	拉床	锯床	其他机床
代号	C	Z	T	M	2M	3M	Y	S	X	B	L	G	Q
读音	车	钻	镗	磨	二磨	三磨	牙	丝	铣	刨	拉	割	其

机床的组别和系别代号用两位阿拉伯数字来表示，第一位数字代表组别，第二位数字代表系别。每类机床分为若干组，如车床分为十组，用阿拉伯数字“0～9”表示，其中

“6”代表落地及普通车床组，“5”代表立式车床组；每组又分为若干系（系列），如落地及普通车床组中有6个系（系列），用阿拉伯数字“0～5”表示，其中“1”型代表普通车床，“2”型代表马鞍车床。机床类、组划分表见表1-2。

表1-2　金属切削机床类、组划分表

类别＼组别		0	1	2	3	4	5	6	7	8	9
车床C		仪表小型车床	单轴自动车床	多轴自动、半自动车床	回转、转塔车床	曲轴及凸轮轴车床	立式车床	落地及卧室车床	仿形及多刀车床	轮、轴、辊、锭及铲齿车床	其他车床
钻床Z			坐标镗钻床	深孔钻床	摇臂钻床	台式钻床	立式钻床	卧式钻床	铣钻床	中心孔钻床	其他钻床
镗床T				深孔镗床		坐标镗床	立式镗床	卧式铣镗床	精镗床	汽车、拖拉机修理用镗床	其他镗床
磨床	M	仪表磨床	外圆磨床	内圆磨床	砂轮机	坐标磨床	导轨磨床	刀具刃磨床	平面及端面磨床	曲轴、凸轮轴、花键轴及轧辊磨床	工具磨床
	2M		超精机	内圆珩磨床	外圆及其他珩齿机	抛光机	砂带抛光及磨削机床	刀具刃磨及研磨机床	可转位刀片磨削机床	研磨机	其他磨床
	3M		球轴承套圈沟磨床	滚子轴承套圈滚道磨床	轴承套圈超精机		叶片磨削机床	滚子加工机床	钢球加工机床	气门、活塞及活塞环磨削机床	汽车、拖拉机修磨机床
齿轮加工机床Y		仪表齿轮加工机		锥齿轮加工机	滚齿机及铣齿机	剃齿及珩齿机	插齿机	花键轴铣床	齿轮磨齿机	其他齿轮加工机	齿轮倒角及检查机
螺纹加工机床S					套螺纹机	攻螺纹机		螺纹铣床	螺纹磨床	螺纹车床	
铣床X		仪表铣床	悬臂及滑枕铣床	龙门铣床	平面铣床	仿形铣床	立式升降台铣床	卧式升降台铣床	床身铣床	工具铣床	其他铣床
刨插床B			悬臂刨床	龙门刨床			插床	牛头刨床		边缘及模具刨床	其他刨床
拉床L				侧拉床	卧式外拉床	连续拉床	立式内拉床	卧式内拉床	立式外拉床	键槽、轴瓦及螺纹拉床	其他拉床
锯床G				砂轮片锯床		卧式带锯床	立式带锯床	圆锯床	弓锯床	锉锯床	
其他机床Q		其他仪表机床	管子加工机床	木螺钉加工机		刻线机	切断机	多功能机床			

(3) 机床的通用特性代号和结构特性代号

这两种特性代号用大写的汉语拼音字母表示，位于类代号之后。当型号中有通用特性代号时，结构特性代号应排在通用特性代号之后。

1) 通用特性代号

当某类型机床除有普通型外，还有某种通用特性时，则在类代号之后加上相应的通用特性代号，如“CK”表示数控车床。当在一个型号中需同时使用二到三个通用特性代号时，一般按重要程度排列顺序，如“MBG”表示半自动高精度磨床。当某类型机床仅有某种通用特性，而无普通型时，则通用特性不必表示。机床的通用特性代号见表1-3。

表1-3 机床的通用特性代号

通用特性	高精度	精密	自动	半自动	数控	加工中心(自动换刀)	仿形	轻型	加重型	简式或经济型	柔性加工单元	数显	高速
代号	G	M	Z	B	K	H	F	Q	C	J	R	X	S
读音	高	密	自	半	控	换	仿	轻	重	简	柔	显	速

2) 结构特性代号

对主参数相同而结构、性能不同的机床，在型号中加上结构特性代号予以区分。它与通用特性代号不同，在型号中没有统一的含义，只在同类机床中区分机床结构和性能的不同。为避免混淆，通用特性代号已用的字母及“I”、“O”字母不能作为结构特性代号，当单个字母不够用时，可将两个字母组合起来使用。

(4) 主参数的表示方法

机床型号中主参数代表机床规格的大小，用折算值(主参数乘以折算系数，一般取两位数字)表示，位于系代号之后。折算系数，一般长度采用1/100，直径、宽度采用1/10，也有少数是1。

当某些通用机床无法用一个主参数表示时，则在型号中用设计顺序号表示。设计顺序号由1开始，当设计顺序号小于10时，设计顺序号由01开始编号。

(5) 机床的重大改进序号

当机床的性能及结构有重大改进，并按新产品重新设计、试制和鉴定时，按其改进的先后顺序在型号基本部分的尾部加A、B、C、D等汉语拼音字母(但I、O两个字母不得选用)，以区别原机床型号。

通用机床型号的编制方法举例如下：

例1-1 写出下列机床的名称、规格及通用特性。

(1) CM1107：最大加工棒料直径为7 mm的精密单轴纵切自动车床。

(2) Y3150E：最大加工齿坯直径为500 mm经第五次重大改进的滚齿机。

(3) TH6340/5L：工作台最大宽度为400 mm的5轴联动卧式加工中心。

(4) T4163B：工作台工作面宽度为630 mm经第二次重大改进的单柱坐标镗床。

(5) Y7132A：最大工件直径为320 mm经第一次重大改进的锥形砂轮磨齿机。

例1-2 根据给出的机床名称，写出机床型号。

(1) 最大加工齿坯直径为320 mm的插齿机：Y5132。

(2) 最大磨削直径为 400 mm 的高精度数控外圆磨床：MKG1340。

2. 专用机床型号

专用机床型号表示方法如下：

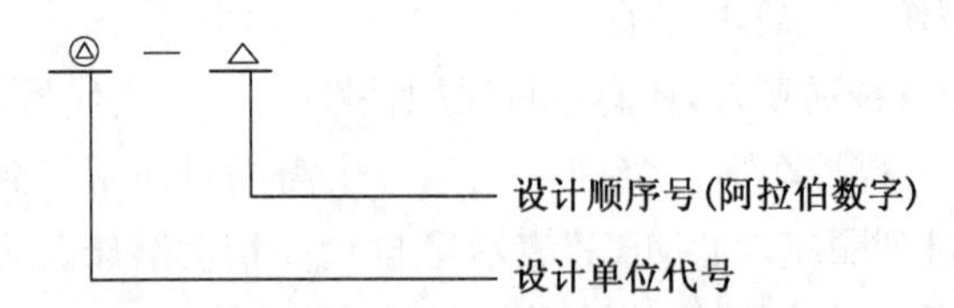

设计单位代号包括机床生产厂和机床研究单位代号。专用机床的设计顺序号，按各单位的设计制造的专用机床的先后顺序排列，从 001 开始，位于设计单位代号之后，并用“—”隔开，读作“至”。例如，北京第一机床厂设计制造的第 100 种专用机床为专用铣床，其型号为：B1—100。

二、工件的加工表面及其形成方法

（一）被加工工件的表面形状

金属切削机床的工作原理是使金属切削刀具和工件产生一定的相对运动，切去毛坯上多余的金属，形成具有一定形状、尺寸精度和表面质量的零件表面。机器零件的种类很多，如箱体、底座、齿轮、轴等，尽管机器零件的形状多种多样，但机器零件的表面是由几种基本的表面元素组成的，这些表面元素是：平面、直线成形表面、圆柱面、圆锥面、圆环面、球面、螺旋面等，如图 1-2 所示。

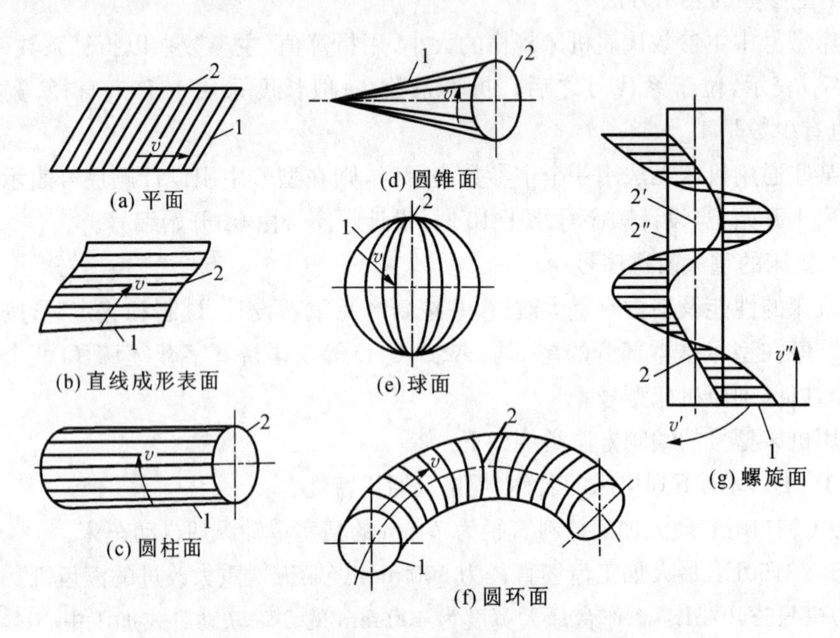

图 1-2　组成工件轮廓的几种几何表面

（二）工件表面的形成方法

从几何学的观点看，机器零件上任何一个表面都可看作是一条线(母线)沿另一条线(导线)运动的轨迹，母线与导线统称为形成表面的发生线。

如果要得到平面[图 1－2(a)]，可由直线 1(母线)沿着另一直线 2(导线)运动而形成，直线 1 和直线 2 就是形成平面的两条发生线。同理，直线成形表面[图 1－2(b)]，可由直线 1(母线)沿着曲线 2(导线)运动而形成，直线 1 和直线 2 就是形成直线成形表面的两条发生线。圆柱面[图 1－2(c)]，可由直线 1(母线)沿着圆 2(导线)运动而形成，直线 1 和直线 2 就是形成圆的两条发生线，等等。

零件表面形状和发生线本身形状有关，还与发生线初始相对位置有关。如图 1－3 所示，母线皆为直线 1，导线皆为圆 2，轴心线皆为 $O—O$，所需要的运动也相同。但产生的表面不同，如圆柱面、圆锥面或双曲面等。

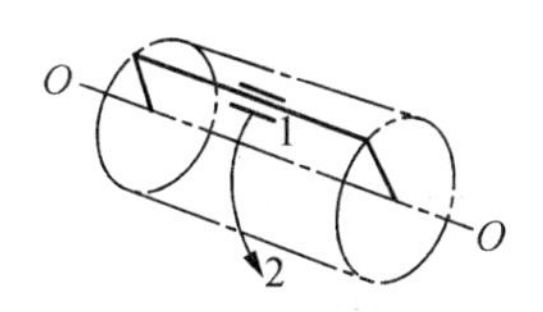

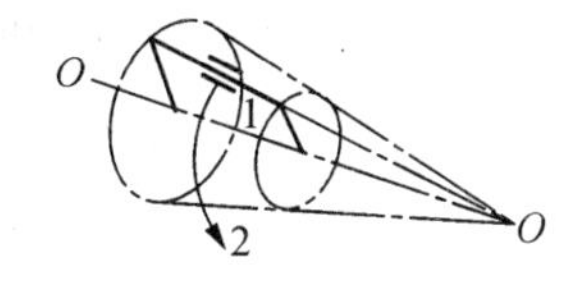

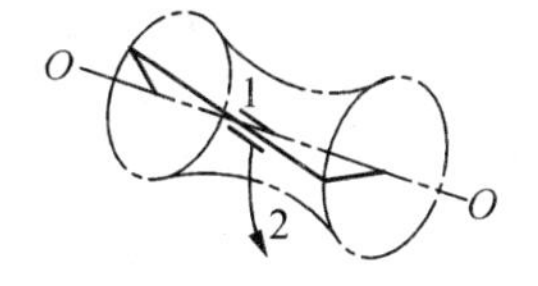

图 1－3　母线原始位置变化时形成的表面

母线和导线可以互换而不改变形成表面的性质的表面，属于可逆表面。如平面、直线成形表面，圆柱面等。

形成不可逆表面的母线和导线不可互换，属于不可逆表面。如：圆锥面、球面、圆环面和螺旋面等。

(三) 发生线的形成方法

发生线是由刀具的切削刃与工件的相对运动得到的，由于加工方法和使用的刀具切削刃的形状不同。所以形成发生线的方法和所需运动也不同。概括起来，形成发生线的方法有以下四种。

(1) 轨迹法

轨迹法[图 1－4(a)]是利用刀具作一定规律的轨迹运动来对工件进行加工的方法。刀刃为切削点 1，它按一定规律作直线或曲线(图为圆弧)运动，从而形成所需的发生线 2。因此，用轨迹法形成发生线需要一个独立的成形运动。

(2) 成形法

成形法[图 1－4(b)]是利用成形刀具对工件进行加工的方法。刀刃为一条切削线 1，它的形状和长短与所需要成形的发生线 2 一致。因此，用成形法来形成发生线，不需要专门的成形运动。

(3) 相切法

相切法[图 1－4(c)]是利用刀具边旋转边做轨迹运动来对工件进行加工的方法。刀刃为旋转刀具(铣刀或砂轮)上的切削点 1，刀具做旋转运动，刀具中心按一定规律做轨迹运动 3，它的切削点运动轨迹的包络线(相切线)就是发生线 2。所以，用相切法得到发生线，需 2 个独立的成形运动，即刀具的旋转运动和刀具中心按一定规律运动。

(4) 范成法

范成法[图 1－4(d)]是利用工件和刀具做范成切削运动的加工方法。刀刃为一条切削线 1，它与需要形成的发生线 2 的形状不吻合。在形成发生线的过程中，范成运动

3 使切削刃 1 与发生线 2 相切并逐点接触而形成与它共轭的发生线，即发生线 2 是切削线 1 的包络线。所以范成法需要一个复合的成形运动（可分解为刀具的移动 A_{11} 和工件旋转运动 B_{12}）。

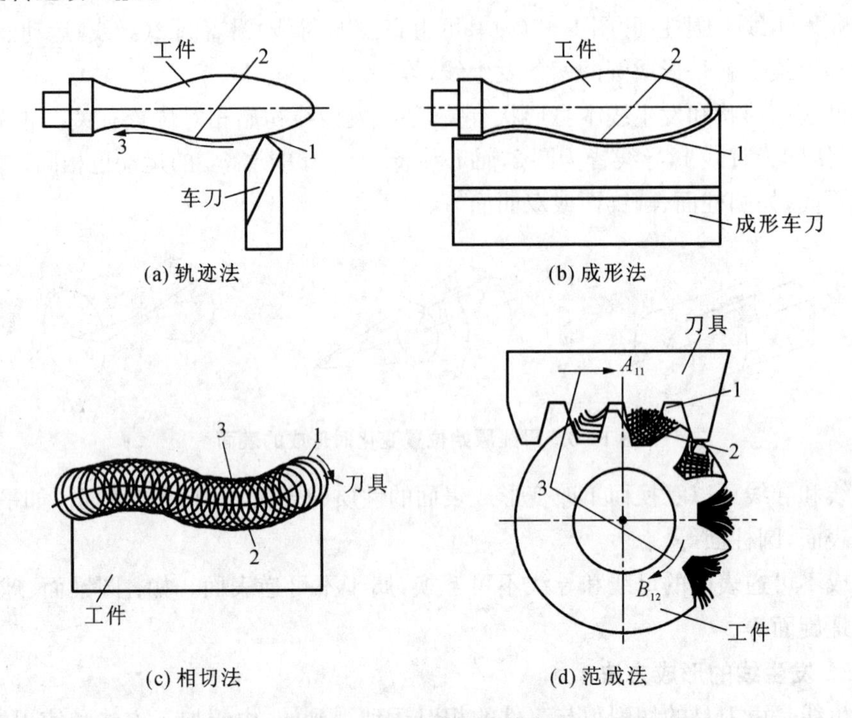

图 1-4　形成发生线的方法

三、机床的运动

不同的工艺方法要求机床运动的类别和数目是不相同的。按其功用机床运动可分为表面成形运动和辅助运动；按组成表面成形运动可分为简单成形运动和复合成形运动。

（一）表面成形运动

表面成形运动是保证得到工件要求的表面形状的运动。

1. 成形运动的种类

（1）简单成形运动

如果一个独立的成形运动，是由单独的旋转运动或直线运动构成的，则称为简单成形运动。这两种运动最简单，也最容易得到，在机床上，简单运动以主轴或刀具的旋转、刀架或工作台的直线运动的形式出现。通常用符号 A 表示直线运动，用符号 B 表示旋转运动。

如图 1-5 所示，用尖头车刀车削外圆柱面时，工件的旋转运动 B_1 产生母线（圆），刀具的纵向直线运动 A_2 产生导线（直线）。运动 B_1 和 A_2 就是两个简单成形运动，下角标号表示表面成形运动的次序。

（2）复合成形运动

如果一个独立的成形运动，是由两个或两个以上的单元运动（旋转或直线）按照某种确定的运动关系组合而成，并且互相依存，这种成形运动称为复合的成形运动。

如图 1－6 所示，车削螺纹时，形成螺旋形发生线所需的工件与刀具之间的相对螺旋轨迹运动，是一个复合的成形运动。为简化机床结构和保证精度，通常将其分解为工件的等速旋转运动 B_{11} 和刀具的等速直线移动 A_{12}，B_{11} 和 A_{12} 彼此不能独立，它们之间必须保持严格的运动关系，即工件每转 1 转时，刀具直线移动的距离应等于工件螺纹的导程。

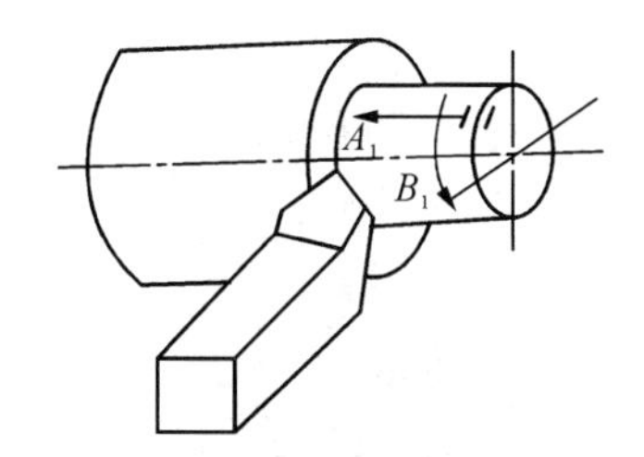

图 1－5　车削外圆柱表面时的成形运动

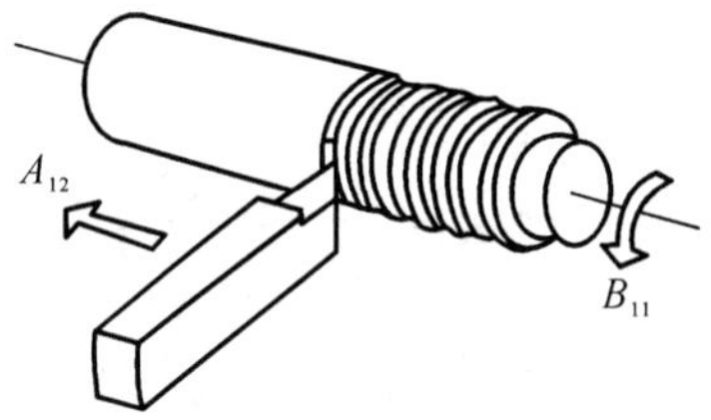

图 1－6　车削螺纹时的成形运动

随着现代数控技术的发展，多轴联动数控机床的出现，可分解为更多个部分的复合成形运动已在机床上实现，每个部分就是机床的一个坐标轴。

复合成形运动虽然可以分解成几个部分，每个部分是一个旋转或直线运动，但这些部分之间保持着严格的相对运动关系，是相互依存，而不是独立。所以复合成形运动是一个运动，而不是两个或两个以上的简单运动。

2. 零件表面成形所需的成形运动

母线和导线是形成零件表面的两条发生线，因此，形成表面所需要的成形运动就是形成其母线及导线所需要的成形运动的总和。为了加工出所需的零件表面，机床就必须具备这些成形运动。

例 1－3　用普通车刀车削外圆[图 1－7(a)]

母线——直线，由轨迹法形成，需要 1 个成形运动，即刀具纵向直线运动。

导线——圆，由轨迹法形成，需要 1 个成形运动，即工件旋转运动。

例 1－4　用宽车刀车削外圆[图 1－7(b)]

母线——直线，由成形法形成，不需要成形运动。

导线——圆，由轨迹法形成，需要 1 个成形运动，即工件旋转运动。

例 1－5　用螺纹车刀车削螺纹[图 1－7(c)]

母线——螺纹轴向剖面轮廓的形状，由成形法形成，不需要成形运动。

导线——螺旋线，由轨迹线形成，需要一个复合成形运动，把它分解为工件旋转与刀具直线运动，二者之间必须保持严格的相对运动关系。

例 1－6　用齿轮滚刀滚切直齿圆柱齿轮齿面[图 1－7(d)]

母线——渐开线，由范成法形成，需要一个复合的成形运动，把它分解为滚刀旋转与工件旋转运动，二者之间必须保持严格的相对运动关系。

导线——直线，由相切法形成，需要 2 个独立的成形运动，即滚刀旋转运动和滚刀沿工件轴向移动。

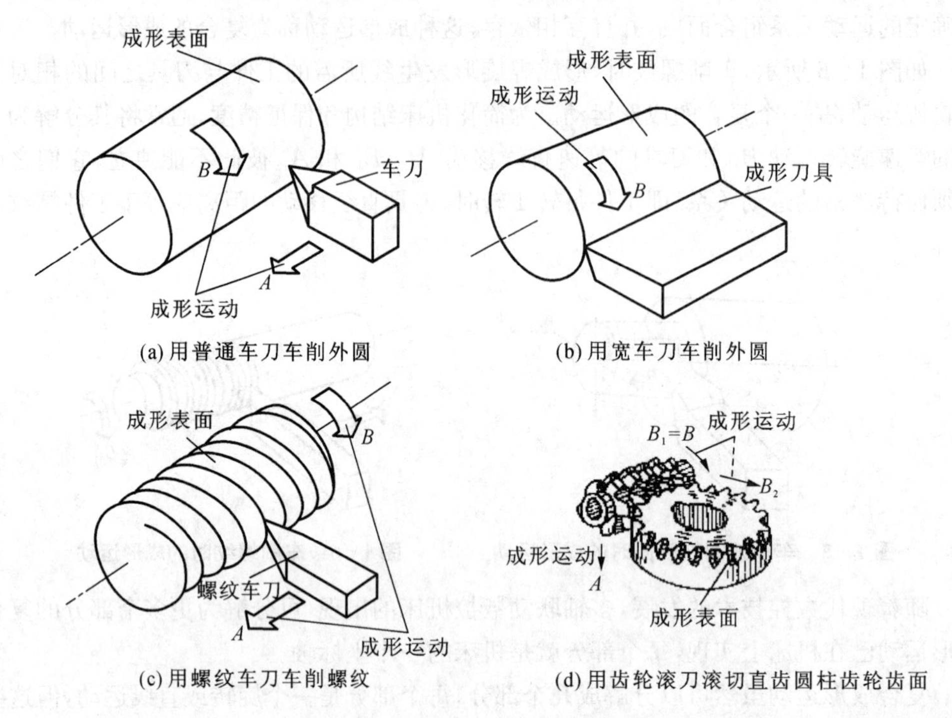

图 1-7　形成所需表面的成形运动

（二）主运动和进给运动

成形运动按其在切削加工中所起的作用不同，又可分为主运动和进给运动。

1. 主运动

主运动是直接切除工件上的被切削层，使之转变为切屑的运动。例如：车床主轴带动工件的旋转运动；钻、铣、镗、磨床主轴带动刀具或砂轮的旋转运动；牛头刨、插床的滑枕带动刨刀；龙门刨床工作台带动工件的往复直线运动等。

在切削加工中，主运动的速度最高，消耗的功率最大。主运动可能是简单成形运动，也可能是复合成形运动。

2. 进给运动

进给运动是维持切削得以继续的运动。例如：车床上车圆柱表面时，刀架带动车刀的连续纵向运动；牛头刨加工平面时，刨刀每往复一次，工作台带动工件间歇移动一次。

在切削加工中，进给运动的速度较低，消耗的功率较小。进给运动可以是简单运动，也可以是复合运动。如在数控车床车削圆锥或回转曲面工件时，进给运动就是复合运动，它可视为径向（X 轴）进给与纵向（Z 轴）进给的合成，由数控系统保证这两个进给运动的准确。

在表面成形运动中，必定有且通常只有一个主运动，但进给运动可能有一个或几个，也可能没有（例如拉床）。无论是主运动还是进给运动，都可能是简单成形运动或复合成形运动。

（三）辅助运动

机床上除表面成形运动以外的运动为辅助运动。辅助动作的种类很多，主要包括以下几种。

(1) 分度运动

分度运动是当加工若干个完全相同的均匀分布表面时,使表面成形运动得以周期地连续进行的运动。如在卧式铣床上用成形铣刀加工齿轮,当铣削完一个齿槽后,工件相对刀具转动一个齿,这个转动就是分度运动。

(2) 切入运动

刀具相对工件切入一定深度,以保证工件被加工表面获得所需要的尺寸的运动。表面切削加工的完成一般需要数次切入运动。

(3) 各种空行程运动

空行程运动是指进给前后的快速运动和各种调位运动。例如,在进给开始之前应快速引进,使刀具与工件接近,进给结束后应快速退回。在装卸工件时,刀具与工件应相对退离。调位运动是在调整机床的过程中,把机床的有关部件移到要求的位置。例如龙门机床,为适应工件的不同高度,可使横梁升降。又如摇臂钻床,为使钻头对准被加工工件孔的中心,可转动摇臂和使主轴箱在摇臂上的移动。这些都是调位运动。

(4) 操纵及控制运动

操纵及控制运动用以操纵机床,使它得到所需的运动和运动参数。例如起动、停止、变速、换向、部件与工件的夹紧、松开、转位以及自动换刀、自动测量、自动补偿等。

四、机床的传动联系和传动原理图

(一) 机床的传动联系

为了实现加工过程中所需的各种运动,机床必须具备以下3个基本部分:

(1) 执行件

执行件是执行机床运动的部件,如主轴、刀架、工作台等,其任务是带动工件或刀具完成旋转或直线运动,保持准确的运动轨迹。

(2) 动力源

动力源是提供运动和动力的装置,是执行件的运动来源。普通机床通常都采用三相异步交流电动机作动力源,现代数控机床常采用直流或交流调速电机或伺服电机。

(3) 传动装置

传动装置是传递运动和动力的装置。通过它把动力源的运动和动力传递给执行件,或者把一个执行件的运动传递给另一个执行件。通常,传动装置同时还需完成变速、变向、改变运动形式等任务,使执行件获得所需要的运动速度、运动方向和运动形式。

传动装置把动力源和执行件或者把有关的执行件之间连接起来,构成传动联系。

(二) 机床的传动链

在机床上,为了获得所需要的运动,需要通过一系列的传动件把执行件与动力源或把有关的执行件之间连接起来,以构成传动联系。动力源和执行件或两个执行件之间联系的一系列传动原件,称为传动链。根据传动联系的性质,传动链可以分为两类。

(1) 外联系传动链

外联系传动链是联系动力源(如电动机)和机床执行件(如主轴、刀架、工作台等)之间的传动链，使执行件运动的同时还能改变运动的速度和方向，但对动力源和执行件之间的相对位移量没有严格的要求。例如，在车床上车削螺纹时，从电动机传到车床主轴实现主运动的传动链就是外联系传动链，它只决定车螺纹速度的快慢，而不影响螺纹表面的形成。再如，在车床上用轨迹法车削外圆柱表面时，由于工件旋转与刀具移动之间不要求严格的传动比关系，两个执行件的运动可以互相独立调整，所以，电动机传到工件和工件传到刀具的两条传动链都是外联系的传动链。外联系传动链可以采用皮带和皮带轮等摩擦传动或采用链传动。

（2）内联系传动链

内联系传动链是联系复合运动之内的各个分解部分之间的传动链，因此传动链所联系执行件之间的相对位移量有严格的要求。例如，在车床上车削螺纹时，主轴和刀架的运动就构成了一个复合成形运动，为了保证车削螺纹的导程，主轴（工件）每转一转时，车刀必须移动一个被加工螺纹的导程。因此，主轴和刀架之间的相对位移量有严格的要求，所以联系主轴和刀架之间由一系列传动原件构成的传动链就是内联系传动链。设计机床内联系传动链时，各传动副的传动比必须准确，不应有摩擦传动（带传动）或瞬时传动比变化的传动件（如链传动）。

（三）传动原理图

在研究表面的成形运动及其传动联系时，为了便于分析，常采用传动原理图。传动原理图是用一些简单的符号表示动力源与执行件或执行件之间的传动关系的图形，该图用于研究表面的成形运动及传动联系。图 1－8 所示为传动原理图中常用的一部分符号，其中，表示执行件的符号还没有统一规定，一般可用较直观的简单图形来表示。为了把运动分析的理论推广到数控机床，图中引入了绘制数控机床传动原理图时要用到的一些符号，如脉冲发生器等符号。

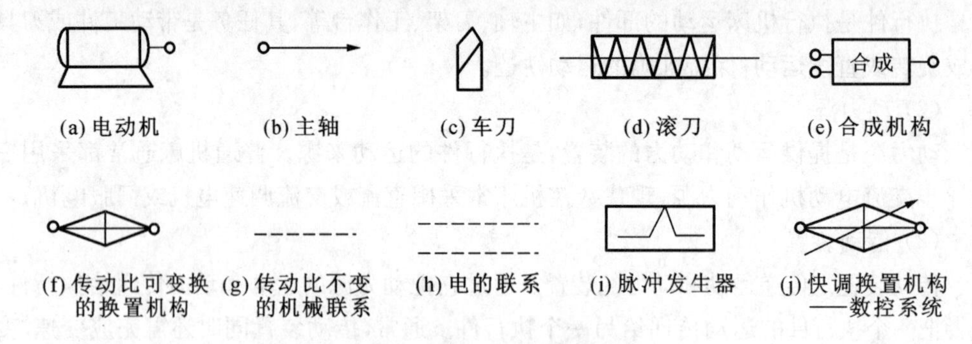

图 1－8　传动原理图常用符号

例 1－7　卧式车床的传动原理图

图 1－9 为卧式车床的传动原理图，卧式车床在形成螺旋表面时，需要一个刀具与工件间相对的螺旋运动。这个运动是复合运动，它可分解为主轴的旋转运动 B_{11} 和车刀的纵向移动 A_{12}，这两部分必须保持严格的相对运动关系：工件每转 1 转时，刀具直线移动的距离应等于工件螺纹的一个导程。因此，车床应有两条传动链。① 联系复合运动两部分 B_{11} 和 A_{12} 的内联系传动链：主轴—4—5—u_f—6—7—刀架，传动链中的 u_f 表示螺纹传动链的换置机构，可通过调整换置机构 u_f，来满足车削不同导程螺纹的需

要。② 联系动力源与这个复合运动的外联系传动链。外联系传动链可由动力源联系复合运动中的任一环节。考虑到大部分动力应输送给主轴，故外联系传动链联系动力源与主轴，即传动链：电动机—1—2—u_v—3—4—主轴，u_v 表示主运动传动链的换置机构，可通过调整换置机构 u_v 来调整主轴的转速，以满足加工工艺的要求。

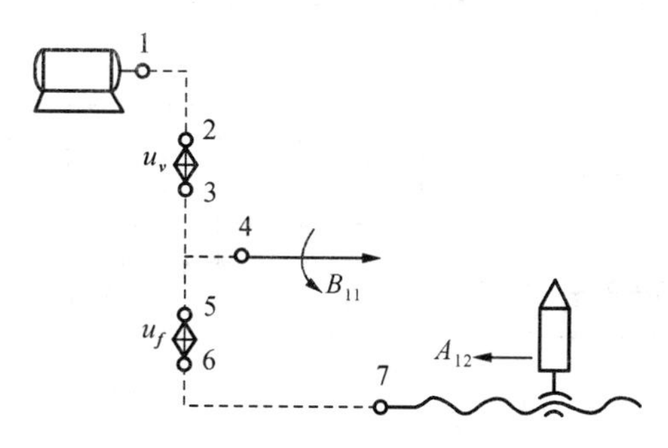

图 1-9 卧式车床的传动原理图

车床在车削圆柱面或端面时，主轴的旋转和刀具的移动是两个互相独立的简单运动，运动比例的变化不影响加工表面的性质，只影响生产率或表面粗糙度。两个简单运动各有自己的外联系传动链与动力源相联系。因此，车床应有两条外联系传动链。一条是：电动机—1—2—u_v—3—4—主轴；另一条是：电动机—1—2—u_v—3—5—u_f—6—7—刀架，其中 1—2—u_v—3 是公共段。这样的传动原理图的优点是既可用于车削螺纹，又可用于车削圆柱面或端面，区别在于车削螺纹时，u_f 必须计算和调整得准确，而车削圆柱面或端面时，对 u_f 的精度要求不高。

如果车床仅用于车削圆柱面或端面，不车削螺纹，传动原理图也可如图 1-10(a)所示。进给也可以用液压传动，如图 1-10(b)所示，如某些多刀半自动车床。

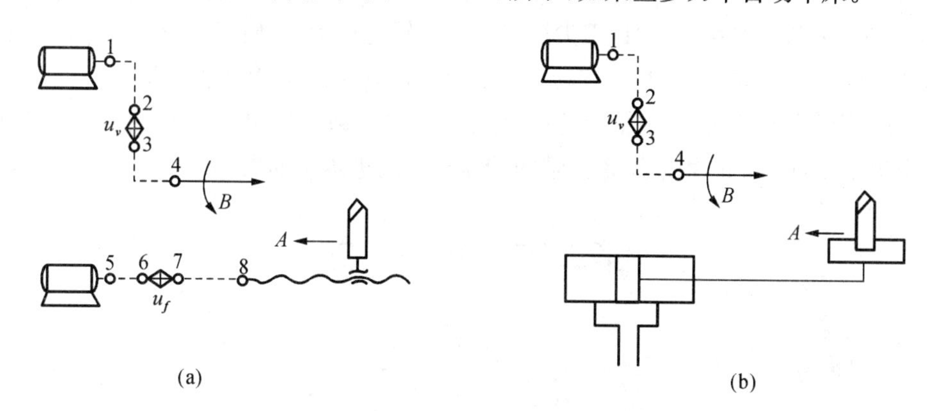

图 1-10 车削圆柱面时的传动原理图

例 1-8 数控车床的传动原理图

数控车床的传动原理与卧式车床基本上相同，所不同的是数控车床许多地方用电联系代替机械联系，如图 1-11 所示。车削螺纹时，脉冲发生器 P 通过机械传动 1—2（通常是一对齿数相等齿轮）与主轴相联系。主轴每转一转，脉冲发生器 P 发出 N 个脉冲，经 3—4 传至纵向快速调整换置机构 u_{c1}，经伺服系统 5—6 后，控制伺服电动机 M_1，M_1 经机械传动装置 7—8（也可以没有传动装置 7—8，伺服电动机直接与滚珠丝杠相连)与滚珠丝杠相连,使刀架作纵向直线运动 A_2,并保证主轴每转 1 转,刀架纵向移动工件螺纹的一个导程。

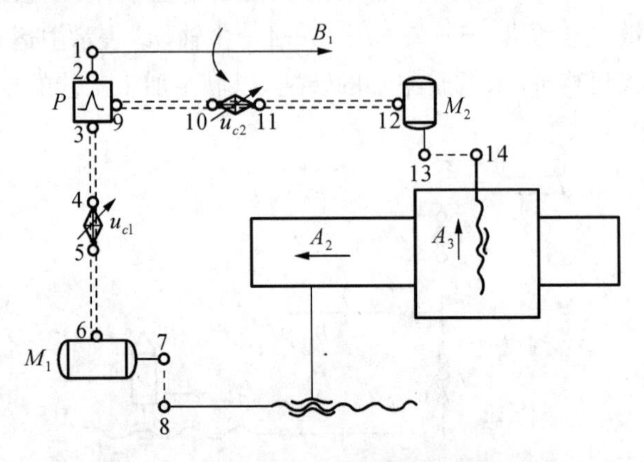

图 1-11　数控车床的螺纹链和进给链

车削端面螺纹时,脉冲发生器 P 发出的脉冲经 9—10—u_{c2}—11—12—M_2—13—14—丝杠,使刀具作横向移动 A_3。

此外,车削螺纹时,脉冲发生器 P 还发出另一组脉冲,即主轴每转发出一个脉冲,称为同步脉冲。由于在螺纹加工中,螺纹必须经过多次重复车削。为了保证螺纹不乱扣,数控系统必须控制刀具的切削相位,以保证在螺纹上的同一切削点切入。同步脉冲是保证在螺纹车削中不产生乱扣的唯一控制信号。

车削成形曲面时,主轴每转一转,脉冲发生器 P 发出脉冲,同时控制刀具纵向移动 A_2 和横向移动 A_3。这时,联系纵、横向运动的内联系传动链为 A_2—纵向丝杠—8—7—M_1—6—5—u_{c1}—4—3—脉冲发生器 P—9—10—u_{c2}—11—12—M_2—13—14—横向丝杠—A_3,u_{c1} 和 u_{c2} 同时不断地变化,以保证刀尖沿着要求的轨迹运动,以便得到所需的工件表面形状,并使刀具纵向移动 A_2 和横向移动 A_3 的合成线速度的大小基本保持恒定。

车削圆柱面或端面时,主轴的转动 B_1、刀具纵向移动 A_2 和横向移动 A_3 是三个独立的简单运动,u_{c1} 和 u_{c2} 用以调整主轴的转速和刀具进给量的大小。

第二节　车　　床

一、概述

(一) 车床用途和分类

车床是机械制造中使用最广泛的一类机床,主要用于加工各种回转表面,如内外圆柱面、圆锥面、成形回转表面和回转体的端面等,有的车床还能加工螺纹面。

车床的种类很多,按其用途和结构的不同,主要可以分为卧式车床和落地车床、立式车床、转塔车床、单轴和多轴自动和半自动车床、仿形车床和多刀车床、数控车床和车削中心以及各种专门化车床等,在大批大量生产中还使用各种专用车床。在所有车床类机床中,以卧式车床应用最广。

卧式车床的工艺范围很广，能进行多种表面的加工，如内外圆柱面、圆锥面、成形回转面、端平面、环形槽及各种螺纹，还可以进行钻孔、扩孔、铰孔、攻丝、套丝和滚花等工作(见图1-12)。但由于卧式车床加工范围广、结构较复杂且自动化程度不高，因此适用于单件、小批生产及修理车间等。

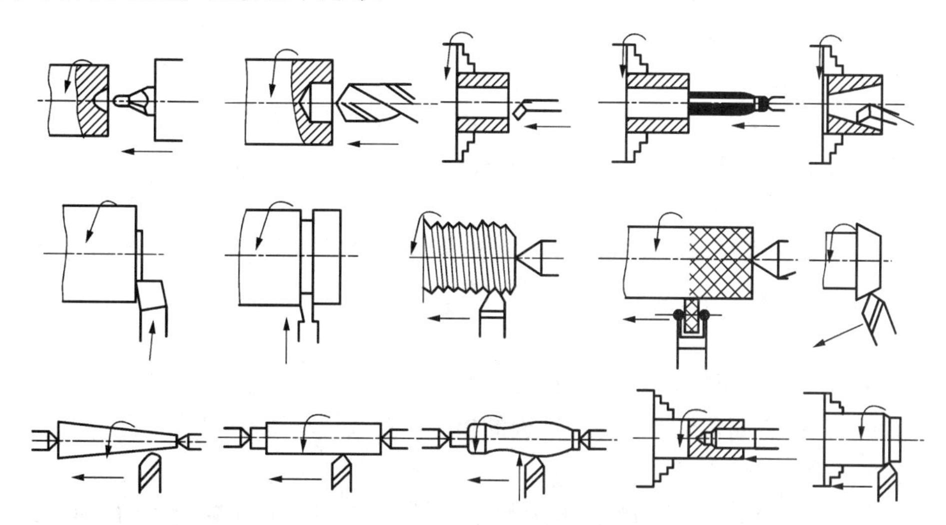

图1-12　卧式车床所能加工的典型表面

(二) 车床的总布局

车床的总布局就是用来表示机床的配置形式、主要构成及各部件安装位置、相互联系、运动关系的总体布局。图1-13是卧式车床外形图，卧式车床的加工对象主要是各种轴类、套类和盘类零件，故选用卧式布局。为了适应工人用右手操纵的习惯和便于观察、测量，故主轴箱布置在左端。

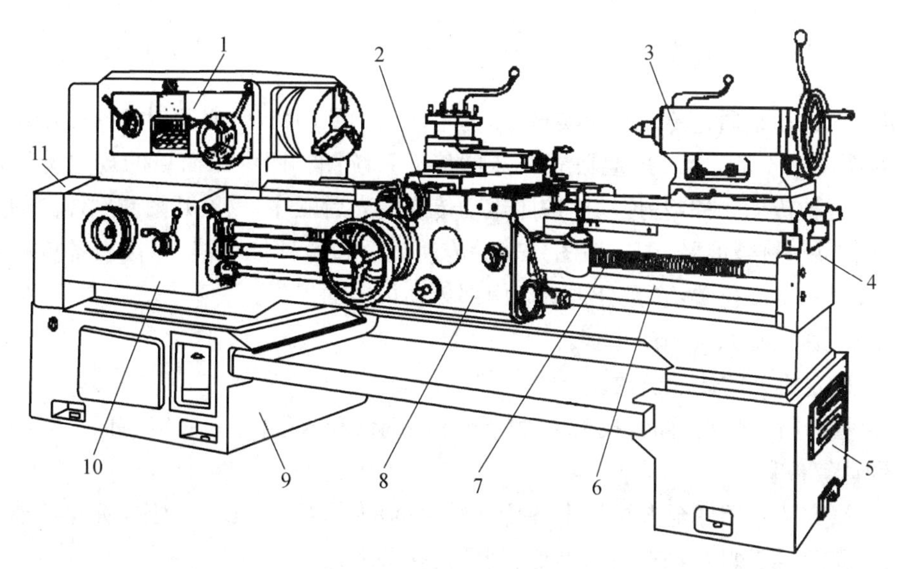

1-主轴箱　2-刀架　3-尾座　4-床身　5-右床腿　6-光杠　7-丝杠　8-溜板箱　9-左床腿　10-进给箱　11-挂轮变换机构

图1-13　CA6140型卧式车床外形图

卧式车床主要组成部件及其功用如下。

(1) 主轴箱

主轴箱 1 固定在床身 4 的左端,主轴箱内装有主轴和变速传动机构。工件通过卡盘装夹在主轴前端。主轴箱的功用支承并传动主轴,使主轴带动工件按规定的转速旋转,以实现主运动。

(2) 刀架

刀架 2 位于床身 4 的中部,并可沿此导轨纵向移动。刀架部件由几层刀架组成,它的功用是装夹车刀,实现车刀作纵向、横向或斜向运动。

(3) 尾座

尾座 3 安装在床身 4 右端的尾座导轨上,可沿导轨纵向调整位置。尾座的功用是用后顶尖支承长工件,还可以安装钻头等刀具进行孔加工。

(4) 床身

床身 4 固定在左床腿 9 和右床腿 5 上,是车床的基本支承件。床身的功用是支撑各个主要部件,使它们在工作时保持准确的相对位置或运动轨迹。

(5) 溜板箱

溜板箱 8 与刀架 2 底部的纵向溜板相连,可带动刀架一起作纵向运动。溜板箱的功用是把进给箱传来的运动传递给刀架,使刀架实现纵向进给、横向进给、快速移动或车螺纹。在溜板箱上装有各种操纵手柄或按钮。

(6) 进给箱

进给箱 10 固定在床身 4 的左前侧、进给箱内装有进给运动的变换机构,进给运动由光杠或丝杠传出。进给箱的功用是改变机动进给的进给量或改变被加工螺纹的导程。

二、CA6140 型车床传动系统

机床的运动是通过传动系统实现的,为了认识和使用机床,必须对机床传动系统进行分析,图 1-14 是 CA6140 型卧式车床的传动系统图。图中用简单的规定符号代表传动链中各种传动元件,各传动件按照运动传递的先后顺序,以展开图或立体图的形式画出的图形就是传动系统图。该图只表示传动关系和各种传动链,不代表各传动元件的实际尺寸和空间位置,它是分析机床内部传动规律的工具。

分析机床传动系统图的步骤。

(1) 确定机床的传动链数。

(2) 在分析各传动链时,找出传动的链的始端件和末端件,并确定它们之间的传动关系,即计算位移。

(3) 研究从始端件至末端件中各传动轴之间的传动方式及传动比,研究各轴上的传动元件数量、类型以及它与传动轴之间的连接关系。

(4) 分析整个运动的传动关系,列出传动路线表达式及运动平衡式。

CA6140 型卧式车床的传动系统由主运动传动链、车削螺纹传动链、机动进给运动传动链、快速运动传动链组成。

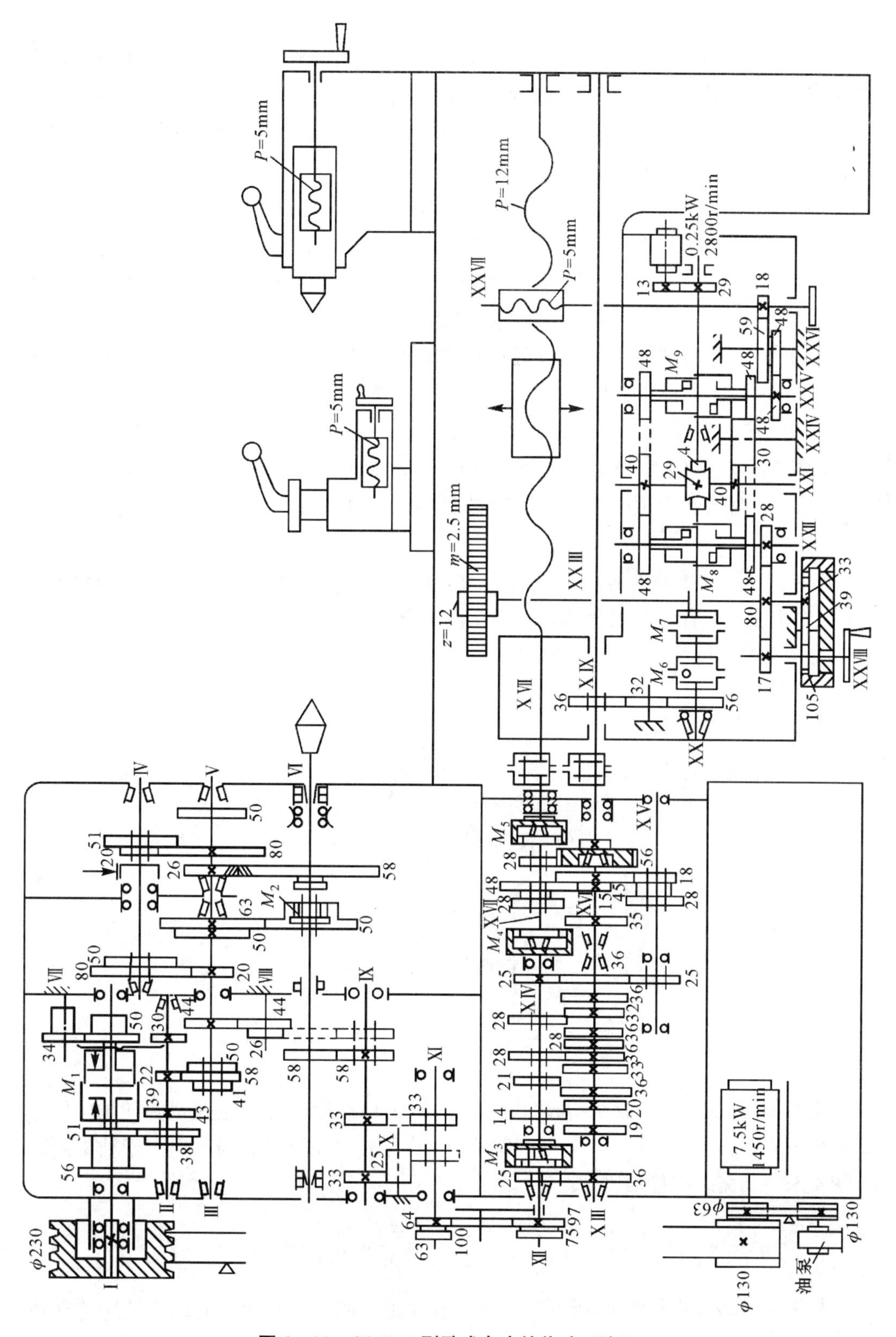

图 1-14 CA6140 型卧式车床的传动系统图

(一)主运动传动链

主运动传动链的两末端件是主电动机与主轴,它的功能是把动力源的运动及动力传给主轴,并满足卧式车床主轴变速和换向的要求。

主运动从电动机开始,经过三角带轮传动轴Ⅰ旋转,轴Ⅰ上装有双向多片摩擦离合器 M_1,M_1 的功用为控制主轴(轴Ⅵ)正转、反转或停止。当离合器左半部接合时,轴Ⅰ的运动经齿轮副 56/38 或 51/43 传给轴Ⅱ,使轴Ⅱ获得 2 级转速。当离合器右半部接合时,经齿轮 Z_{50}、轴Ⅶ上的空套齿轮 Z_{34} 传给轴Ⅱ上的固定齿轮 Z_{30}。这时轴Ⅰ至轴Ⅱ多一个中间齿轮 Z_{34},故轴Ⅱ的转向与经 M_1 左部传动时相反,使轴Ⅱ获得 1 级反转转速。当离合器左右两半部都没有接合时,轴Ⅰ空转,主轴停转。

轴Ⅱ的运动经三联滑移齿轮变速组传到轴Ⅲ,故轴Ⅲ正转共 2×3=6 级转速,反转共有 1×3=3 级转速。运动由轴Ⅲ传至主轴有 2 条路线。

(1) 当主轴需以较低的转速运转时($n_{主}=10\sim500$ r/min),主轴上的滑动齿轮 Z_{50} 移到右端位置,使齿式离合器 M_2 啮合,于是轴Ⅲ上的运动就经齿轮副 20/80 或 50/50 传给轴Ⅳ,然后再由轴Ⅳ经齿轮副 20/80 或 51/50、26/38 及齿式离合器 M_2 传给主轴。

(2) 当主轴需要高速运转时(图示位置)($n_{主}=450\sim1\,400$ r/min),主轴上的滑动齿轮 Z_{50} 处于左端位置,M_2 脱开,轴Ⅲ的运动经齿轮副 63/50 直接传给主轴。

主运动传动链传动路线表达式为:

$$\text{电动机}-\frac{\phi130}{\phi230}-\text{Ⅰ}-\left\{\begin{array}{l} M_1\,\text{左(正转)}-\left\{\begin{array}{c}\frac{56}{38}\\ \frac{51}{43}\end{array}\right\}- \\ M_1\,\text{右(反转)}-\frac{50}{34}-\text{Ⅶ}-\frac{34}{30}\end{array}\right\}-\text{Ⅱ}-\left\{\begin{array}{c}\frac{39}{41}\\ \frac{30}{50}\\ \frac{22}{58}\end{array}\right\}-\text{Ⅲ}-$$

$$\left\{\begin{array}{c}\left\{\begin{array}{c}\frac{20}{80}\\ \frac{50}{50}\end{array}\right\}-\text{Ⅳ}-\left\{\begin{array}{c}\frac{20}{80}\\ \frac{51}{50}\end{array}\right\}-\text{Ⅴ}-M_2 \\ \frac{63}{50}\end{array}\right\}-\text{Ⅵ(主轴)}$$

由传动系统图和传动路线表达式可以看出,主轴正转时,利用各滑动齿轮轴向位置的各种不同组合,共可得 2×3×(1+2×2)=30 级传动主轴的路线。但由于轴Ⅲ到轴Ⅴ的 4 条传动路线的传动比为:

$$u_1=\frac{20}{80}\times\frac{20}{80}=\frac{1}{16},u_2=\frac{20}{80}\times\frac{51}{50}\approx\frac{1}{4},u_3=\frac{50}{50}\times\frac{20}{80}=\frac{1}{4},u_4=\frac{50}{50}\times\frac{51}{50}\approx\frac{1}{4}$$

其中 u_2 和 u_3 基本相同,所以实际上只有 3 种不同的传动比。运动经低速传动路线时,主轴实际上只能得到 2×3×(2×2−1)=18 级转速。加上由高速路线传动获得的 6 级转速,主轴总共可获得 2×3×[1+(2×2−1)]=24 级转速。

同理，主轴反转时有 $3\times[1+(2\times2-1)]=12$ 级转速。

主轴的转速可按下列运动平衡式计算

$$n_{主}=n_{电}\times\frac{130}{230}\times(1-\varepsilon)u_{\text{I-II}}\times u_{\text{II-III}}\times u_{\text{III-IV}} \tag{1-1}$$

式中：ε——V 带轮的滑动系数，可取 $\varepsilon=0.02$；

$u_{\text{I-II}}$——轴Ⅰ和轴Ⅱ间的可变传动比，其余类推。

例如，图 1-14 所示的齿轮啮合情况(离合器 M_2 拨向左侧)，主轴的转速为

$$n_{主}=1\,450\times\frac{130}{230}\times(1-0.02)\times\frac{51}{43}\times\frac{22}{58}\times\frac{63}{50}\approx450\ \text{r/min}$$

主轴反转时，轴Ⅰ-Ⅱ之间的传动比大于正转时的传动比，故反转时的转速高于正转时的转速。主轴反转主要用于车螺纹的过程中，在不断开主轴和刀架间的传动联系的情况下，使刀架退回原来的位置。采用高速，可节省辅助时间。

(二) 车削螺纹传动链

CA6140 型卧式车床能车削常用的米制、英制、模数制及径节制四种标准螺纹；此外，还可以车削加大螺距、非标准螺距及较精密的螺纹。它既可以车削右旋螺纹，也可以车削左旋螺纹。

无论车削哪一种螺纹，都必须在加工中形成母线(螺纹面型)和导线(螺旋线)。用螺纹车刀形成母线，由成形法形成，不需要成形运动。形成螺旋线，由轨迹法形成，需要一个复合的成形运动。为了形成一定导程的螺旋线，必须保证主轴转一转，刀具应均匀地移动一个(被加工螺纹)导程 S 的距离。根据这个相对运动关系，可列出车螺纹时的运动平衡式

$$1_{(主轴)}\times u_o\times u_x\times P_{丝}=S \tag{1-2}$$

式中：u_o——主轴至丝杠之间全部定比传动机构的固定传动比；

u_x——主轴至丝杠之间换置机构的可变传动比；

$P_{丝}$——机床丝杠的螺距，CA6140 型车床中 $P_{丝}=12$ mm；

S——被加工螺纹的导程，单位为 mm。

不同标准的螺纹用不同的螺纹参数表示其螺距大小。表 1-4 列出了四种标准螺纹的螺距参数及其与螺距、导程之间的换算关系。

表 1-4　螺距参数及其与螺距、导程的换算关系

螺纹种类	螺距参数	螺距/mm	导程/mm
米制	螺距 P/mm	P	$S=kP$
模数制	模数 m/mm	$P_m=xm$	$S_m=kP_m=k\pi m$
英制	每英寸牙数 α/(牙/in)	$P_\alpha=\frac{25.4}{\alpha}$	$S_\alpha=kP_\alpha=\frac{25.4k}{\alpha}$
径节制	径节 DP/(牙/in)	$P_{DP}=\frac{25.4}{DP}\pi$	$S_{DP}=kP_{DP}=\frac{25.4k}{DP}\pi$

注：k 为螺纹线数

1. 车削米制螺纹

米制螺纹是我国常用的螺纹，其标准螺距值在国家标准中有规定。米制螺纹标准螺距值是按分段等差数列的规律排列的(见表 1-5)，故要求螺纹进给传动链的变速机构能按分段等差数列的规律变换其传动比。此要求通过调整进给箱中的变速机构来实现。

车削米制螺纹时，进给箱中的齿式离合器 M_3 和 M_4 脱开，M_5 接合，运动由主轴Ⅵ经齿轮副 58/58、换向机构 33/33(车左螺纹时经 33/25×25/33)、挂轮 63/100×100/75 传至进给箱中，由移换机构的齿轮副 25/36 传至轴ⅩⅢ，经两轴滑移变速机构的齿轮副传至轴ⅩⅣ，然后再由移换机构的齿轮副 25/36×36/25 传至轴ⅩⅤ，再经过轴ⅩⅤ与轴ⅩⅦ间的两组滑移变速机构传至轴ⅩⅦ，最后由齿式离合器 M_5 传至丝杠ⅩⅧ，当溜板箱中的开合螺母与丝杠相啮合时，就可带动刀架纵向运动，实现米制螺纹的加工。

车削米制螺纹时传动链的传动路线表达式如下

$$\text{主轴Ⅵ}-\frac{58}{58}-\text{Ⅸ}-\left\{\begin{array}{l}\frac{33}{33}(\text{右旋螺纹})\\ \frac{33}{25}\times\frac{25}{33}(\text{左旋螺纹})\end{array}\right\}-\text{Ⅺ}-\frac{63}{100}\times\frac{100}{75}-\text{Ⅻ}-\frac{25}{36}-\text{ⅩⅢ}-u_{\text{基}}-$$

$$\text{ⅩⅣ}-\frac{36}{25}\times\frac{25}{36}-\text{ⅩⅤ}-u_{\text{倍}}-\text{ⅩⅦ}-M_5(\text{啮合})-\text{ⅩⅧ}(\text{丝杠})-\text{刀架}$$

进给箱中的ⅩⅢ—ⅩⅣ间的双轴滑移齿轮变速机构，由轴ⅩⅣ上的 8 个固定齿轮和轴ⅩⅤ上的四个滑移齿轮组成，每个滑移齿轮可分别与邻近的两个固定齿轮相啮合，共有 8 种不同的传动比

$$u_{\text{基}1}=\frac{26}{28}=\frac{6.5}{7}\qquad u_{\text{基}2}=\frac{28}{28}=\frac{7}{7}\qquad u_{\text{基}3}=\frac{32}{28}=\frac{8}{7}\qquad u_{\text{基}4}=\frac{36}{28}=\frac{9}{7}$$

$$u_{\text{基}5}=\frac{19}{14}=\frac{9.5}{7}\qquad u_{\text{基}6}=\frac{20}{14}=\frac{10}{7}\qquad u_{\text{基}7}=\frac{33}{21}=\frac{11}{7}\qquad u_{\text{基}8}=\frac{36}{21}=\frac{12}{7}$$

它们近似按等差数列的规律排列，轴ⅩⅢ—ⅩⅣ间的变速机构是获得各种螺纹导程的基本机构，通常称基本螺距机构，简称基本组。

进给箱中的轴ⅩⅥ—轴ⅩⅦ间的三轴滑移齿轮机构，可变换 4 种不同的传动比

$$u_{\text{倍}1}=\frac{18}{45}\times\frac{15}{48}=\frac{1}{8}\qquad u_{\text{倍}2}=\frac{28}{35}\times\frac{15}{48}=\frac{1}{4}$$

$$u_{\text{倍}3}=\frac{18}{45}\times\frac{35}{28}=\frac{1}{2}\qquad u_{\text{倍}4}=\frac{28}{35}\times\frac{35}{28}=1$$

轴ⅩⅤ—ⅩⅦ间的变速机构可变换四种不同的传动比，按倍数关系排列，这个变速机构用于扩大车削螺纹导程的种数，通常称它为增倍机构，简称增倍组。

车削米制螺纹(右旋)的运动平衡式如下

$$S=kP=1_{(\text{主轴})}\times\frac{58}{58}\times\frac{33}{33}\times\frac{63}{100}\times\frac{100}{75}\times\frac{25}{36}\times u_{\text{基}}\times\frac{25}{36}\times\frac{36}{25}\times u_{\text{倍}}\times 12\ \text{mm}$$

式中：$u_{基}$——基本螺距机构的传动比；

$u_{倍}$——增倍机构的传动比。

将上式化简可得

$$S = 7u_{基}\ u_{倍}$$

把 $u_{基}$、$u_{倍}$ 的值代入上式，得到 $8\times4=32$ 种导程值，其中符合标准的有 20 种，见表 1－5。可以看出，表中的每一行都是按等差数列排列的，而行与行之间成倍数关系。

表 1－5　CA6140 型车床米制螺纹导程表(单位：mm)

基本组 $u_{基}$ / 导程 P / 增倍组 $u_{倍}$	$\frac{26}{28}$	$\frac{28}{28}$	$\frac{32}{28}$	$\frac{36}{28}$	$\frac{19}{14}$	$\frac{20}{14}$	$\frac{33}{21}$	$\frac{36}{21}$
$\frac{18}{45}\times\frac{15}{48}=\frac{1}{8}$	—	—	1	—	—	1.25	—	1.5
$\frac{28}{35}\times\frac{15}{48}=\frac{1}{4}$	—	1.75	2	2.25	—	2.5	—	3
$\frac{18}{45}\times\frac{35}{28}=\frac{1}{2}$	—	3.5	4	4.5	—	5	5.5	6
$\frac{28}{35}\times\frac{35}{28}=1$	—	7	8	9	—	10	11	12

从表 1－5 可以看出，此传动路线能加工的最大螺纹导程是 12 mm。如果需车削导程大于 12 mm 的米制螺纹，应采用扩大导程传动路线。这时，主轴Ⅵ的运动(此时 M_2 接合，主轴处于低速状态)经斜齿轮传动副 58/26 到轴Ⅴ，背轮机构 80/20 与 80/20 或 50/50 至轴Ⅲ，再经 44/44、26/58(轴Ⅸ滑移齿轮 Z_{58} 处于右位与轴Ⅷ Z_{26} 啮合)传到轴Ⅸ，其传动路线表达式如下

$$\text{主轴Ⅵ}-\left\{\begin{array}{l}\text{(扩大导程)}\dfrac{58}{26}-\text{Ⅴ}-\dfrac{80}{20}-\text{Ⅳ}-\left\{\begin{array}{c}\dfrac{50}{50}\\ \\ \dfrac{80}{20}\end{array}\right\}-\text{Ⅲ}-\dfrac{44}{44}\times\dfrac{26}{58}\\ \text{(正常导程)}\dfrac{58}{58}\end{array}\right\}-\text{Ⅸ}-\text{(接正常导程传动路线)}$$

从传动路线表达式可知，扩大螺纹导程时，主轴Ⅵ到轴Ⅸ的传动比如下

$$u_1 = \frac{58}{26}\times\frac{80}{20}\times\frac{50}{50}\times\frac{44}{44}\times\frac{26}{58} = 4$$

$$u_2 = \frac{58}{26}\times\frac{80}{20}\times\frac{80}{20}\times\frac{44}{44}\times\frac{26}{58} = 16$$

这表明，通过扩大导程传动路线可将正常螺纹导程扩大 4 倍或 16 倍。因此，一般把上述传动机构称为扩大螺距机构。CA6140 型车床车削大导程米制螺纹时，最大螺纹导程为 $S_{max}=12\times16=192$ mm。

必须指出，由于扩大螺距机构的传动齿轮就是主运动的传动齿轮，所以，只有主轴

上的 M_2 合上，即主轴处于低速状态时，用扩大螺距机构才能车削大导程螺纹。当主轴转速确定后，这时导程可能扩大的倍数也就确定了。主轴转速为 40～125 r/min 时，导程可以扩大 4 倍；主轴转速为 10～32 r/min 时，导程可以扩大 16 倍。大导程螺纹只能在主轴低转速时车削，这是符合工艺上的需要的。

2. 车削模数螺纹

模数螺纹主要用于公制蜗杆中，有时某些特殊丝杠的导程也是模数制的。国家标准中已规定了模数 m 的标准值，它们也是分段的等差数列。与米制螺纹不同的是，在模数螺纹导程 $S_m = K\pi m$ 中含有特殊因子 π。因此，车削模数螺纹时，除挂轮需换 64/100×100/97，其余部分的传动路线与车削米制螺纹时完全相同。

因为模数螺纹导程中包含了 π 这个特殊因子，故要求在运动平衡式 $S_m = 1 \times ut$ 传动链传动比中也应包含特殊因子 π。这个特殊因子 π 由挂轮 64/100×100/97 和移换机构中齿轮副 25/36 来解决，即 $64/100 \times 100/97 \times 25/36 = 7\pi/48$。

车削模数螺纹(右旋)的运动平衡式

$$S_m = 1r_{(\text{主轴})} \times \frac{58}{58} \times \frac{33}{33} \times \frac{64}{100} \times \frac{100}{97} \times \frac{25}{36} \times u_{\text{基}} \times \frac{25}{36} \times \frac{36}{25} \times u_{\text{倍}} \times 12 \text{ mm}$$

导出公式

$$m = \frac{7}{4K} u_{\text{基}}\ u_{\text{倍}} \text{mm}$$

改变 $u_{\text{基}}$ 和 $u_{\text{倍}}$，就可以车削出各种标准模数螺纹。如应用扩大螺纹导程机构，也可以车削出大导程的模数螺纹。移换机构 M_3 轴 XIII—XIV 之间齿轮到 25/36，XIV—XV 间 25/36×36/25，XIII—XVI 间 36/25。

3. 车削英制螺纹

英制螺纹在采用英制的国家中应用较广泛，我国部分管螺纹也采用英制螺纹。英制螺纹以每英寸长度上的螺纹扣数 a(扣/英寸)表示，因此，英制螺纹的导程为

$$S_a = \frac{K}{a} in = \frac{25.4K}{a} \text{ mm}$$

其中，a 的标准值也是按分段等差数列的规律排列，所以，英制螺纹的导程是分段的调和数列(分子相同，分母为等差级数)。此外，还有特殊因子 25.4，要车削各种英制螺纹，只需对米制螺纹的传动路线作如下两点变动：

(1) 将基本组的主动轴与被动轴对调，使轴 XV 变成主动轴，轴 XIV 变成被动轴，这样可得 8 个按调和数列排列的传动比值。

(2) 在传动链中要能够产生特殊因子 25.4。为此，将进给箱中的离合器 M_3 和 M_5 接合，M_4 脱开，挂轮用 63/100×100/75，同时轴 XV 左端的滑移齿轮 Z_{25} 移至左面位置，与固定在轴 XIII 上的齿轮 Z_{36} 啮合。运动由轴 XII 经 M_3 先传到轴 XIV，然后传至轴 XIII，再经齿轮副 36/25 传至轴 XV。其余部分的传动路线与车削米制螺纹时相同。车削英制螺纹时传动链的传动路线表达式如下

$$
\text{主轴 VI}-\frac{58}{58}-\text{IX}-\begin{bmatrix}\frac{33}{33}\\ (\text{右旋螺纹})\\ \frac{33}{25}\times\frac{25}{33}\\ (\text{左旋螺纹})\end{bmatrix}-\text{XI}-\frac{63}{100}\times\frac{100}{75}-\text{XII}-M_3-
$$

$$
\text{XIV}-\frac{1}{u_{\text{基}}}-\text{XIII}-\frac{36}{25}-\text{IV}-u_{\text{倍}}-\text{XVII}-M_5-\text{XVIII}(\text{丝杠})-\text{刀架}
$$

其运动平衡式为

$$
S_a = 1r_{(\text{主轴})}\times\frac{58}{58}\times\frac{33}{33}\times\frac{63}{100}\times\frac{100}{75}\times\frac{1}{u_{\text{基}}}\times\frac{36}{25}\times u_{\text{倍}}\times 12\ \text{mm}
$$

其中，$\frac{63}{100}\times\frac{100}{75}\times\frac{36}{25}\approx\frac{25.4}{21}$，再将 $S_a=\frac{25.4K}{a}$ mm 代入，化简可得

$$
a=\frac{7K}{4}\times\frac{u_{\text{基}}}{u_{\text{倍}}}\ \text{扣/英寸}
$$

改变 $u_{\text{基}}$ 和 $u_{\text{倍}}$，就可以车削出按分段等差数列排列的各种 a 值的英制螺纹。见表 1－6。

表 1－6 CA6140 型车床英制螺纹表

a/(牙·in^{-1}) $u_{\text{基}}$ / $u_{\text{倍}}$	$\frac{26}{28}$	$\frac{28}{28}$	$\frac{32}{28}$	$\frac{36}{28}$	$\frac{19}{14}$	$\frac{20}{14}$	$\frac{33}{21}$	$\frac{36}{21}$
$\frac{18}{45}\times\frac{15}{48}=\frac{1}{8}$	—	14	16	18	19	20	—	24
$\frac{28}{35}\times\frac{15}{48}=\frac{1}{4}$	—	7	8	9	—	10	11	12
$\frac{18}{45}\times\frac{35}{25}=\frac{1}{2}$	$3\frac{1}{4}$	$3\frac{1}{2}$	4	$4\frac{1}{2}$	—	5	—	6
$\frac{28}{35}\times\frac{35}{28}=1$	—	—	2	—	—	—	—	3

4. 车削径节螺纹

径节螺纹主要用于英制蜗杆，它是用径节 DP 来表示的。径节 $DP=Z/D$ (Z—齿数，D—分度圆直径，英寸)，即蜗轮或齿轮折算到每一英寸分度圆直径上的齿数。所以英制蜗杆的轴向齿距即径节螺纹的导程

$$
S_{DP}=\frac{\pi K}{DP}\text{in}=\frac{25.4\pi K}{DP}\ \text{mm}
$$

径节 DP 也是按分段等差数列的规律排列的，所以径节螺纹与英制螺纹导程系列的排列规律相同。与英制螺纹不同的是，在径节螺纹导程 $S_{DP}=25.4\pi/DP$ 中包含了 25.4 与 π 两个特殊因子。因此，车削径节螺纹时，除挂轮需换 64/100×100/97，其余部分的传动路线与车削英制螺纹时完全相同。

因为径节螺纹导程中包含了 25.4 与 π 两个特殊因子，故要求在运动平衡式 $S_m = 1_{(主轴)} \times ut$ 传动链传动比中也应包含 25.4 与 π 两个特殊因子。由挂轮64/100×100/97 和移换机构中齿轮副 25/36 来凑成这两个特殊因子，即 64/100×100/97×36/25＝25.4π/84。

5. 车削非标准和较精密螺纹

M_3，M_4，M_5 全部接合，XIII，XV，XVIII，XIX联成一体运动，从轴XIII传到丝杠XIX，导程靠选配挂轮来得到。

运动平衡式

$$S = 1r_{(主轴)} \times \frac{58}{58} \times \frac{33}{33} \times u_{挂} \times 12\ \mathrm{mm}$$

挂轮换置公式

$$u_{挂} = \frac{a}{b}\frac{c}{d} = \frac{S}{12}$$

应用此换置公式，适当地选择挂轮 a、b、c 及 d 的齿数，就可车削出所需导程 S 的螺纹。由于主轴至丝杠的传动路线缩短，减少了传动误差对工件螺纹螺距的影响，如选用较精确的挂轮，也可车削出较精密的螺纹。

（三）机动进给运动传动链

车削外圆柱或内圆柱表面时，可使用纵向机动进给传动链，车削端面时，可使用横向机动进给传动链。

为了减少螺纹传动链丝杠及开合螺母的磨损，保证螺纹传动链的精度，机动进给运动传动链是由光杠经溜板箱传动的。这条传动链从主轴VI到轴XVII之间的传动路线，与车削螺纹的传动路线相同。其后，将进给箱中的离合器 M_5 脱开，使轴XVIII的齿轮 Z_{28} 与轴XIX左端的 Z_{56} 相啮合。运动由进给箱传至光杠XIX，再经溜板箱中的齿轮副 36/32×32/56、超越离合器 M_6 及安全离合器 M_7、轴XX、蜗杆蜗轮副 4/29 传至轴XXI。运动由轴XXI经齿轮副 40/48 或 40/30×30/48、双向离合器 M_8、轴XXII、齿轮副 28/80、轴XXIII传至小齿轮 Z_{12}。小齿轮 Z_{12} 与固定在床身上的齿条相啮合。小齿轮 Z_{12} 转动时，就使溜板箱带着刀架作纵向机动进给以车削圆柱面。若运动由轴XXI经齿轮副 40/48 或 40/30×30/48、双向离合器 M_9、轴XXV及齿轮副 48/48×59/18 传至横进给丝杠XXVII，就使横刀架作横向机动进给以车削端面。

机动进给运动传动链传动路线表达式为

$$主轴(\mathrm{VI})-\begin{bmatrix}米制螺纹\\传动路线\\ \\英制螺纹\\传动路线\end{bmatrix}-\mathrm{XVII}-\frac{28}{56}-\mathrm{XIX}(光杠)-\frac{36}{32}\times\frac{32}{56}-M_6(超越离合器)-$$

$$M_7(安全离合器)-\mathrm{XX}-\frac{4}{29}-\mathrm{XXI}-$$

$$\left.\begin{bmatrix}\dfrac{40}{48}-M_8\uparrow\\ \dfrac{40}{30}\times\dfrac{30}{48}-M_8\downarrow\end{bmatrix}-\text{XXII}-\dfrac{28}{80}-\text{XXIII}-Z_{12}-\text{齿条}-\text{刀架}\right.$$

$$\left.\begin{bmatrix}\dfrac{40}{48}-M_9\uparrow\\ \dfrac{40}{30}\times\dfrac{30}{48}-M_9\downarrow\end{bmatrix}-\text{XXV}-\dfrac{48}{48}\times\dfrac{59}{18}-\text{XXVII}(\text{横向丝杠})-\text{刀架}\right.$$

为了避免发生事故，刀架的纵向移动、横向移动和车螺纹三种传动路线同时只允许接通一种，这是由操纵机构和互锁机构来保证的。

(1) 纵向机动进给量

CA6140 型车床纵向机动进给量有 64 种。当运动由主轴经正常导程的米制螺纹传动路线时，可获得正常进给量。这时的运动平衡式为

$$f_{纵}=1_{主轴}\times\frac{58}{58}\times\frac{33}{33}\times\frac{63}{100}\times\frac{100}{75}\times\frac{25}{36}\times u_{基}\times\frac{25}{36}\times\frac{36}{25}\times u_{倍}\times\frac{28}{56}\times\frac{36}{32}\times\frac{32}{36}\times\frac{4}{29}\times\frac{40}{48}\times\frac{28}{80}\times\pi\times2.5\times12\text{ mm/r}$$

将上式化简可得

$$f_{纵}=0.71u_{基}u_{倍}$$

通过改变变换 $u_{基}$、$u_{倍}$ 的值，可得到 32 种正常进给量(范围为 0.08～1.22 mm/r)，其余 32 种进给量可分别通过英制螺纹传动路线和扩大导程机构传动路线得到。

(2) 横向机动进给量。

当横向机动进给与纵向进给的传动路线一致时，所得到的横向进给量是纵向进给量的一半，横向进给量与纵向进给量的种数相同，都为 64 种。

(四) 快速运动传动链

为了提高生产效率和减轻工人劳动强度，CA6140 型卧式车床的刀架可以实现纵向和横向机动快速移动。按下快速移动按钮，快速电动机(0.25 kW. 2800 mm/r)经齿轮副 13/29 使轴 XX 高速转动，再经蜗杆蜗轮副 4/29 传至轴 XXI，然后沿机动进给传动路线，传至纵向进给齿轮齿条副或横向进给丝杠，使刀架实现纵向或横向的快速移动。快移方向仍由溜板箱中双向离合器 M_8，M_9 控制。其传动路线表达式为

$$\text{快速移动电动机}-\frac{13}{29}-\text{XX}-\frac{4}{29}-\text{XXI}-\begin{Bmatrix}M_8\cdots\cdots\text{纵向}\\ M_9\cdots\cdots\text{横向}\end{Bmatrix}$$

当快速电机旋转时，不必脱开进给传动链，这是由于在齿轮 Z_{56} 与轴 XXII 间装有超越离合器 M_6，使工作进给传动链自动断开，当快速电机停转时，超越离合器 M_6 使工作进给传动链又自动重新接通。

例 1-9　欲在 CA6140 型车床上车削螺纹导程 $L=12$ mm 的公制螺纹，试指出能够加工这一螺纹的传动路线有哪几条？

解：传动路线有两条：

(1) $L=12$ mm 时

传动表达式：

$$\text{主轴 VI}-\frac{58}{58}-\text{IX}-\begin{bmatrix}\frac{33}{33}(\text{右旋})\\ \frac{33}{25}\times\frac{25}{33}(\text{左旋})\end{bmatrix}-\text{XI}-\frac{63}{100}\times\frac{100}{75}-\text{XII}-\frac{25}{36}-\text{XIII}-u_{基}-\text{XIV}-$$

$$\frac{25}{36}\times\frac{36}{25}-\text{XV}-u_{倍}-\text{XVII}-M_5-\text{XVIII}-\text{刀架}$$

$$u_{基}=\frac{36}{21}\quad u_{倍}=\frac{28}{35}\times\frac{35}{28}$$

(2) $L=3$ mm 时，需要导程扩大 4 倍

传动表达式：

$$\text{主轴 VI}-\frac{58}{26}-\text{V}-\frac{80}{20}-\text{IV}-\frac{50}{50}-\text{III}-\frac{44}{44}-\text{VIII}-\frac{26}{58}-\text{IX}-\begin{bmatrix}\frac{33}{33}(\text{右旋})\\ \frac{33}{25}\times\frac{25}{33}(\text{右旋})\end{bmatrix}-\text{XI}-$$

$$\frac{63}{100}\times\frac{100}{75}-\text{XII}-\frac{25}{36}-\text{XIII}-u_{基}-\text{XIV}-\frac{25}{36}\times\frac{36}{25}-\text{XV}-u_{倍}-\text{XVII}-M_5-\text{XVIII}-\text{刀架}$$

$$u_{基}=\frac{36}{21}\quad u_{倍}=\frac{28}{35}\times\frac{15}{48}$$

三、CA6140 型车床的主要结构

（一）主轴箱

机床主轴箱的装配图包括展开图、各种向视图和剖面图。主轴箱内主要有离合器、制动装置、主轴组件、传动机构、操纵机构和润滑装置等。

(1) 双向多片摩擦离合器、制动器及其操纵机构

双向多片式摩擦离合器装在主轴箱中的轴Ⅰ上，摩擦离合器由内摩擦片、外摩擦片、止推片、压块和空套齿轮等组成。离合器左、右两部分结构是相同的。离合器右部分使主轴反转，主要用于退刀，传递的扭矩小，片数较少。图 1-15(a)所示为摩擦离合器左部分，内摩擦片 3 的内孔为花键孔，与轴Ⅰ的花键啮合，随轴Ⅰ一起转动。外摩擦片 2 的内孔是圆孔，空套在轴Ⅰ上，它的外圆上有四个凸爪，嵌在空套齿轮 1 的缺口中，能带动齿轮 1 转动。当内外摩擦片压紧时，轴Ⅰ的转动通过内外摩擦片的摩擦力传给了齿轮 1，使主轴正转。同理，当右离合器内外摩擦片压紧时，轴Ⅰ的转动便传给了轴Ⅰ右端的齿轮，从而使主轴反转。当左、右离合器都处于脱开状态时，轴Ⅰ虽然转动，但主轴处于停止状态。

摩擦离合器的位置，是由手柄 18 来操纵的[见图 1-15(b)]。当手柄 18 向上扳时，连杆 20 向外移动，使曲柄 21 和扇齿轮 17 顺时针转动，齿条 22 向右移动，齿条 22 通过拨叉使滑套 12 向右移动。滑套 12 的内孔两端为锥孔，中间为圆孔。滑套 12 向右移动时就将元宝销 6 的右端向下压。由于元宝销 6 是用销装在轴Ⅰ上的，元宝销就向顺时针方向摆动，于是元宝销 6 下端的凸缘推动轴Ⅰ内孔中的拉杆 7 向左移动，带动压

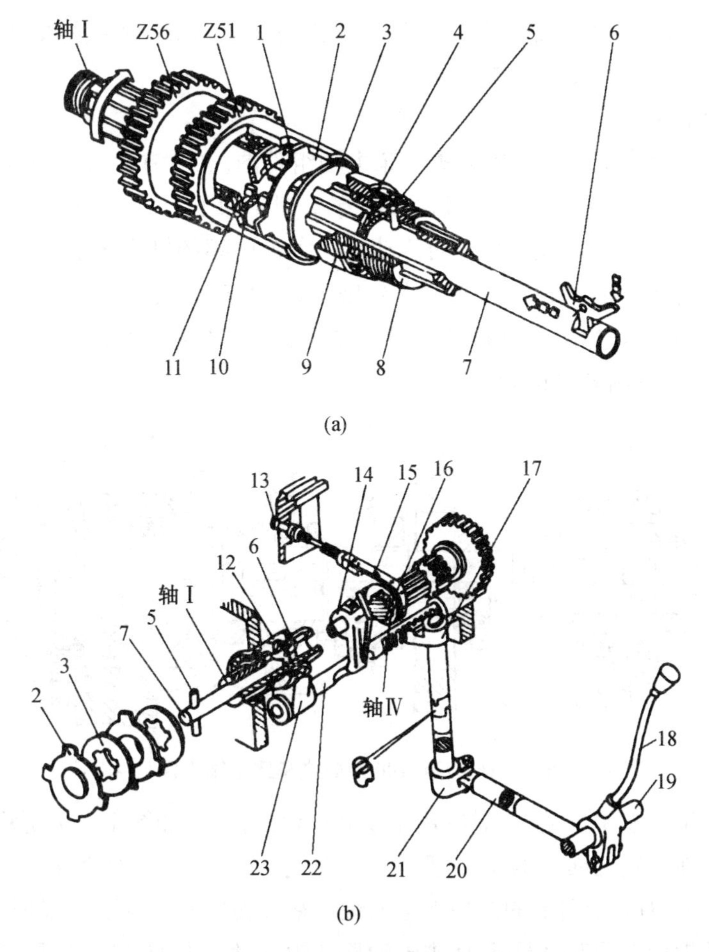

图 1－15　摩擦离合器、制动器及其操纵机构

块 8 向左压紧，主轴正转。同理，将手柄 18 扳至下端位置时，右离合器压紧，主轴反转。当手柄 18 处于中间位置时，左、右离合器全部脱开，主轴停止转动。

摩擦离合器除了传递运动和扭矩外，还能超过载保护作用。摩擦片之间的压紧力是根据离合器应传递的转矩来确定的。当机床过载时，摩擦片打滑，于是，主轴就停止转动，这样，就可避免损坏机床。图 1－15(a)中的螺母 9 是用来调整压紧力的大小，它由调整销 4 定位。

闸带式制动器安装在轴Ⅳ上[见图 1－15(b)]，它的功用是在摩擦离合器脱开时立刻制动主轴，使主轴迅速地停止转动，以缩短辅助时间。它是由装在轴上的制动盘 16、制动带 15、调节螺钉 13 和杠杆 14 等组成。为了使用方便和安全操作，摩擦离合器和制动器采用联合操纵，两套机构都由手柄 18 来控制。当左或右离合器接合时，杠杆 14 下端与齿条轴 20 的凹槽相接触，使制动带 15 放松，此时制动带不起作用；当左或右离合器都脱开时，齿条 22 处于中间位置，杠杆 14 下端与齿条轴 23 上的凸起相接触，杠杆 14 向逆时针方向摆动，将制动带 15 拉紧，制动带和制动盘之间的摩擦力使轴Ⅳ和主轴迅速地停止转动。制动带 15 为一钢带，为增加摩擦系数，在它的内侧固定一层酚醛石棉。制动时制动带在制动盘上的拉紧程度应适当，如果制动带拉得不紧，就不能起到制动作用，制动时主轴不能迅速地停止。但如果拉得过紧，则摩擦力太大，将烧坏摩擦表面。制动带的拉紧程度由调节螺钉调整。

(2) 主轴组件

图 1－16 所示是 CA6140 型卧式车床主轴组件图。CA6140 型车床的主轴是一个空心阶梯轴，主轴的内孔是为了通过棒料或穿入钢棒卸下顶尖，也可用于通过气动、液压等夹紧驱动装置(装在主轴后端)的传动杆。主轴前端的锥孔为莫氏 6 号锥度，供安装顶尖或心轴之用。加工时工件夹持在主轴上，并由其直接带动工件旋转，实现主运动。主轴的旋转精度、刚度和抗振性等对工件的加工精度和表面粗糙度有直接影响，因此，对主轴及其轴承有较高的要求。

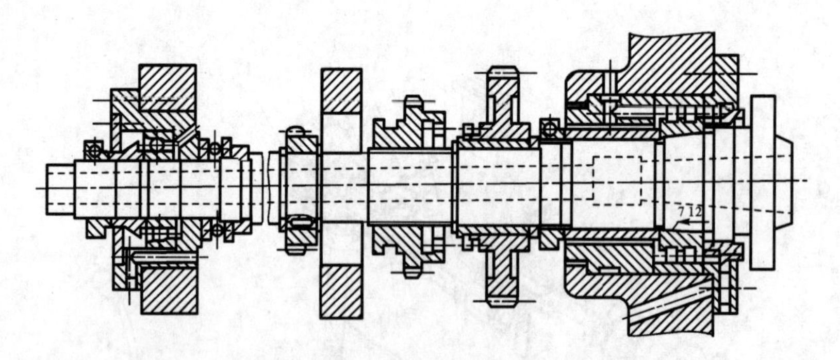

图 1－16　CA6140 型卧式车床主轴组件

主轴前端采用短锥法兰式结构，用于安装卡盘或拨盘，如图 1－17 所示。它以短圆锥面和轴肩端面作定位面。卡盘、拨盘等夹具通过卡盘座 4，用四个螺栓 5 固定在主轴 3 上，由装在主轴轴肩端面上的圆柱形端面键用来传递转矩。安装卡盘时，将预先拧紧在卡盘座上的螺栓 5 及其螺母 6，从主轴轴肩和锁紧盘 2 上的孔中穿过，然后将锁紧盘转过一个角度，使螺栓进入锁紧盘上宽度较窄的圆弧槽内(如图中所示位置)，再把螺母 6 拧紧，就可把卡盘等夹具安装在主轴的前端。这种短锥法兰结构定心精度高，装卸方便，工作可靠，主轴前端的悬伸长度较短，有利于提高主轴组件的刚度。因此，在新型车

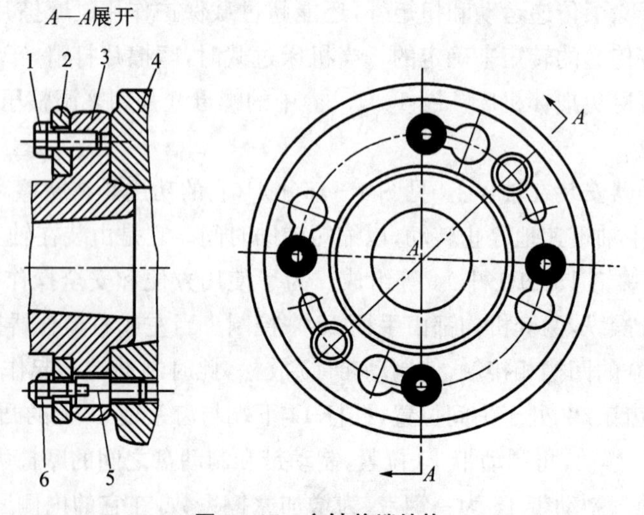

图 1－17　主轴前端结构

床上应用很普遍。

主轴上安装有三个齿轮，右端的左旋斜齿圆柱齿轮 Z_{58} 空套在主轴上。采用斜齿圆柱齿轮传动使主轴运转比较平稳，传动时 Z_{58} 齿轮作用在主轴上的轴向分力与进给力 F_f 的方向相反，可以减少主轴前支承所受的轴向力。主轴上中间的齿轮 Z_{50} 可以在主轴的花键上滑移，它是内齿离合器，当内齿离合器处于中间位置时，主轴与轴Ⅲ和轴Ⅴ的传动联系被断开，这时可用手转动主轴，便于工件的装夹、找正和测量。当内齿离合器处于左边位置时，主轴高速运转。当内齿离合器处于右边位置时，主轴中、低速运转。左端的齿轮 Z_{58} 固定在主轴上，用于传动进给箱。

主轴组件采用两支承结构，主轴前支承选用 P5 级精度的双列短圆柱轴承，用于承受径向力。由于轴承内环很薄，和主轴配合面有 1∶12 锥度，当内环与主轴有相对轴向移动时，内环可产生径向弹性膨胀或收缩，以调整轴承的径向间隙大小。调整后用螺母锁紧。为了减小振动，提高主轴组件的旋转精度，在主轴前支承处安装有阻尼套筒。套筒分为外套和内套，外套装在主轴箱前支承座孔内，内套装在主轴上，内外套之间的径向间隙为 0.2 mm，其中充满润滑油。

主轴后支承有两个轴承，一个是 P5 级精度的推力球轴承，用于承受向左轴向力；另一个是 P5 级精度的角接触球轴承，用于承受径向力和向右轴向力。后支承两个轴承的间隙和预紧可以用主轴尾端的螺母调整。主轴前后支承的润滑，都是由润滑油泵供油。润滑油通过进油孔对轴承进行充分的润滑，并带走轴承旋转所产生的热量。为了避免漏油，主轴前后支承两端采用了油沟式密封。主轴旋转时，由于离心力的作用，油液沿着斜面被甩到轴承端盖的接油槽中，经回油孔流向箱内。

(3) 变速操纵机构

主轴箱中共有三套变速操纵机构。图 1－18 是轴Ⅱ和轴Ⅲ上滑动齿轮的操纵机构。它用一个手柄同时操纵轴Ⅱ、Ⅲ上的双联滑移齿轮和三联滑移齿轮，变换全部 6 种转速，故手柄共有均布的 6 个位置。转动手柄，通过链传动轴 4，轴 4 上固定盘形凸轮 3

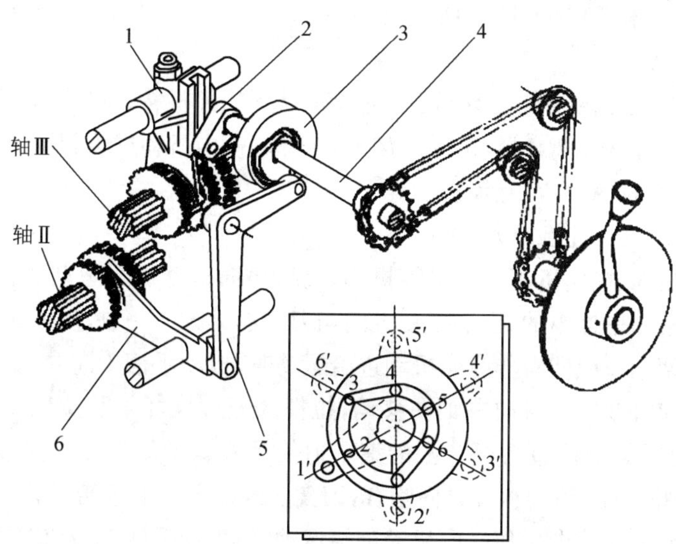

图 1－18　轴Ⅱ-轴Ⅲ上滑动齿轮变速操纵机构

和曲柄2。盘形凸轮3上有一条封闭的曲线槽,它由二段不同半径的圆弧和直线组成,共有6个变速位置。如图1-16所示,在位置1、2、3时,使杠杆5上端的滚子处于凸轮槽曲线的大半径圆弧处,杠杆5下端经拨叉6将轴Ⅱ上的双联滑移齿轮移向左端位置。在位置4、5、6时,使杠杆5上端的滚子处于凸轮槽曲线的小半径圆弧处,则将双联滑移齿转移向右端位置。曲柄2随轴4转动,带动拨叉1拨动轴Ⅲ上的三联滑移齿轮,使它处于左、中、右三个位置,顺次转动手柄至各个变速位置,就可使两个滑动齿轮块的轴向位置实现6种组合,使轴Ⅲ得到6种不同的转速。滑移齿轮到位后应定位,它由结构简单的钢球定位方式来实现。

(4) 主轴箱的润滑系统

为了减少零件的磨损和保证机床正常工作,主轴箱中的摩擦离合器、轴承、齿轮等都必须进行良好的润滑。CA6140型机床的润滑方式,采用油泵供油循环。图1-19为主轴箱的润滑系统,油泵3安装在左床腿上,由主电动机经三角皮带传动油泵3。润滑油在左床腿中的油池里,油泵经网状滤油器1将油吸入,经油管4和滤油器5输送到分油器8,分油器8上的油管7和9分别对轴Ⅰ上的摩擦离合器和前轴承单独供油,以保证充分润滑和冷却。油管10通向油标11,以便检查润滑系统的工作情况。分油器8上还加工许多径向孔,压力油从油孔向外喷射时,被箱体中高速旋转的齿轮溅至各处,对其他传动件及操纵机构进行润滑,从各润滑面流回的润滑油集中在主轴箱底部,经油管2流回左床腿的油池。这一润滑系统采用箱外循环润滑方式,能降低主轴箱的温升,减少主轴箱的热变形,减少内部传动件的磨损,有利于保证机床的加工精度。

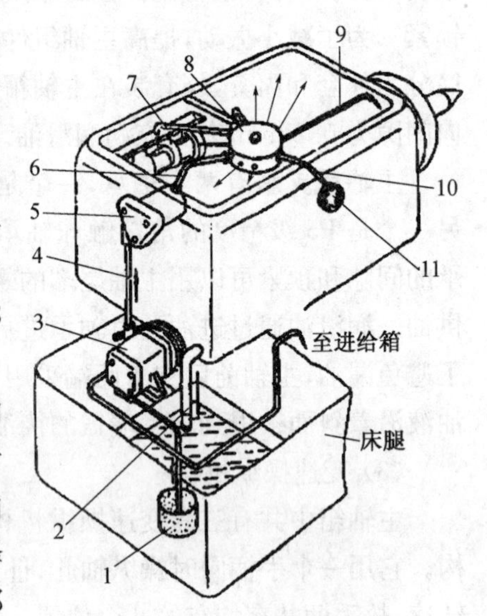

图1-19 主轴箱润滑系统

(二) 溜板箱

为了实现溜板箱的功能,溜板箱中主要有以下几种机构:超越离合器M_6和安全离合器M_7,双向牙嵌式离合器M_8和M_9及其纵向、横向机动进给和快速移动的操纵机构,开合螺母及其操纵机构,互锁机构等。

(1) 纵、横向机动进给操纵机构

图1-20是纵、横向机动进给操纵机构。纵、横向机动进给运动的接通、断开及变向是由一个手柄集中操纵的,手柄扳动方向与刀架运动方向一致,使用比较方便。

当要使刀架向左或向右作纵向机动进给运动时,扳动手柄1向左或向右,手柄1下端开口槽拨动拉杆3向右或向左轴向移动,拉杆3通过杠杆4及拉杆5使圆柱凸轮6转动,凸轮6上螺旋槽通过滑杆7上的滚子迫使滑杆7带动拨叉8向前或向后移动。拨动双向牙嵌离合器M_8向相应方向啮合,刀架实现纵向机动进给运动。

当要使刀架向前或向后作横向机动进给运动时,扳动手柄1向前或向后,由于手柄1的方块嵌在转轴2右端缺口,使转轴2和圆柱凸轮12向前或向后转动一个角度,圆

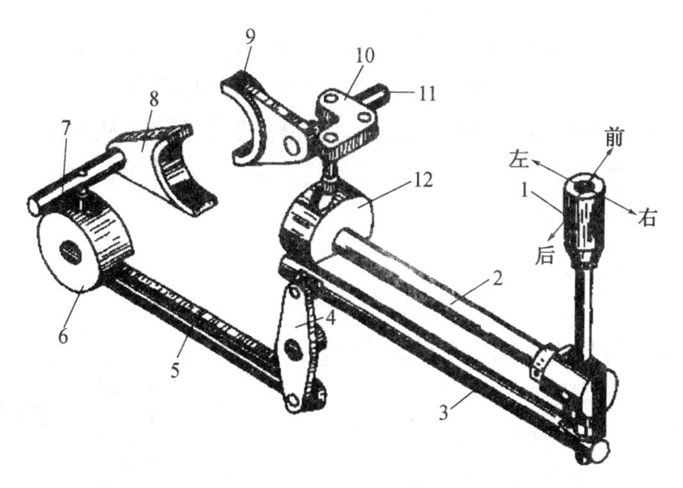

图 1-20 纵、横向机动进给操纵机构

柱凸轮 12 上的曲线槽使杠杆 10 摆动，拨动滑杆 11 带动拨叉 9 向前或向后移动。拨动双向牙嵌离合器 M_9 向相应方向啮合，刀架实现横向机动进给运动。

手柄的顶端装有快速电动机的点动按钮，如按下点动按钮，快速电动机启动，刀架就可向手柄扳动的方向快速移动，直到松开点动按钮时为止。

手柄 1 处于中间位置时，离合器 M_8 和 M_9 都脱开，这时机动进给运动和快速移动均被断开。为了避免同时接通纵向和横向运动，手柄上开有十字形槽，使操纵手柄不能同时接通纵向和横向运动。

为了避免损坏机床，操纵机床时，丝杠传动和纵、横向机动进给运动不能同时接通。因此，溜板箱中设有互锁机构，保证开合螺母合上时，机动进给运动不能接通。反之，机动进给运动接通时，开合螺母不能闭合。

(2) 超越离合器

为了避免光杠和快速电动机同时传动而造成轴 XX 损坏，在溜板箱中的空套齿轮 Z_{56} 与轴 XX 之间装有超越离合器 M_6。图 1-21 所示是超越离合器的结构图。

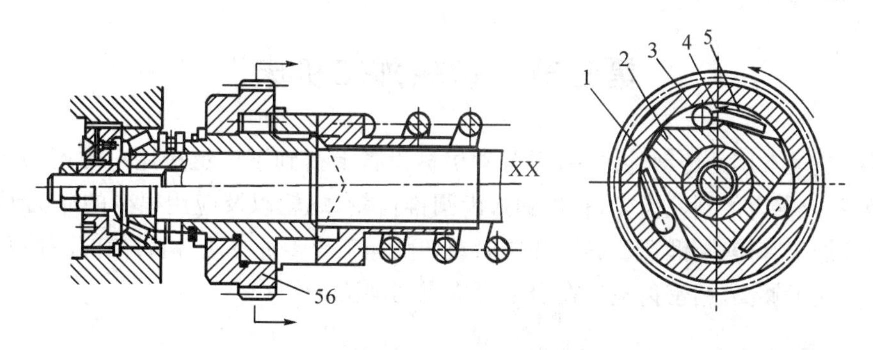

图 1-21 超越离合器

它是由外环 1(即齿轮 Z_{56})、星形体 2、滚子 3、顶销 4 和弹簧 5 组成。当刀架机动进给时，由光杠传来的运动，使齿轮 Z_{56} 按图 1-13 所示的逆时针方向转动，三个短圆柱滚子 3 在弹簧 5 的弹力和摩擦力的作用下，被楔紧在外环 1 和星形体 2 之间，外环 1 经滚子 3 带动星形体 2 一起转动，再经安全离合器 M_7 传至轴 XX，使轴 XX 旋转，实现机动进给。启动快速电动机，快速电动机的运动经齿轮副13/29传至轴XX，经安全离合器使星形体2得到一个与齿轮Z_{56}转向相同而转速高得多的旋转运动。这时，由于摩擦力的作用，使滚子3经顶销4压缩弹簧5，向楔形槽的宽段滚动，从而脱开了外环1与星形体2之间的传动联系，这时光杠XIX和齿轮Z_{56}不再驱动轴XX。因此，当接通刀架快速移动时，无需停止光杠的运动。

(3) 安全离合器

机动进给时，当进给力过大或刀架移动受阻时，安全离合器能自动断开从光杠传来的运动，避免损坏机床，起到过载保护作用。

安全离合器的工作原理见图1-22所示。它由左半离合器1、右两半离合器2及弹簧3等组成。离合器左半部1与右半部2之间有端面螺旋齿相啮合，弹簧使左、右两半离合器相互压紧。

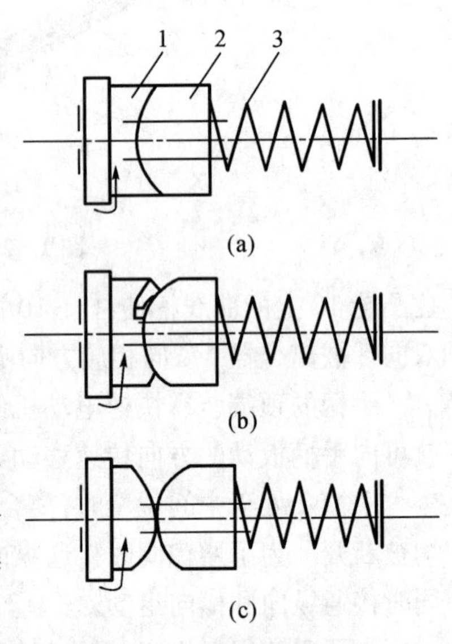

图1-22 安全离合器的工作原理

由光杠传来的运动经齿轮Z_{56}（见图1-14）及超越离合器M_6传至安全离合器M_7左半部1，通过螺旋形端面齿带动离合器右半部2转动，运动再经花键传至蜗杆轴XX，此时离合器螺旋齿面上产生的轴向分力，由弹簧的压力来平衡，使离合器左、右部分保持啮合。

当机床过载时，蜗杆轴XX的转矩增大，安全离合器传递的转矩以及产生的轴向分力也增大，当轴向分力超过弹簧的压力，右半离合器2便压缩弹簧向右移动，与左半离合器1脱开，安全离合器打滑，使机动进给传动链断开。当过载现象消失后，弹簧使安全离合器重新自动接合，传动链恢复接通，重新正常工作。机床许用的最大转矩和进给力，取决于弹簧3调定的压力。

第三节 齿轮加工机床

齿轮是最常用的传动件之一，在各种机械设备上得到了广泛应用。常用的有：直齿、斜齿和人字齿的圆柱齿轮，直齿和弧齿圆锥齿轮，蜗轮以及应用很少的非圆形齿轮等。齿轮加工有铸造、锻造、热轧、冲压以及切削加工等多种方法，但目前前四种方法的加工精度还不够高，精密齿轮现在仍主要依靠切削法。

一、概述

齿轮加工机床是用来加工齿轮轮齿的机床。虽然种类繁多，种类各异，加工方法也不尽相同，但按形成齿轮的原理，不外是成形法和范成法两类。

1. 成形法

这是用切削刃与被加工齿轮齿槽形状完全相符的成形刀具切削齿轮的方法。成形法加工齿轮时一般在普通铣床上进行，也可以用成形刀具在刨床上刨齿或在插床上插齿。例如，图 1－23 中，在铣床上使用具有渐开线齿形的盘形铣刀或指状铣刀铣削齿轮。轮齿的表面是渐开面，形成母线(齿廓渐开线)的方法是成形法，不需要表面成形运动；形成导线(直线)的方法是相切法，需要两个成形运动：一个是盘形齿轮铣刀或指状铣刀的旋转 B_1，一个是铣刀沿齿坯的轴向移动 A_2，两个都是简单成形运动。铣完一个齿槽后，铣刀返回原位，用分度头使齿坯实现分度运动，转过 $360°/Z$ 的角度(Z 是被加工齿轮的齿数)，然后再铣下一个齿槽，直至全部齿槽被铣削完毕。分度运动属于辅助运动。通常加工模数较大齿轮时，采用指状齿轮铣刀[见图 1－23(b)]。

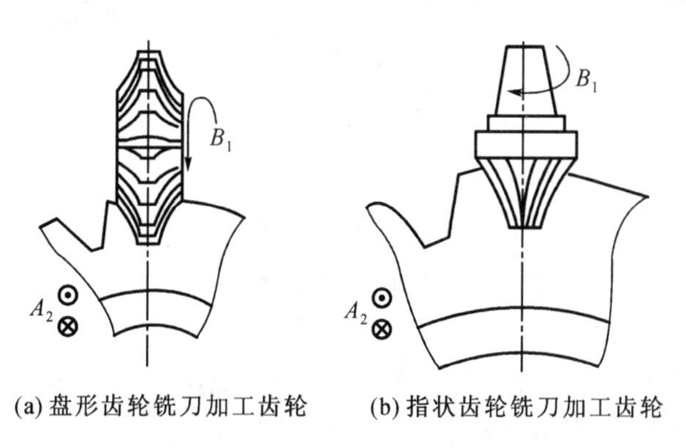

(a) 盘形齿轮铣刀加工齿轮　　(b) 指状齿轮铣刀加工齿轮

图 1－23　成形法加工齿轮

2. 范成法

范成法又称为包络法或范成法，加工齿轮是利用齿轮啮合的原理进行的。切齿过程中，模拟某种齿轮的啮合过程，将齿轮啮合副中的一个齿轮转化为刀具来加工另一个齿轮毛坯，强制刀具和工件作严格的啮合运动(范成运动)，被加工齿的齿形表面是在刀具和工件包络过程中，由刀具切削刃的位置连续变化而成的。其优点是，刀具的切削刃相当于齿条或齿轮的齿廓，与被加工齿轮的齿数无关，只需一把刀具就能加工出模数相同而齿数不同的齿轮，其加工精度和生产率都比成形法高，是目前齿轮加工中最常用的一种方法。

3. 齿轮加工机床的类型

按照被加工齿轮种类不同，齿轮加工机床可分为圆柱齿轮加工机床和圆锥齿轮加工机床两大类。圆柱齿轮加工机床主要有滚齿机、插齿机等，锥齿轮加工机床有加工直齿锥齿轮的刨齿机、铣齿机、拉齿机和加工弧齿锥齿轮的铣齿机。用来精加工齿轮齿面的机床有珩齿机、剃齿机和磨齿机等。

二、滚齿机的运动分析

滚齿机是齿轮加工机床中应用最广泛的一种，主要用于加工直齿和斜齿圆柱齿轮和蜗轮，也可以加工花键轴。

1. 滚齿原理

滚齿加工是根据范成法原理来加工齿轮轮齿的，是基于交错轴斜齿轮啮合传动原理[图 1－24(a)]，将其中的一个齿数减少到几个或一个，螺旋倾角增大到很大，它就成了蜗杆[图 1-24(b)]。再将蜗杆开槽并铲背，就成为齿轮滚刀[图 1-24(c)]。当机床使滚刀与工件按确定的关系实现相对运动时，该刀的切削刃便在工件上滚切出齿槽，形成渐开线齿面。滚切过程中，滚刀各刀齿相继切去齿槽中的薄层金属，每个齿槽在滚刀旋转中由几个刀齿依次切出，渐开线齿廓则由刀刃一系列瞬时位置包络而成，所以滚齿时齿廓的成型方法是范成法，由机床传动链保证被加工齿轮和滚刀严格的相对运动关系。

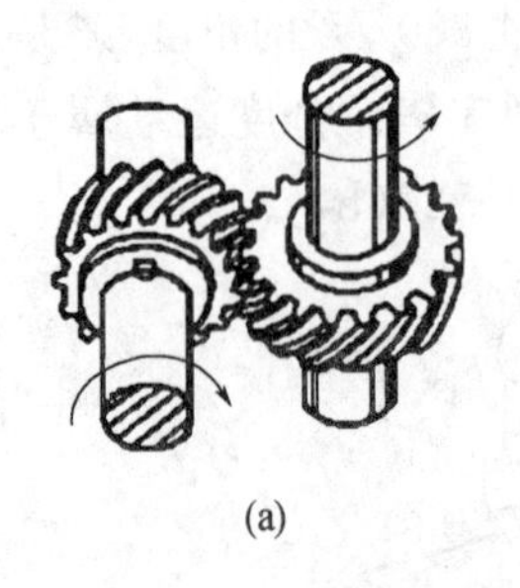
(a)

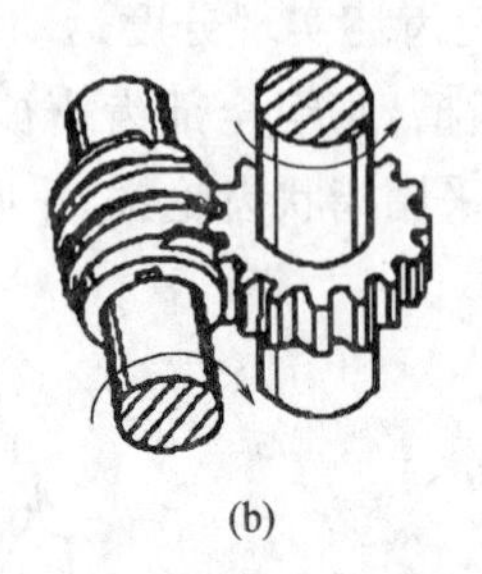
(b)

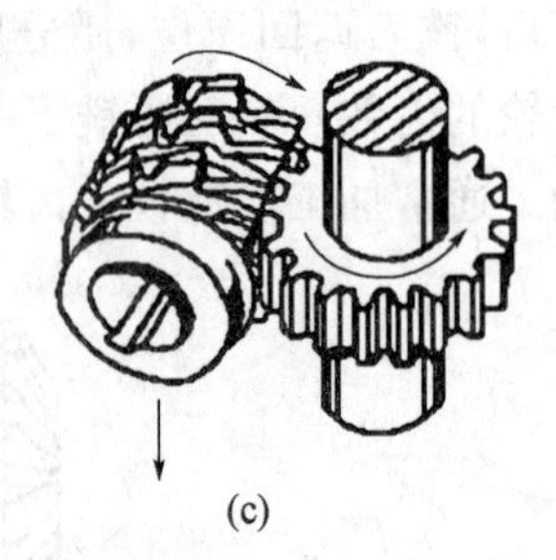
(c)

图 1-24　滚齿原理

2. 加工直齿圆柱齿轮时机床的运动和传动原理

(1) 机床的运动分析

用滚刀加工直齿圆柱齿轮必须具备以下两个运动：一个是形成渐开线齿廓(母线)所需的范成运动，即滚刀旋转运动和工件旋转运动组成的复合运动；另一个是切出整个齿宽形成导线所需的滚刀沿工件轴线的垂直进给运动。

(2) 机床的传动原理

滚切直齿圆柱齿轮的传动原理如图 1-25 所示，完成滚切直齿圆柱齿轮，需以下传动链：

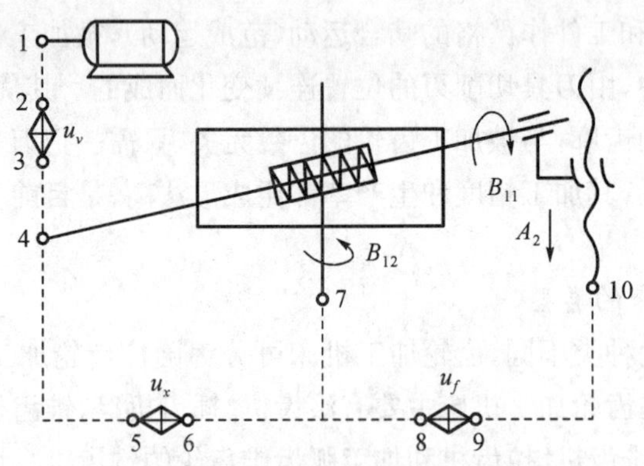

图 1-25　滚切直齿圆柱齿轮的传动原理图

1) 主运动传动链

滚齿机的主运动为滚刀的旋转运动，联系滚刀主轴(滚刀旋转 B_{11})和动力源之间的传动链称为主运动传动链(1—2—u_v—3—4)。由于滚刀和动力源之间没有严格的相对运动要求，所以主运动传动链属于外联系传动链。传动链中的换置机构 u_v 用于改变滚刀的转速，以满足加工工艺要求。

2) 范成运动传动链

联系滚刀主轴(滚刀旋转 B_{11})和工作台(工件转动 B_{12})的传动链称为范成运动传

动链(4—5—u_x—6—7)。滚刀旋转 B_{11} 和工件旋转 B_{12} 是一个复合成形运动，两执行件(滚刀和工件)之间的传动链属于内联系传动链，由它来保证滚刀和工件旋转运动之间严格的相对运动关系：滚刀转 1 转，工件转 K/Z 转(Z 为工件齿数，K 为滚刀头数)。传动链中的换置机构 u_x 用于调整它们之间的传动比，以适应因工件齿数和滚刀头数的变化及其他因素而需要改变传动比的要求。

3）轴向进给传动链

滚刀还应有沿工件轴线所做的垂直进给(A_2)，以便切出整个齿宽，其传动链为：工件—7—8—u_f—9—10—刀架升降丝杠—刀架。轴向进给运动的快慢，只影响被加工齿面的粗糙度，所以 A_2 是个简单运动，该传动链属于外联系传动链。传动链中的换置机构 u_f 用于调整轴向进给量的大小和进给方向，以适应不同加工表面粗糙度的要求。

3. 加工斜齿圆柱齿轮时机床的运动和传动原理

(1) 机床的运动分析

斜齿圆柱齿轮与直齿圆柱齿轮的不同之处是沿轮齿的齿长方向是一条螺旋线。因此，在滚切斜齿圆柱齿轮时，除了与滚切直齿一样需要有范成运动、主运动和轴向进给运动外，为了形成螺旋线齿线，在滚刀作轴向进给运动的同时，工件还应作附加旋转运动(简称附加运动)，而且这两个运动之间必须保持确定的关系。即滚刀移动一个工件螺旋线导程时，工件应准确地附加转过一转，两者组成一个复合运动。

(2) 机床的传动原理

图 1-26 是滚切斜圆柱齿轮的传动原理图，滚切斜齿圆柱齿轮时，范成运动、主运动以及轴向进给运动传动链与加工直齿圆柱齿轮相同，只是刀架与工件之间增加了一条附加运动传动链：刀架(滚刀移动 A_{21})—12—13—u_y—14—15—[合成]—6—7—u_x—8—9—工作台(工件附加转动 B_{22})，以保证刀架沿工件轴线方向移动一个螺旋线导程 L 时，通过合成机构使工件附加转 1 转，形成螺旋线齿线。显然，这条传动链属于内联系传动链。传动链中的换置机构 u_y 用于适应工件螺旋线导程 L 和螺旋方向的变化。由于这个传动联系是通过合成机构的差动作用，使工件的转动加快或减慢，所以这个传动链一般称为差动传动链。

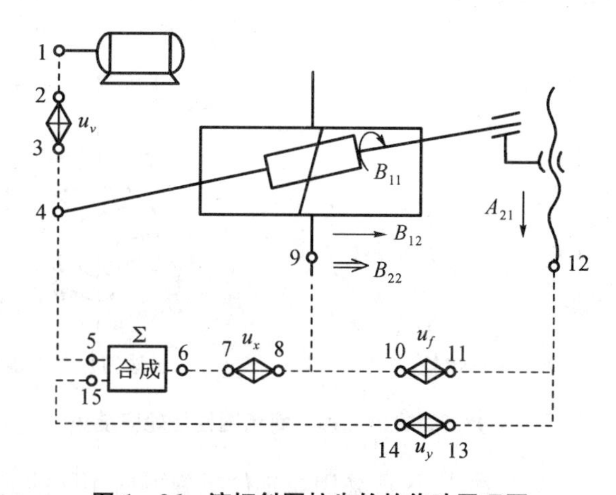

图 1-26　滚切斜圆柱齿轮的传动原理图

滚齿机既可加工直齿，又可加工斜齿圆柱齿轮。因此，滚齿机是根据滚切斜齿圆柱齿轮的传动原理图设计的。当加工直齿轮时，就将差动传动链断开（换置机构挂轮取下），并将合成机构调整成为一个如同“联轴器”的整体，只起等速传动的作用。

4. 滚刀的安装角

由于滚刀刀齿是沿螺旋线分布的，因此，滚齿时为了使滚刀螺旋线方向与被加工齿轮的齿线方向一致（这是沿齿线方向进给滚出全齿长的条件），滚刀轴线与被切齿轮端面之间应倾斜一个角度 δ，称为滚刀的安装角。

（1）加工直齿圆柱齿轮的安装角

滚刀加工直齿圆柱齿轮的安装角 δ 等于该刀的螺旋升角 ω。角度的偏转方向与滚刀螺旋线方向有关，图 1－27 为用右旋滚刀加工直齿圆柱齿轮的情况，从几何关系可知，$\delta=\omega$。用左旋滚刀时倾斜方向相反。

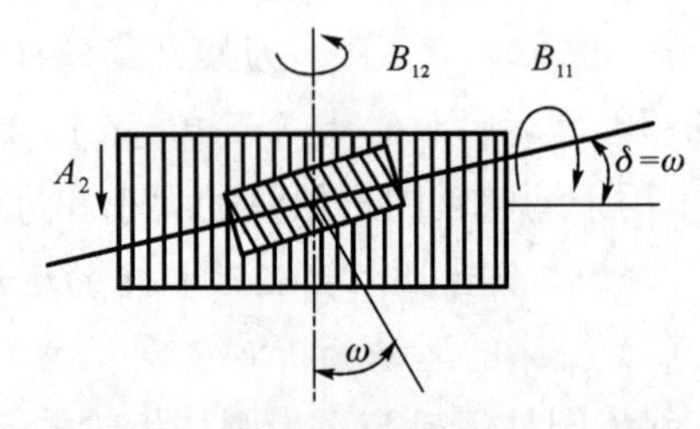

图 1－27　滚刀加工直齿圆柱齿轮安装角

（2）加工斜齿圆柱齿轮的安装角

加工斜齿圆柱齿轮时，由于螺旋滚刀和被加工齿轮的螺旋方向都有左右方向之分，则它们之间共有 4 种不同的组合，如图 1－28 所示。从几何关系可知：

$$\delta = \beta \pm \omega \tag{1-3}$$

式中：β——被加工齿轮螺旋角。当被加工的斜齿轮与滚刀的螺旋线方向相反时，上式取“＋”号；当被加工的斜齿轮与滚刀的螺旋线方向相同时，上式取“－”号。

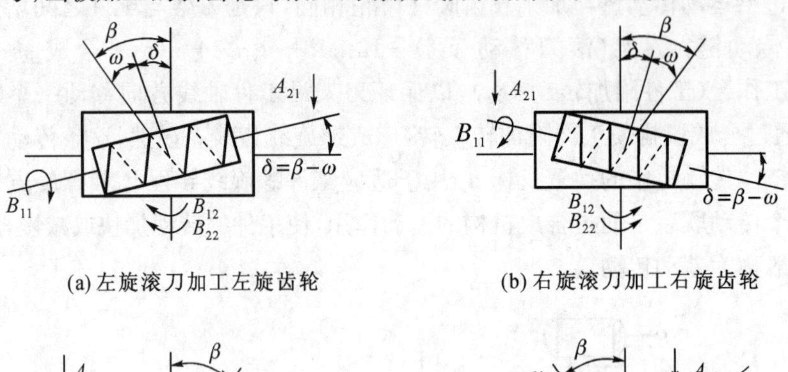

(a) 左旋滚刀加工左旋齿轮　　(b) 右旋滚刀加工右旋齿轮

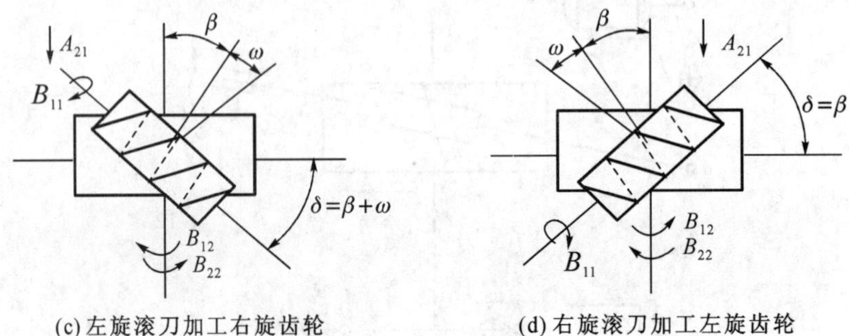

(c) 左旋滚刀加工右旋齿轮　　(d) 右旋滚刀加工左旋齿轮

图 1－28　螺旋滚刀加工斜齿圆柱齿轮安装角

用螺旋滚刀加工斜齿轮时，应尽量采用与工件螺旋方向相同的滚刀，使滚刀安装角较小，有利于提高机床运动平稳性及加工精度。

三、Y3150E 型滚齿机

中型通用滚齿机常见的布局形式有立柱移动式和工作台移动式两种，Y3150E 型滚齿机属于后者。图 1-29 为该机床的外观示意图。床身 1 上固定有立柱 2，刀架溜板 3 可沿立柱上的导轨垂直移动，滚刀用刀杆 4 安装在刀架体 5 中的主轴上。工件安装在工作台 9 的心轴 7 上，随同工作台一起旋转。后立柱 8 和工作台装在床鞍 10 上，可沿床身的水平导轨移动，用于调整工件的径向位置或加工蜗轮时作径向进给运动。后立柱上的支架 6 可用轴套或顶尖支承工件心轴上端，以增加心轴刚度。

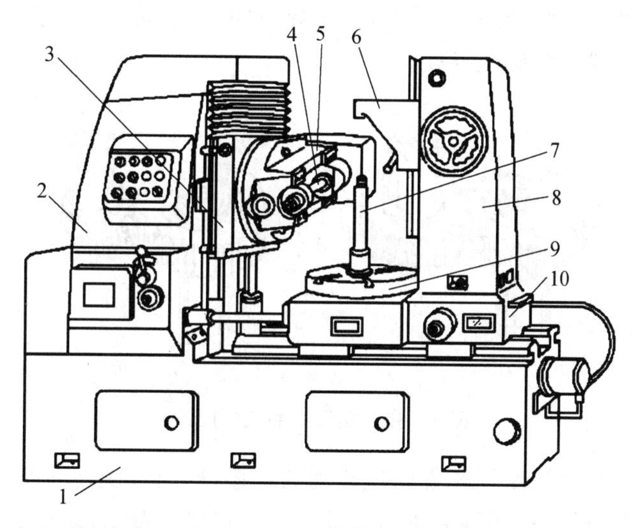

1-床身　2-立柱　3-刀架溜板　4-刀杆　5-刀架体
6-支架　7-心轴　8-后立柱　9-工作台　10-床鞍

图 1-29　Y3150E 型滚齿机

该种滚齿机主要用于滚切直齿和斜齿圆柱齿轮，也可以滚切花键轴或用手动径向进给法滚切蜗轮。因此，其传动系统应具有下列传动链：主运动传动链、范成运动传动链、轴向进给传动链、附加运动(差动)传动链、手动径向进给传动链。另外还有一条刀架快速空行程传动链，用于传动刀架溜板快速移动。

Y3150E 型滚齿机最大可以加工直径为 500 mm、最大宽度为 250 mm、最大模数为 8 mm、最小齿数为 $Z_{min}=5\times k$(k 为滚刀头数)的圆柱齿轮。

四、插齿机

插齿机主要用于加工圆柱齿轮的轮齿齿面，尤其适用于加工内齿轮和多联齿轮，这是滚齿机不能加工的，但插齿机不能加工蜗轮。装上附件，插齿机还能加工齿条。它能一次完成齿槽的粗和半精加工，其加工精度为 7～8 级，表面粗糙度值 R_a 为 0.16 mm。

1. 插齿原理

插齿机加工原理类似一对圆柱齿轮相啮合，其中一个是工件，另一个是齿轮形刀具——插齿刀，它的模数和压力角与被加工齿轮相同，只是在端面磨有前角、齿顶及齿侧磨有后角。可见，插齿机同样是按范成法原理来加工圆柱齿轮的。加工过程中，插齿刀和工件应保持一对圆柱齿轮的啮合运动关系，即在插齿刀转过一个齿时，工件也转过一个齿。或者说，插齿刀转过 $1/Z_{刀}$ 转（$Z_{刀}$ 为插齿刀齿数）时，工件转 $1/Z_{工}$ 转（$Z_{工}$ 为工件齿数）。

图 1-30 表示插齿机的工作原理及加工时所需要的成形运动。插齿时，插齿刀的旋转运动 B_{11} 和工件的旋转运动 B_{12} 组成复合的成形运动——范成运动以形成渐开线齿廓。插齿刀上下往复运动 A_2 为主运动，它是一个简单的成形运动，以形成轮齿齿面的导线——直线（加工直齿圆柱齿轮时）。当插削斜齿轮时，插齿刀主轴是在一个专用的螺旋导轨上移动，当上下往复运动时，由于导轨的作用，插齿刀还有一个附加转动，用以形成斜齿圆柱齿轮的螺旋线导线。

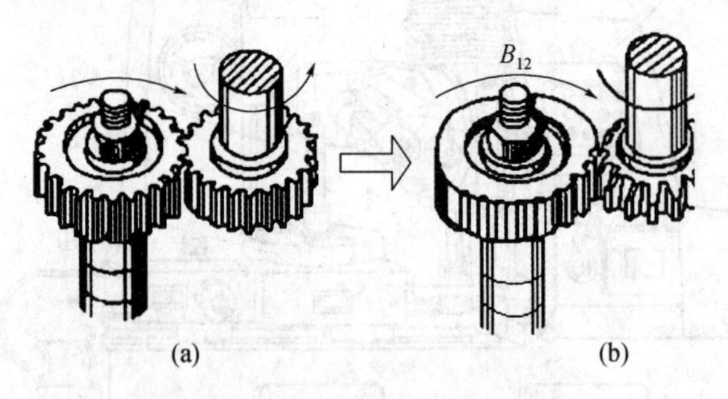

图 1-30　插齿机的工作原理

插齿刀转动的快慢决定了工件轮坯转动的快慢，同时也决定了插齿刀每次切削的负荷，所以插齿刀的转动称为圆周进给运动。圆周进给量的大小用插齿刀每次往复行程中，刀具在分度圆圆周上所转过的弧长表示，其单位为 mm/往复行程。降低圆周进给量将会增加形成齿廓的刀刃切削次数，从而提高齿廓曲线精度。

为了实现插削齿轮轮齿的需要，插齿机除了必需的插削主运动和范成运动以外，还需要径向切入运动。开始插齿时，为避免切削负荷过大损伤刀具或工件，插齿刀应该逐渐地移向工件（或工件移向插齿刀），作径向切入运动，直到全齿深为止。当工件转过一整转，全部轮齿便加工完毕。

另外，插齿刀向上运动（空行程）时，为了避免擦伤工件齿面和减少刀具磨损，还需要让刀运动，使刀具和工件之间产生一定间隙；插齿刀向下运动（工作行程）时，应迅速恢复到复位，以便刀具进行下一次切削。这种让开和恢复原位的运动称为让刀运动。

2. 插齿机的传动原理图

图 1-31 为插齿机的传动原理图，图中“电动机—1—2—u_v—3—5—4—偏心轮—插齿刀主轴（插齿刀往复直线运动）”为主运动传动链，由它确定插齿刀每分钟上下往复的次数（速度）。“插齿刀主轴（插齿刀往复直线运动）—4—5—6—u_f—7—8—插齿刀主轴（插齿刀转动）”是圆周进给传动链（外联系传动链），用来确定渐开线成形运动的速度。“插齿刀主轴（插齿刀转动）—8—9—u_x—10—11—工作台（工件转动）”是范成运动传动链（内联系传动链），用来确定渐开线成形运动的轨迹。由于让刀运动及径向切入

运动不直接参与工件表面的形成过程，因此没有在图中表示。

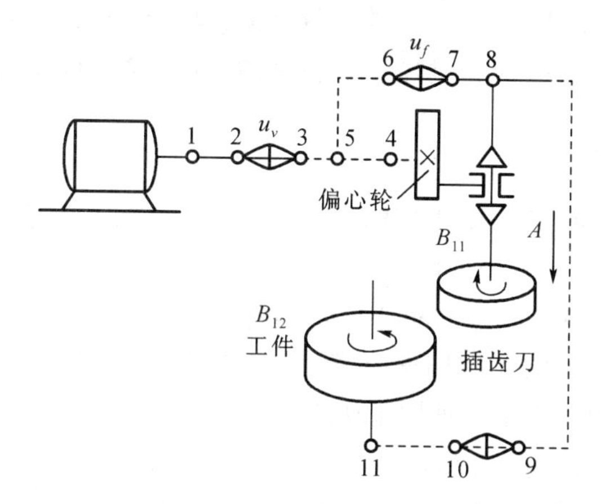

图 1－31　插齿机的传动原理图

第四节　数控机床

一、数控机床概述

现代制造技术已成为各国经济发展、满足人们日益增长的需要、加速高新技术发展和实现工农军现代化的主要技术支撑，成为企业在激烈的市场竞争中占有一席之地并取得发展的关键因素。数控机床技术是现代制造技术中最关键的技术之一。数控机床是数字控制机床的简称，是一种带有程序控制系统的自动化机床。其控制系统能够逻辑地处理具有控制编码或其他符号指令规定的程序，并将其译码，从而使机床动作并加工零件。

数控机床的操作和监控全部在数控单元中完成。与普通机床相比，数控机床有如下特点：

(1) 加工精度高，具有稳定的加工质量。由于数控机床按照预定的程序自动地进行加工，加工过程一般不需要人工干预，消除了人为误差。而且有的数控机床还带有实时检测反馈装置，能修正误差或补偿以获得更高的精度。

(2) 可进行多坐标的联动，能加工形状复杂的零件。

(3) 适应性强。加工零件改变时，一般只需要更改数控程序，而不需要改变机械部分和控制部分的硬件，就能适应加工要求，可节省生产准备时间。因此数控机床特别适合于单件、小批量及新产品的研制，能满足现代产品更新快的需要。

(4) 机床本身的精度高、刚性大，可选择有利的加工用量，生产率高（一般为普通机床的 3～5 倍）。

(5) 机床自动化程度高，可以减轻劳动强度。

(6) 对操作人员的素质要求较高，对维修人员的技术要求更高。

(7) 良好的经济效益。虽然数控机床相对于传统机床价格昂贵，初期投资大，但使用数控机床可以通过提高生产效率来节约直接成本，几乎不需要专用夹具，还可实现一机多用，节省了设备和厂房投资。其总成本下降，综合经济效益好。

(8) 有利于生产管理。数控机床使用数字信息与标准代码处理、传递信息，可以方便地同计算机连接，构成由计算机控制和管理的生产系统，实现制造和生产管理的自动化。

数控机床一般由下列几个部分组成：

(1) 机床本体，是数控机床的主体，包括机床身、立柱、主轴、进给机构等机械部件，用于完成各种切削加工的机械部件。

(2) 数控装置，是数控机床的核心，包括硬件(印刷电路板、CRT 显示器、键盒、纸带阅读机等)以及相应的软件，用于输入数字化的零件程序，并完成输入信息的存储、数据的变换、插补运算以及实现各种控制功能。

(3) 伺服驱动装置，是数控机床执行机构的驱动部件，包括主轴驱动单元、进给单元、主轴电机及进给电机等，在数控装置的控制下通过电气或电液伺服系统实现主轴和进给驱动。当几个进给联动时，可以完成定位、直线、平面曲线和空间曲线的加工。

(4) 辅助装置，指数控机床的一些必要的配套部件，用以保证数控机床的运行，如冷却、排屑、润滑、照明、监测等。它包括液压和气动装置、排屑装置、交换工作台、数控转台和数控分度头，还包括刀具及监控检测装置等。

(5) 编程及其他附属设备，可用来在机外进行零件的程序编制、存储等。

二、数控车床和车削中心

数控车床又称为 CNC 车床，即计算机数字控制车床，是目前国内使用量最大、覆盖面最广的一种数控机床，约占数控机床总数的 25%。数控机床是集机械、电气、液压、气动、微电子和信息等多项技术为一体的机电一体化产品，是机械制造设备中具有高精度、高效率、高自动化和高柔性化等优点的工作母机。

数控车床是数控机床的主要品种之一，它在数控机床中占有非常重要的位置，几十年来一直受到世界各国的普遍重视并得到了迅速的发展。

数控车床主要用于加工圆柱形、圆锥形和各种成形回转表面，可车削各种螺纹，可对盘形零件进行钻孔、扩孔、铰孔和镗孔等加工，还可以完成车端面、切槽、倒角等加工。它具有加工精度高、稳定性好、生产效率高、工作可靠等优点，适用于航空航天、石油、电机、仪表、汽车及机械制造等诸多行业中的回转体零件的中小批量生产，在复杂零件的批量生产中带来了良好的经济效果。

车削中心是以车床为基本体，并在其础上进一步增加动力铣、钻、镗，以及副主轴的功能，使工件需要二次、三次加工的工序在车削中心上一次完成。

车削中心按刀塔形式可以分为栉式和刀塔式两种。

栉式是刀具在三个面不同方位排上多把动力刀或固定刀具，通过工作台坐标的移动来换刀，完成端面、径向以及偏心的车、铣、钻、镗的加工动作。其局限性是加工的工件大小和刀具的数量有冲突，工件大了，刀具要减少，不利于大工件复杂工序的加工，优点是换刀速度快，加工时间短，是小工件高效加工的首选。

刀塔式车削中心是在工作台上安装动力刀塔，可以支持端面及径向的各种加工动作，通过动力刀塔的升降（Y轴功能）来完成车削件端面及径向的偏心及各种加工动作。加工完一个工序，刀塔旋转更换另外刀具来加工，以此来完成复杂的加工步骤，动力刀塔的数量可多可少，根据机床的大小而定，刀塔会占用比较大的空间，另外在尾座的位置还可以加装副主轴，使加工更简化。

总之，车削中心是一种复合式的车削加工机械，能让加工时间大大减少，不需要重新装夹，以达到提高加工精度的要求。

三、加工中心(machining center)

加工中心，是由机械设备与数控系统组成的使用于加工复杂形状工件的高效率自动化机床，是以数控铣床为基础，加上能够在程序控制下执行自动换刀操作的刀库系统而形成的，以铣削加工为主的主动化机床。加工中心备有刀库，具有自动换刀功能，是对工件一次装夹后进行多工序加工的数控机床。加工中心是高度机电一体化的产品，工件装夹后，数控系统能控制机床按不同工序自动选择、更换刀具、自动对刀、自动改变主轴转速、进给量等，可连续完成钻、镗、铣、铰、攻丝等多种工序，因而大大减少了工件装夹、测量和机床调整等辅助工序的时间，对加工形状比较复杂、精度要求较高、品种更换频繁的零件具有良好的经济效果。

1. 加工中心的发展史

加工中心最初是从数控铣床发展而来的。20世纪40年代末，美国开始研究数控机床，1952年，美国麻省理工学院（MIT）伺服机构实验室成功研制出第一台数控铣床，并于1957年投入使用。第一台加工中心是1958年由美国卡尼—特雷克公司首先研制成功的。它在数控卧式镗铣床的基础上增加了自动换刀装置，从而实现了工件一次装夹后即可进行铣削、钻削、镗削、铰削和攻丝等多种工序的集中加工。这是制造技术发展过程中的一个重大突破，标志着制造领域中数控加工时代的开始。数控加工是现代制造技术的基础，这一发明对于制造行业而言，具有划时代的意义和深远的影响。世界上工业发达的国家都十分重视数控加工技术的研究和发展。

二十世纪70年代以来，加工中心得到迅速发展，出现了可换主轴箱加工中心，它备有多个可以自动更换的装有刀具的多轴主轴箱，能对工件同时进行多孔加工。我国于1958年开始研制数控机床，成功试制出配有子管数控系统的数控床，1965年开始批量生产配有晶体管数控系统的三坐标数控铣床。经过几十年的发展，目前的数控机床已实现了计算机控制并在工业界得到广泛应用，在模具制造行业的应用尤为普及。

2. 加工中心的基本组成

加工中心有各种类型，虽然外形结构各异，但总体上是由以下几大部分组成。

(1) 基础部件。由床身、立柱和工作台等大件组成，它们是加工中心结构中的基础部件。这些大件有铸铁件，也有焊接的钢结构件，它们要承受加工中心的静载荷以及在加工时的切削负载，因此必须具备更高的静动刚度，也是加工中心中质量和体积最大的部件。

(2) 主轴部件。由主轴箱、主轴电机、主轴和主轴轴承等零件组成。主轴的启动、停止等动作和转速均由数控系统控制，并通过装在主轴上的刀具进行切削。主轴部件是切削加工的功率输出部件，是加工中心的关键部件，其结构的好坏，对加工中心的性能有很大的影响。

(3) 数控系统。由 CNC 装置、可编程序控制器、伺服驱动装置以及电动机等部分组成，是加工中心执行顺序控制动作和控制加工过程的中心。

(4) 自动换刀装置(ATC)。加工中心与一般数控机床的显著区别是具有对零件进行多工序加工的能力，有一套自动换刀装置。

3. 加工中心的工作原理

工件在加工中心上经一次装夹后，数字控制系统能控制机床按不同加工工序，自动选择及更换刀具，自动改变机床主轴转速、进给速度和刀具相对工件的运动轨迹及其他辅助功能，依次完成工件多个面上多工序的加工。并且有多种换刀或选刀功能，从而使生产效率大大提高。

加工中心由于工序的集中和自动换刀，减少了工件的装夹、测量和机床调整等时间，使机床的切削时间达到机床开动时间的 80%左右(普通机床仅为 15%～20%)；同时也减少了工序之间的工件周转、搬运和存放时间，缩短了生产周期，具有明显的经济效果。加工中心适用于零件形状比较复杂、精度要求较高、产品更换频繁的中小批量生产。

与立式加工中心相比较，卧式加工中心结构复杂，占地面积大，价格也较高，而且卧式加工中心在加工时不便观察，零件装夹和测量时不方便，但加工时排屑容易，对加工有利。

4. 加工中心的结构特点

(1) 机床的刚度高、抗振性好。为了满足加工中心高自动化、高速度、高精度、高可靠性的要求，加工中心的静刚度、动刚度和机械结构系统的阻尼比都高于普通机床(机床在静态力作用下所表现的刚度称为机床的静刚度；机床在动态力作用下所表现的刚度称为机床的动刚度)。

(2) 机床的传动系统结构简单，传递精度高，速度快。加工中心传动装置主要有三种，即滚珠丝杠副；静压蜗杆—蜗母条；预加载荷双齿轮—齿条。它们由伺服电机直接驱动，省去齿轮传动机构，传递精度高，速度快。一般速度可达 15 m/min，最高可达 100 m/min。

(3) 主轴系统结构简单，无齿轮箱变速系统(特殊的也只保留 1～2 级齿轮传动)。主轴功率大，调速范围宽，并可无级调速。目前加工中心 95%以上的主轴传动都采用交流主轴伺服系统，速度可从 10～20 000 r/min 无级变速。驱动主轴的伺服电机功率一般都很大，是普通机床的 1～2 倍，由于采用交流伺服主轴系统，主轴电动机功率虽大，但输出功率与实际消耗的功率保持同步，不存在大马拉小车那种浪费电力的情况，因此其工作效率最高，从节能角度看，加工中心又是节能型的设备。

(4) 加工中心的导轨都采用了耐磨损材料和新结构，能长期的保持导轨的精度，在高速重切削下，保证运动部件不振动，低速进给时不爬行及运动中的高灵敏度。导轨采用钢导轨、淬火硬度≥60 HRC，与导轨配合面用聚四氟乙烯涂层。这样处理的优点：a. 摩擦系数小；b. 耐磨性好；c. 减振消声；d. 工艺性好。所以加工中心的精度寿命比一般的机床高。

(5) 设置有刀库和换刀机构。这是加工中心与数控铣床和数控镗床的主要区别，使加工中心的功能和自动化加工的能力更强了。加工中心的刀库容量少的有几把，多的达几百把。这些刀具通过换刀机构自动调用和更换，也可通过控制系统对刀具寿命进行管理。

(6) 控制系统功能较全。它不但可对刀具的自动加工进行控制，还可对刀库进行控制和管理，实现刀具自动交换。有的加工中心具有多个工作台，工作台可自动交换，不但能对一个工件进行自动加工，而且可对一批工件进行自动加工。这种多工作台加工中心有的称为柔性加工单元。随着加工中心控制系统的发展，其智能化的程度越来越高，如 FANUC16 系统可实现人机对话、在线自动编程，通过彩色显示器与手动操作键盘的配合，还可实现程序的输入、编辑、修改、删除，具有前台操作、后台编辑的前后台功能。加工过程中可实现在线检测，检测出的偏差可自动修正，保证首件加工一次成功，从而可以减少废品的产生。

5. 加工中心的分类

(1) 加工中心按加工工序分类，可分为镗铣与车铣两大类。

(2) 按控制轴数可分为：三轴加工中心，四轴加工中心，五轴加工中心。

(3) 按主轴与工作台相对位置可分为：卧式加工中心，立式加工中心，万能加工中心。

卧式加工中心是指主轴轴线与工作台平行设置的加工中心，主要适用于加工箱体类零件。卧式加工中心(图 1-32)一般具有分度转台或数控转台，可加工工件的各个侧面；也可作多个坐标的联合运动，以便加工复杂的空间曲面。

立式加工中心(图 1-33)是指主轴轴线与工作台垂直设置的加工中心，主要适用于加工板类、盘类、模具及小型壳体类复杂零件。立式加工中心一般不带转台，仅作顶面加工。

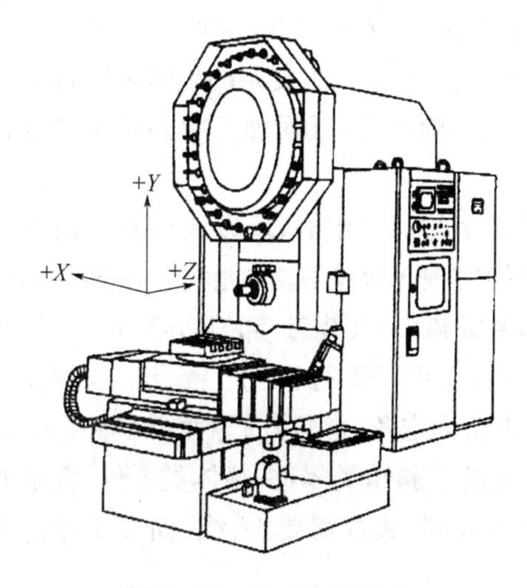

图 1-32　卧式加工中心

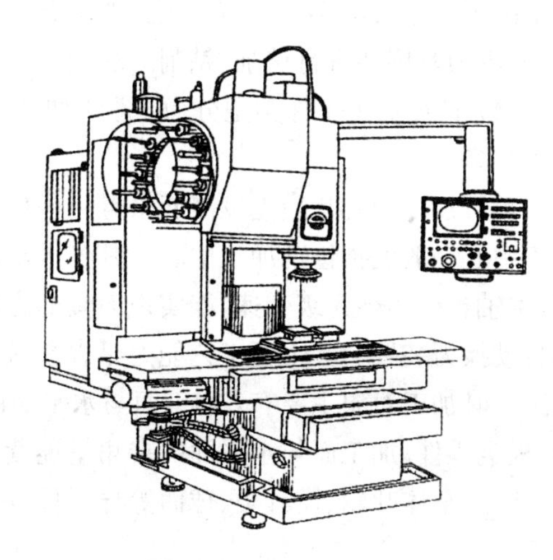
图 1-33　立式加工中心

此外，还有带立、卧两个主轴的复合式加工中心，和主轴能调整成卧轴或立轴的立卧可调式加工中心，它们能对工件进行五个面的加工。这种加工中心上有立、卧两个主轴或主轴可 90°范围内改变角度，即可由立式改为卧式，或由卧式改为立式，如图 1-34 所示。主轴自动回转后，在工件一次装夹中可实现顶面和四周侧面共五个面的加工。复合加工中心主要适用于加工外观复杂、轮廓曲线复杂的小型工件，如叶轮片、螺旋桨及各种复杂模具。

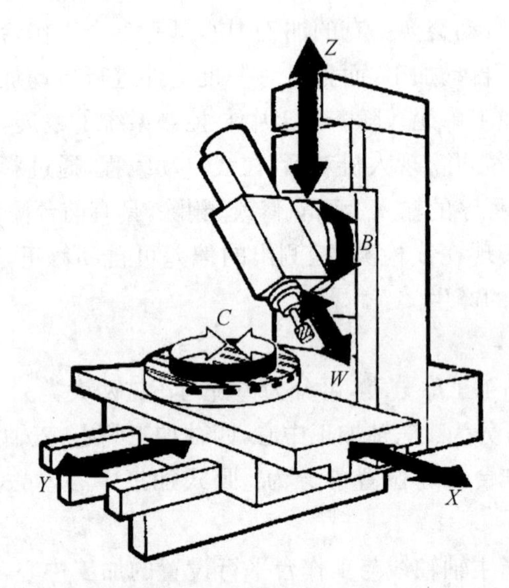

图 1-34　复合加工中心

万能加工中心(又称多轴联动型加工中心)：是指通过加工主轴轴线与工作台回转轴线的角度可控制联动变化，完成复杂空间曲面加工的加工中心。适用于具有复杂空间曲面的叶轮转子、模具、刀具等工件的加工。

多工序集中加工的形式扩展到了其他类型数控机床，例如车削中心，它是在数控车床上配置多个自动换刀装置，能控制三个以上的坐标。除车削外，主轴可以停转或分度，而由刀具旋转进行铣削、钻削、铰孔和攻丝等工序，适于加工复杂的旋转体零件。

(4) 按可加工工件类型分为：镗铣加工中心，车削中心，五面加工中心和车铣复合加工装备。

镗铣加工中心是最先发展起来且目前应用最多的加工中心，所以人们平常所称的加工中心一般就指镗铣加工中心。其各进给轴能实现无级变速，并能实现多轴联动控制，主轴也能实现无级变速，能实现刀具的自动夹紧和松开(装刀、卸刀)，带有自动排屑和自动换刀装置。其主要工艺能力是以镗铣为主，还可以进行钻、扩、铰、锪、攻螺纹等加工。其加工对象主要有：加工面与水平面的夹角为定角(常数)的平面类零件，如盘、套、板类零件；加工面与水平面的夹角呈连续变化的变斜角类零件；箱体类零件；复杂曲面(凸轮、整体叶轮、模具类、球面等异形件外形不规则，大都需要点、线、面多工位混合加工)。

车削中心是在数控车床的基础上，配置刀库和机械手，使之可选择使用的刀具数量大大增加。车削中心主要以车削为主，还可以进行铣、钻、扩、铰、攻螺纹等加工。其加工对象主要有复杂零件的锥面和复杂曲线为母线的回转体。在车削中心上还能进行钻径向孔、铣键槽、铣凸轮槽和螺旋槽、锥螺纹和变螺距螺纹等加工。车削中心一般还具有以下两种先进功能。

1）动力刀具功能，即刀架上某些刀位或所有的刀位可以使用回转刀具（如铣刀、钻头）通过刀架内的动力使这些刀具回转。

2）C轴位置控制功能，即可实现主轴周向的任意位置控制，实现X—C、Z—C联动。另外，有些车削中心还具有Y轴功能。

五面加工中心除一般加工中心的功能外，最大特点是具有可立卧转换的主轴头，在数控分度工作台或数控回转工作台的支持下，就可实现对六面体零件（如箱体类零件）的一次装夹，进行五个面的加工。这类加工中心不仅可大大减少加工的辅助时间，还可减少由于多次装夹的定位误差对零件精度的影响。

车铣复合加工装备是指既具有车削功能又具备铣削加工功能的加工装备。从这个意义上讲，上述的车削中心也属该类型的加工装备。但这里所说的一般是指大型和重型的车铣复合加工装备，其中车和铣功能同样强大，可实现一些大型复杂零件（如大型舰船用整体螺旋桨）的一次装夹多表面的加工，这些零件的型面加工精度、各加工表面的相互位置精度（如螺旋桨桨叶型面、定位孔、安装定位面等的相互位置精度）由装备的精度来保证。由于该类装备技术含量高，因此不仅价格高，而且由于有较明显的军工应用背景，因此被西方发达国家列为国家的战略物资，通常对我国实行限制和封锁。

6. 加工中心的优点

工件在加工中心上经一次装夹后，数字控制系统能控制机床按不同工序，自动选择和更换刀具，自动改变机床主轴转速、进给量和刀具相对工件的运动轨迹及其他辅助机能，依次完成工件几个面上多道工序的加工。并且有多种换刀或选刀功能，从而使生产效率大大提高。

加工中心由于工序的集中和自动换刀，减少了工件的装夹、测量和机床调整等时间，使机床的切削时间达到机床开动时间的80%左右（普通机床仅为15%～20%）；同时也减少了工序之间的工件周转、搬运和存放时间，缩短了生产周期，具有明显的经济效果。加工中心适用于零件形状比较复杂、精度要求较高、产品更换频繁的中小批量生产。

7. 加工中心的主要加工对象

加工中心适宜于加工复杂、工序多、要求较高、需用多种类型的普通机床和众多刀具夹具，且经多次装夹和调整才能完成加工的零件。其加工的主要对象有箱体类零件、复杂曲面、异形件、盘套板类零件和特殊加工等五类。

（1）箱体类零件

箱体类零件一般是指具有一个以上孔系，内部有型腔，在长、宽、高方向有一定比例的零件。这类零件在机床、汽车、飞机制造等行业用得较多。

箱体类零件一般都需要进行多工位孔系及平面加工，公差要求较高，特别是形位公差要求较为严格，通常要经过铣、钻、扩、镗、铰、锪、攻丝等工序，需要刀具较多，在普通机床上加工难度大，工装套数多，费用高，加工周期长，需多次装夹、找正，手工测量次数多，加工时必须频繁地更换刀具，工艺难以制定，更重要的是精度难以保证。

加工箱体类零件的加工中心，当加工工位较多，需工作台多次旋转角度才能完成的零件，一般选卧式镗铣类加工中心；当加工的工位较少，且跨距不大时，可选立式加工中心，从一端进行加工。

(2) 复杂曲面

复杂曲面在机械制造业，特别是航天航空工业中占有特殊重要的地位。复杂曲面采用普通机加工方法是难以甚至无法完成的。在我国，传统的方法是采用精密铸造，可想而知其精度是低的。复杂曲面类零件如：各种叶轮，导风轮，球面，各种曲面成形模具，螺旋桨以及水下航行器的推进器，以及一些其他形状的自由曲面。叶轮曲面如图 1-35 所示。

图 1-35 叶轮

这类零件均可用加工中心进行加工。铣刀作包络面来逼近球面。复杂曲面用加工中心加工时，编程工作量较大，大多数要有自动编程技术。

(3) 异形件

异形件是外形不规则的零件，大都需要点、线、面多工位混合加工。异形件的刚性一般较差，夹压变形难以控制，加工精度也难以保证，甚至某些零件的某些加工部位用普通机床难以完成。用加工中心加工时应采用合理的工艺措施，一次或二次装夹，利用加工中心多工位点、线、面混合加工的特点，完成多道工序或全部的工序内容。

(4) 盘、套、板类零件

带有键槽，或径向孔，或端面有分布的孔系，曲面的盘套或轴类零件，如带法兰的轴套，带键槽或方头的轴类零件等，还有具有较多孔加工的板类零件，如各种电机盖等。端面有分布孔系、曲面的盘类零件宜选择立式加工中心，有径向孔的可选卧式加工中心。

(5) 特殊加工

在熟练掌握了加工中心的功能之后，配合一定的工装和专用工具，利用加工中心可完成一些特殊的工艺工作，如在金属表面上刻字、刻线、刻图案；在加工中心的主轴上装上高频电火花电源，可对金属表面进行线扫描表面淬火；用加工中心装上高速磨头，可实现小模数渐开线圆锥齿轮磨削及各种曲线、曲面的磨削等。

8. 加工中心刀库

(1) 刀库的分类

加工中心刀库的功能是存储加工工序所需的各种刀具，并按程序指令把下一工序用的刀具准确地送到换刀位置，并接受从主轴换下的刀具。它是自动换刀装置的重要部件，其容量、布局以及具体结构对加工中心的实际有很大影响。最常见得到库为盘式和链式。盘式刀库有单盘式与多盘式，多盘式应用较少。单盘式刀库的结构如图 1-36 所示。单盘式刀库结构简单，刀库的容量较小，通常装 15～30 把刀。根据刀库所需要的容量和取刀的方式，可以将刀库设计成多种形式。刀具可以沿刀库主轴箱、径向或斜向安放，刀具可做 90°翻转的圆盘刀库，采用这种结构能够简化取刀动作。链式刀库基本结构如图 1－37 所示。通常刀具容量要比盘式的大一些，结构也比较灵活。可以采用加长链带方式加大刀库容量，也可以采用链带折叠回绕的方式，提高空间利用率。

图 1－36　单盘式刀库

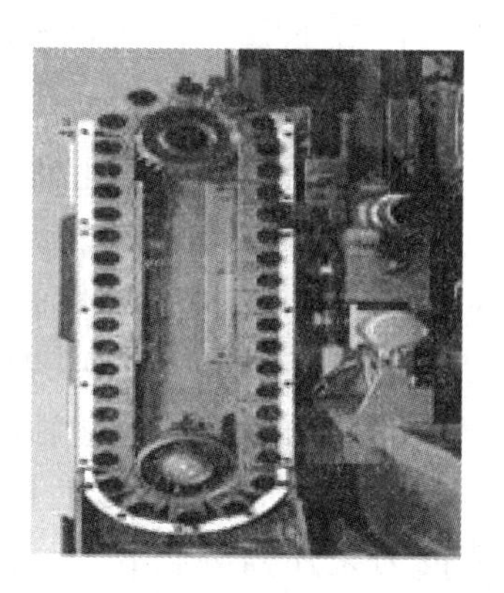

图 1－37　链式刀库

(2) 自动换刀装置及其工作原理

对于刀库侧向布置、机械手平行布置的加工中心，其换刀动作分解见图 1－38，图 1－39。换刀时，Txx 指令的选刀动作和 M06 指令的换刀动作可分开使用。

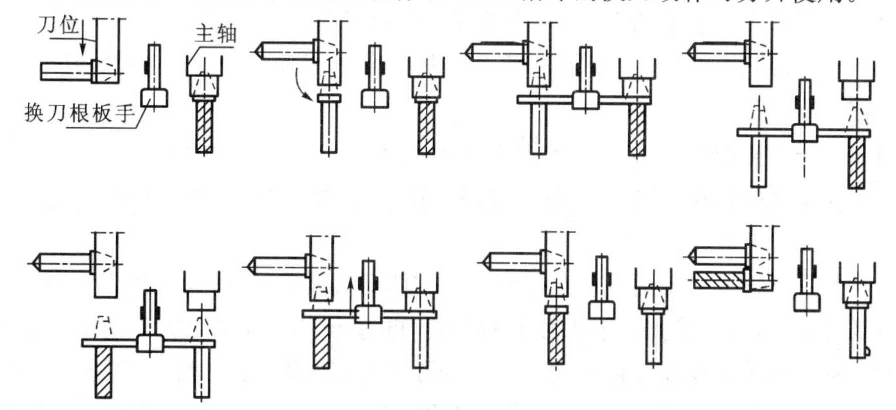

图 1－38　平行布置机械手换刀过程

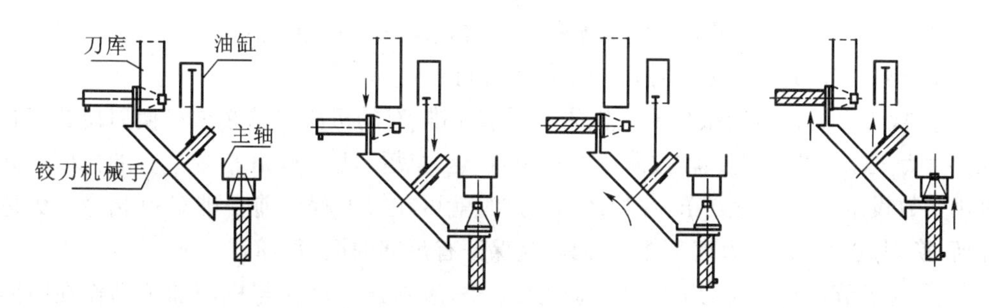

图 1－39　角度布置机械手的换刀过程

机械手换刀装置的自动换刀动作如下：

① 主轴端：主轴箱回到最高处（Z坐标零点），同时实现“主轴准停”，即主轴停止回转并准确停止在一个固定不变的角度方位上，保证主轴端面的键也在一个固定的方位，使刀柄上的键槽能恰好对正端面键。

刀库端：刀库旋转选刀，将要更换刀号的新刀具转至换刀工作位置。对机械手平行布置的加工中心来说，刀库的刀袋还需要预先作90°的翻转，将刀具翻转至与主轴平行的角度方位。

② 机械手分别抓住主轴上和刀库上的刀具，然后进行主轴吹气，气缸推动卡爪松开主轴上的刀柄拉钉。

③ 活塞杆推动机械手伸出，从主轴和刀库上取出刀具。

④ 机械手回转180°，交换刀具位置。

⑤ 将更换后的刀具装入主轴和刀库，主轴气缸缩回，卡爪卡紧刀柄上的拉钉。

⑥ 机械手放开主轴和刀库上的刀具后复位。对机械手平行布置的加工中心来说，刀库的刀袋还需要再作90°的翻转，将刀具翻转至与刀库中刀具平行的角度方位。

⑦ 限位开关发出“换刀完毕”的信号，主轴自由，可以开始执行其他程序的动作。

(3) 自动换刀指令的使用

加工中心的编程和数控铣床编程的不同之处，主要在于增加了用M06、M19和Txx进行自动换刀的功能指令，其他都没有多大的区别。

M06——自动换刀指令。本指令将驱动机械手进行换刀动作，不包括刀库转动的选刀动作。

M19——主轴准停。本指令将使主轴定向停止，确保主轴停止的方位和装刀标记方位一致。在大部分加工中心系统中，M19包含在M06中，因此不需要另外给定。

对于不用机械手换刀的斗笠式刀库和主轴移动式换刀的立、卧式加工中心而言，其在进行换刀动作之时，是先取下主轴上的刀具，再进行刀库转位的选刀动作，然后再换上新的刀具。其选刀动作和换刀动作无法分开进行，故编程上一般用“Txx M06”的形式，不能分离使用。而对于采用机械手换刀的加工中心来说，可以合理地安排选刀和换刀的指令的书写位置和格式。

在对加工中心进行换刀动作的编程安排时，应考虑如下问题：

① 换刀动作必须在主轴停转的条件下进行。

② 换刀点的位置应根据所用机床的要求安排，有的机床要求必须将换刀位置安排在参考点处或至少应让Z轴方向返回参考点，这时就要使用G28指令。有的机床则允许用参数设定第二参考点作为换刀位置，这时就可在换刀程序前安排G30指令。无论如何，换刀点的位置应远离工件及夹具，应保证有足够的换刀空间。

③ 为了节省自动换刀时间，提高加工效率，应将选刀动作与机床加工动作在时间上重合起来。比如可将选刀动作指令安排在换刀前的回参考点移动过程中，如果返回参考点所用的时间小于选刀动作时间，则应将选刀动作安排在换刀前的耗时较长的加工程序段中。

④ 换刀完毕后，不要忘记安排重新启动主轴的指令，否则加工将无法持续。

⑤ M06 涉及的动作较多，一般通过 PLC 对此指令进行设计控制，不同的系统设计其动作连锁要求也不尽相同，因此参详系统编程或使用说明书是非常重要的。

第五节　其他机床

一、铣床

铣床是利用旋转的多刃铣刀加工工件上各种表面的机床，工艺范围较广，可以加工各种平面（水平面、垂直面等）、台阶、沟槽（键槽、T 型槽、燕尾槽等）、分齿零件（齿轮、链轮、棘轮、花键轴等）、螺旋面及各种曲面等，如图 1－40 所示。此外，它还可用于加工回转体表面及内孔，以及进行切断工作等。加工时，铣刀旋转为主运动，工件或铣刀的移动为进给运动。

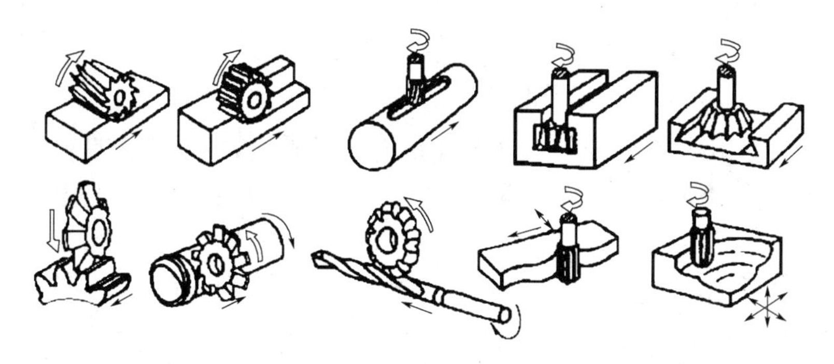

图 1－40　铣床的工艺范围

铣床的主要类型有升降台铣床、龙门铣床、工具铣床、各种专门化铣床及数控铣床等。这里仅简单介绍升降台铣床和龙门铣床。

（一）升降台铣床

升降台式铣床是铣床中的主要品种。其工作台安装在可垂直升降的升降台上，使工作台可在相互垂直的三个方向上调整位置或完成进给运动，适合于单件、小批及成批生产中加工小型零件。有卧式升降台铣床、万能升降台铣床、立式升降台铣床三大类。

1. 卧式升降台铣床

卧式升降台铣床简称卧铣，它的主轴为水平布置，主要用于单件及成批生产中加工平面、沟槽和成型表面。其外形如图 1－41 所示，机床各组成部分及功用如下：

（1）床身。床身 1 安装在底座 8 上，内装主运动变速传动机构、主轴部件以及操纵机构等。床身主要用来支承和固定铣床的各个部件。

（2）悬梁。悬梁 2 装在床身 1 顶部的水平燕尾形导轨上，可沿主轴轴线方向调整其位置，悬梁上装有刀杆支架 4，用以支持刀杆的悬伸端，以减少刀杆的弯曲和颤动。

（3）主轴。铣床的空心主轴 3 前端有锥孔以便安装刀杆锥柄，主要用来安装刀杆并带动铣刀旋转。

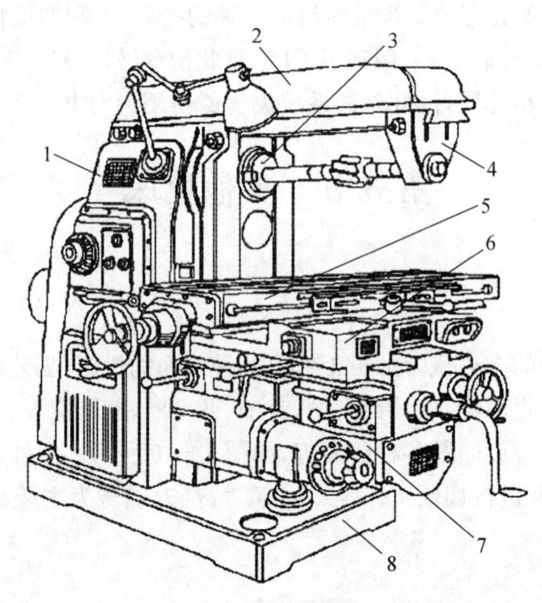

1-床身　2-悬梁　3-主轴　4-刀杆支架　5-工作台　6-滑座　7-升降台　8-底座

图1-41　卧式升降台铣床

(4) 升降台。升降台7安装在床身1的垂直导轨上，并可沿床身垂直导轨上下移动，以适应工件不同的厚度。升降台内装有进给运动变速传动机构以及操纵机构等。

(5) 滑座。滑座6装在升降台7的水平导轨上，可沿平行于主轴3的轴线方向作横向进给运动。

(6) 工作台。安装工件的工作台5装在滑座6的导轨上，可沿垂直于主轴轴线的方向作纵向进给运动。

2. 万能升降台铣床

万能升降台铣床与卧式升降台铣床基本相同，但在工作台5和滑座6之间增加一转台，它可以相对滑座6在水平面内调整角度(±45°范围内)，改变工作台的移动方向，从而可加工斜槽、螺旋槽等。此外，万能升降台铣床还可选配立式铣头，以扩大机床的加工范围。

3. 立式升降台铣床

立式升降台铣床简称立铣，与卧式升降台铣床的主要区别在于，机床主轴是垂直安置的，这种铣床主要适用于单件及成批生产中用端铣刀或立铣刀加工平面、斜面、沟槽、台阶，若采用分度头或圆形工作台等附件，还可铣削齿轮、凸轮以及螺旋面。

图1-42为常见的立式升降台铣床，其工作台5、滑座6和升降台7的结构与卧式升降台铣床相同。立铣头3可根据加工要求在垂直平面内调整角度，主轴4可沿其轴线方向进给或调整位置。

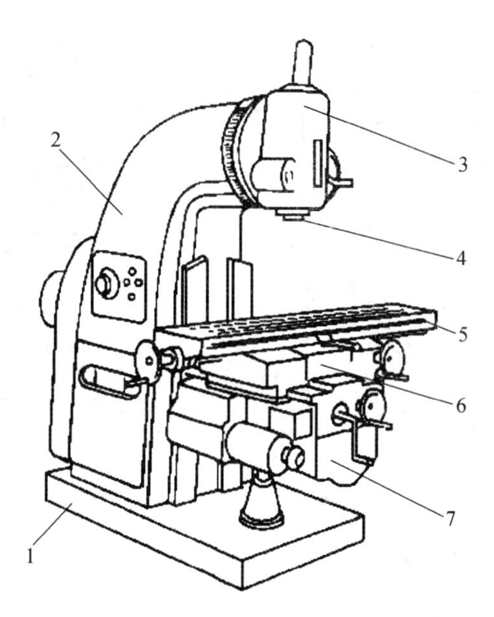

1 -底座　2 -床身　3 -铣头　4 -主轴　5 -工作台　6 -滑座　7 -升降台

图 1 - 42　立式升降台铣床

（二）龙门铣床

龙门铣床是一种大型高效通用铣床，主要用来加工大型工件上的平面、沟槽等，借助于附件还可完成斜面、内孔等加工。机床因有顶梁 6、立柱 5、7 和床身 1 组成的“龙门”式框架而得名，其外形见图 1 - 43 所示。横梁 3 可以在立柱 5、7 上升降，以适应加工不同高度的工件。横梁 3 上的两个立铣头 4、8，可在横梁 3 上作水平横向运动。每个铣头都是一个独立部件，包括单独的驱动电动机、主运动变速机构、主轴部件及操纵机构等。横梁 3 本身以及立柱上的两个卧铣头 2、9 可沿立柱导轨调整其垂直方向的位置。各铣刀的切削深度均由主轴套筒带动铣刀主轴沿轴向移动来实现。加工时，工作台 10 连同工件作纵向进给运动。

龙门铣床可用多把铣刀同时加工几个表面，生产率较高，在成批和大量生产中广泛应用。

（三）工具铣床

工具铣床除了能完成卧式铣床和立式铣床的加工外，常配备有回转工作台、可倾斜工作台、平口钳、分度头、立铣头和插削头等多种附件，从而拓展了机床的通用性，能完成镗、铣、钻、插等切削加工，主要用来在工具、机修车间加工各种刀具、夹具、冲模、压模等中小型模具及其他复杂零件。

万能工具铣床的外形如图 1 - 44 所示，主轴座 4 移动带动主轴实现横向进给运动，工作台 3 及升降台 2 移动实现主轴的纵向及垂直方向进给运动。

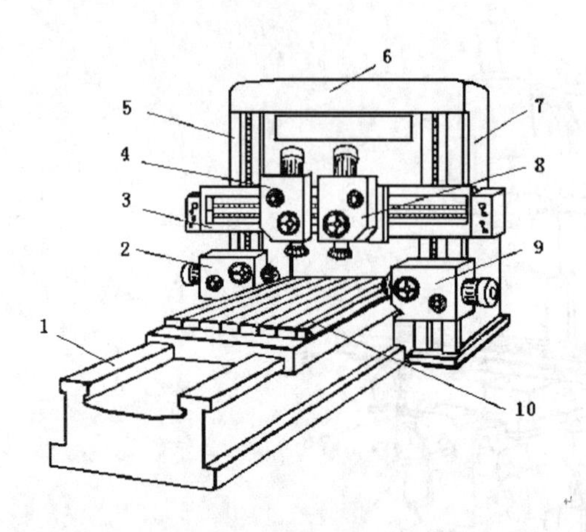

1-床身　2、9-卧铣头　3-横梁　4、8-立铣头
5、7-立柱　6-顶梁　10-工作台

图1-43　龙门铣床

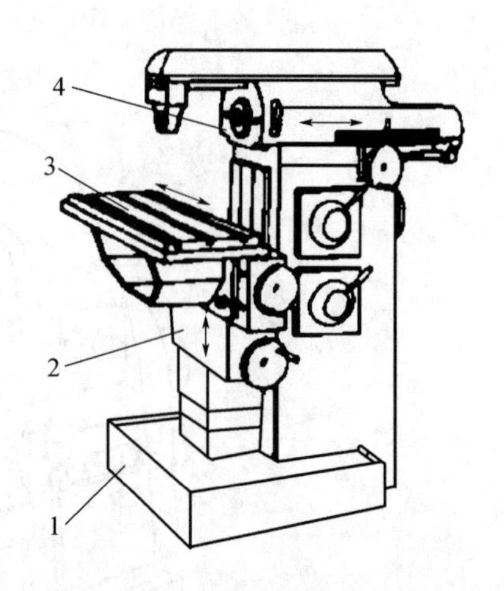

1-底座　2-升降台　3-工作台　4-主轴座

图1-44　万能工具铣床

二、磨床

用非金属的磨料磨具(砂轮、砂带、油石或研磨料等)加工工件各种表面的机床,统称为磨床。通常磨具旋转为主运动,工件的旋转与移动或磨具的移动为进给运动。它们是根据精加工和硬表面加工的需要而发展起来的,目前也有不少应用于粗加工的高效磨床。磨床用于磨削各种表面,还可以刃磨刀具,应用范围非常广泛。

为了适应磨削各种加工表面、工件形状及生产批量的要求,磨床的种类很多,其主要类型有:外圆磨床、内圆磨床、平面磨床、无心磨床、刀具和刃具磨床、各种工具磨床及各种专门化磨床,如曲轴磨床、凸轮轴磨床、导轨磨床等。此外,还有珩磨机、研磨机和超精加工机床等。

(一) 外圆磨床

外圆磨床主要用于磨削内、外圆柱和圆锥表面,也能磨削阶梯轴的轴肩和端面。外圆磨床的主要类型有万能外圆磨床、普通外圆磨床、无心外圆磨床、宽砂轮外圆磨床和端面外圆磨床等。普通精度级的外圆磨床可获得IT6～IT7级精度、表面粗糙度R_a值在1.25～0.08 μm之间的表面,其主参数是最大磨削直径。

1. 万能外圆磨床

(1) 机床的总布局

图1-45是M1432A型万能外圆磨床的外形图,其主要部件有:床身1、头架2、工作台3、内圆磨具4、砂轮架5、尾座6和滑鞍7。

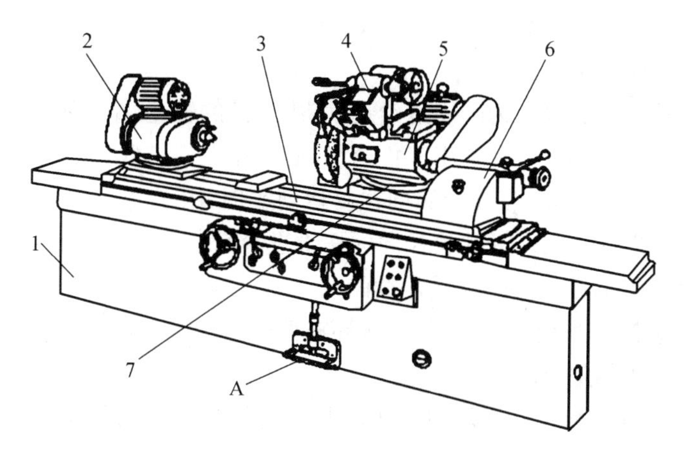

1-床身　2-头架　3-工作台　4-内圆磨具　5-砂轮架　6-尾座　7-滑鞍

图 1-45　M1432A 型万能外圆磨床

床身 1 是磨床的基础支承件，使装在其上的其他部件在工作时保持准确的相对位置。在床身 1 的纵向导轨上装有工作台 3，它由上下两层组成，上工作台可相对于下工作台在水平面内转动很小的角度（±10°），用以磨削锥度不大的圆锥面。上工作台面上装有头架 2 和尾座 6，用以夹持不同长度的工件，头架带动工件旋转。床身 1 内部装有液压系统，用来驱动工作台 3 沿床身导轨往复移动，实现工件纵向进给运动。砂轮架 5 由砂轮主轴及其传动装置组成，用于支承并传动高速旋转的砂轮主轴。砂轮架 5 装在滑鞍 7 上，可绕滑鞍 7 在水平面内转动一定的角度（±30°）以磨削短圆锥。内圆磨具 4 由单独的电动机驱动，用于支承磨内孔的砂轮主轴部件，图中处于抬起状态，磨内圆时放下。

（2）机床的运动

图 1-46 为万能外圆磨床常用的加工方法。从图可知，为了实现磨削加工，机床应具有以下运动：

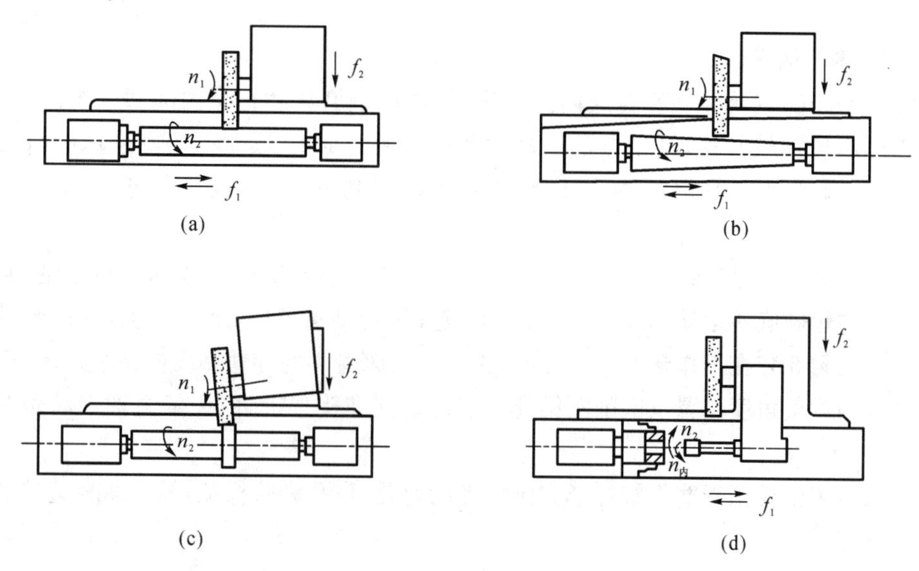

图 1-46　万能外圆磨床上典型加工示意图

1）砂轮旋转运动。为磨削加工主运动，用转速 n_1 表示。当磨削内孔时，内圆磨具的旋转运动也是主运动。

2）工件旋转运动。也称为圆周进给运动，用工件的转速 n_2 表示。

3）工件纵向往复运动。为磨出工件全长，必须有工件与砂轮之间的相对纵向直线运动，称为纵向进给运动，由工作台纵向往复运动实现，用 f_1 表示。

4）砂轮横向进给运动。沿砂轮径向的切入进给运动，用 f_2 表示[图 1-46(a)、(b)和(d)的 f_2 是间歇的，图(c)的 f_2 是连续的]。

此外，为了装卸和测量工件方便，机床还有两个辅助运动：砂轮架的横向快速进退运动和尾架套筒的伸缩移动。

从图 1-46 也可知道，万能外圆磨床的基本磨削方法有两种：纵向磨削法和切入磨削法。

纵向磨削法[图 1-46(a)、(b)和(d)]是使工作台做纵向往复运动进行磨削的方法。用这种方法加工时，共需要 3 个表面成形运动：砂轮旋转、工件旋转和工件的纵向往复运动。

切入磨削法[图 1-46(c)]是用宽砂轮进行横向切入磨削的方法。用这种方法加工时，只需要 2 个表面成形运动：砂轮的旋转运动和工件的旋转运动。

2. 普通外圆磨床

普通外圆磨床的结构与万能外圆磨床基本相同，但去掉了砂轮架和头架下面的滑鞍以及内圆磨具，因此加工时：① 头架和砂轮架不能绕轴心在水平面内调整角度位置；② 头架主轴直接固定在箱体上不能转动，工件只能用顶尖支承进行磨削。

因此，普通外圆磨床的工艺范围比万能外圆磨床窄，但由于减少了主要部件的结构层次，头架主轴又固定不动，故机床及头架主轴部件的刚度高，工件的旋转精度好。这种磨床只能用于磨削外圆柱面、锥度不大的外圆锥面以及台肩端面，适用于中、大批生产车间。

（二）内圆磨床

内圆磨床的主要类型有普通内圆磨床、无心内圆磨床和行星内圆磨床等。其中，普通内圆磨床比较常用，其主参数以最大磨削孔径的 1/10 表示。内圆磨床的自动化程度不高，磨削尺寸通常是靠人工测量来加以控制的，因此仅适用于单件和小批生产。

图 1-47 为普通内圆磨床的外形图。砂轮架 4 上装有磨削内孔的砂轮主轴，它带动内圆磨砂轮做旋转运动，砂轮架可由手动或液压传动沿滑座 5 的导轨做周期性的横向进给。头架 3 装在工作台 2 上，可随同工作台沿床身 1 的导轨做纵向往复运动，还可在水平面内调整角度位置以磨削圆锥孔。工件装夹在头架上，由头架主轴带动做圆周进给运动。

内圆磨床主要用于磨削圆柱形和圆锥形的通孔、盲孔和阶梯孔，图 1-48 是其加工的典型情况。

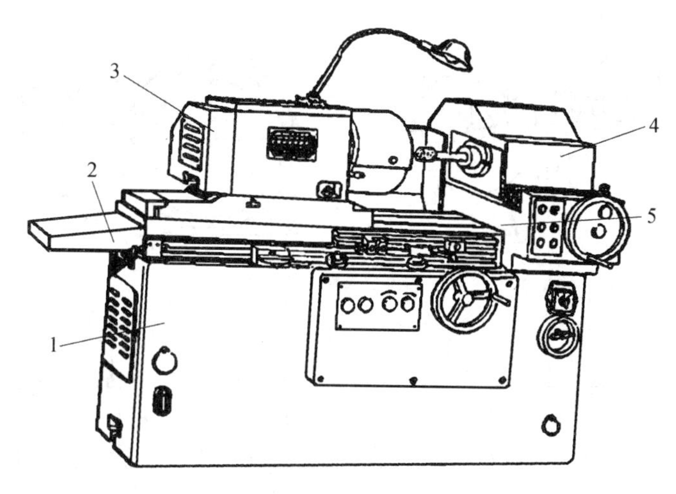

1-床身　2-工作台　3-头架　4-砂轮架　5-滑座

图 1-47　普通内圆磨床

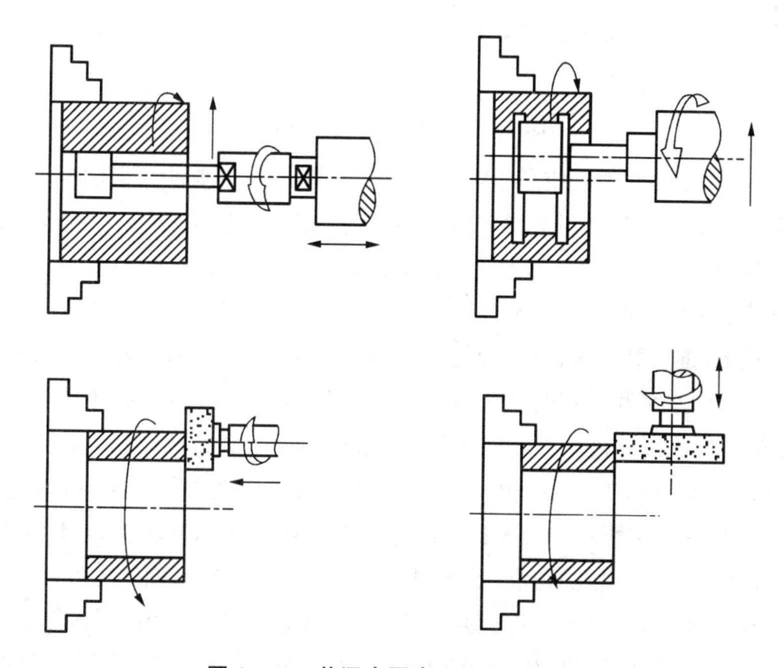

图 1-48　普通内圆磨床的磨削方法

（三）无心磨床

无心磨床通常指无心外圆磨床，其主参数为最大磨削工件直径。其磨削工作原理如图 1-49 所示，磨削时工件不用顶尖定心和支承，而将工件放在砂轮与导轮之间并用托板支承定位进行磨削。导轮是用树脂或橡胶为粘结剂制成的刚玉砂轮，不起磨削作用，它与工件之间的摩擦系数较大，靠摩擦力带动工件旋转，使工件的圆周线速度基本上等于导轮的线速度，实现圆周进给运动。导轮的线速度在 10～50 m/min 范围内，砂轮的转速很高，一般为 35 m/s 左右，从而在砂轮和工件间形成很大的相对速度，即磨削速度。

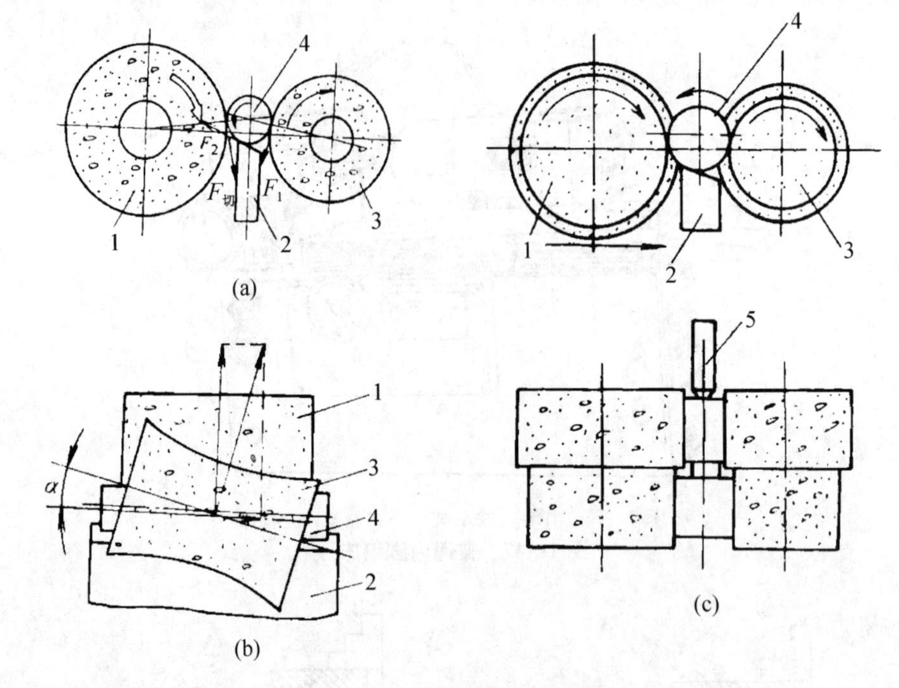

图 1-49　无心磨削工作原理

无心磨削时，工件的中心应高于磨削砂轮与导轮的中心连线[见图 1-49(a)，高出工件直径的 15%～25%]，使工件和导轮、砂轮的接触相当于是在假想的 V 形槽中转动，工件的凸起部分和 V 形槽两侧的接触不可能对称，这样使工件在多次转动中，逐步磨圆。

无心磨床有两种磨削方法：纵磨法和横磨法。纵磨法[图 1-49(b)]是将工件从机床前面放到导板上，推入磨削区；由于导轮在垂直面内倾斜了 α 角，导轮与工件接触处的线速度 $v_{导}$，可分解为水平和垂直两个方向的分速度 $v_{导水平}$ 和 $v_{导垂直}$，$v_{导垂直}$ 使工件作圆周进给运动，$v_{导水平}$ 使工件作纵向进给。所以工件既做旋转运动，又做轴向移动，穿过磨削区，从机床后面出去。磨削时，工件一个接一个投入磨削，加工连续进行。这种方法适用于不带台阶的圆柱形工件。横磨法[图 1-49(c)]将工件放在托板和导轮上，然后工件(连同导轮)或砂轮做横向进给。此法适用于磨削具有阶梯或成形回转表面的工件。

用无心磨床加工时，由于工件无须打中心孔，且装夹省时省力，可连续磨削，所以生产率高。若配上自动装卸料机构，可实现自动化生产。无心磨床适于在大批量生产中磨削细长轴以及不带中心孔的轴、套、销等零件。

(四) 平面磨床

平面磨床主要用于磨削各种零件的平面，其磨削方式如图 1-50 所示，可分为用砂轮周边进行磨削或用砂轮端面进行磨削两类。用砂轮周边进行磨削时，主轴为水平布置；用砂轮端面进行磨削，主轴为垂直布置。磨削时，工件安装在矩形或圆形工作台上，做纵向往复直线运动或圆周进给运动(f_1)，用砂轮的周边进行磨削[图 1-50(a)、(b)]或端面进行磨削[图 1-50(c)、(d)]。周边磨削时，由于砂轮宽度的限制，需要沿砂轮轴线方向作横向进给运动(f_2)。为了逐步地切除全部余量并获得所要求的工件尺寸，砂轮还需周期地沿垂直于工件被磨削表面的方向进给(f_3)。

根据磨削方法和机床布局的不同，平面磨床可分为：卧轴矩台式平面磨床、卧轴圆台式平面磨床、立轴矩台式平面磨床和立轴圆台式平面磨床四种类型，它们的磨削方式分别如图 1-50(a)、(b)、(c)、(d)所示。

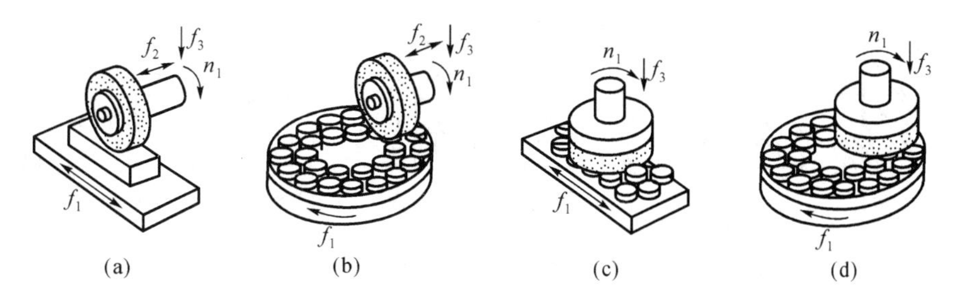

图 1-50　平面磨床磨削方式

上述四种平面磨床中的特点比较如下：

(1) 周边磨削和端面磨削

采用端面磨削时，由于砂轮与工件的接触面积较大，所以生产率较高，但磨削时发热量大，冷却和排屑条件差，所以加工精度较低，表面粗糙度值较大。而采用周边磨削时，由于砂轮和工件接触面较小，发热量少，冷却和排屑条件较好，可获得较高的加工精度和较小的表面粗糙度值，但生产率较低。

(2) 矩台式平面磨床和圆台式平面磨床

由于圆台式是连续进给，而矩台式有换向时间损失，所以圆台平面磨床比矩台平面磨床的生产率稍高些。但是圆台式只适于磨削小零件和大直径的环形零件端面，不能磨削窄长零件，而矩台式可方便地磨削各种零件，工艺范围较宽。

目前，应用较多的平面磨床为卧轴矩台式平面磨床和立轴圆台式平面磨床。图 1-51 是卧轴矩台式平面磨床的外形图。它的砂轮主轴由内连式异步电动机直接驱动，往往电机轴就是主轴，电动机的定子就装在砂轮架 2 的壳体内，砂轮架可沿滑座 3 的燕尾导轨做横向间歇进给运动(可手动或液动)。滑座 3 与砂轮架 2 一起可沿立柱 4 的导轨做间歇的垂直切入运动。工作台 1 沿床身 5 的导轨做纵向往复运动(液压传动)。

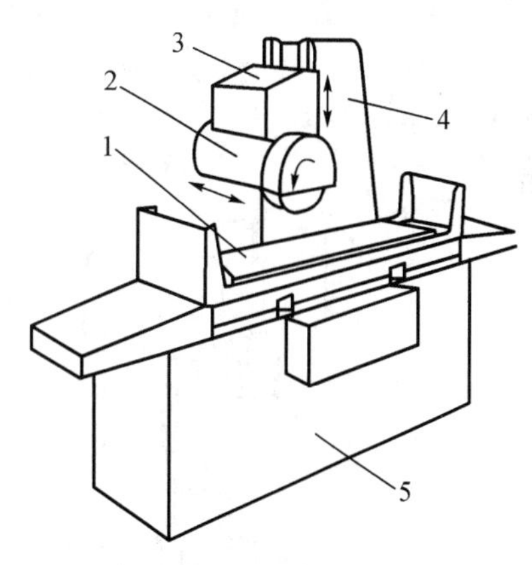

1-工作台　2-砂轮架　3-滑座
4-立柱　5-床身

图 1-51　卧轴矩台式平面磨床

三、钻床

钻床是加工内孔的机床。主要用于加工外形复杂、没有对称回转轴线的工件上的孔，如箱体、支架、杠杆、盖板等零件上的各种用途的孔及孔系。

钻床通常用于加工直径不大、精度要求不太高的孔。在钻床上加工时，工件一般固定不动，刀具作旋转主运动，同时沿轴向作进给运动。在钻床上可完成钻孔、扩孔、铰孔、锪孔以及攻螺纹等加工。钻床的加工方法及所需的运动如图 1－52 所示。

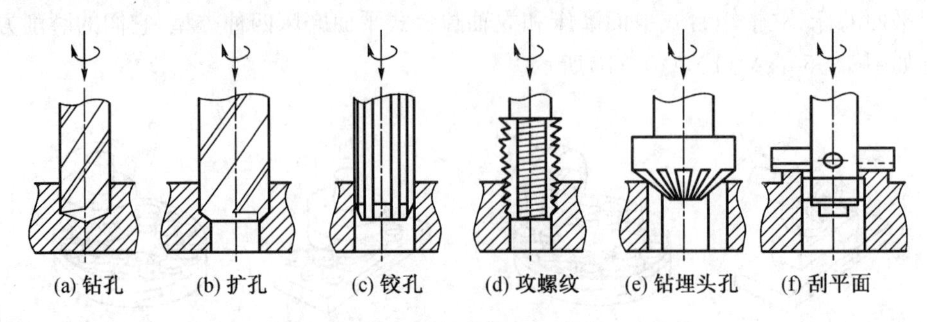

图 1－52　钻床的加工方法

钻床的主要类型有台式钻床、立式钻床、摇臂钻床、深孔钻床及其他钻床(如中心孔钻床)等。钻床的主参数是最大钻孔直径。

(1) 立式钻床

立式钻床是应用较广的一种，图 1－53 是立式钻床的外形图。变速箱 5 固定在立柱 6 顶部，内装主电动机和变速机构及其操纵机构。进给箱 4 内有主轴 3 和进给变速机构及操纵机构，通过进给箱右侧的手柄使主轴 3 手动升降或通过齿轮齿条驱动主轴套筒带动主轴作轴向机动进给。加工时，工件直接或利用夹具安装在工作台 2 上，主轴 3 由电动机带动既做旋转运动，又做轴向进给运动。进给箱 4、工作台 2 都可沿立柱 6 调整上下位置，以适应加工不同高度的工件。为使刀具旋转中心与被加工孔的中心线重合，加工时必须移动工件，因此操作不方便、生产率不高，它适用于中、小型工件的单件、小批量生产。

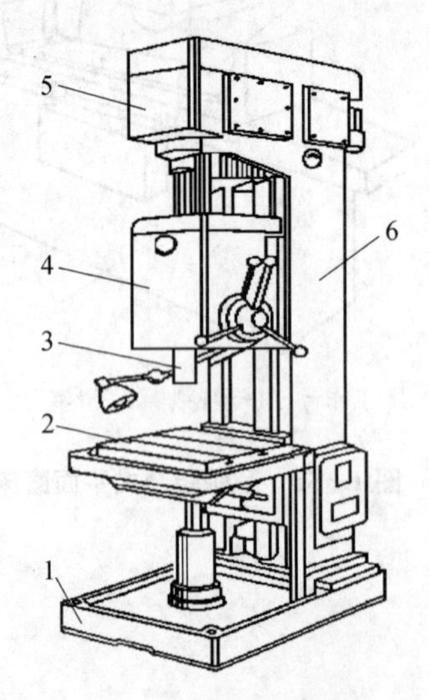

1-底座　2-工作台　3-主轴
4-进给箱　5-变速箱　6-立柱

图 1－53　立式钻床

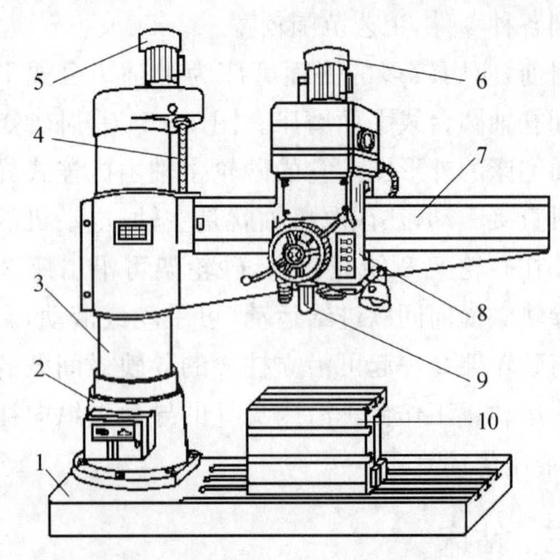

1-底座　2-内立柱　3-外立柱　4-丝杠　5、6-电动机　7-摇臂　8-主轴箱　9-主轴　10-工作台

图 1－54　摇臂钻床

(2) 摇臂钻床

在大而重的工件上钻孔，希望工件不动，主轴可任意调整坐标位置，因而产生了摇

臂钻床(见图 1－54)。主轴箱 8 装在摇臂 7 上,可沿摇臂上的导轨作水平移动,摇臂借助电动机 5 及丝杠 4 的传动,可沿外立柱 3 上下移动而调整位置,便于对不同高度工件进行加工。外立柱 3 可绕内立柱 2(固定在底座 1 上)在±180°范围内回转。工件固定在的工作台 10 上,主轴 9 的旋转和轴向进给运动由电动机 6 通过主轴箱 8 来实现。由于摇臂钻床结构上的这些特点,可以很方便地调整主轴 9 的位置,而无需移动工件。如工件较大,也可移走工作台,直接装在底座上。所以,摇臂钻床广泛地应用于单件和中、小批生产中加工大中型零件。

(3) 深孔钻床

深孔钻床是一种专门化机床,专门用于加工深孔,例如加工枪管、炮筒和机床主轴等零件的深孔。由于加工的孔较深,为了减少孔中心线的偏斜,加工时通常是由工件转动来实现主运动,深孔钻头不转而只作直线进给运动。由于被加工孔较深而且工件又较长,为保证获得好的冷却效果及避免切屑的排出对工件表面质量的影响,深孔钻床中设有冷却液输送装置和周期退刀排屑装置。此外,为了便于排除切屑及避免机床过于高大,深孔钻床通常采用卧式布局。

四、镗床

镗床主要是用镗刀加工工件上铸出或已粗钻出的孔,通常用于加工尺寸较大、精度要求较高的孔,特别是分布在不同表面上、孔距和位置精度要求(平行度、垂直度和同轴度等)较高的孔及孔系,如各种箱体、汽车发动机缸体等零件上的孔。一般镗刀的旋转为主运动,镗刀或工件的移动为进给运动。在镗床上,除镗孔外,还可以进行铣削、钻孔、扩孔、铰孔、锪平面等工作,因此镗床的工艺范围较广,零件可在一次安装中完成大量的加工工序。镗床主要分为卧式镗床、坐标镗床、金刚镗床和落地镗床等。

(1) 卧式镗床

卧式镗床的外形如图 1－55 所示。主轴箱 2 可沿前立柱 3 的导轨上下移动,主轴箱中安装有水平布置的主轴组件、主传动和进给传动的变速机构以及操纵机构。刀具

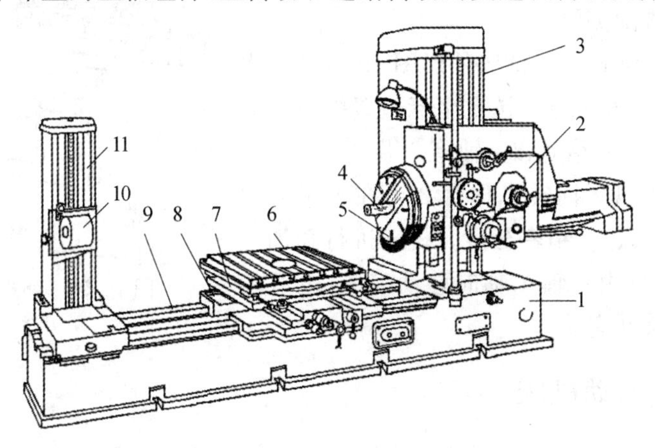

1-床身　2-主轴箱　3-前立柱　4-主轴　5-平旋盘　6-工作台
7-上滑座　8-下滑座　9-导轨　10-支承架　11-后立柱

图 1－55　卧式镗床

可以安装在主轴 4 前端的锥孔中，或装在平旋盘 5 的径向刀架上。加工时，主轴旋转完成主运动，并可沿轴向移动作进给运动。平旋盘只能作旋转主运动，而装在平旋盘导轨上的径向刀架，可作径向进给运动，这时可以车端面。工件安装在工作台 6 上，可与工作台一起随上下滑座 7 和 8 作横向或纵向移动。工作台也可在上滑座的圆导轨上绕垂直轴线转位，以便加工相互平行或成一定角度的孔与平面。后立柱 11 上装有支承架 10，可沿后立柱上的导轨与主轴箱同步升降，用来支承悬伸较长的刀杆，以增加刀杆的刚度。后立柱还可沿床身导轨做纵向移动，以适应镗杆不同长度的需要。

综上所述，卧式镗床具有以下工作运动：镗杆（带动主轴）和平旋盘的旋转主运动；镗杆的轴向进给运动；平旋盘径向刀架的进给运动；主轴箱的垂直进给运动；工作台的纵、横向进给运动以及主轴箱、工作台在进给方向上的快速调位运动，后立柱纵向调位运动，后支承架的垂直调位，工作台的转位运动等辅助运动。

卧式镗床的主参数是主轴直径。其工艺范围较广，可对各种大中型工件进行钻孔、镗孔、扩孔、铰孔、锪平面、车削内外螺纹、车削外圆柱面和端面以及铣平面等加工，如再利用特殊附件和夹具，还可扩大其工艺范围。工件一次装夹后，即可完成多种表面的加工，这对于加工大而重的工件很有利。但由于卧式镗床结构复杂，生产率较低，故在大批量生产中加工箱体零件时多采用组合机床和专用机床。

（2）坐标镗床

坐标镗床是一种高精度级机床，它具有精密坐标定位装置，且主要零部件的制造和装配精度很高，并有良好的刚性和抗振性。它主要用于镗削尺寸、形状及位置精度要求比较高的孔系，还能进行钻孔、扩孔、铰孔、锪端面、切槽、铣削等加工。此外，在坐标镗床上还能进行精密刻度、样板的精密画线，孔间距及直线尺寸的精密测量等。其主参数是工作台的宽度。

坐标镗床按布局有立式和卧式之分，立式坐标镗床适于加工轴线与安装基面（底面）垂直的孔系和铣削顶面，卧式坐标镗床适用于加工与安装基面平行的孔系和铣削侧面。

图 1-56 为卧式坐标镗床外形图，其主轴 4 水平安装，与工作台面平行。镗孔坐标位置由下滑座 1 沿床身 7 导轨纵向移动和主轴箱 6 沿立柱 5 的导轨上下移动来实现。回转工作台 3 可在水平面内回转一定角度，以进行精密分度。机床进行孔加工时的进给运动，可由主轴 4 轴向移动完成，也可由上滑座 2 横向移动完成。

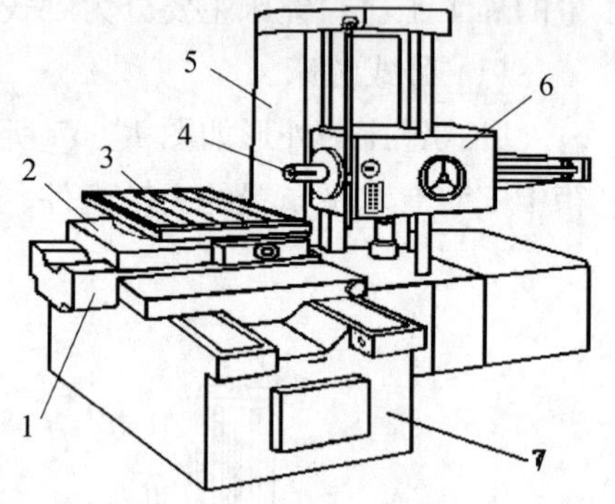

1-下滑座　2-上滑座　3-工作台
4-主轴　5-立柱　6-主轴箱　7-床身

图 1-56　卧式坐标镗床

五、直线运动机床

刨床、插床与拉床的主运动都是直线运动，所以常称为直线运动机床。

1. 刨床

刨床主要用于加工各种平面（如水平面、垂直面及斜面等）和沟槽（如 T 型槽、V 型槽、燕尾槽等)，其主要类型有牛头刨床和龙门刨床。

(1) 牛头刨床

图 1－57 为牛头刨床的外形图，因其滑枕刀架形似“牛头”而得名。加工时，滑枕 4 带着刀架 3 可沿床身导轨在水平方向作往复直线运动，使刀具实现主运动，而工作台 1 带着工件作间歇的横向进给运动。滑座 2 可沿床身的垂直导轨上下移动，以调整工件与刨刀的相对位置。滑枕在换向的瞬间有较大的惯性冲击，限制了主运动速度的提高，因此切削速度较低。另外，牛头刨床的刀具在反向运动时不加工，浪费工时。因此在多数情况下生产率较低，多用于单件小批生产或机修车间中，用于加工中、小型零件的平面、沟槽或成形平面，在大批大量生产中常被铣床和拉床所代替。

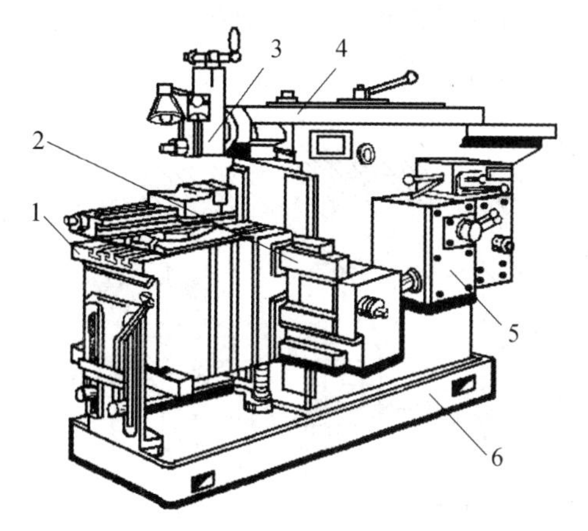

1－工作台　2－滑座　3－刀架　4－滑枕　5－床身　6－底座

图 1－57　牛头刨床

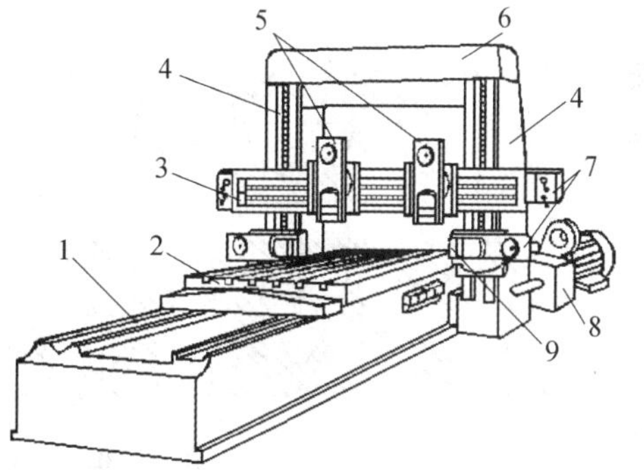

1－床身　2－工作台　3－横梁　4－立柱　5－立刀架　6－顶梁　7－进给箱　8－变速箱　9－侧刀架

图 1－58　龙门刨床

(2) 龙门刨床

龙门刨床具有“龙门”式框架结构，主要用于加工大型或重型零件上的各种平面、沟槽和各种导轨面，也可一次装夹多个中小型工件进行多件加工。龙门刨床的主参数是最大刨削宽度。

图 1－58 是龙门刨床的外形图。它的主运动是工作台 2 沿床身 1 所做的纵向直线往复运动。横梁 3 可沿立柱升降，以调整工件与刀具的相对位置。横梁 3 上装有两个立刀架 5，可在横梁 3 的导轨上间歇地做横向进给运动及快速移动，以刨削工件的水平平面及调整刀架的位置。刀架上的滑板可使刨刀上、下移动，做切入运动或刨削竖直平面。滑板还能绕水平轴线调整一定的角度，以加工倾斜平面。装在立柱 4 上的侧刀架 9 可沿立柱导轨在上下方向作间歇移动，以刨削侧平面。

2. 插床

插床实质上是立式刨床，主要用于单件小批

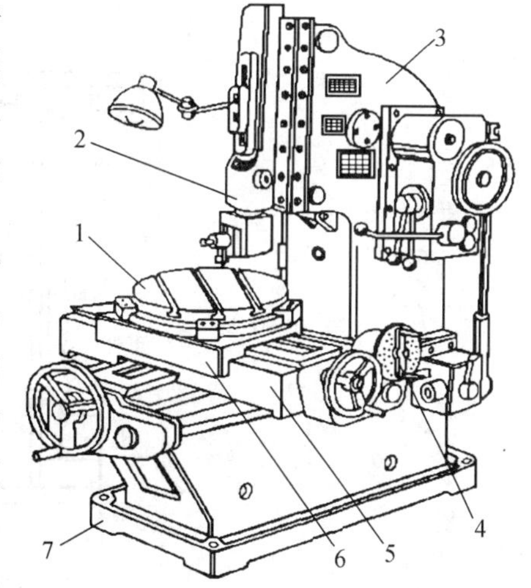

1－圆工作台　2－滑枕　3－立柱　4－分度盘　5－下滑座　6－上滑座　7－底座

图 1－59　插床

量生产中加工与安装基面垂直的面，如内孔中的键槽及多边形孔或内外成形表面。

图 1-59 是插床的外形图。滑枕 2 带动插刀沿立柱 3 垂直方向作的直线往复运动实现主运动。工件安装在圆工作台 1 上，通过下滑座 5 及上滑座 6 可分别做横向及纵向进给，圆工作台 1 可绕垂直轴线旋转，完成圆周进给或实现分度。圆工作台在上述各方向的进给运动也是在滑枕向上的空行程结束后的短时间内进行的。圆工作台的分度是通过分度盘 4 实现的。

3. 拉床

拉床是用拉刀进行加工的机床，可加工各种形状的通孔、平面及成形表面等，图 1-60 为拉削加工的典型表面形状。拉床的运动比较简单，只有主运动，没有进给运动。拉削时，拉刀作低速直线运动实现主运动。拉刀使被加工表面一次拉削成形，拉床的主运动多采用液压驱动，以承受较大的切削力并使拉削过程平稳。

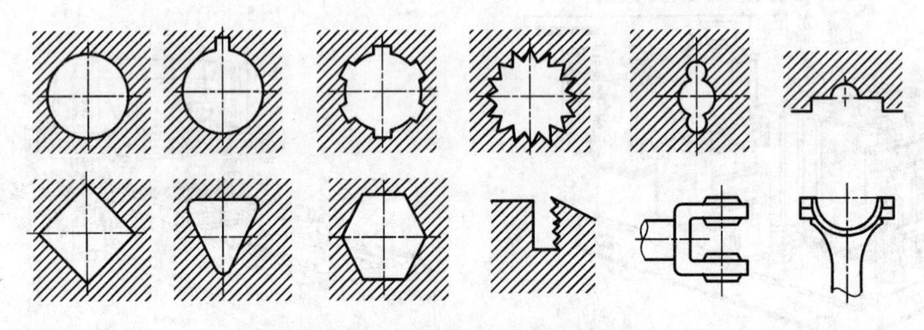

图 1-60　拉削加工典型表面形状

拉床按用途可分为内拉床和外拉床，前者用于拉削工件的内表面，后者用于拉削工件的外表面。按机床布局可分为卧式、立式、链条式等。图 1-61(a)为卧式内拉床，是拉床中最常用的，用来拉花键孔、键槽和精加工孔。图 1-61(b)为立式外拉床，用于汽车、拖拉机行业加工气缸体等零件的平面。拉床的主参数是额定拉力(t)。

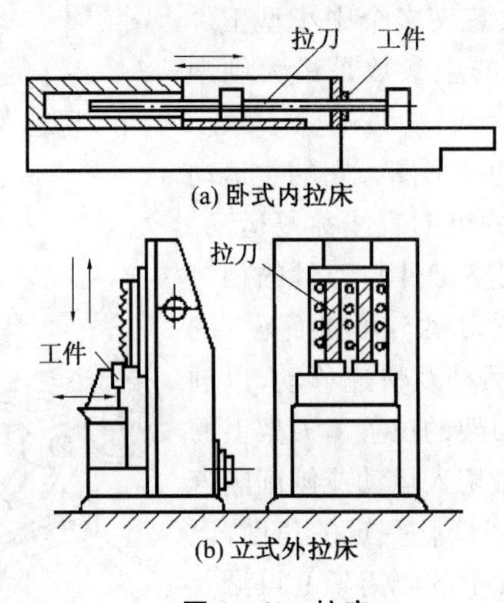

图 1-61　拉床

拉削加工的生产率高，并可获得较高的加工精度和较小的表面粗糙度数值，但刀具结构复杂，制造与刃磨费用较高，因此常用于大批量生产中。

习题与思考题

1-1　指出下列机床型号的含义：

Z5625×4A，X6030，YC3180，MKG1340，C2150.6，CK3263B。

1-2　何谓简单的成形运动？何谓复合的成形运动？其本质区别是什么？

1-3　简述母线和导线的形成方法及所需要的运动。

1-4　何谓机床传动系统图？如何分析机床传动系统图？

1-5　画出用盘铣刀铣螺纹的传动原理图，并说明需要几条传动链？哪几条是内联系传动链？哪几条是外联系传动链？

1-6　在CA6140型车床上车削下列螺纹：

(1) 米制左旋螺纹 $P=3$ mm，$P=8$ mm，$k=2$

(2) 英制右旋螺纹 $a=4\frac{1}{2}$ 牙/in

(3) 模数右旋螺纹 $m=4$ mm，$k=2$

试写出其传动路线表达式和运动平衡式。

1-7　按图1-62所示传动系统作下列各题：

(1) 写出传动路线表达式；

(2) 分析主轴的转速级数；

(3) 计算主轴的最高、最低转速。

(注：图中 M_1 为齿轮式离合器)

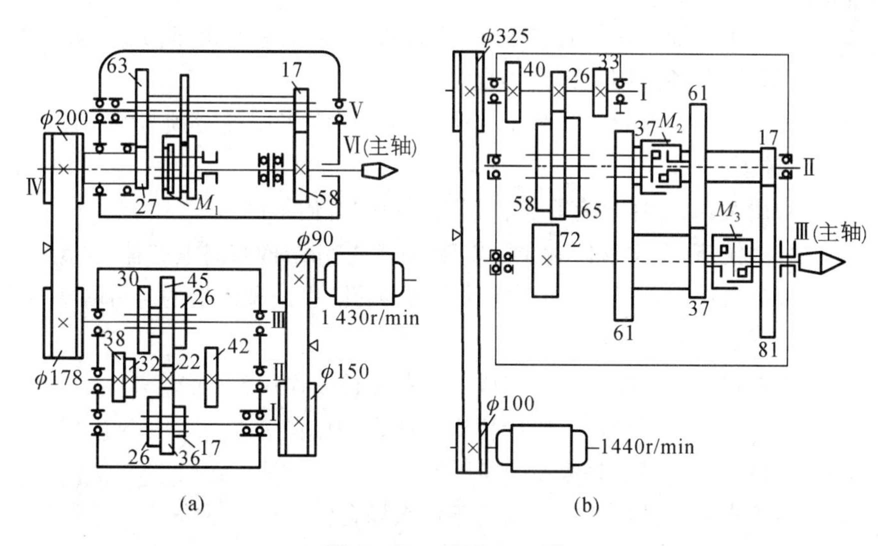

图 1-62　习题 1-7 图

1-8　欲在CA6140型车床上车削 $L=10$ mm 的公制螺纹，试指出能够加工这一螺纹的传动路线有哪几条？

1-9　当CA6140型车床的主轴转速为450～1 400 r/min（其中500 r/min除外）时，为什么能获得细进给量？在进给箱中变速机构调整情况不变的条件下，细进给量与常用进给量的比值是多少?

1-10　CA6140型车床溜板箱中为什么设置开合螺母机构?

1-11　卧式车床进给传动系统中,为何既有光杠又有丝杠来实现刀架的直线运动?可否单独设置光杠或丝杠?为什么?

1-12　能否在CA6140车床上,用车大导程螺纹传动链车削较精密的非标螺纹?

1-13　CA6140型车床主传动链中,能否用双向牙嵌式离合器或双向齿轮式离合器代替双向多片式摩擦离合器,实现主轴的开停及换向?在进给传动链中,能否用单向摩擦离合器或电磁离合器代替齿轮式离合器M_3、M_4、M_5?为什么?

1-14　为什么CA6140型车床主轴箱中有两个换向机构?能否取消其中一个?溜板箱内的换向机构又有什么用途?

1-15　滚齿机和插齿机各有何工艺特点?简述它们的适用范围?

1-16　绘出滚切斜齿圆柱齿轮传动原理图,说明滚切斜齿圆柱齿轮时有几条传动链,并写出每条传动链的两端件。

1-17　滚齿机上加工直齿和斜齿圆柱齿轮时,如何确定滚刀刀架扳转角度与方向?如扳转角度有误差或方向有误差,将会产生什么后果?

1-18　滚切斜齿圆柱齿轮时,可用无差动法来滚齿,为什么在滚齿机上还设置有差动合成机构?

1-19　万能外圆磨床采用纵磨法磨外圆时,机床必须具有哪些相应的工作运动和辅助运动?

1-20　无心外圆磨床为什么能把工件磨圆?为什么它的加工精度和生产率往往比普通外圆磨床高?

1-21　试分析卧轴矩台平面磨床与立轴圆台平面磨床在磨削方法、加工质量、生产率等方面有何不同,各适用于什么场合?

1-22　为什么中型万能外圆磨床的尾架顶尖通常采用弹簧预紧?而卧式车床则采用丝杠螺母预紧?

1-23　常用钻床、镗床各有几类?其适用范围有何不同?

1-24　卧式铣床、立式铣床和龙门铣床,在工艺和结构布局上有什么特点?

1-25　各类机床中,可用于加工外圆表面、内孔、平面和沟槽的各有哪些机床?它们的适用范围有何区别?

1-26　数控机床是由哪些部分组成的?各起什么作用?

1-27　加工中心与一般数控机床相比有什么特点?

1-28　数控机床的发展趋势主要有哪些?

1-29　刀库有哪几种形式?各适用于什么场合?

第二章　传动系统设计

第一节　机床主要参数的确定

金属切削机床的参数是根据其工艺范围来确定的，其主要参数包括尺寸参数，运动参数和动力参数。

一、尺寸参数

金属切削机床尺寸参数指影响加工性能的一些尺寸，包括主参数、第二主参数和其他一些尺寸参数。

金属切削机床主参数是代表机床规格大小的一种参数，它一般用于规定机床所能加工的工件或待加工部位的最大尺寸。以什么尺寸作为主参数，对各类机床已有统一的规定。例如，卧式车床使用床身上工件最大回转直径作为主参数；齿轮加工机床以工件的最大直径作为主参数；外圆磨床和无心磨床用最大磨削直径作为主参数；龙门刨床、龙门铣床、升降台铣床和矩形工作台的平面磨床是用工作台面的宽度作为主参数；卧式铣镗床用主轴直径作为主参数；立式钻床和摇臂钻床用最大钻孔直径作为主参数；牛头刨床和插床是用最大刨削和插削长度作为主参数。当然，也有的机床不用尺寸作为主参数，尺寸参数仅用于作为其他参数，如拉床以额定拉力作为主参数。

对于许多机床，仅给出一个主参数不足以确定机床的规格，还需要第二主参数，以基本确定机床的规格。例如，车床主参数只规定了被加工件的最大直径，而其长度却没有规定，车床的第二主参数则用来规定最大工件长度；铣床和龙门刨床的第二主参数是工作台面长度；摇臂钻的第二主参数是最大跨距等。这样就对机床所能加工或安装的工件的最大尺寸来作进一步的确定。

要完全确定机床的加工性能，还要确定其他尺寸参数。例如，普通车床还要确定在刀架上工件的最大回转直径和主轴通孔允许通过的最大棒料直径；龙门刨床、龙门铣床还应确定横梁的最高和最低位置等；摇臂钻床还要确定主轴下端面到底座间的最大和最小距离，其中包括了摇臂升降距离和主轴的最大伸出量等参数。

当主参数、第二主参数和其他一些尺寸参数确定后，就基本上确定了机床所能加工或安装的最大工件的尺寸。

二、运动参数

金属切削机床运动参数是指机床的主运动、进给运动和辅助运动的执行件的运动速度，如主轴、工作台、刀架等的运动速度。

（1）主运动参数

主运动为回转运动的机床，主运动参数为主轴转速。转速与切削速度的关系是

$$n=\frac{1\,000v}{\pi d}\ (\mathrm{r/min}) \tag{2-1}$$

式中：n ——转速（r/min）；

v——切削速度（m/min）；

d——工件（或刀具）直径（mm）。

主运动为直线运动的机床，主运动参数是插、刨刀每分钟往复次数（次/分），如插床和刨床。

不同的机床，对主运动参数有不同的要求。专用机床和组合机床是为某一特定工序设计制造的，每根主轴一般只需有一个转速，根据加工工艺要求而确定切削速度和直径，没有变速要求。通用机床是为适应一定工艺范围内的多种零件的加工而设计和制造的，主轴需要进行变速，故需确定通用机床的变速范围，即最低、最高转速。若采用分级变速还需要确定转速级数。

1）最低（$n_{\min}$）和最高（$n_{\max}$）转速的确定

据式（2-1）可知

$$n_{\min}=\frac{1\,000v_{\min}}{\pi d_{\max}};n_{\max}=\frac{1\,000v_{\max}}{\pi d_{\min}} \tag{2-2}$$

$n_{\max}$和$n_{\min}$的比值是变速范围R_n

$$R_n=\frac{n_{\max}}{n_{\min}} \tag{2-3}$$

在确定切削速度时应考虑到多种工艺的需要。切削速度主要与刀具和工件的材料有关。常用的刀具材料有高速钢、硬质合金等。工件材料可以是铸铁、钢及有色金属材料。切削速度可通过切削试验、查切削用量手册和通过调查得到。

在计算$n_{\max}$时，并不是把一切可能出现的$v_{\max}$、$d_{\min}$带入$n_{\max}$公式中（$n_{\min}$同理），而是在实际使用情况下，采用$v_{\max}$（或$v_{\min}$）时常用的$d_{\min}$（或$d_{\max}$）值。这样就可以通过计算得取较为合理的$n_{\max}/n_{\min}$以及变速范围R_n。对于卧式车床，如果用$D_{\max}$表示床身上最大回转直径（即主参数），通常取最大和最小加工直径$d_{\max}=(0.5\sim0.6)D_{\max}$，$d_{\min}=(0.2\sim0.25)d_{\max}$；对摇臂钻床，如用$D_{\max}$最大钻孔直径（主参数），通常可取$d_{\max}=D_{\max}$，$d_{\min}=(0.2\sim0.25)d_{\max}$。

在确定了$n_{\max}$和$n_{\min}$后，如采用分级变速（一般普通机床都采用分级变速），则应进行转速分级；如采用变速电动机进行无级变速（不少数控和重型机床采用这种方式），有时也需要分级变速机构来扩大其调速范围。

2）分级变速时主轴的转速数列

若某一机床的主轴分级变速机构共有Z级，其中，Z级转速分别为

$$n_1,n_2,n_3,\cdots,n_j,n_{j+1},\cdots,n_z$$

如果加工某一工件所需要的最有利的切削速度为 v，则相应的转速为 n。通常，分级变速机构一般不能恰好得到这个转速，其取值 n 处于某两个转速 n_j 和 n_{j+1} 之间，即

$$n_j < n < n_{j+1}$$

如果采用较高的转速 n_{j+1}，必将提高切削速度，刀具的耐用度将要降低。为了不降低刀具的耐用度，以采用较低的转速 n_j 为宜。这时转速损失为 $n-n_j$，相对转速损失率为

$$A=(n-n_j)/n$$

最大相对转速损失率是当 n 趋近于 n_{j+1} 时所得到的 A 值，即

$$A_{\max}=\lim_{n\to n_{j+1}}(n-n_j)/n=\frac{n_{j+1}-n_j}{n_{j+1}}=1-\frac{n_j}{n_{j+1}} \tag{2-4}$$

在其他条件(直径、进给量、切深)不变的情况下，转速的损失反映了生产率的损失。对普通机床，如认为每个转速使用的机会都相等，那么应使 $A_{\max}$ 为固定值，即

$$A_{\max}=1-\frac{n_j}{n_{j+1}}=\text{const}\quad,\quad \frac{n_j}{n_{j+1}}=\text{const}=\frac{1}{\varphi}$$

则任意两个转速之间的关系应为

$$n_{j+1}=n_j\varphi \tag{2-5}$$

即机床的转速按等比数列(几何级数)分级。其公比为 φ，各级转速应为

$$n_1=n_{\min}$$

$$n_2=n_1\varphi$$

$$n_3=n_1\varphi^2$$

$$\cdots$$

$$n_z=n_1\varphi^{z-1}=n_{\max}$$

最大相对转速损失率为

$$A_{\max}=\left(1-\frac{1}{\varphi}\right)\times 100\%=\frac{\varphi-1}{\varphi}\times 100\%$$

变速范围为

$$R_n=\frac{n_{\max}}{n_{\min}}=\frac{n_1\varphi^{z-1}}{n_1}=\varphi^{z-1}$$

例如，某车床主轴转速(rpm)共 12 级，分别为 31.5、45、63、90、125、180、250、355、500、710、1 000、1 400，公比 $\varphi=1.41$，则最大相对转速损失率为

$$A_{\max}=\frac{1.41-1}{1.41}\times 100\%=29\%$$

变速范围

$$R_n = 1.41^{12-1} = 1.41^{11} \approx 45$$

等比数列同样适用于直线往复主运动(例如刨床和插床)的往复次数数列、进给数列以及尺寸和功率参数系列。

机床主轴转速按等比数列排列的优点：

a. 转速损失率只与 φ 值有关，与主轴转速范围的始末无关。

b. 很容易决定转速数列中的中间转速。

c. 应用等比数列，能用较少的齿轮实现较多的转速级数使结构和设计简化，如 X62w 型机床。其三个传动组只用了 3+3+2=8 对齿轮便得到 18 级成等比数列的转速。

3) 标准公比和标准数列

机床转速是从小到大递增的，因此 $\varphi>1$。为使最大相对转速损失率不超过 50%，即 $\frac{\varphi-1}{\varphi}\times 100\% \leqslant 50\%$，则 $\varphi \leqslant 2$，因此 $1<\varphi \leqslant 2$。

为方便有级传动系统设计，规定的公比的标准值有：1.06，1.12，1.26，1.41，1.58，2。

采用标准公比后，转速数列可从表 2-1 中直接查取。表中给出了以 1.06 为公比的数列。

表 2-1　以 1.06 为公比的数列

1	2.36	5.6	13.2	31.5	75	180	425	1 000	2 360	5 600
1.06	2.5	6	14	33.5	80	190	450	1 060	2 500	6 000
1.12	2.65	6.3	15	35.5	85	200	475	1 120	2 650	6 300
1.18	2.8	6.7	16	37.5	90	212	500	1 180	2 800	6 700
1.25	3	7.1	17	40	95	224	530	1 250	3 000	7 100
1.32	3.15	7.5	18	42.5	100	236	560	1 320	3 150	7 500
1.4	3.35	8	19	45	106	250	600	1 400	3 350	8 000
1.5	3.55	8.5	20	47.53	112	265	630	1 500	3 550	8 500
1.6	3.75	9	21.2	50	118	280	670	1 600	3 750	9 000
1.7	4	9.5	22.4	53	125	300	710	1 700	4 000	9 500
1.8	4.25	10	23.6	56	132	315	750	1 800	4 250	10 000
1.9	4.5	10.6	25	60	140	335	800	1 900	4 500	
2	4.75	11.2	26.5	63	150	355	850	2 000	4 750	
2.12	5	11.8	28	67	160	375	900	2 120	5 000	
2.24	5.3	12.5	30	71	170	400	950	2 240	5 300	

4）公比的选用

对于机床主轴，当确定了其最高和最低转速，就应选取公比 φ。从使用性能角度来看，公比 φ 最好选得小些，以便减少相对转速损失。但公比越小，主轴转速级数就越多，将使机床的结构复杂。对生产率要求较高的普通机床，减少相对转速损失是主要的，所以公比 φ 取得较小，如公比 $\varphi=1.26$ 或 $\varphi=1.41$ 等。有些小型机床为使结构简化，公比 φ 可取得大些，如公比 $\varphi=1.58$ 或 $\varphi=2$ 等。对自动机床，减少相对转速损失率的要求更高，常取公比 $\varphi=1.12$ 或 $\varphi=1.26$。由于自动机床都是用于成批或大量生产，变速时间分摊到每一工件，与加工时间相比很少，因此采用交换齿轮变速，这样做既使相对转速损失小，又简化了机床的构造。

（2）进给运动参数

大部分机床的进给量用工件或刀具每转的位移表示，单位为 mm/r。例如车、钻、镗、滚齿机，进给运动参数用工件或主轴每转刀具或工件位移量 S(mm/r)表示。

直线运动机床，如刨、插床，进给运动参数则以每一双行程的位移量 S(mm/双行程)表示。

铣床、磨床（多刃刀具机床）进给量以每分钟的位移量 S(mm/min)表示。

在其他条件不变的条件下，进给量的损失也反映了生产率的损失。数控机床和重型机床进给为无级调速；普通机床一般采用分级调速。如果进给链为外联系传动链，为使相对损失为一定值，则进给量的数列也应取等比数列。

当采用有级变速时，进给量的数列可按以下几种情况定。

1）当进给量变化要影响生产率时，为使最大相对损失为一个定值，进给量的数列也要按等比数列排列。

2）对利用棘轮机构实现进给的机床，如刨、插床进给量由每次往复行程转过的齿数来决定，故为等差数列。

3）各种加工螺纹的机床，进给量数列应适合于螺距分段等差数列要求，故为分数等差数列。

4）对于用交换齿轮调整进给量的自动和半自动车床，进给量数列没有一定的规律，此时只需利用交换齿轮的变化使进给量得到最有利的数值。

三、动力参数

机床动力参数包括驱动机床的各种电机的功率、液压马达或步进电机的额定扭矩等。因为机床各传动件的结构参数（轴或丝杠直径、齿轮或蜗杆的模数、传动带的类型及根数等）都是根据动力参数设计计算的，若动力参数定得过大，电动机经常处于低负荷状态，功率因数小，造成电力浪费，而且传动件及相关零件的尺寸也会设计得过大，浪费材料，将使机床过于笨重；如确定得过小，机床达不到设计提出的性能要求，将影响机床的使用。目前的计算方法只能作参考，通常动力参数可通过调查类比法（或经验公式）、试验法或计算法来确定。

（一）主运动（主电机）功率的确定

机床主运动功率包括切削功率、空转功率损失和附加机械摩擦损失三部分。

机床在进行切削时，要克服切屑与工件本体之间的结合力，消耗切削功率 $P_{切}$。它与刀具材料及刀具的参数、工件材料及热处理、切削加工所选择的切削用量、冷却液的选择等有关。如果所设计的机床为专用机床，则其工件条件比较固定，也就是刀具的材料及参数，工件的材料及热处理状态、切削用量变化的范围较小。这时使用计算法确定的机床切削功率，与实际切削功率比较接近。若是通用机床，则刀具的形式多样、刀具材料可变、刀具参数可变、被加工件的材料及热处理状态可变、切削用量也随着加工对象的不同而有所变化，采用计算法就无法较接近实际的需要。通常可根据机床工艺范围中极限负荷下的切削条件来计算确定。

机床空转时，要消耗电动机的一部分功率，这部分功率消耗不会因为机床载荷的变化而消失，用 $P_{空}$(kW)表示。机床的空转功率损失只随主轴和其他轴转速的变化而改变。引起空转损失的主要因素是各传动件空转时与支承、传动件和空气之间的摩擦，由于加工和装配误差而加大的摩擦以及搅油，其他动载荷等。中型机床主传动链的空转功率损失可用下列试验公式进行估算

$$P_{空} = \frac{k_1}{10^6}(3.5d_a\sum n_i + k_2 d_{主}\ n_{主}) \tag{2-6}$$

式中：d_a——主运动链中除主轴外所有传动轴轴颈的平均直径。如果主运动链的结构尺寸尚未确定，则可按电机功率来初步选取：

$$1.5\ \text{kW} < P \leqslant 2.8\ \text{kW} \quad d_a = 30\ \text{mm}$$

$$2.5\ \text{kW} < P \leqslant 7.5\ \text{kW} \quad d_a = 35\ \text{mm}$$

$$7.5\ \text{kW} < P \leqslant 14\ \text{kW} \quad d_a = 40\ \text{mm}$$

$d_{主}$——主轴前后轴颈的平均直径(mm)；

$\sum n_i$——当主轴转速为 $n_{主}$ 时，传动链内除主轴外各传动轴转速之和。如传动链内有不传递载荷但也随主轴转动而空转的轴时，这些轴的转速也要计入其中(rpm)；

$n_{主}$——主轴的转速(rpm)；

k_1——润滑油黏度影响的修正系数。采用 N46 号机油时，$k_1=1$；用 N32 号机油时，$k_1=0.9$；用 N15 号机油时，$k_1=0.75$；

k_2——如果主轴用两支承的滚动轴承或滑动轴承，$k_2=8.5$；三支承滚动轴承，$k_2=10$。

机床在切削工作时，齿轮、轴承等零件上的正压力加大了，功率的损耗也加大了。比 $P_{空}$ 多出来的那部分功率损耗，为附加机械摩擦损失功率 $P_{机}$。切削功率越大，这部分损失也越大。

切削功率、空转功率、附加机械摩擦损失功率等都是由主电机来提供的，则主电机的功率(kW)为

$$P_{主} = P_{切} + P_{机} + P_{空} = \frac{P_{切}}{\eta_{机}} + P_{空} \tag{2-7}$$

$$\eta_{机} = \eta_1, \eta_2, \eta_3 \cdots$$

式中：$\eta_1, \eta_2, \eta_3 \cdots$——主运动链中各传动副的机械效率，见表 2-2。

表 2-2 传动机件效率的概略值

类别	传动件	平均机械效率	类别	传动件	平均机械效率
齿轮传动	直齿圆柱齿轮，磨齿 未磨齿 斜齿圆柱齿轮 锥齿轮	0.99 098 0.985 0.97	带传动	平胶带，无压紧轮 有压紧轮 V带 同步齿形带	0.98 0.97 0.96 0.98
蜗杆蜗轮传动	计算公式 自锁蜗杆 单头蜗杆 双头蜗杆 三头和四头蜗杆	$\frac{\tan\lambda}{\tan(\lambda+\rho)}$ 0.4～0.45 0.7～0.75 0.75～0.82 0.8～0.92	链传动	套筒滚子链 齿形链	0.96 0.97
			滚动轴承	向心球轴承和圆柱滚子轴承 圆锥滚子轴承和角接触球轴承 高速主轴轴承	0.99 0.98 0.95～0.98
滑动轴承	一般润滑条件 润滑特别良好，如压力润滑 高速主轴轴承（v=5 m/s）	0.98 0.985 0.9～0.93	直线运动机构	计算公式 滑动丝杠 液体静压丝杠 滚珠丝杠，有预加载荷 牛头刨床和插床摇杆和滑块	$\frac{\tan\lambda}{\tan(\lambda+\rho)}$ 0.30～0.60 0.99 0.82～0.85 0.90
液体静压轴承	低速 中速 高速（v=5 m/s）	0.998～0.999 0.99～0.995 0.93～0.95			

注：λ——蜗杆或丝杠的螺旋角；ρ——摩擦角。

图 2-1 表示主运动链在某一转速下所消耗的各项功率之间的关系。当机床主轴开启，尚未进行切削，$P_{切}=0$ 时，就需要消耗部分功率 $P_{空}$。即 $P_{切}=0$ 时，$P_{主}=P_{空}$。随着 $P_{切}$ 增加，$P_{机}$ 也随之增加。$P_{主}$ 沿 AB 上升，直到 A 点。这时机床满载

$$P_{主} = P_{空\max} + P_{切\max} + P_{机\max} = \frac{P_{切\max}}{\eta_{总}} \tag{2-8}$$

式中：$\eta_{总}$ 为主运动传动链的总效率，是加工过程中摩擦效应、空气阻力效应、润滑甩油效应等各种使功率发生损耗效益的综合表现的结果。

在图 2-1 中，就是 OA 与水平轴夹角的余切，$\eta_{总}=\cot\alpha$。当 $P_{切}$ 从 O 上升到 $P_{切\max}$ 时，$P_{主}$ 是沿 OBA 折线上升的。因此，$\eta_{总}$ 仅对满载时有效。当 $P_{切}<P_{切\max}$ 时，根据 $\eta_{总}$ 算出的电机功率将小于实际的值。

在主传动链的结构尚未确定之前，可根据 $P_{切\max}$ 和总效率 $\eta_{总}$ 来确定主传动链的电动机功率。$\eta_{总}=0.65\sim0.8$。当机构比较简单和主轴转速较低时，$\eta_{总}$ 取得大些，反之取得小些。

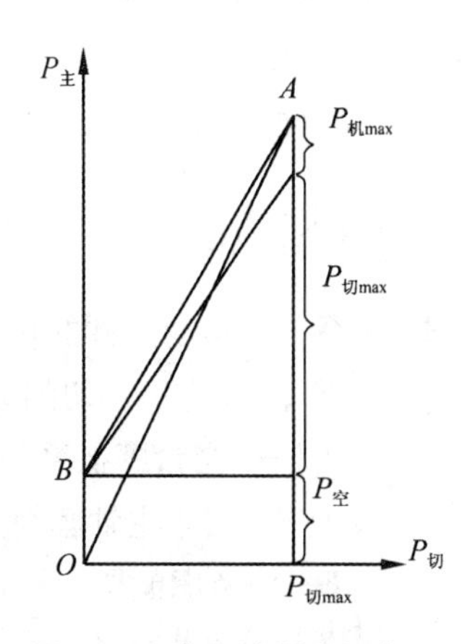

图 2-1 主运动所消耗电动机各项功率之间的关系

（二）进给运动功率的确定

1. 在机床设计中，并不是所有机床都要对进给运动功率进行计算和校核，下列情况可忽略进给所需的功率。

(1) 进给传动与主运动共用一个电机的通用机床。

(2) 进给传动与空行程传动共用一个电机的机床。

2. 机床设计中，有些情况下必须对进给功率进行计算和校核，有的甚至需要进行相关实验。下列情况需确定进给传动所需功率，通常用参考同类机床和计算相结合的办法确定。

(1) 对于进给传动采用单独电机驱动的机床，如龙门刨床。

(2) 用液压驱动进给的机床，如仿型车床，组合机床。因为液压传动的有效功率较低。

3. 进给运动功率的确定。

在进给运动与主运动共用一个电机的普通机床上，由于进给运动所消耗的功率与主运动相比是很小的，因此可以忽略进给所需的功率，如升降台铣床。

数控机床进给运动是用单独的伺服电机驱动的，需要对其电机进行选择。

进给运动采用单独的普通电动机的机床，如升降台铣床和龙门铣床，以及用液压缸驱动进给的机床，如仿形车床、多刀半自动车床和组合机床等，都需要确定进给运动所需的功率，通常用参考同类型机床和计算相结合的办法确定。注意比较传动链的长短和低效率传动副（丝杠螺母、蜗杆蜗轮）的数量。进给传动链的机械效率 η_s 会低于 0.15～0.20。

进给功率(kW)可根据进给牵引力 F_Q(N)，进给速度 v_s(m/min)和机械效率 η_s，由式(2-9)来进行计算

$$P_s = \frac{F_Q v_s}{60\,000\eta_s} \tag{2-9}$$

滑动导轨进给牵引力 F_Q 的估算公式如下

三角形或三角形与矩形相结合导轨 $F_Q = kF_Z + f'(F_Y + G)$ (2-10)

矩形导轨 $F_Q = kF_Z + f'(F_X + F_Y + G)$ (2-11)

燕尾形导轨 $F_Q = kF_Z + f'(2F_X + F_Y + G)$ (2-12)

钻床主轴 $F_Q = (1 + 0.5f)F_Z + f\dfrac{2T}{d} \approx F_Z + f\dfrac{2T}{d}$ (2-13)

式中：G——移动部件的重力，$G=mg$；

F_x、F_y、F_z——切削力的三向分力，其中 F_z 沿导轨纵向(N)；

f'——当量摩擦系数；

f——钻床主轴套筒上的摩擦系数；

k——考虑颠覆力矩影响的系数；

d——主轴直径(mm)；

T——主轴上的转矩(N·mm)。

在正常润滑条件下的铸铁—铸铁导轨副，k 与 f' 可取如下值：三角形和矩形导轨，$k=1.1\sim1.15$，$f'=0.12\sim0.13$（矩形）或 $f'=0.17\sim0.18$（90°三角形）；燕尾形导轨，$k=1.4$，$f'=0.2$。

第二节　分级变速主传动系统设计

一、分级变速机构的转速图和结构网

在设计分级变速传动链的传动系统图时，要用到转速图（speed diagram）。转速图是前文所涉及的机床设计传动系统图的细化，它不仅把不同传动环节之间的传动关系加以表达，而且把传动系统中使用什么样的传动部件及部件之间的传动关系表达出来。转速图可表达主轴每一级转速是通过哪些传动副得到的，这些传动副之间的关系如何，各传动轴的转速等。

1. 转速图

设有一中型机床，传动系统图如图 2-2。

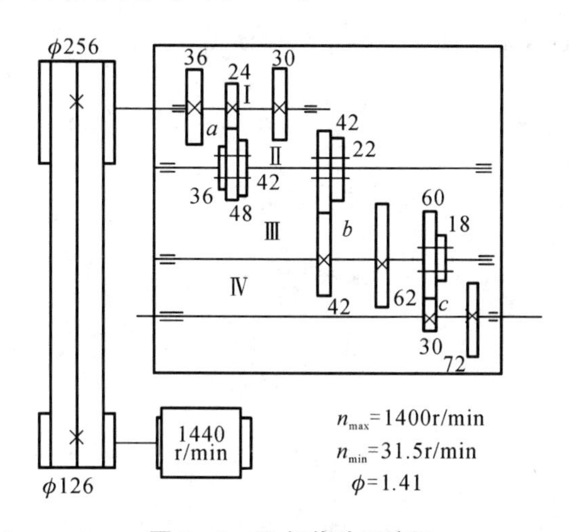

图 2-2　12 级传动系统图

主轴转速共 12 级，其转速分别为：31.5，45，63，90，125，180，250，355，500，710，1 000，1 400 r/min，公比为 $\varphi=1.41$，电动机转速为 1 440 r/min。传动系统内共五根轴，分别为：电动机轴和轴Ⅰ至Ⅳ。其中轴Ⅳ为主轴Ⅰ-Ⅱ之间为传动组 a，轴Ⅱ-Ⅲ和Ⅲ-Ⅳ之间分别为传动组 b 和 c。

图 2-3 为其转速图。图中：

（1）距离相等的一组竖线代表各轴，轴号写在上面。竖线间的距离不代表中心距。

（2）距离相等的一组水平线代表各级转速。与各竖线交点代表各轴的转速。

（3）各轴之间连线的倾斜方式代表传动副的传动比。如电动机轴与轴Ⅰ之间的连线代表皮带定比传动，其传动比

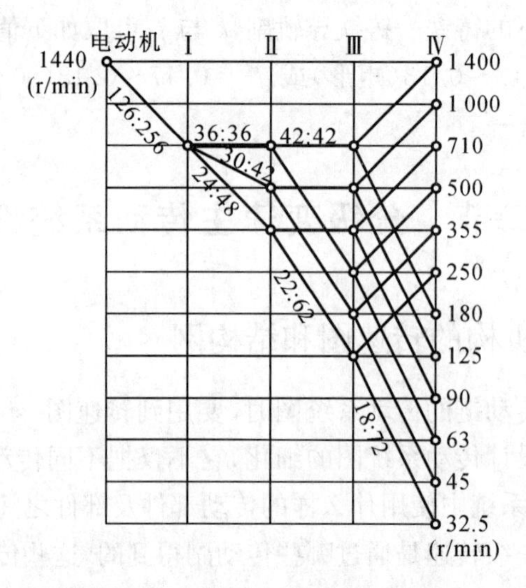

图 2-3　12 级传动系统的转速图

$$i=\frac{126}{256}\approx\frac{1}{2}=\frac{1}{1.41^2}=\frac{1}{\varphi^2}$$

是降速传动，故连线向下倾斜两格。轴Ⅰ的转速为

$$n_1=1\,440\times\frac{126}{256}\text{ r/min}=710\text{ r/min}$$

轴Ⅰ-Ⅱ之间有传动组 a，其传动比分别为

$$i_{a1}=\frac{36}{36}=\frac{1}{1}$$

$$i_{a2}=\frac{30}{42}=\frac{1}{1.41}=\frac{1}{\varphi}$$

$$i_{a3}=\frac{24}{48}=\frac{1}{2}=\frac{1}{\varphi^2}$$

表现在转速图上为Ⅰ-Ⅱ之间有三条连线，分别为水平、降一格和降两格。

轴Ⅱ-Ⅲ之间有传动组 b，其传动比分别为

$$i_{b1}=\frac{42}{42}=\frac{1}{1}$$

$$i_{b2}=\frac{22}{62}=\frac{1}{2.82}=\frac{1}{\varphi^3}$$

表现在转速图上为轴Ⅱ-Ⅲ之间，轴Ⅱ的每一转速都有两条连线与轴Ⅲ相连，分别为水平和降三格。由于轴Ⅲ有三种转速，每种转速都通过上述两条线与轴Ⅲ相连，故轴Ⅲ共得 3×2=6 种转速。连线中的平行线代表同一传动比。

轴Ⅲ-Ⅳ之间有传动组 c，其传动比分别为

$$i_{c1}=\frac{60}{30}=\frac{2}{1}=\frac{\varphi^2}{1}$$

$$i_{c2}=\frac{18}{72}=\frac{1}{4}=\frac{1}{\varphi^4}$$

表现在转速图上为升两格及降四格。轴Ⅳ的转速为 3×2×2=12 级。

根据以上分析，可以看出，转速图表示下列内容：

(1) 主轴各级转速的传动路线

在图上就是从电动机起，通过哪些连线传到主轴。

例如，当主轴转速成为 500 r/min 时，主运动传动链的从电机到主轴所经过的传动路线为：电动机$\rightarrow\frac{126}{256}\rightarrow\frac{36}{36}\rightarrow\frac{22}{62}\rightarrow\frac{60}{30}$。

(2) 在主轴得到连续的等比数列条件下，所需要的传动组数和每个传动组中的传动副数。

在本例中，主轴转速共为 12 级，定比传动不计在内，需三个传动组，每个传动组分别有 3、2、2 个传动副，即 12=3×2×2。

(3) 传动组的级比指数

主轴上同一点，传往被动轴相邻两连线代表传动组内相邻两个传动比。它们与被动轴交点之间相距的格数，代表相邻两传动比之比值 φ^x 的指数 x，称为指数比。图中三个传动组的 X_a、X_b 和 X_c 分别为 1、3 和 6。

(4) 基本组和扩大组

从转速图上可看出，如要使主轴转速为连续的等比数列，须有一个传动组的级比指数为 1，如本例的传动组 a。这个传动组称为基本组。

从轴Ⅱ至轴Ⅲ为第一次扩大。为使轴Ⅲ得到连续的转速，传动副 b 的级比指数应为 3。传动组 b 称为第一扩大组。扩大后，轴Ⅲ能得到 3×2=6 种转速。

从轴Ⅲ至轴Ⅳ为第二次扩大。可看出传动组 c 的级比指数应为 6，称为第二扩大组。

如果还有更多的传动组，则依次类推。

在本例中，基本组、第一扩大组、第二扩大组的排列顺序与传动顺序(从电动机到主轴)是一致的，即扩大顺序与传动顺序相同。一般来说，扩大顺序并不一定要与传动顺序相同。故今后以 0 代表基本组，1 代表第一扩大组……设基本组内有 p_0 个传动副，其级比指数$\chi_0=1$，则第一扩大组的级比指数$\chi_1=\chi_0 p_0=p_0$。如第一扩大组有 p_1 个传动副，则第二扩大组的级比指数$\chi_2=\chi_1 p_1$。即按扩大顺序，后一传动组的级比指数等于前一传动组的级比指数与传动副数之积

$$\chi_n=\chi_{n-1}p_{n-1} \tag{2-14}$$

(5) 各传动组的变速范围

$$\text{基本组 } R_0=\varphi^{x_0(p_0-1)}$$

$$\text{第一扩大组 } R_1=\varphi^{x_1(p_1-1)} \tag{2-15}$$

$$\text{任一扩大组 } R_n=\varphi^{x_n(p_n-1)} \tag{2-16}$$

本例所示的传动系统，各传动组都是前后串联的。如遵守上述规则，就可使机床主

轴转速得到连续的等比数列，既无空缺又无重复。这样的传动系统是常规的。

2. 结构网和结构式

在设计传动系统时，往往首先比较和选择各传动比的相对关系。表示传动比的相对关系而不表示转速数值的线图称为结构网。由于不表示转速数值，故可画成对称的形式，如图 2-4。

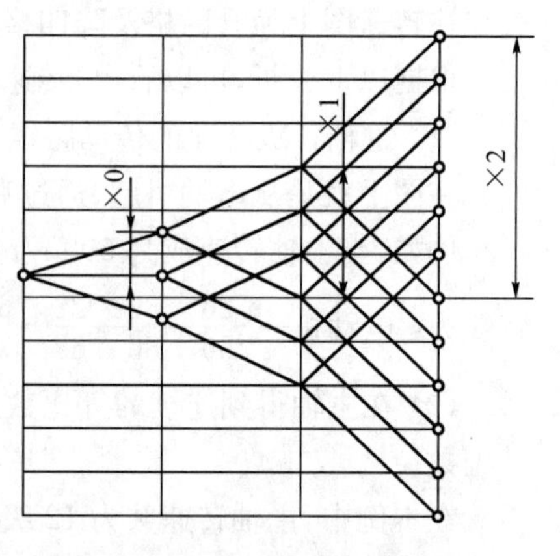

图 2-4　12 级传动系统的结构网

结构网表示各传动组的传动副数和各传动组的级比指数，还可以看出其传动顺序和扩大顺序。

图 2-4 所示的结构网也可写成结构式

$$12=3_1\times2_3\times2_6$$

结构网和结构顺式说明下列问题：(1) 传动链的组成及传动顺序：$12=3\times2\times2$。12 表示主轴转速级数，3、2、2 的次序表示传动顺序，数值表示各传动组的传动副数；(2) 各传动组的级比指数，分别为 1、3、6，即结构式中的各个下标。(3) 扩大顺序，可从级比指数看出。结构网和结构式表达的内容是相同的，但结构网更直观些。

二、主运动转速图的拟定

已知条件为机床类型，主轴的转速级数 Z、公比 φ、各级转速和电动机的转速。设计步骤为：确定有几个传动组，各传动组的传动副数；拟定结构网(式)；拟定转速图。现通过一个例题，分述如下。

机床类型：中型车床。$Z=12$，$\varphi=1.41$，主轴转速为 31.5，45，63，90，125，180，250，355，500，710，1 000，1 400 r/min。电动机转速 $n_m=1\ 400$ r/min。

1. 传动组和传动副数的确定

传动组和传动副数可能的方案有

$12=4\times3$　　　　$12=3\times4$

$12=3\times2\times2$　　　　$12=2\times3\times2$　　　　$12=2\times2\times3$

上列两行方案中，第一方案有时可省掉一根轴，缺点是有一个传动组内有四个传动副。如用一个四联滑移齿轮，则会增加轴向尺寸；如用两个双联滑移齿轮，则操纵机构必须互锁以防止两个滑移齿轮同时啮合，所以一般少用。

第二行的三个方案可根据下述原则比较：从电动机到主轴，一般为降速传动。接近电动机处的零件，转速较高，从而转矩较小，尺寸也就较小。如使传动副较多的传动组放在接近电动机处，则可使尺寸小的零件多些，尺寸大的零件就可以少些。这就是“前多后少”原则。因此，取 $12=3\times2\times2$ 的方案最好。

2. 结构网或结构式各种方案的选择

在 $12=3\times2\times2$ 中，因基本组和扩大组排列顺序的不同而有不同的方案。可能的六种方案，其结构网和结构式见图 2－5。在这些方案中，可根据下列原则选择最佳方案。

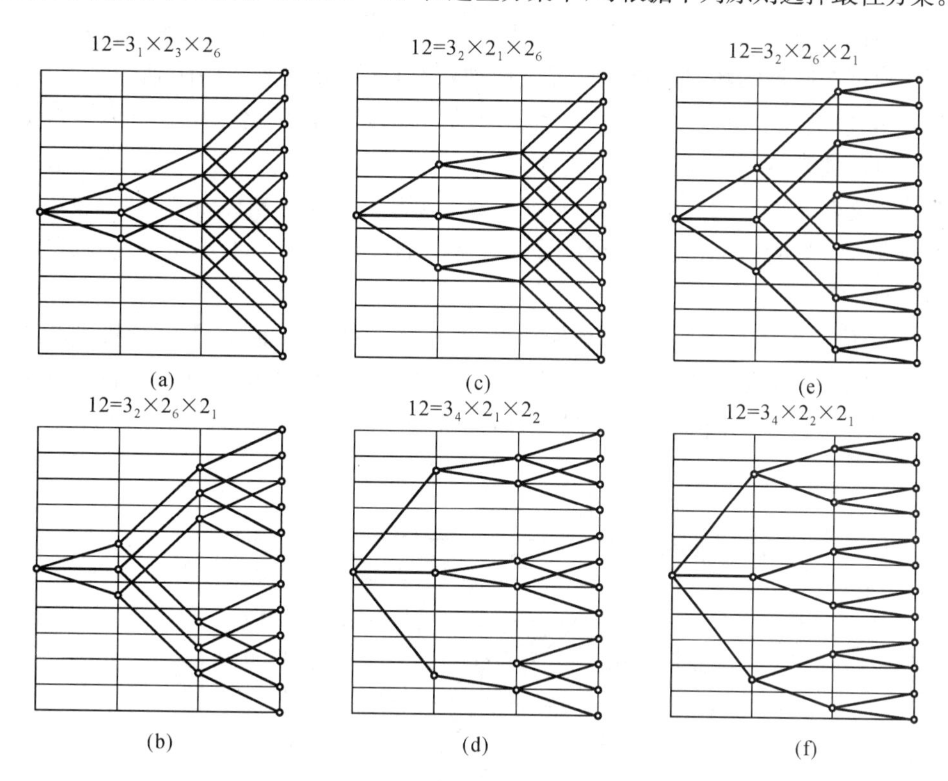

图 2－5　12 级结构网的各种方案

(1) 传动副的极限传动比和传动组的极限变速范围在降速传动时，为防止被动齿轮的直径过大而使径向尺寸太大，常限制最小传动比 $i_{min} \geqslant 0.25$。在升速时，为防止产生过大的振动和噪声，常限制最大传动比 $i_{max} \leqslant 2$。如用斜齿轮传动，则 $i_{max} \leqslant 2.5$。因此，主传动链任一传动组的最大变速范围一般为 $R=\frac{u_{max}}{u_{min}} \leqslant 8 \sim 10$。

对进给传动链，由于转速常较低，零件尺寸也较小，上述限制可放宽些。$0.2 \leqslant i_{进} \leqslant 2.8$。故 $R_{max} \leqslant 14$。

在检查传动组的变速范围时，只需检查最后一个扩大组。因为其他传动组的变速范围都比它小。因此

$$R_n = \varphi^{x_n(p_n-1)} \leqslant R_{max}$$

图 2－5 中，方案 a、b、c、e 的第二扩大组 $X_2=6$，$P_2=2$，则 $R_2=\varphi^{6\times(2-1)}=\varphi^6$。$\varphi=1.41$，则 $R_2=1.41^6=8=R_{max}$，是可行的。方案 d 和 f，$X_2=4$，$P_2=3$，$R_2=\varphi^{4\times(3-1)}=\varphi^8=16>R_{max}$，是不可行的。

(2) 确定基本组和扩大组的排列顺序。在可行的四种结构网(式)方案 a、b、c、e 中，还要进行比较以选择最佳方案。原则是选择中间传动轴(本例如轴Ⅱ、Ⅲ)变速范围最小的方案。因为如各方案同号传动轴的最高转速相同，则变速范围小，最低转速较高，转矩较小，传动件的尺寸也可以小些。比较图 2－5 的方案 a、b、c、e，方案 a 的中间传动轴变速范围最小，故方案 a 最佳。即如果没有别的要求，则应尽量使扩大顺序与传动顺序一致。

3. 拟定转速图

电动机和主轴的转速是已定的，当选定结构网或结构式后，就可分配各传动组的传动比并确定中间轴的转速。再加上定比传动，就可画出转速图。中间轴的转速如能高一些，传动件的尺寸也可以小一些。但中间轴如果转速过高，将会引起过大的振动、发热和噪声。通常，希望齿轮的线速度不超过 12～15 m/s。对中型车、钻、铣等机床，中间轴的最高转速不宜超过电动机的转速。对小型机床和精密机床，由于功率较小，传动件不会太大。这时振动、发热和噪声是应该考虑的主要问题。因此，更要注意限制中间轴的转速，不使其过高。

本例所选定的结构式共有三个传动组，变速机构共需 4 轴，加上电动机轴共 5 轴，故转速图需要 5 条竖线，如图 2-6。主轴共 12 速，电动机轴转速与主轴最高转速相近，故需 12 条横线。注明主轴的各级转速，电动机轴转速也应在电动机轴上注明。

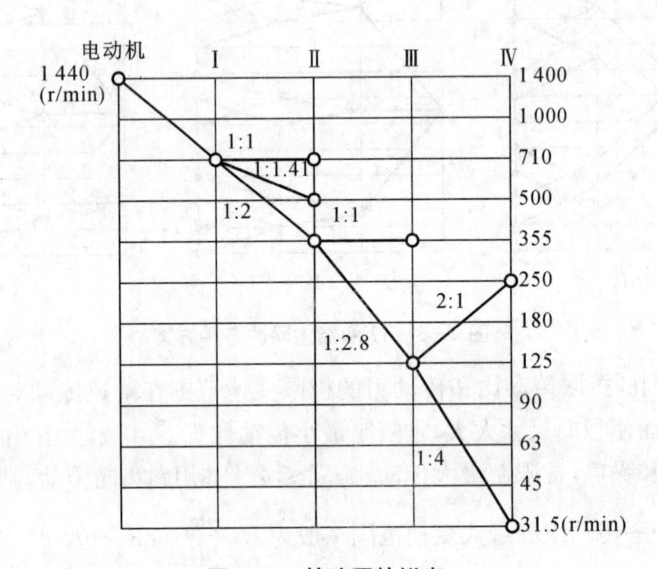

图 2-6 转速图的拟定

中间各轴的转速可从电动机轴开始往后推，也可从主轴开始往前推。通常，往前推较方便。即先决定轴Ⅲ的转速。

传动轴 c 的变速范围为 $\varphi^6=1.41^6=8=R_{max}$，可知两个传动副的传动比必然是前文叙述的极限值

$$i_{c1}=\frac{1}{4}=\frac{1}{\varphi^4},i_{c2}=\frac{2}{1}=\frac{\varphi^2}{1}$$

这样就确定了轴Ⅲ的六种转速只有一种可能，即为 125、180、250、…、710 r/min。

随后决定轴Ⅱ的转速。传动组 b 的级比指数为 3，在传动比极限值的范围内，轴Ⅱ的转速最高可为 500、710、1 000 r/min。为避免升速，又不使传动比太小，可取

$$i_{b1}=\frac{1}{\varphi^3}=\frac{1}{2.8},i_{b2}=\frac{1}{1}$$

轴Ⅱ的转速确定为 355、500、710 r/min。

同理，对于轴Ⅰ，可取

$$i_{a1}=\frac{1}{\varphi^2}=\frac{1}{2},\varphi_{a2}=\frac{1}{\varphi}=\frac{1}{1.41},i_{a3}=\frac{1}{1}$$

这样就确定了轴Ⅰ的转速为 700 r/min。电动机轴与轴Ⅰ之间为带传动，传动比接近 $1/2=1/\varphi^2$。最后，在图 2－6 上补给各连线，就可以得到如图 2－3 那样的转速图。

还可有另外一些方案。如把轴Ⅰ、Ⅱ的转速都降低一格，这样的转速图见图 2－7，这个方案的优点是轴Ⅰ、Ⅱ、Ⅲ的最高转速和为(500＋500＋710) r/min＝1 710 r/min，比图 2－2 所示方案的 710×3＝2 130 r/min 降低了约 20％，有利于减少发热和降低噪声。缺点是轴Ⅰ、Ⅱ的最低转速要低一些，故这两根轴及传动组 a 和 b 的齿轮模数都有可能要略大一些，被动带轮直径也要大一些。

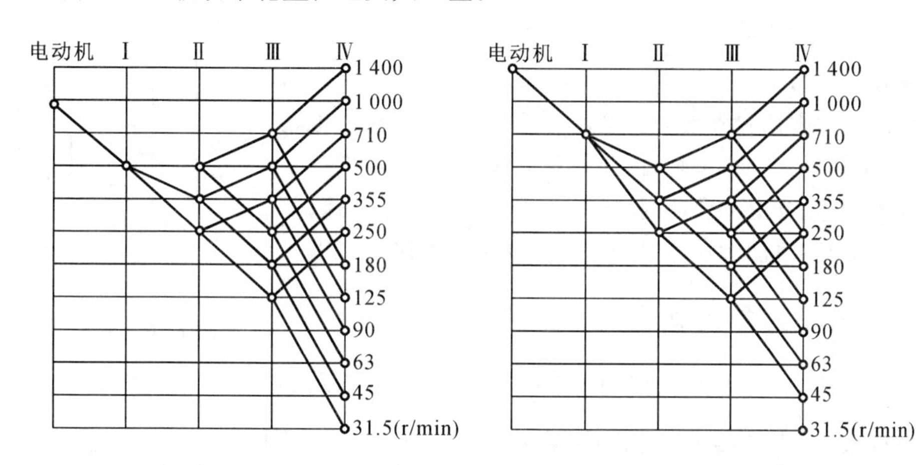

图 2－7　12 速转速图另一方案　　**图 2－8　12 速转速图的又一方案**

也可选择图 2－8 的方案。皮带传动副的传动比仍为 $1:\varphi^2$，但改变传动组 a 的传动比。这个方案避免了被动带轮直径加大的缺点，传动轴最高转速和比图 2－3 的方案低，但比图 2－6 的方案高。带来的缺点是传动组 a 的最大被动齿轮较大。

此外，还可以有方案。如保留图 2－7 中各传动组不变，改用六极电动机，转速为 960 r/min。这样，带传动的传动比仍为 $1:\varphi^2$。缺点是电动机的体积要大一些。

从这里可以看出，设计方案是很多的，各有利弊。设计时应权衡得失，根据具体情况进行选择。

三、扩大变速范围的方法

如前所述，传动链中最后一个扩大组如果由两个传动副组成，主轴转速级数为 Z，则最后一个扩大组的变速范围 $R=\varphi^{z/2}$。由于极限传动比的限制，$R\leqslant 8=1.41^6=1.26^9$。所以当 $R=1.41$ 时，$Z=12$；当 $R=1.26$ 时，$Z=18$。传动链的变速范围 $R_n=\varphi^{z-1}$，当 $\varphi=1.41$ 时，最大的 $R_n=1.41^{11}\approx 45$；当 $\varphi=1.26$ 时，$R_n=1.26^{17}\approx 50$。这样变速范围常不能满足通用机床的要求。如中型卧式机床 R_n 可达 140～200，有的新型镗床可以超过 200。这时可用下述几种方法扩大变速范围。

1. 增加一个传动组

在原来的传动链后面用串联的方式增加一个传动组是最简便的方法。但由于极限传动比的限制，将产生一些转速重复。例如 $\varphi=1.26$，如要求 $R_n>50$，则可增加一个双传动副的传动组，但最后一个扩大组的级比指数最大为 9，故结构式可为 $3_1\times3_3\times2_9\times2_9$。这时重复了 9 级转速，使得主轴实际所得的转速为 $Z=3\times3\times2\times2-9=27$，变速范围可达 $R_n=1.26^{26}=407$。

2. 采用背轮机构

图 2－9 是背轮机构。主动轴Ⅰ和被动轴Ⅲ同轴线。可合上离合器直接传动，也可如图所示经 z_1/z_2，z_3/z_4 两次降速传动，极限传动比 $i_{\min}=\frac{1}{4}\times\frac{1}{4}=\frac{1}{16}$，容易达到扩大变速范围的目的。这种机构在机床上应用较多。

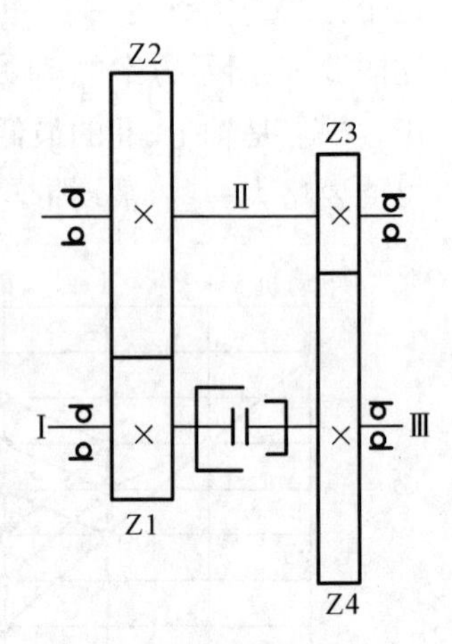

图 2－9　背轮机构

设计背轮时要注意“超速”问题。在图 2－9 中，z_4 为滑轮齿轮。当合上离合器时，z_3 和 z_4 脱离啮合。轴Ⅱ虽也转动，但齿轮副 z_1/z_2 是降速，轴Ⅱ转速将低于轴Ⅰ。如使 z_1 为滑移齿轮，则合上离合器时，轴Ⅱ将经齿轮 z_4/z_3 升速，使轴Ⅱ高速空转，将加大噪声、振动、空载功率和发热。

四、齿轮齿数的确定

当传动比 i 采用标准公比的整数次方时，齿数和以及小齿数可从表 2－3 中查得。例如图 2－2 的传动组 a，$i_{a_1}=1$，$i_{a_2}=\frac{1}{1.41}$，$i_{a_3}=\frac{1}{2}$。查 i 为 1，1.4和 2 的三行，有数字的即为可能方案。结果如下

$$i_{a_1}=1 \qquad S_z=\cdots,60,62,64,66,68,70,72,74,\cdots$$

$$i_{a_2}=\frac{1}{1.41} \qquad S_z=\cdots,60,63,65,67,68,70,72,73,74\cdots$$

$$i_{a_3}=\frac{1}{2} \qquad S_z=\cdots,60,63,66,69,72,75,\cdots$$

从以上三行中可挑出，$S_z=60$ 和 72 是共同适用。如取 $S_z=72$，则从表中查出小齿轮齿数分别为 36、30、24。即 $ia_1=36/36$，$ia_2=30/42$，$ia_3=24/48$。

有时为满足传动比的要求，可使同一传动组内各传动副的齿数和不等，但差距不能太大，然后采用变位的方法使中心距相等。各传动组的齿数和相差太多时，会发生根切现象，从而影响齿轮轮齿的强度。采用三联滑移齿轮时，还应检查滑移齿轮之间的齿数关系。如图 2－2 的传动组 a，当Ⅰ、Ⅱ轴上的齿轮 36/36 啮合时，三联齿轮将向左移。齿轮 42 将从轴Ⅰ的齿轮 24 旁边滑移过去。要使 42 与 24 的齿顶圆不碰，则这两个齿轮的齿顶圆半径之和应等于或小于中心距。对于不变位的标准齿，三联滑移齿轮的最大和次大齿轮之间的齿数差，应大于或等于 4。本例齿数差为 $48-42=6$，故不会出现上述问题。如等于 4，则可使次大轮的齿顶圆减小一点。双联滑移齿轮没有这个问题。

表 2－3　各种常用传动比的适用齿数

i \ S_z	40	41	42	43	44	45	46	47	48	49	50	51	52	53	54	55	56	57	58	59
1.00	20		21		22		23		24		25		26		27		28		29	
1.06		20		21		22		23									27		28	
1.12	19							22		23		24		25		26		27		28
1.18					20		21		22		23					25		26		27
1.25		18		19		20					22		23		24					26
1.32			18		19					21		22			23		24		25	
1.4			17				19		20			21		22					24	
1.5	16					18					20		21			22		23		
1.6		16			17					19			20		21			22		23
1.7	15			16					18			19			20		21			22
1.8			15					17			18			19			20		21	
1.9				15			16			17			18			19			20	
2.0			14			15			16			17			18			19		
2.12					14			15			16			17			18			19
2.24			13			14				15			16			17			18	
2.36					13			14				15			16			17		
2.5			12				13			14				15			16			
2.65					12				13			14				15			16	16
2.8							12				13			14	14			15		
3.0									12				13				14			
3.15											12				13				14	
3.35													12				13			
3.55															12	12				13
3.75																		12		

i \ S_z	60	61	62	63	64	65	66	67	68	69	70	71	72	73	74	75	76	77	78	79
1.00	30		31		32		33		34		35		36		37		38		39	
1.06	29		30		31		32		33		34		35		36		37		38	
1.12			29		30		31		32		33		34		35		36	36	37	37
1.18		28		29			30		31		32		33		34	34	35	35		36
1.25		27		28		29	29		30		31		32		33	33		34		35
1.32		26		27		28			29		30		31			32		32		34
1.4	25			26		27		28	28		29		30	30		31		33		33
1.5	24		25			26		27	27		28		29	29		30		31	31	
1.6	23		24			25		26			27		28	28		29		30	30	
1.7			23		24			25			26		27	27		28		29	29	
1.8		22			23			24		25	25		26			27			28	
1.9	21	21		22	22		23			24			25			26			27	
2.0	20			21			22			23			24			25			26	
2.12			20			21	21		22	22		23	23			24			25	
2.24		19	19			20			21			22	22		23	23		24	24	
2.36		18			19			20	20			21			22			23	23	
2.5	17			18				19			20	20		21	21			22	22	
2.65			17				18			19	19			20	20			21		
2.8		16				17				18			19	19			20	20		
3.0	15		15		16				18			18	18			19	19			20
3.15				15			16	17	17		17	17				18				19
3.35		14				15	15	16		16	16				17				18	18
3.55				14	14				15	15			16	16				17	17	
3.75			13				14	14				15	15				16	16		

续　表

i \ S_z	80	81	82	83	84	85	86	87	88	89	90	91	92	93	94	95	96	97	98	99	100	101	102	103	104	105	106	107	108	109	110	111	112	113	114	115	116	117	118	119	120
1.00	40		41		42		43		44		45		46		47		48		49		50		51		52		53		54		55		56		57		58		59		60
1.06	39		40	40	41	41	42	42	43	43	44	44	45	45		46		47		48		49		50		51		52		53	53	54	54	55	55	56	56	57	57	58	58
1.12	38	38		39		40		41		42		43		44		45	45	46	46	47	47		48		49		50		51	51	52	52	53	53	54	54	55	55	56	56	57
1.18		37		38		39	39	40	40		41		42		43		44	44	45	45	46	46		47		48		49	49	50	50	51	51	52	52		53		54	54	55
1.25		36	36	37	37		38		39		40	40	41	41		42		43		44	44	45	45		46		47	47	48	48	49	49		50		51	51	52	52	53	53
1.32	34	35	35		36		37	37	38	38		39		40	40	41	41		42		43	43	44	44		45		46	47	47	47		48		49	49	50	50	51	51	51
1.4	33		34		35	35		36		37	37	38	38		39		40	40		41		42	42	43	43		44	44	45	45		46		47	47	48	48		49	49	50
1.5	32		33	33		34		35	35		36		37	37		38		39	39	40	40		41	41	42	42		43	43	44	44		45	45	46	46		47	47	48	48
1.6	31		32	32		33	33		34		35	35		36		37	37		38	38	39	39		40	40		41		42	42		43	43	43	44		45	45	46	46	46
1.7	30	30		31		32	32		33	33		34		35	35		36	36		37	37	38	38		39	39		40	40	41	41		42	42		43	43	44	44		45
1.8	29	29		30	30		31			32		33	33		34	34		35	35		36	36	37	37		38	38		39	39		40	40	41	41	41	42	42		43	43
1.9	28	28		29	29		30	30		31	31		32	32		33	33		34	34	35	35		36	36		37	37		38	38		39	39		40	40		41	41	42
2.0		27			28			29		30	30		31	31		32	32		33	33		34	34		35	35		36	36		37	37		38	38		39	39	39	40	40
2.12		26			27			28	28		29	29		30	30		31	31		32	32		33	33		34	34		35	35	35	36	36	36		37	37		38	38	
2.24		25			26	26		27	27		28	28		29	29			30	30		31	31		32	32		33	33	33	34	34	34		35	35		36	36		37	37
2.36		24			25	25		26	26			27	27		28	28		29	29			30	30		31	31		32	32	32		33	33		34	34		35	35	35	
2.5	23	23			24	24		25	25			26	26		27	27			28	28		29	29			30	30		31	31	31		32	32		33	33	33		34	34
2.65	22	22			23	23		24	24			25	25			26	26		27	27			28	28			29	29		30	30	30		31	31		32	32	32		33
2.8	21	21			22			23	23			24	24			25	25			26	26		27	27	27		28	28	28		29	29			30	30			31	31	
3.0	20			21	21			22	22			23	23			24	24			25	25			26	26			27	27			28	28			29	29			30	30
3.15	19			20	20			21	21			22	22			23	23			24	24	24		25	25	25			26	26			27	27			28	28			29
3.35			19	19			20	20	20			21	21			22	22			23	23	23			24	24			25	25	25		26	26	26			27	27		
3.55		18	18				19	19			20	20	20			21	21			22	22	22			23	23			24	24	24			25	25	25		26	26	26	
3.75	17	27				18	18				19	19				20	20			21	21	21			22	22				23	23			24	24	24			25	25	25
4.0	16				17	17				18	18				19	19				20	20				21	21				22	22				23	23				24	24
4.25				16	16				17	17				18	18	18			19	19	19				20	20				21	21				22	22	22			23	23
4.5			15	15				16	16				17	17	17				18	18				19	19	19				20	20				21	21	21			22	22

第三节　无级变速主传动系统设计

在数控机床和重型机床主传动系统设计中，广泛采用了无级变速。机床执行元件对功率和转矩的要求，见本章第二节。即对于直线运动的执行元件，可以认为牵引力是恒定的。因此，拖动它的电动机，也应该是恒转矩的。当执行元件做旋转运动时，从计算转矩至最高转速为恒功率，从最低转速至计算转速为恒转矩。恒功率变速范围，约为恒转矩变速范围的 2～4 倍。

机床上常用的无级变速机构为直流或交流调速电动机。直流并激电动机从额定转速 n_d 向上至最高转速 n_{max}，是用调节磁场电流的办法来调速的，属于恒功率；从额定转速 n_d 向下至最低转速 n_{min}，是用调节电枢电压的方法来调速的，属于转矩。通常额定转速 n_d＝1 000～2 000 r/min，恒功率调速范围为 2～4，恒转矩调速范围则很大，可达几十甚至超过一百。交流调速电动机靠调节供电频率办法调速。因此常称为调频主轴电动机。通常，额定转速 n_d＝1 500 r/min，额定转速向上至最高转速 n_{max} 为恒功率，调速范围为 3～5；额定转速 n_d 至最低转速 n_{min} 为恒转矩，调速范围为几十甚至超过一百。这两种电动机的功率转矩特性见图 2－10。交流调速电动机由于没有电刷，能达到最高转速比同功率的直流电动机高，磨损和故障少。现在，在中、小功率领域，交流调速电动机已占优势。

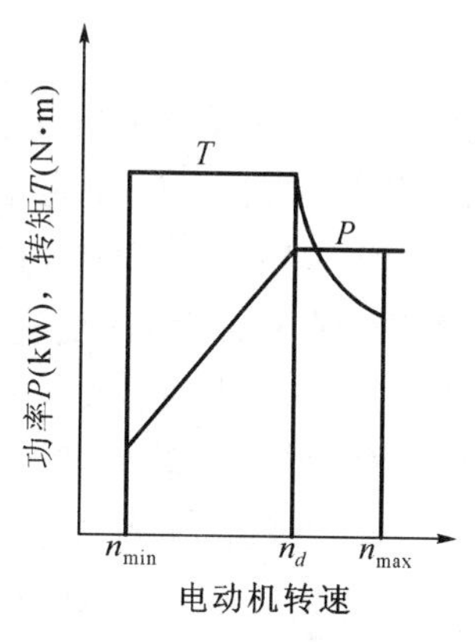

Ⅰ-恒功率区域　Ⅱ-恒转矩区域

图 2－10　直流和交流调速电动机的功率转矩特性

伺服电动机和脉冲步进电动机都是恒转矩的，而且功率不大，所以只能用于直线进给运动和辅助运动。

基于上述分析可知，如果直流或交流调速电动机用于拖动直线运动执行器官，如龙门刨床工作台(主运动)或立式车床刀架(进给运动)，可直接利用调速电动机的恒转矩调速范围，将电动机直接或通过定比减速齿轮拖动执行器官。如果用于拖动进给运动，则当电动机为额定转速时执行器官为最高进给速度。电动机的最高转速用于执行器官的快移。

如果直流或交流调速电动机用于拖动旋转运动，如拖动主轴，则由于主轴要求的恒功率调速范围远大于电动机所能提供的恒功率范围，常用串联分级变速箱的办法来扩大其恒功率调速范围。变速箱的公比 Ψ_F 原则上应等于电动机的恒功率调速范围 R_p。如果为了简化变速机构，取 Ψ_F 大于 R_p，则电动机的功率应取得比要求的功率大些。

例 2－1　某一数控机床，主轴转速最高为 4 000 r/min，最低为 30 r/min，计算转速为 150 rmin。最大切削功率为 5.5 kW。采用交流调频主轴电动机，额定转速 1 500 r/min，最高转速为 4 500 r/min。设计分级变速箱的传动系统并选择电动机的功率。

［解］　主轴要求的恒功率调速范围

$$R_{np}=\frac{4\ 000}{150}=26.7$$

电动机的恒功率调速范围

$$R_p = \frac{4\,500}{1\,500} = 3$$

主轴要求的恒功率调速范围远大于电动机所能提供的恒功率调速范围，故须配以分级变速箱。

如取变速箱的公比 $\Psi_F = R_p = 3$，则由于无级变速时

$$R_{np} = \Psi_F^{Z-1} R_p = \Psi_F^{Z}$$

变速箱的变速级数

$$Z = \frac{\lg R_{np}}{\lg \varphi_F} = \frac{\lg 26.7}{\lg 3} = 2.99$$

取 $Z=3$。传动系统和转速图见图 2-11(a)和(b)，图(c)为主轴的功率特性。从图(b)可看出，电动机经 35/77 定比传动降速后，如果经 82/42 传动主轴，则当电动机转速从 4 500 降至 1 500 r/min(恒功率区)，主轴转速从 4 000 降至 1 330 r/min。在图(c)中就是 AB 段。主轴转速再需下降时变速箱变速，经 49/75 传动主轴。电动机又恢复从 4 500 r/min 降至 1 500 r/min，主轴则从 1 300 降至 440 r/min。在图(c)中就是 BC 段。同样，当经 22/102 传动主轴时，主轴转速为 440～145 r/min，图(c)中是 CD 段。可见，主轴从 4 000～145 r/min的恒功率，是由 AB、BC、CD 三段接起来的(这三段在图 2-11(c)中应为一条竖线。为了便于说明，三段错开画了)。从 145 至 30 r/min，电动机从 1 500 降至 310 r/min，属电动机的恒转矩区。图(c)中 DE 段。如取总效率为 $\eta=0.75$，则电动机功率 $P=5.5/0.75=7.3$ kW。可选用北京数控设备厂的 BESK-8 型交流主轴电动机，连续额定输出为 7.5 kW。

例 2-2 上例中，为了简化变速箱及自动操纵机构，希望用双速变速箱。试设计其传动系统并选择电动机。

［解］现取 $Z=2$

$$\lg \varphi_F = \frac{\lg R_{np}}{Z} = \frac{\lg 26.7}{2} = 0.713 \quad \varphi_F = 5.17$$

传动系统的转速图见图 2-11(d)、(e)，图(f)是主轴功率特性。主轴为 4 000 r/min 时，电动机为 4 500 r/min，主轴转速为 1 330 r/min 时，电动机转速为 1 500 r/min。这一段为恒功率，图(f)中为 AB 段由于 $\Psi_F > R_p$，当变速箱通过 34/90 传动主轴，电动机为4 500 r/min 时，主轴转速为 $4\,500 \times \frac{35}{77} \times \frac{34}{90}$ r/min$=773$ r/min，则图(c)的 C 点。主轴转速为 1 330 至 773 r/min 的 BC 段，由电动机为 1 500～870 r/min 获得。这一段是恒转矩，电动机的最大输出功率将随转速的下降而下降。同样，从主轴为 257 r/min 至计算转速 145 r/min 的 DE 段，电动机也处于恒转矩范围内。在主轴的最高转速(4 000 r/min，A 点)到计算转速(145 r/min，E 点)，主轴的最大输出功率是变化的。BC 间将出现“缺口”。为了使 BC 之间和 DE 之间仍能得到要求的切削功率，电动机的

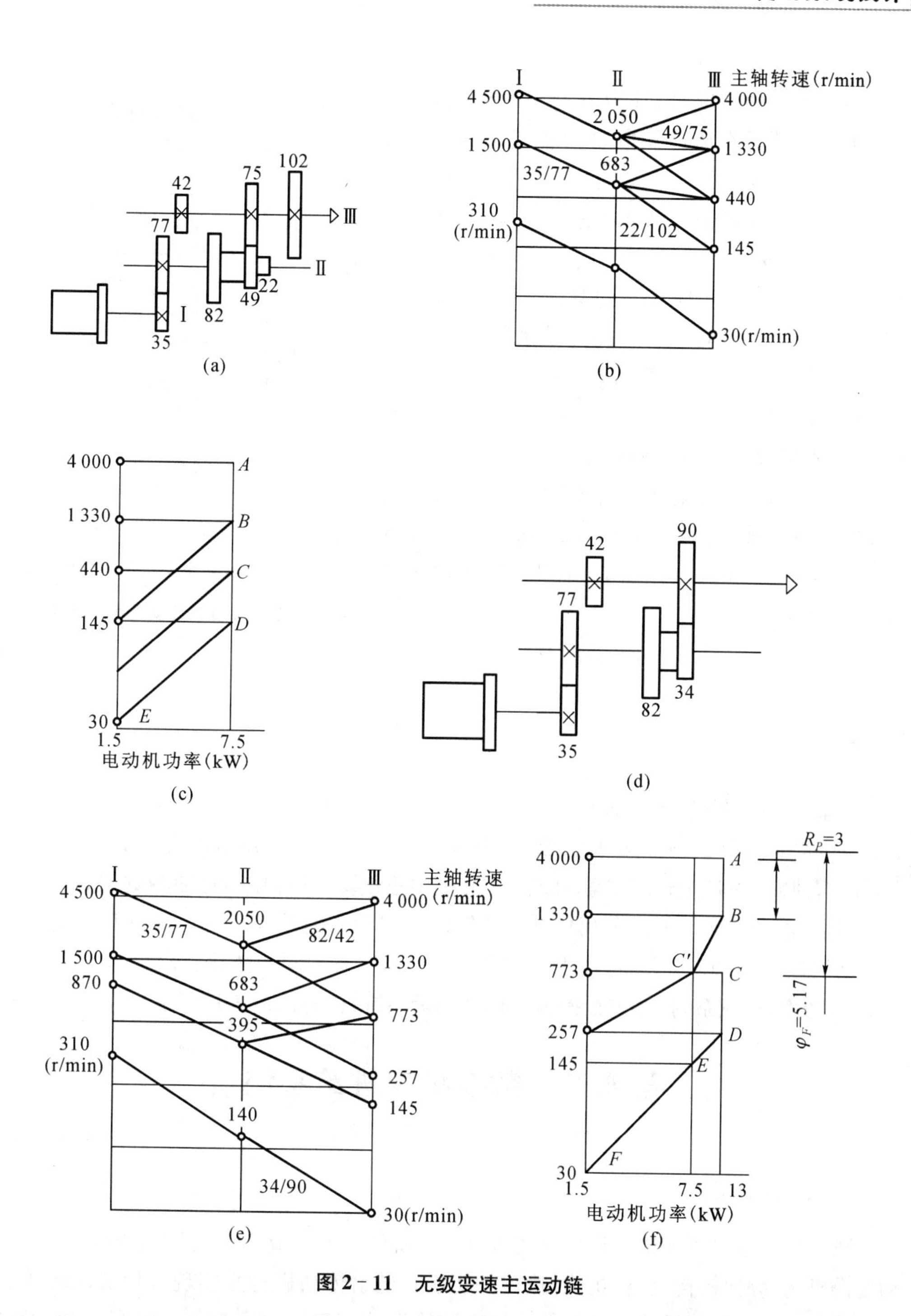

图 2-11　无级变速主运动链

最大输出功率只能选得大一些。为使电动机在 870 r/min 时能得到最大输出功率 $P=5.5/0.75=7.3$ kW，电动机在 1 500 r/min 时的输出功率(亦即其最大输出功率)应为

$$7.3\times\frac{1\,500}{870}=12.6\ \text{kW}$$

选 BESK-15 型交流变频主轴电动机，最大输出功率为 15 kW。可以看到，简化变速机

构是以采用较大功率的电动机作为代价。

除以上两种情况外，还存在第三种情况，用于数控车床。数控车床在切削台阶轴或端面时常需进行恒切速切削。此时须在主轴运转中连续变速而不能停车变换齿轮。例如车削端面，当车刀在外缘时，主轴转速若为 500 r/min。随着车刀向中心进给，切削半径逐步减小。设转速最后要提高到 2 000 r/min。如采用例 2-1 的传动系统，则分级变速箱啮合齿轮为 82/42，恒功率段只能用到 1 330～2 000 r/min，从 1 330 r/min 至 500 r/min 均为恒转矩，电动机最大输出功率相应下降。如啮合齿轮为 49/75，则最高转速又太低。因此数控车床有的采用 $\varphi_p < R_p$。设主轴 $n_{max}=4\ 000$ r/min，$n_j=150$ r/min，$n_{min}=30$ r/min。则 $R_n=26.7$。如取 $Z=4$，则从图 2-12 可看出

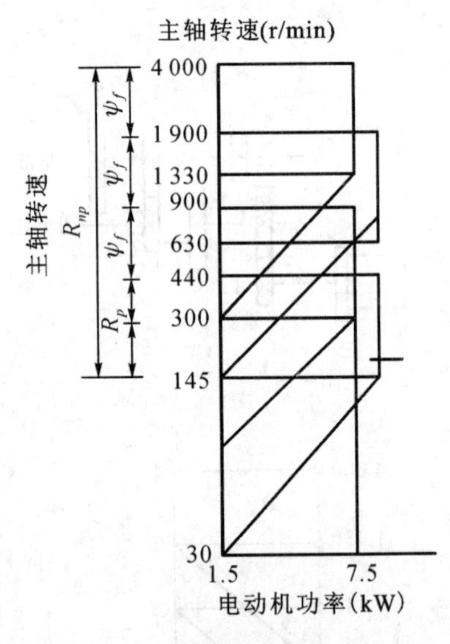

图 2-12 恒功率段重合的传动系统

$$R_{np}=R_p\varphi_F^{Z-1}$$

故
$$\varphi_F=\sqrt[Z-1]{\frac{R_{np}}{R_p}}=\sqrt[(4-1)]{\frac{26.7}{3}}=2.1$$

主轴恒功率段的转速分别为 4 000～1 330 r/min，1 900～630 r/min，900～300 r/min 和 400～145 r/min 四种。本例要求主轴恒功率转速为 500～2 000 r/min，用第二段可大体满足要求。这种恒功率段重合的方案，在新式的车削中心和数控车床中，用得越来越多。

目前，配调速电动机的分离传动变速箱已形成独立的功能部件。变速箱的输入轴与电动机连接，输出轴可通过皮带传动主轴。变速箱有不同的公比、级数(通常为 2、3、4 级)和功率，形成系列，并包括操纵机构和润滑系统，由专门的工厂制造。

第四节 数控机床进给系统

一、传动设计

数控机床进给系统传动机构是伺服进给系统的主要组成部分，主要由传动机构、运动变换机构、导向机构、执行机构、执行件组成。进给传动机构是实现成形加工运动所需运动及动力的执行机构。因为数控机床进给运动直接由数字控制，被加工件的最终的位置精度和形状精度都与进给传动的精度、灵敏度和稳定性有关。

为确保数控机床进给传动系统的传动精度和工作平稳性，在设计机械传动装置时，应注意满足以下方面的要求。

(1) 提高传动精度和刚度。数控机床进给传动装置的传动精度、定位精度和刚度对其加工精度起着决定性的作用，是数控机床的主要性能指标。因此，首先必须保证各

个传动件的加工精度，尤其是提高直线进给系统滚珠丝杠螺母副、圆周进给系统蜗杆副的传动精度。其次，在进给传动链中加入减速齿轮以减小伺服系统接收一个指令脉冲驱动工作台移动的距离，即减小脉冲当量，以提高传动精度。第三，通过预紧传动滚珠丝杠，消除齿轮、蜗轮等传动间隙等办法，来提高传动精度和刚度。

(2) 减少各运动件的惯量。传动件的惯量对进给传动系统的启动、制动以及操控的灵敏特性都有影响，尤其对高速运转的零件，其惯量的影响更大。在满足传动强度和刚度的前提下，应尽可能减小直线运动执行部件的质量，减小旋转运动执行部件的直径和质量，以减少运动部件的惯量。

(3) 减小运动部件的摩擦阻力。数控机床进给系统中的机械传动部分的摩擦阻力，主要来自丝杠螺母副和导轨。在数控机床进给传动系统中，为了减少摩擦阻力、消除低速进给爬行现象、提高整个伺服进给系统的稳定性，广泛采用滚珠丝杠和滚动导轨及塑料导轨和静压导轨等。

(4) 较强的过载能力。由于电机频繁换向，且加、减速度很快，电机可能在过载条件下工作，这就要求电机有较强的过载能力，一般要求过载 4～6 倍而不损坏。

(5) 稳定性好，寿命长。稳定性是数控机床伺服进给传动系统能够正常工作的最基本的条件，特别是在低速进给情况下不产生爬行，并能适应外加负载的变化而不发生共振。稳定性与系统的惯性、刚度、阻尼及增益等都有关系，适当选择各项参数，使机床进给传动达到最佳性能，是伺服进给传动系统设计的目标。

(6) 使用维护方便。数控机床属于高精度自动控制机床，主要用于单件、中小批量、高精度及复杂零件的生产加工，机床的使用率一般较高，因此进给传动系统的结构设计应便于维护和保养，最大限度地减少维修工作量，以提高机床的利用率。

二、滚珠丝杠及其支承

滚珠丝杠是数控机床上常用的运动变换机构，其功能是将旋转运动变换成直线运动。

1. 滚珠丝杠的结构组成

滚珠丝杠由丝杠、螺母、滚珠和滚珠返回装置四部分组成。滚珠丝杠的结构原理示意图如图 2－13 所示。在丝杠 1 和螺母 2 上加有半圆弧形的螺旋槽，把螺母装到丝杠

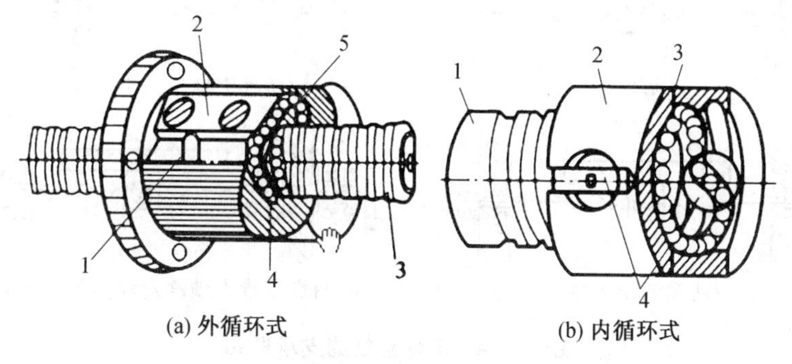

(a) 外循环式　　(b) 内循环式

1－丝杠　2－螺母　3－滚珠　4－滚珠回收装置

图 2－13　滚动丝杠的结构示意图

上则形成滚珠的螺旋滚道。螺母上有滚珠回路管道，将几圈螺旋滚道连接起来构成封闭的循环滚道，并在滚道内装满滚珠 3。当丝杠在滚道内既自转又沿滚道循环转动，因而使螺母或丝杠轴向移动。

按照滚珠的循环方式不同，滚珠丝杠分成内循环方式和外循环方式，如图 2-13 所示。

内循环方式是指在循环过程中滚珠始终保持和丝杠接触的方式。这种方式螺母结构紧凑，定位可靠，刚性好，不易磨损，返回滚道短，不易产生滚珠堵塞，摩擦损失小，缺点是结构复杂，制造较困难。外循环方式是指在循环过程中滚珠与丝杠脱离接触的方式。外循环方式制造简单，应用广泛；但外循环方式螺母径向尺寸较大，弯管端部作挡珠器，故刚性差、易磨损，且噪声较大。

2. 滚珠丝杠螺母副的特点

(1) 传动效率高、摩擦损失小。滚珠丝杠螺母副传动的效率常达到 95%～98%，是普通滑动丝杠的 2～4 倍，因此功率消耗只相当于常规丝杠的 1/4～1/2。

(2) 运动灵敏，低速运动时无爬行。由于采用滚动摩擦，运动件的摩擦阻力及动、静摩擦阻力之差很小，采用滚珠丝杠螺母副是提高进给系统灵敏度、定位精度和防止爬行的有效措施之一。

(3) 传动精度高，刚性好。通过适当的预紧，可消除传动间隙，实现无隙传动。

(4) 磨损小，使用寿命长。

(5) 无自锁能力，具有传动的可逆性，故对于垂直使用的丝杠，由于重力作用，当传动切断时，不能立即停止运动，应增加自锁装置。

(6) 制造工艺复杂。滚珠丝杠和螺母的材料、热处理和加工要求与滚动轴承相同，且螺旋滚道必须进行磨削，故制造成本较高。

3. 滚珠丝杠的支承结构

数控机床的进给传动系统要获得较高的传动刚度，除了加强滚珠丝杠螺母副本身的刚度外，其正确安装及支承结构刚度也是不可忽视的因素。常用的滚珠丝杠的支承形式有四种，如图 2-14 所示。

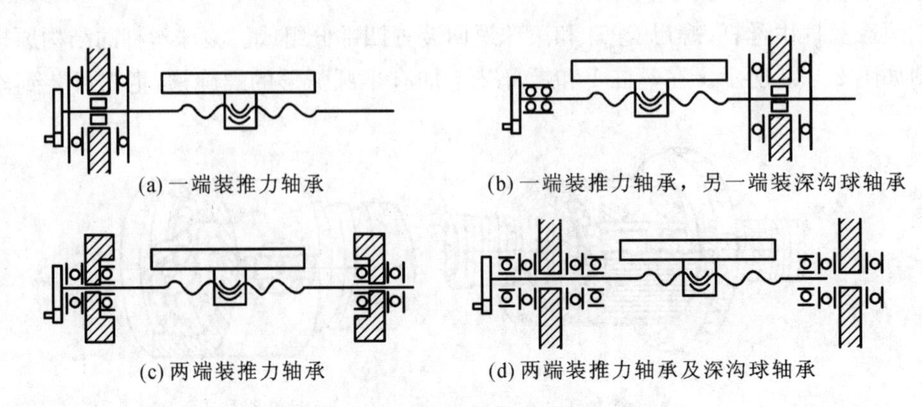

图 2-14　滚珠丝杠的支承形式

(1) 一端装推力轴承。这种安装方式适用于短丝杠,它的承载能力小,轴向刚度低。一般用于数控机床的调节环节或升降台式数控铣床的垂直方向。

(2) 一端装推力轴承,另一端装深沟球轴承。此种方式用于丝杠较长的情况,当热变形造成丝杠伸长时,其一端固定,另一端能作微量的轴向浮动。安装时应注意使推力轴承端远离热源及丝杠的常用段,以减少丝杠热变形有影响。

(3) 两端装推力轴承。把推力轴承装在滚珠丝杠两端,并施加预紧拉力,可以提高轴向刚度,但这种方式对丝杠的热变形较为敏感。

(4) 两端装推力轴承及深沟球轴承。两端均采用双重支承并施加预紧,使丝杠具有较高的刚度。

三、伺服电动机

伺服电动机又称执行电动机,在自动控制系统中,用作执行元件,把所收到的电信号转换成电动机轴上的角位移或角速度输出。分为直流和交流伺服电动机两大类,其主要特点是,当信号电压为零时无自转现象,转速随着转矩的增加而匀速下降。

伺服主要靠脉冲来定位,伺服电机接收到 1 个脉冲,就会旋转 1 个脉冲对应的角度,从而实现位移。因为伺服电机本身具备发出脉冲的功能,所以伺服电机每旋转一个角度,都会发出对应数量的脉冲,这样,和伺服电机接收的脉冲形成了呼应,或者叫闭环,如此一来,系统就会知道发了多少脉冲给伺服电机,同时又收了多少脉冲回来,这样,就能够很精确地控制电机的转动,从而实现精确的定位,可以达到 0.001 mm。

直流伺服电机分为有刷和无刷电机。有刷电机成本低,结构简单,启动转矩大,调速范围宽,控制容易,需要维护;但维护不方便(换碳刷),产生电磁干扰,对环境有要求。因此它可以用于对成本敏感的普通工业和民用场合。

无刷电机体积小,重量轻,出力大,响应快,速度高,惯量小,转动平滑,力矩稳定。控制复杂,容易实现智能化,其电子换相方式灵活,可以方波换相或正弦波换相。电机免维护,效率很高,运行温度低,电磁辐射很小,长寿命,可用于各种环境。

交流伺服电机也是无刷电机,分为同步和异步电机,目前运动控制中一般都用同步电机,它的功率范围大,可以做到很大的功率。大惯量,最高转动速度低,且随着功率增大而快速降低。因而适合做低速平稳运行的应用。

伺服电机内部的转子是永磁铁,驱动器控制的 U/V/W 三相电形成电磁场,转子在此磁场的作用下转动,同时电机自带的编码器反馈信号给驱动器,驱动器根据反馈值与目标值进行比较,调整转子转动的角度。伺服电机的精度决定于编码器的精度(线数)。

因为交流伺服电机是正弦波控制,转矩脉动小。直流伺服是梯形波,转矩脉动大。但直流伺服比较简单,便宜。

20 世纪 80 年代以来,随着集成电路、电力电子技术和交流可变速驱动技术的发展,永磁交流伺服驱动技术有了突出的发展,各国著名电气厂商相继推出各自的交流伺服电动机和伺服驱动器系列产品并不断完善和更新。交流伺服系统已成为当代高性能伺服系统的主要发展方向,使原来的直流伺服面临被淘汰的危机。90 年代以后,世界各国已经商品化了的交流伺服系统是采用全数字控制的正弦波电动机伺服驱动。交流伺服驱动装置在传动领域的发展日新月异。

四、半闭环伺服系统

半闭环是指数控系统发出指令，伺服接受指令，然后执行。在执行的过程中，伺服本身的编码器进行位置反馈给伺服，伺服自己进行偏差修正，伺服本身误差可避免，但是机械误差无法避免，因为数控系统不知道存在误差。

全闭环是指伺服接受指令，然后执行，执行的过程中，在机械装置上有位置反馈的装置，直接反馈给数控系统，数控系统通过比较，判断出与实际偏差，给伺服指令，进行偏差修正。

全闭环伺服系统精度高，但结构复杂，维护困难，成本高。半闭环伺服系统精度稍差，但结构简单，维护和使用方便，成本较低。

五、半闭环进给系统的精度

半闭环数控系统每个轴的运动控制如图 2-15 所示，半闭环数控机床伺服进给系统由交流伺服电机＋滚珠丝杠实现位置伺服进给，丝杠螺母实现电机的旋转运动到工作台直线平动之间的转换。由于控制对象为工作台位置，而反馈信息为电机旋转角度，而不是托板移动位置，因此被称为半闭环系统。反馈的增量式旋转编码器与电机直联，把电机的转速和转角直接反馈到运动控制器。由于电机输出到工作台运动以后的部分无法控制，控制精度无法确定，这要求电机与丝杆的配合、丝杆精度、丝杆与刀架托板之间的配合都要良好，才能保证控制精度。

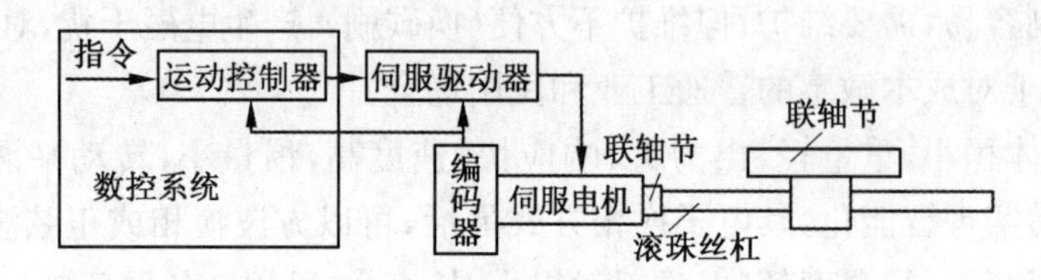

图 2-15　半闭环进给系统运动控制示意图

习题与思考题

2-1　机床的主参数包括哪几种？它们各自的含义是什么？

2-2　影响机床总体布局的基本因素有哪些？

2-3　在设计机床的主传动系统时，必须满足哪些基本要求？

2-4　什么是传动组的级比和级比指数？常规变速传动系统的各传动组的级比指数有什么规律性？

2-5　为何有级变速系统中的主传动系统的转速排列常采用等比数列？

2-6　试分析转速图与级比图的相同点和不同点。

2-7　某车床的主轴转速为 $n=40\sim1\,800$ r/min，公比 $\varphi=1.41$，电动机的转速 $n_{电}=1\,440$ r/min，试拟定结构式，转速图；确定齿轮齿数，带轮直径，验算转速误差；画出主传动系统图。

2－8　某机床主轴转速 $n=100\sim1\ 120$ r/min,转速级数 $z=8$,电动机转速 $n_{电}=1\ 440$ r/min,试设计该机床主传动系统,包括拟定结构式和转速图,画出主传动系统图。

2－9　试从 $\varphi=1.26$,$z=18$ 级变速机构的各种传动方案中选出其最佳方案,并写出结构式,画出转速图和传动系统图。

2－10　用于成批生产的车床,主轴转速 $n_{电}=45\sim500$ r/min,为简化机构采用双速电动机,$n_{电}=720/1\ 440$ r/min,试画出该机床的转速图和传动系统图。

2－11　某数控车床,主轴最高转速 $n_{max}=4\ 000$ r/min,最低转速 $n_{min}=40$ r/min,计算转速 $n_j=160$ r/min,采用直流电动机,电动机功率 $n_{电}=15$ kW,电动机的额定转速为 $n_d=1\ 500$ r/min,最高转速为 4 500 r/min。试设计分级变速箱的传动系统,画出其转速图和功率特性图以及主传动系统图。

2－12　数控机床主传动系统设计有哪些特点?

2－13　进给传动系统设计要能满足的基本要求是什么?

2－14　试述进给传动与主传动相比较,有哪些不同的特点?

2－15　简述数控机床开环和闭环伺服系统的工作原理。

2－16　进给伺服系统的驱动部件有哪几种类型?其特点和应用范围?

2－17　试述滚珠丝杠螺母副消除间隙的方法。

2－18　滚珠丝杠螺母副的工作原理与特点是什么?

第三章 机床典型部件设计

第一节 主轴组件设计

主轴组件是机床的一个重要组件，它由主轴及其支承轴承、安装在主轴上的传动件、密封件及定位元件等组成。它的主要功用是夹持工件或刀具转动并进行切削加工，承受切削力和驱动力等载荷，完成表面成形运动。主轴组件是机床的执行件，它的工作性能对整机性能和机床的加工质量及生产率都有直接影响。

一、主轴组件的基本要求

机床主轴组件的结构形式随着使用要求和工作性能的不同而不同，为使主轴组件在给定的载荷与转速范围内能长期稳定地保持所需要的工作精度，对主轴组件的基本要求有以下几个方面：

(1) 旋转精度

主轴的旋转精度是指机床在空载低速时，在安装刀具或工件的主轴部位的径向圆跳动、端面圆跳动和轴向窜动量。旋转精度是机床精度的一项重要指标，直接影响工件的几何精度和表面质量。通用机床和数控机床的旋转精度，国家已规定在各类机床的精度检验标准中。专用机床主轴组件的旋转精度应根据工件加工精度要求而定。

旋转精度主要取决于主轴、轴承、支撑座孔等的制造、装配和调整精度。

(2) 刚度

主轴组件的刚度是指在外载荷作用下抵抗变形的能力，通常以主轴前端产生单位位移的弹性变形时，需在位移方向上施加作用力的大小来表示。

如果引起弹性变形的力是静载荷，则为静刚度，如果引起弹性变形的力是交变载荷，则为动刚度。静、动刚度的单位均为 $N/\mu m$。

刚度是主轴、轴承等刚度的综合反映，主要取决于主轴的尺寸和结构形状，轴承的类型和数量，轴承间隙的调整，传动件的布置方式，主轴组件的制造和装配质量等。目前，机床主轴组件尚无统一的刚度标准。

(3) 抗振性

主轴组件的抗振性是指抵抗振动(包括受迫振动和自激振动)的能力。在切削过程中，主轴组件不仅受静态力作用，同时也受交变力和冲击力的干扰，使主轴产生振动。振动会造成工件表面质量和刀具耐用度降低，机床的生产率下降，加剧机床零件的损坏，恶化工作环境。

抗振性主要取决于主轴组件的静刚度、质量分布及阻尼。抗振性指标目前尚无统一标准，可参考有关试验数据。

(4) 热稳定性

主轴组件的热稳定性是指运转中抵抗热位移而保持准确、稳定运转的能力。主轴组件在运转时，由于摩擦和搅油产生热量而引起温升，造成主轴组件和箱体等产生热变形，引起主轴产生较大且变化的径向和轴向热位移，影响加工精度；使主轴轴承间隙变化，恶化工作条件等。

主轴组件的热稳定性主要取决于轴承类型、配置方式、轴承间隙量大小，润滑和密封方式，散热条件等。其中轴承温升的影响最大，需加以控制。通常在室温 20 ℃条件下，普通精度小型机床主轴轴承外圈或轴瓦允许温度为 45～50 ℃，普通精度大型机床为 50～55 ℃，精密机床为 35～40 ℃，高精度机床为 28～30 ℃。[6]

(5) 精度保持性

主轴组件的精度保持性是指抵抗磨损能长期保持其原始制造精度的能力。主轴组件丧失其原始制造精度的主要原因是磨损。为此，要求主轴轴承、安装刀具或工件的定位面、主轴轴颈及各滑动表面均应有较高的耐磨性。

主轴组件的耐磨性主要取决于主轴的材料、轴承的材料、热处理方式、轴承类型、润滑及密封条件等。

二、主轴轴承

轴承是主轴组件的重要组成部分，轴承的类型、精度及配置形式、支承座结构形式、轴承的安装调整、润滑及密封等，都直接影响着主轴组件的工作性能。主轴的旋转精度在很大程度上由其轴承决定，故对主轴轴承的要求是：旋转精度高、刚度大、承载能力强、速度性能高、摩擦功耗小、抗振性好、噪声低、寿命长、制造简单、使用维护方便等。因此，在选用主轴轴承时，应根据主轴组件的主要性能要求、制造条件、经济效果进行综合考虑。

机床上常用的主轴轴承有滚动轴承和滑动轴承两大类。

(一) 主轴滚动轴承

主轴滚动轴承的主要优点是有较高的旋转精度和刚度；适应转速和载荷变动的范围大；摩擦系数小，传动效率高；轴承润滑容易，维护方便等。其缺点是滚动轴承的径向尺寸较大，振动和噪声较大。

设计主轴支承时，应尽量采用滚动轴承。当工件加工精度及加工表面质量、主轴速度有较高要求时才用滑动轴承。

1. 主轴组件常用滚动轴承

(1) 角接触球轴承

接触角 α 是指滚动体与滚道接触点处的公法线与主轴轴线垂直平面之间的夹角。如图 3-1 所示，它是球轴承的一个主要设计参数。当接触角 α 为 0°时，称为深沟球轴承[图 3-1(a)]；当接触角 $0°<\alpha\leqslant45°$时，称为角接触球轴承[图3-1(b)]；当接触角 $45°<\alpha\leqslant90°$时，称为推力角接触球轴承[图 3-1(c)]；当接触角 $\alpha=90°$时，称为推力球轴承。

角接触球轴承又称为向心推力球轴承，可以承受径向载荷和单向轴向载荷，极限转

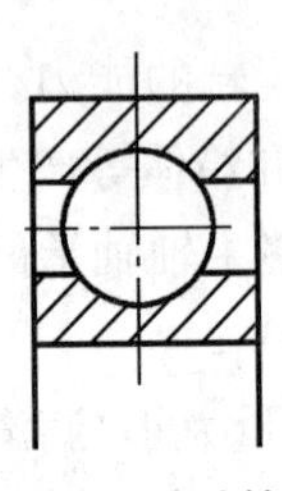

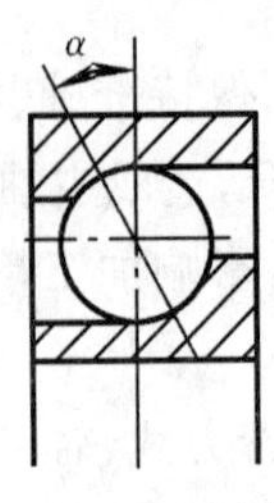

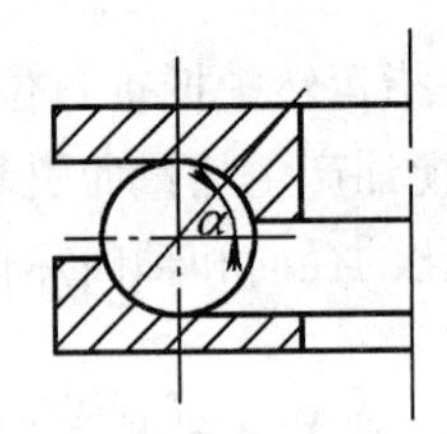

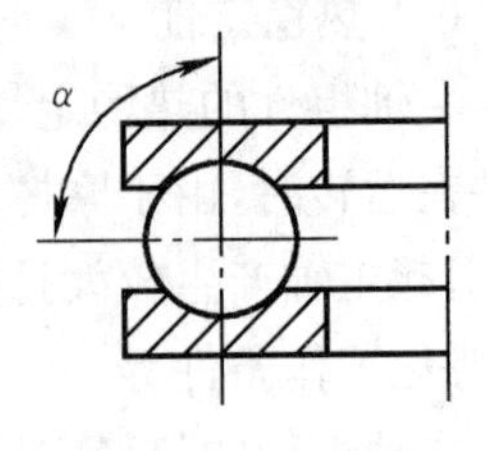

(a) α=0°深沟球轴承　(b) 0°<α≤45°角接触球轴承　(c) 45°<α≤90°推力角接触球轴承　(d) α=90°推力球轴承

图 3－1　各类球轴承的接触角

速较高。接触角有 15°、25°、40°和 60°等多种，接触角越大，可承受的轴向力越大。机床主轴用角接触球轴承的接触角多为 15°或 25°。角接触球轴承为点接触，为提高刚度，必须成组安装，如图 3－2 所示。图 3－2(a)、(b)两个轴承都共同承担径向载荷和双向的轴向载荷，背靠背安装比面对面安装的轴承具有较高的抗颠覆力矩的能力。图 3－2(c)为三个成一组，两个同向的轴承承受主要方向的轴向力，与第三个轴承背靠背安装。

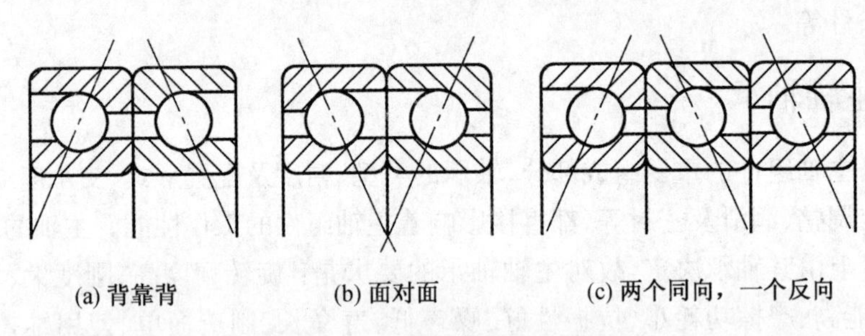

(a) 背靠背　(b) 面对面　(c) 两个同向，一个反向

图 3－2　角接触球轴承的组配

(2) 双列短圆柱滚子轴承

双列短圆柱滚子轴承的内圈有 1∶12 的锥孔，与主轴的锥形轴颈相配合，当二者产生相对轴向位移时，可使较薄的内圈涨大以调整滚道的径向间隙和预紧；轴承的滚动体为滚子，能承受较大的径向载荷和较高转速；轴承有两列滚子交叉排列，数量较多，因此刚度很高，抗振性好，但不能承受轴向载荷。

如图 3－3 所示，双列短圆柱滚子轴承有两种类型。图 3－3(a)的内圈上有挡边，属于特轻系列；图 3－3(b)的挡边在外圈上，属于超轻系列。同样孔径，后者外径比前者小些。

(3) 圆锥滚子轴承

圆锥滚子轴承有单列[图 3－3(d)和(e)]和双列[图 3－3(c)和(f)]两类，每类又有空心[图 3－3(c)和(d)]和实心[图 3－3(e)和(f)]两种。单列圆锥滚子轴承既能承受径向载荷，又能承受一个方向的轴向载荷。双列圆锥滚子轴承能承受径向载荷和双方向的轴向载荷。双列圆锥滚子轴承有外圈 2、两个内圈 1 和隔套 3(有的无隔套)组成。通过修磨隔套 3 来调整间隙或进行预紧。轴承内圈仅在滚子的大端有挡边，内圈挡边和滚子之间为滑动摩擦，发热较多，所以圆锥滚子轴承允许的最高转速低于同尺寸的圆柱滚子轴承。

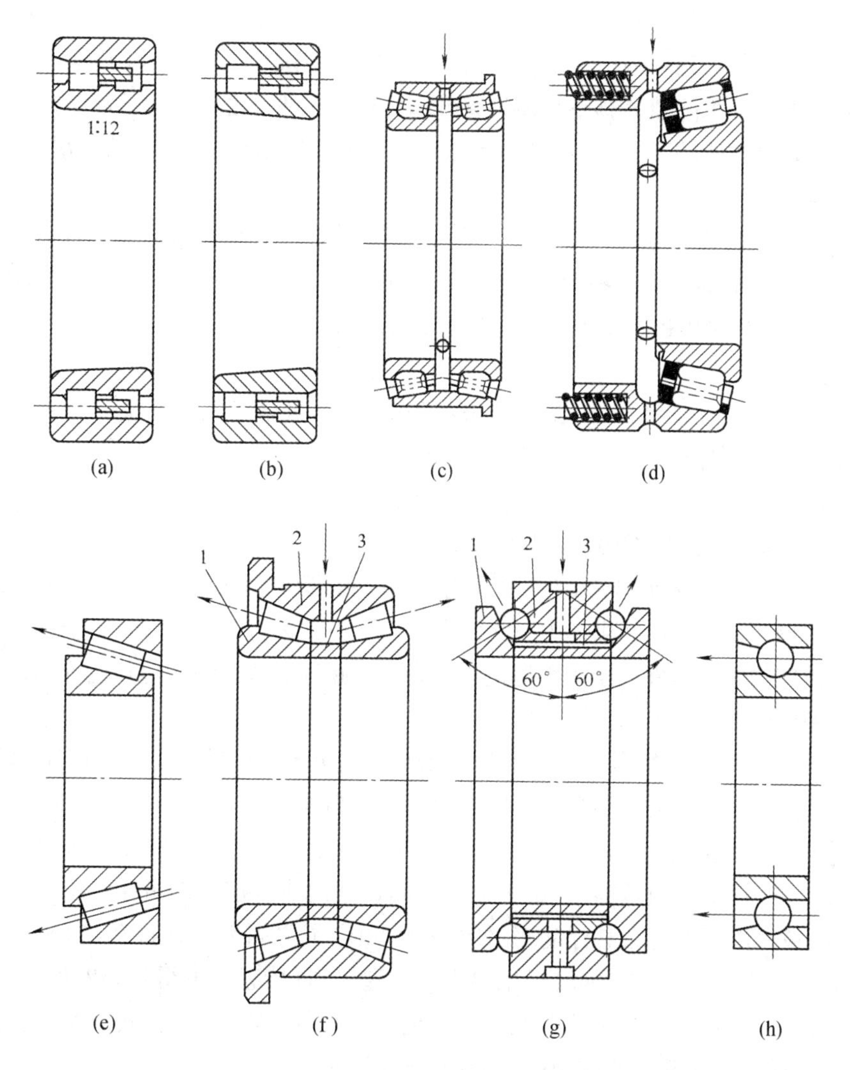

(a、b) 双列短圆柱滚子轴承　(c) 双列空心圆锥滚子轴承　(d) 单列空心圆锥滚子轴承　(e) 圆锥滚子轴承　(f) 双列圆锥滚子轴承　(g) 双向推力角接触球轴承　(h) 角接触球轴承

1-内圈　2-外圈　3-隔套

图 3-3　典型的主轴轴承

图 3-3(c)和(d)所示空心圆锥滚子轴承滚子是中空的，润滑油可以从中孔流过，冷却滚子，降低温升，并有一定的减振效果。单列轴承的外圈上有弹簧，可自动调整间隙和预紧。双列轴承的两列滚子数目相差一个，使两列刚度变化频率不等，有助于减小振动。通常空心圆锥滚子轴承是配套使用的，双列用于前支承，单列用于后支承。

(4) 推力轴承

推力轴承只能承受轴向载荷，它的轴向承载能力和轴向刚度较大。推力轴承在转动时滚动体会产生较大的离心力，使滚动体挤压在滚道的外侧。为防止滚道的激烈磨损，推力轴承允许的极限转速较低。

(5) 双向推力角接触球轴承

图 3-3(g)所示的双向推力角接触球轴承接触角为 60°，可承受双向轴向载荷，往往

与双列短圆柱滚子轴承配套使用。为保证轴承不承受径向载荷，轴承外圈的公称外径和与它配套的同孔径双列短圆柱滚子轴承相同，但外径公差带在零线的下方，使外圆与箱体孔之间有间隙。轴承间隙的调整和预紧通过修磨隔套3的长度来实现。双向推力角接触球轴承转动时滚动体的离心力由外圈滚道承受，允许的极限转速比推力球轴承高。

(6) 陶瓷滚动轴承

采用的陶瓷材料为氮化硅(Si_3N_4)，此轴承材料的密度和线膨胀系数小，弹性模量大，因此与钢制轴承相比，具有重量轻、作用在滚动体上的离心力小，可减小接触应力和滑动摩擦；滚动体的热膨胀系数小、温升较低、运动平稳和轴承刚度较高等，故适应高速运转。

根据轴承的滚动体和内、外圈是否采用陶瓷材料，可分为三种类型：

① 滚动体是陶瓷，而内、外圈仍用轴承钢制造；

② 滚动体和内圈是陶瓷，而外圈仍用轴承钢制造；

③ 滚动体、内圈和外圈都用陶瓷制造。

其中前两类由于滚动体和内、外圈采用不同材料，运转时分子亲和力很小，摩擦系数小，有一定自润滑性能，可在供油中断无润滑状态下正常运行，应用较多。适于高速、超高速和精密机床的主轴组件。全陶瓷型适于耐高温、耐腐蚀、非磁性和超高速等场合。

(7) 磁浮轴承

磁浮轴承也称磁力轴承。它是利用电磁力来支承运动部件，使其与固定部件脱离接触来实现轴承功能，是一种高性能的机电一体化轴承。

如图3-4所示，磁浮轴承有转子和定子两部分组成。转子有铁磁材料(如硅钢片)制成，压入回转轴承的回转筒中，定子也有相同材料制成。定子绕组在转子周围产生磁场，转子在磁力作用下将会悬浮起来，使得转子和定子之间无任何接触，通过四个位置传感器不断检测转子位置。如转子偏离中心位置，位置传感器测得其偏差信号，并将偏差信号传送给控制装置，控制装置调整4个定子绕组的励磁功率，使转子精确地回到要求的中心位置。磁浮轴承的控制框图如图3-5所示。

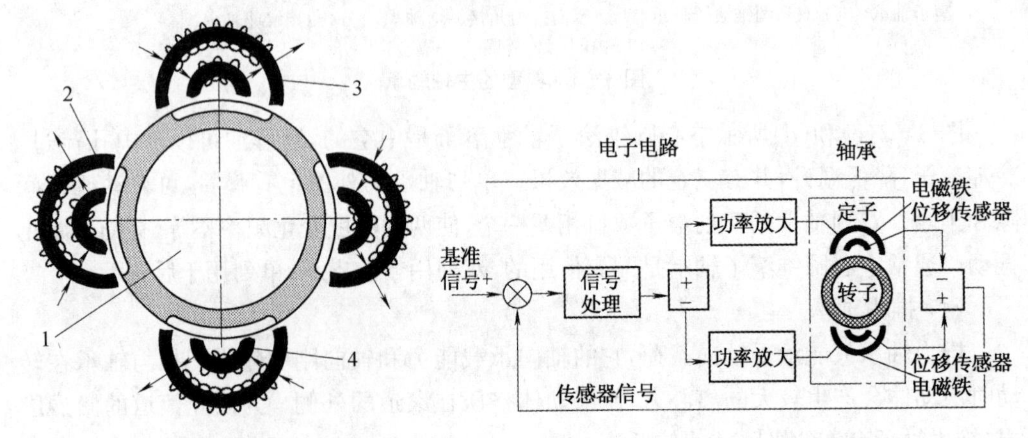

1-转子 2-定子 3-电磁铁 4-位置传感器

图3-4 磁浮轴承的工作原理

图3-5 磁浮轴承的控制系统图

图 3－6 为磁浮轴承主轴结构图，此类轴承的主要特点是无机械磨损，转子的圆周速度只受到其材料的强度限制，所以可在每分钟数十万转的工况下运行，理论上无速度限制；运转时无噪声，能耗小，温升低；不需要润滑，省掉一套润滑系统和设备，不污染环境；能在超高温和超低温下正常工作，也可用于真空、蒸汽及腐蚀性环境中。装有磁浮轴承的主轴可以适应控制，通过监测定子线圈的电流来控制切削力，也可以通过检测切削力微小变化来控制机械运动，以提高加工质量。因此，磁浮轴承特别适用于高速、超高速加工。国外已有工业化生产的高速铣削磁力轴承主轴头和超高速磨削主轴头，并已标准化。

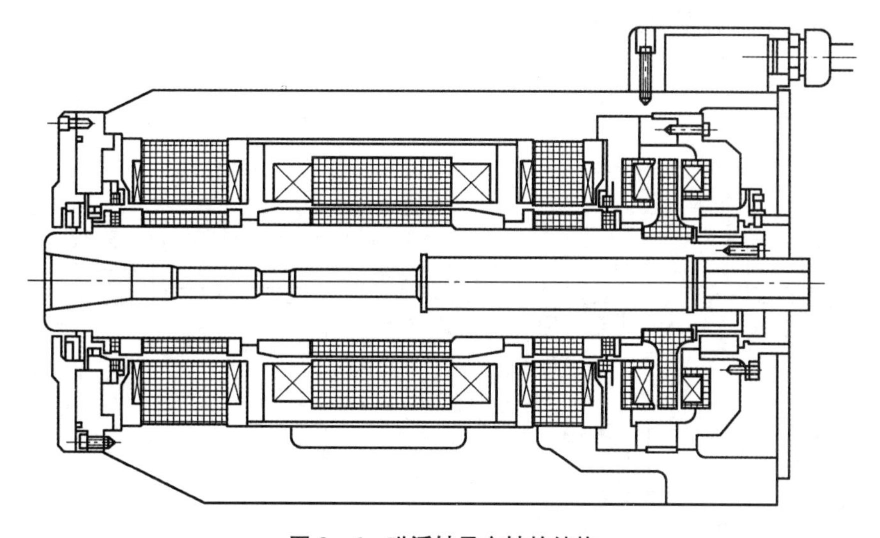

图 3－6　磁浮轴承主轴的结构

2. 主轴滚动轴承配置

主轴组件常需使用多个轴承，其合理配置方式对提高主轴组件的精度和刚度，简化支承结构，降低支承温升等有很大的作用。因此轴承的配置应根据主轴工作条件（载荷大小及方向、转速等）、机床用途及工作性能合理选择。

（1）径向轴承配置

主轴组件无论是两支承或者是三支承，各支承处均应有承受径向载荷的轴承。一般前支承对主轴组件性能影响较大，应优先选定合适的轴承，其他支承轴承的性能可略低于前支承。三支承主轴组件的松支承需要配置间隙较大的轴承。

（2）推力轴承配置

推力轴承在主轴前后支承的配置形式，主要根据主轴组件的工作精度、刚度、温升和支承结构的复杂程度等因素来考虑。主轴一般受两个方向轴向载荷，需至少配置两个相应的推力轴承。主轴组件必须在两个方向上都要轴向定位，否则在轴向力作用下就会窜动，破坏精度。主轴组件的轴向定位方式是由推力轴承的布置方式决定的，分为四种：

① 前端定位。两个方向的推力轴承都装在前支承，如图 3－7(a)所示，在前支承处轴承多，发热大，温升高，主轴组件热伸长向后，不影响轴向精度，精度高，对提高主轴组件刚度有利。用于轴向精度和刚度要求较高的高精度机床或数控机床。

② 后端定位。两个方向的推力轴承均布置在后支承处，图 3－7(b)所示，在前支承处轴承少，发热小，温升低，主轴组件热伸长向前，影响轴向精度，刚度及抗振性较差。用于轴向精度要求不高的普通精度机床，如车床、立铣床等。

③ 两端定位。两个方向的推力轴承分别布置在前、后两个支承处，如图 3－7(c)、(d)所示，当主轴受热伸长后，影响主轴轴承的轴向或径向间隙，影响加工精度。一般用于较短或能自动预紧的主轴组件。

④ 中间配置。两个方向的推力轴承都布置在前支承的后侧，如图 3－7(e)所示。这类配置方案可减少主轴的悬伸量，并使主轴组件热伸长向后，但前支承结构较复杂。一般用于高速精密机床的主轴组件。

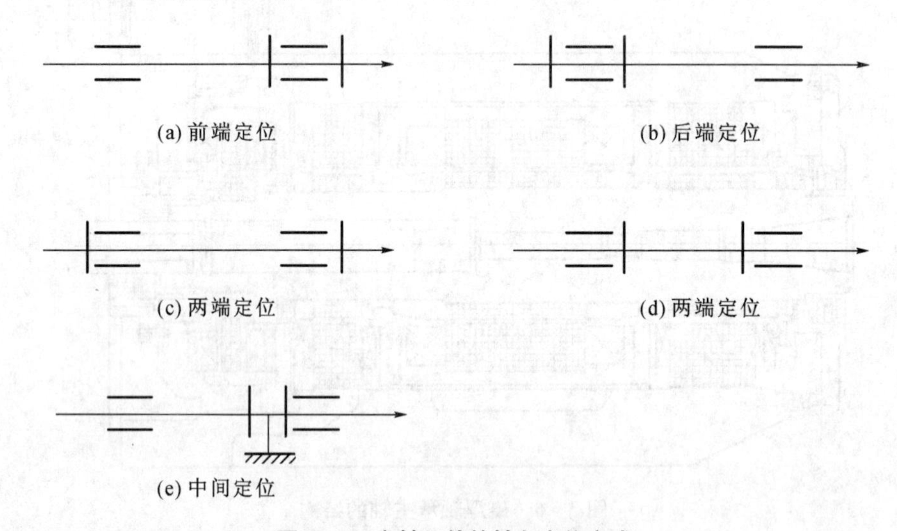

图 3－7 主轴组件的轴向定位方式

(3) 三支承配置

机床主轴通常采用两支承，但一些大型、重型机床多采用三支承结构，其刚度和抗振性较高。通常三支承对座孔同心度要求高，增加了制造、装配的难度和结构的复杂程度。

为保证三支承主轴组件的刚度和旋转精度，需将其中两个支承预紧，称为紧支承或主要支承；另一个支承必须具有较大的间隙，称为松支承或辅助支承。对于一般精度机床，为起平稳定心作用，应选前、中支承为主要支承，后支承为辅助支承；对于精密机床，为增加阻尼作用，应采用前、后支承为主要支承，中间支承为辅助支承。

3. *滚动轴承精度等级的选择*

主轴前后支承的径向轴承对主轴旋转精度影响是不同的。如图 3－8(a)所示，前轴承轴心有偏移 δ_A（即径向跳动量之半），后轴承偏移量为零时，则反映在主轴端部的轴心偏移为

$$\delta_{A1} = (1 + \frac{a}{L})\delta_A$$

图 3－8(b)表示后轴承有偏移 δ_B、前轴承偏移量为零时，则反映在主轴端部的轴心偏移为

$$\delta_{B1}=\frac{a}{L}\delta_B$$

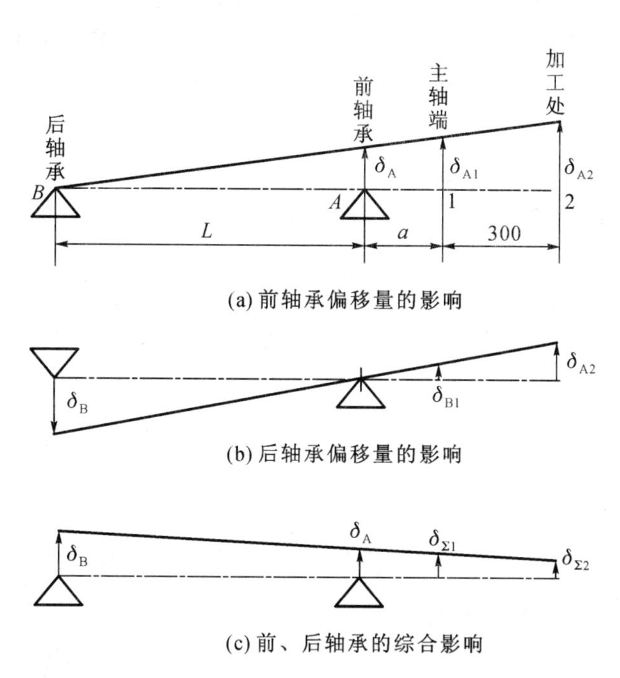

(a) 前轴承偏移量的影响

(b) 后轴承偏移量的影响

(c) 前、后轴承的综合影响

图 3－8　主轴轴承对主轴旋转精度的影响

显然，前轴承的精度比后轴承对主轴组件的旋转精度影响大，具有误差放大作用。因此前轴承的精度应比后轴承高些，一般比后轴承精度高一级。另外，在主轴轴承安装时，如将前后轴承的偏移方向放在同一侧，如图 3－8(c)所示，可以有效地减少主轴端部的偏移量。

机床主轴滚动轴承通常采用 P2、P4、P5 级和 SP、UP 级。SP 和 UP 级的旋转精度相当于 P4 和 P2 级。目前 P6 级已少用。轴承精度越高，主轴旋转精度及其他性能越好，但轴承价格越昂贵。

不同精度等级的机床，主轴轴承精度选择可参考表 3－1。数控机床可按精密或高精密级选择。

表 3－1　主轴轴承精度

机床精度等级	前轴承	后轴承
普通精度级	P5 或 P4(SP)	P5 或 P4(SP)
精密级	P4(SP)或 P2(UP)	P4(SP)
高精密级	P2(UP)	P2(UP)

4. 主轴滚动轴承的预紧

主轴滚动轴承的间隙量大小对主轴组件工作性能及轴承寿命有重要影响，因此主轴组件的主要支承轴承都要预紧。轴承预紧就是采用预加载荷的方法消除轴承间隙，使其产生一定的过盈量，使滚动体和内外圈接触部分产生预变形，增加接触面积，提高支承刚度和抗振性。

预紧有径向和轴向两种。预紧量要根据机床的工作条件和轴承类型通过试验加以确定，不能过大，否则预紧后发热较多、温升高，会使轴承寿命降低。

预紧力通常分为三级，轻预紧、中预紧和重预紧。轻预紧适用于高速轻载或精密机床主轴；中预紧适用于中低速、载荷较大或一般精度机床主轴；重预紧用于分度主轴。

(1) 径向预紧方式

径向预紧是利用轴承内圈膨胀，以消除径向间隙的方法。位移调整量的控制方式有以下三种：

① 无控制装置。靠操作者经验控制位移调整量，结构简单，但不易准确控制。

② 控制螺母。在轴承前侧放置一个控制螺母来控制调整量，但需在主轴上切削螺纹。

③ 控制环。在轴承前侧放置两个对开的半环，可取下修磨其厚度用以控制调整量。

(2) 轴向预紧方式

轴向预紧是通过轴承内、外圈之间的相对轴向位移进行预紧的。图 3-9 所示为角接触球轴承的几种预紧控制方式。

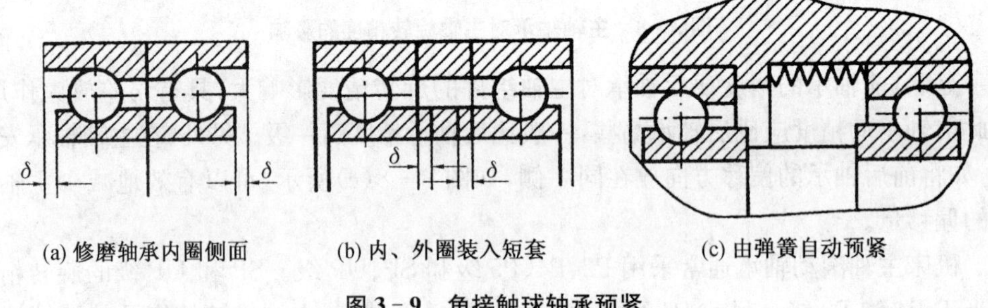

(a) 修磨轴承内圈侧面　　(b) 内、外圈装入短套　　(c) 由弹簧自动预紧

图 3-9　角接触球轴承预紧

① 修磨轴承圈。如图 3-9(a)所示，将一对背靠背安装的轴承内圈侧面各磨去按预紧量确定的厚度 δ，当压紧内圈时即可得到设定的预紧量。这种方法需要修磨轴承，工艺较复杂，使用中不能调整。

② 内外隔套。图 3-9(b)是在两轴承内、外圈之间分别装入厚度差为 2δ 的两个短套来达到预紧的目的。这种方法短套加工精度容易保证，使用效率较好，但使用中不能调整。

③ 弹簧预紧。图 3-9(c)是用弹簧自动预紧的一对轴承。这种方法轴承磨损后能自动补偿间隙，效果较好。

当然还有其他许多方法可以实现预紧，这里不一一列举了。

5. 主轴滚动轴承的润滑

滚动轴承的润滑可在摩擦面间形成润滑油膜，减小摩擦和发热量，防止锈蚀，冷却降温，降低噪声及提高抗振性等。所以，良好的润滑是提高主轴组件工作性能，提高精度保持性的重要措施。

(1) 脂润滑

润滑脂是基油、稠化剂或添加剂在高温下混合而成的一种半固体润滑剂。其特点是黏附力强，油膜强度高，密封简单；不需经常添加和更换，维护方便；普通润滑脂摩擦阻力比润滑油大，但高级润滑脂(如锂基润滑脂)摩擦阻力比润滑油略小。因此，常用于速度、温度较低且不需要冷却的场合。对于立式主轴以及装于套筒内的主轴轴承(如钻床、坐标镗床、立铣、龙门铣床、内圆磨床等)宜用脂润滑。数控加工中心主轴轴承也常用高级润滑脂润滑。

为避免因搅拌发热而融化、变质失去润滑作用，润滑脂填满轴承空隙的 1/3～1/2 效果最好。

(2) 油润滑

油润滑种类很多，适用于速度、温度较高的轴承，由于黏度低、摩擦系数小，润滑及冷却效果都较好。适量的润滑油可使润滑充分，同时搅油发热小，使得轴承的温升及功率损耗都较低。

主轴滚动轴承常用的润滑方式与轴承类型及轴承的转速、负荷、容许温升等有关，一般可按轴承的 dn 值来选择。当 dn 值较低时，可用油浴润滑；当 dn 值略高一些时，可用滴油润滑；当 dn 值较高时，可采用循环润滑。

主轴轴承的润滑方式主要有以下几种：

① 滴油润滑。一般通过针阀式轴承注油杯向轴承间断滴油。润滑简单、方便，搅油发热小。用于需定量供油、高速运转的小型主轴。

② 飞溅润滑。利用浸入油池内的齿轮或甩油环的旋转使油飞溅进行润滑。其特点是结构简单，但需机床启动后才能供油，油不能过滤，搅油发热及噪声都大。用于要求不高的主轴轴承。溅油元件的速度一般为 0.8～6 m/s，浸油高度为齿高的 1～3 倍。

③ 循环润滑。由油泵供油润滑轴承。回油经冷却、过滤后可循环使用，能够保证轴承润滑充分，循环油可带走部分热量，使轴承温度降低。适用于高速、重载机床的主轴轴承。

④ 油雾润滑。压缩空气通过专门的雾化器，再经喷嘴将油雾喷射到轴承中，润滑和冷却效果较好，但需要一套专门的油雾润滑系统，造价偏高，适用于高速主轴轴承。

⑤ 喷射润滑。在轴承周围均布几个喷油嘴，周期性地将油喷射到轴承圈与保持架的间隙中，能够冲破轴承高速旋转时所形成的“气流隔层”，把油送到工作表面上。它可准确地控制供油量，润滑效果好，但需一套专门润滑设备，成本高。适用于高速主轴轴承。

⑥ 油气润滑。是针对高速主轴开发的新型润滑方式。用极微量的油(8～16 min 约 0.03 cm^3)与压缩空气混合，经喷嘴送入轴承中。它与油雾润滑主要区别是润滑油未被雾化，而是成滴状进入轴承，在轴承中容易沉积，不污染环境。由于使用大量空气冷却轴承，轴承温升更低。

对于角接触轴承及圆锥滚子轴承，由于转动离心力的甩油作用，润滑油必须从小端进油，如图 3－3(c)、(d)、(f)、(g)中箭头所示方向，否则润滑油很难进入轴承中的工作表面。

6. 主轴滚动轴承密封

轴承密封的作用是防止外界灰尘、切屑，冷却液等杂质进入轴承而损坏轴承及恶化工作条件，并使润滑剂无泄漏地保持在轴承内，保障轴承的使用性能和寿命。

主轴滚动轴承密封主要分接触式和非接触式两大类。接触式密封在旋转件与密封件间有摩擦，发热较大，不宜用于高速主轴。接触式密封可使用径向密封圈和毛毡密封圈。非接触式密封的发热小，密封件寿命长，能适应各种转速，应用广泛。非接触式又分为间隙式、曲路式和垫圈式。有时也可采用接触式和非接触式密封联合使用的方式。为了提高密封效果，减小主轴箱内、外压力差，可在箱体高处设置通气孔。

选择密封形式应根据轴的转速、轴承润滑方式、轴端结构特点、轴承的工作温度及外界环境等因素综合考虑。

（二）主轴滑动轴承

滑动轴承在运转中阻尼性能好，具有良好的抗振性和运动平稳性，承载能力和刚度高，精度保持性好。因此广泛应用于高速或低速的精密、高精度机床和大型数控机床中。

主轴滑动轴承，按流体介质不同可分为液体滑动轴承和气体滑动轴承。按产生油膜的方式不同可分为液体动压滑动轴承和液体静压滑动轴承。

1. 液体动压滑动轴承

动压轴承的工作原理是主轴旋转时，带动润滑油从间隙大处向小处流动，形成压力油楔将轴浮起，产生压力油膜以承受载荷。油膜的承载能力与工作状况有关，如速度、油的黏度、油楔结构等。转速越高，间隙越小，油膜的承载能力越大。转速低时动压轴承的承载能力低，难于保证液体润滑。主轴动压轴承由于轴承间隙对旋转精度和油膜刚度影响很大，所以必须能够调整。动压轴承按油楔数分为单油楔轴承和多油楔轴承，多油楔轴承因有几个独立油楔，可将轴颈同时推向中央，工作中运转稳定，应用较多。

（1）固定多油楔轴承

在轴承内工作表面上加工出偏心圆弧面或阿基米德螺旋线来实现油楔。这种轴承工作时的尺寸精度、接触状况和油楔参数等均稳定，拆装后变化也很小，维修较方便，但加工较困难。

图 3-10(a)所示是用于高精度外圆磨床砂轮架主轴的固定多油楔滑动轴承。其中，轴瓦 1 为外柱内锥式；主轴的轴向定位由前、后两个止推环 2 和 5 控制，其端面上也有油楔以形成推力轴承；转动螺母 3 即可使主轴相对于轴瓦做轴向移动，通过锥面调整轴承径向间隙，通过螺母 4 调整轴承的轴向间隙。

固定多油楔轴承的形状如图 3-10(b)所示，外表面是圆柱形，内表面为 1∶20 的锥孔，在圆周上铲削出五个等分的阿基米德螺旋线油囊（油楔槽）。油压分布及主轴转向如图 3-10(c)。由液压泵提供的低压油经 5 个进油孔(a)进入油囊，并从回油槽(b)流出，形成 5 个压力油楔，构成循环润滑。使用低压油可避免主轴在启动或制动时出现干摩擦现象。

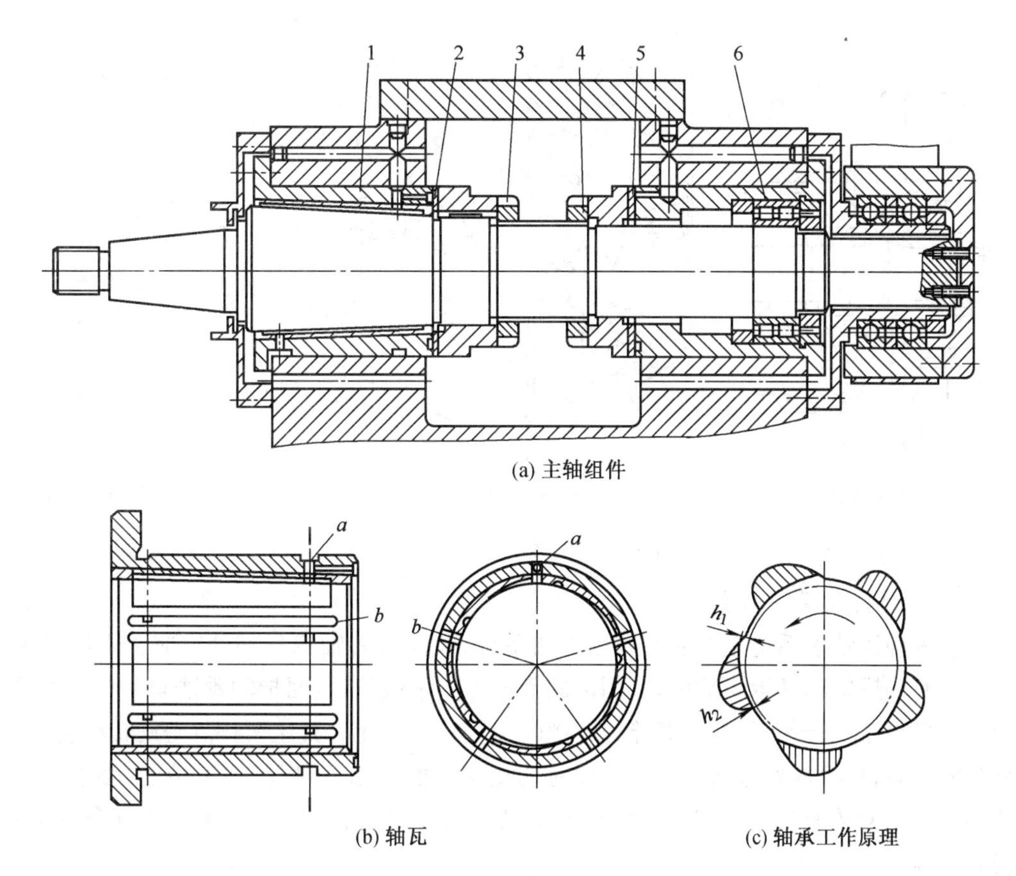

(a) 主轴组件

(b) 轴瓦　　(c) 轴承工作原理

1-轴瓦　2、5-止推环　3-转动螺母　4-螺母　6-轴承

图 3-10　固定多油楔动压滑动轴承

固定多油楔轴承的油楔形状由主轴工作条件而定。如果主轴旋转方向恒定、无需换向、转速变化很小或不变速时，油楔可采用阿基米德螺旋线形式；如果主轴转速是变化的而且要换向，油楔可采用偏心圆弧面形式。

(2) 活动多油楔滑动轴承

活动多油楔利用浮动轴瓦自动调位来实现油楔。这种轴承的优点是旋转精度高，运转平稳，抗振性好，结构简单，制造维修方便。缺点是轴瓦靠螺钉的球形头支承，其刚度比固定多油楔轴承低，多用于各种外圆磨床和平面磨床。

如图 3-11 所示，轴承由三块或五块轴瓦组成，各有一球头螺钉支承，可稍微摆动以适应载荷或转速的变化。当轴颈转动时，将油从每个轴瓦与轴颈之间的间隙大口带向小口，如图 3-11(c)所示。瓦块的压力中心 O 离油楔出口处距离 b_0 约等于瓦块宽度 B 的 0.4 倍，即 $b_0 \approx 0.4B$，也就是该瓦块的支承点不通过瓦块宽度的中心。这样当主轴旋转时，由于瓦块上压强的分布，瓦块可自动摆动至最佳间隙比 $\frac{h_1}{h_2}=2.2$(进油口间隙和出油口间隙之比)后处于平衡状态。这种轴承只能朝一个方向旋转，不允许反转，否则不能形成压力油楔。轴承径向间隙靠螺钉调节。

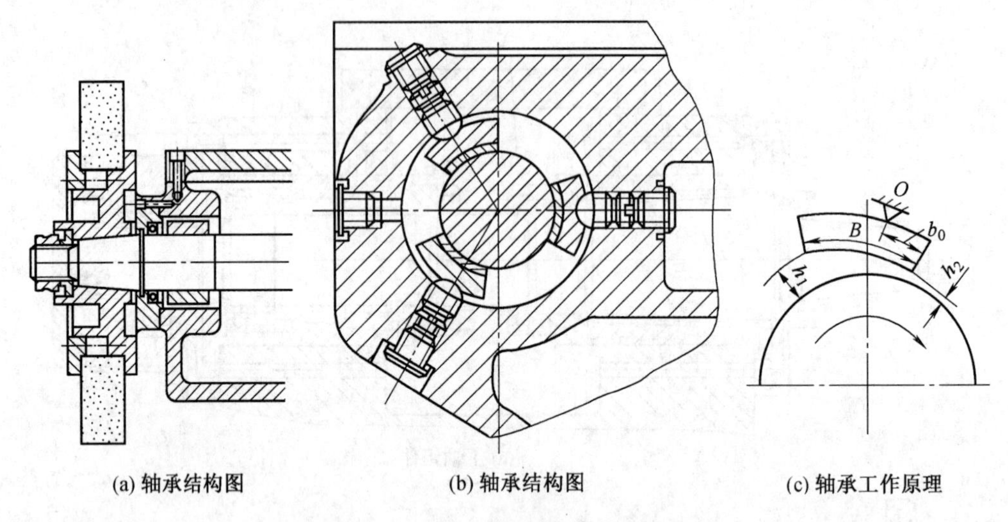

(a) 轴承结构图　　(b) 轴承结构图　　(c) 轴承工作原理

图 3-11　活动多油楔滑动轴承

2. 液体静压滑动轴承

液体静压轴承系统是由一套专用供油系统、节流阀和轴承三部分组成。供油系统把压力油输进轴和轴承间隙中，利用油的静压力支承载荷，从而把轴颈推向中央。轴承油膜压强与主轴转速无关，承载能力不随转速变化而变化。其主要特点是旋转精度高，承载能力高，抗振性好，运转平稳，油膜有均化误差的作用，可提高加工精度，轴承寿命长并适合不同转速条件下工作。缺点是需要一套专门供油设备，制造工艺复杂，成本较高。

图 3-12 所示是定压式静压轴承工作原理图。在轴承的内圆柱孔上，开有四个对称的油腔 1～4，油腔之间由轴向回油槽隔开，油腔与回油槽之间是封油面，封油面的周向宽度为 a，轴向宽度为 b。油泵输出的油压为定值 p_s 的油液，分别流经节流阀 T_1～T_4 进入各个油腔，将轴颈推向中央，然后再流经轴颈与轴承封油面之间的微小间隙，由油槽集中起来流回油箱。当无外载荷作用(不考虑自重)时，各油腔的油压相等，即 $p_1=p_2=p_3=p_4$，保持平衡，轴在正中央，各油腔封油面与轴颈的间隙相等，即 $h_0=h_1=h_2=h_3=h_4$，间隙液阻也相等。

当主轴受外载荷 F 向下作用时，轴颈失去平衡，沿载荷方向偏移一个微小位移 e，油腔 3 的间隙减小为 $h_3=h_0-e$，液阻增大，流量减小，节流阀 T_3 的压力降减小，因供油压力 p_s 是定值，故油腔压力 p_3 随着增大。同理，上油腔 1 间隙增大为 $h_1=h_0+e$，液阻减小，流量增大，节流阀 T_1 的压力降增大，油腔压力 p_1 随着减小。产生于载荷方向相反的压力差 $\Delta p=p_3-p_1$，将主轴推回中心以平衡外载荷 F。

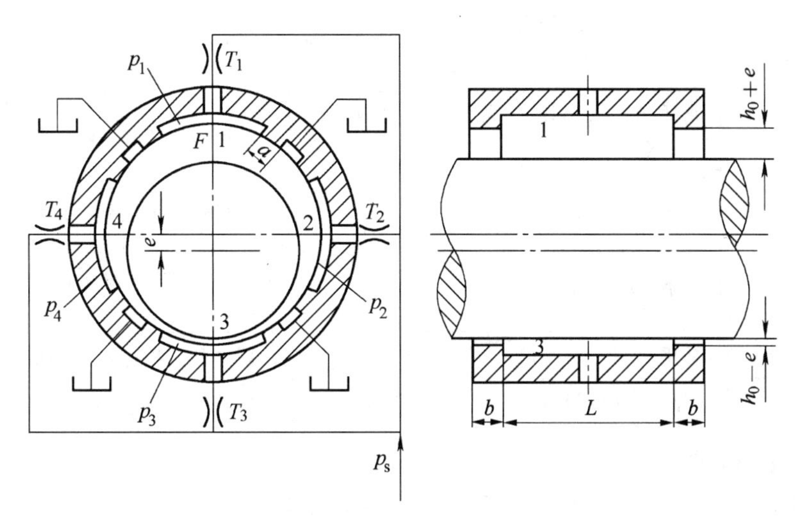

图 3 - 12 定压式静压轴承

三、主轴

（一）主轴的结构形状

主轴的结构形状比较复杂，应满足使用要求、结构工艺性要求及加工、装配工艺性要求等。通常将主轴设计成阶梯形状：一种是中间粗两边细，另一种是由主轴前端向后逐渐递减的阶梯状。有些机床如卧式车床、转塔车床、自动车床、铣床等主轴必须是空心的，用来通过棒料、拉杆以及取出顶尖等。

主轴端部是安装刀具、夹具的部位，其结构形状取决于机床类型、安装刀具和夹具的形式，并保证刀具或夹具的安装可靠、定心准确、装卸方便、悬伸量短以及能够传递一定的扭矩等。通用机床的主轴端部结构已标准化，设计时可查相应的机床标准。对于主轴上需要安装气动、电动或液压式工件自动夹紧装置的机床，如卧式车床，主轴尾部应有安装基面及相应连接部位。

主轴上要安装各种传动件、轴承、紧固件及密封件等，其结构形状应考虑这些零件的类型、数量、安装定位及紧固方式的要求。

（二）主轴材料及热处理

主轴的材料应根据载荷特点、耐磨性要求、热处理方法和热处理后变形要求选择。普通机床主轴可选用 45 钢等优质中碳钢，调质处理后，再在主轴端部的锥孔、定心轴颈或定心锥面等部位进行局部高频淬硬以提高耐磨性。只有载荷大且有冲击时，或精密机床需要减少热处理变形时，或有其他特殊要求时，才考虑选用合金钢。对转速较低、精度要求较低或大型机床的主轴，也可选用球墨铸铁。当支承为滑动轴承，则轴颈也需淬硬，以提高耐磨性。

机床主轴常用材料及热处理要求如表 3 - 2 所示。

表 3-2　主轴常用材料及热处理要求

材　料	热　处　理	用　　途
45	调质 20～28HRC，局部高频淬硬 50～55HRC	一般机床主轴、传动轴
40Cr	淬硬 40～50HRC	载荷较大或表面要求较硬的主轴
20Cr	渗碳、淬硬 56～62HRC	中等载荷、转速很高、冲击较大的主轴
38CrMoAlA	氮化处理 850～1 000HV	精密和高精密机床主轴
65Mn	淬硬 52～58HRC	高精度机床主轴

（三）主轴的技术要求

主轴的技术要求应根据机床精度标准有关项目来制订，主要应满足主轴精度及其他性能的设计要求，同时应考虑制造的可行性和经济性，便于检测等。为此应尽量做到检验、设计、工艺基准的一致性。

图 3-13 所示为一主轴的形位公差标注示意图。图中 A 和 B 是支承轴颈，其公共轴心线 A—B 即为设计基准。为保证主轴的旋转精度，轴颈的精度和表面粗糙度应严格控制，同时轴颈 A 和 B 的公共轴心线又是前锥孔的工艺基准及各重要表面检测时的测量基准，可以控制 A、B 表面的径向圆跳动公差。普通精度机床主轴轴颈尺寸常取 IT5，形位公差数值一般为尺寸公差的 1/4～1/3。

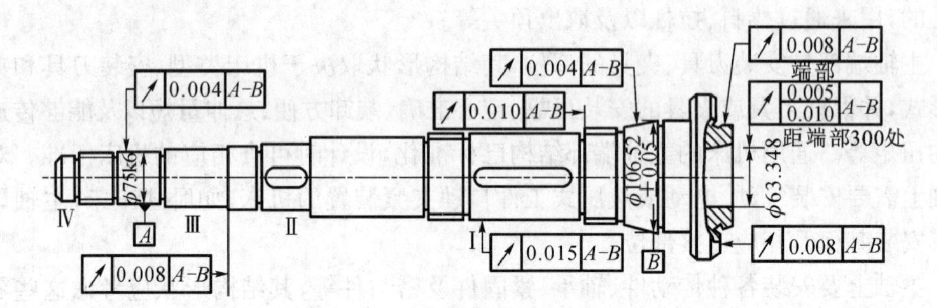

图 3-13　主轴的形位公差标注

主轴前端的定位面必须要有相应的尺寸和形状精度、表面粗糙度及与前、后支承轴颈的同轴度公差等要求。

具体的技术要求可参阅有关的主轴组件的资料来确定。

（四）主轴组件的传动方式

主轴组件的传动方式主要有齿轮传动、带传动、电动机直接驱动等。主轴传动方式的选择，主要决定于主轴传递动力、转速、运动平稳性以及结构紧凑、装卸维修方便等要求。

（1）齿轮传动

齿轮传动的特点是结构简单、紧凑、可传递较大转矩，能适应变载荷、变转速工作条件，应用广泛。缺点是线速度不宜过高，通常小于 12～15 m/s，不如带传动平稳。

（2）带传动

带传动依靠摩擦力传递运动和转矩，结构简单，运转平稳，适用于转速较高且表面加工质量要求较高的场合及中心距较大的两轴间的传动。缺点是有滑动，不能应用在速比要求准确的场合。常用的有平带、V 带、多楔带及同步齿形带等。

同步齿形带是通过带上的齿形与带轮上的轮齿相啮合来传递运动和动力的（如图 3－14）。其优点是无相对滑动，传动比准确，传动精度高；强度高，可传递超过 100 kW 以上的动力；传动比大，可达 1∶10 以上；重量轻，传动平稳，噪声小，适用于高速传动，速度可达 50 m/s。缺点是制造工艺复杂，安装条件要求较高。

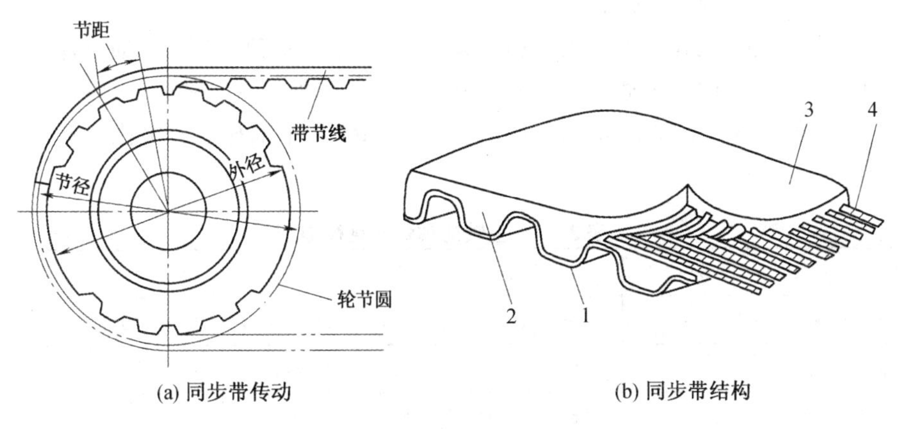

(a) 同步带传动　　(b) 同步带结构

1－包布层　2－带齿　3－带背　4－承载绳

图 3－14　同步齿形带传动

（3）电动机直接驱动

如果主轴转速很高，可将主轴与电动机制成一体，转子轴就是主轴，电动机座就是主轴单元的壳体，构成电主轴单元，如图 3－15 所示。采用电主轴单元可提高主轴刚度，降低噪声和振动；获得较宽的调速范围，较大的功率和转矩等，且简化主轴结构，因此越来越多的数控机床、加工中心及精密机床上采用电主轴单元。

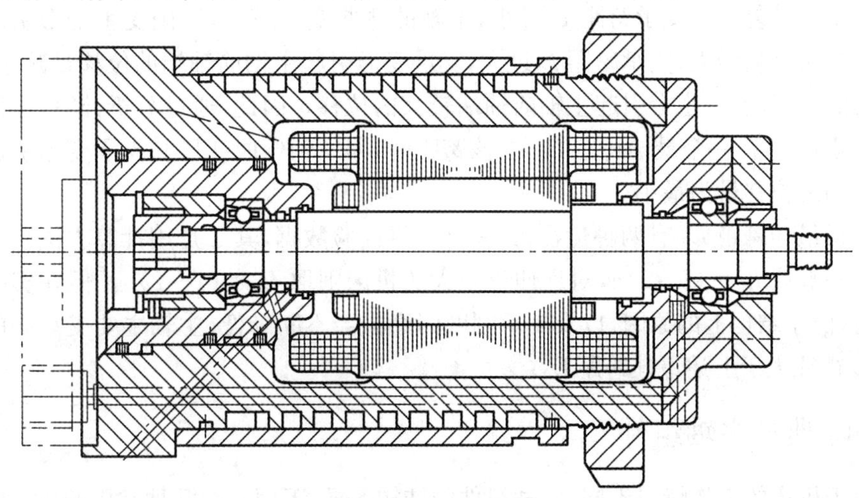

图 3－15　高速内圆磨床电主轴

（五）主轴主要结构参数的确定

主轴的主要结构参数有主轴前轴颈直径 D_1，主轴内孔直径 d、主轴前端悬伸量 a 和主轴主要支承间的跨距 L，这些参数直接影响主轴的旋转精度和刚度。

（1）主轴前支承轴颈 D_1 的选取

D_1 一般根据主轴传递的功率并参考同类型机床主轴尺寸，参考表 3-3 选取。车床和铣床后轴颈的直径 $D_2=(0.7\sim0.85)D_1$，磨床主轴一般中间粗两边细，所以前后轴颈可取相等。

（2）主轴内孔直径 d 的确定

对于空心主轴，内孔直径与其用途有关。例如，车床主轴内孔用来通过棒料或安装夹紧机构；铣床主轴内孔可通过拉杆来拉紧刀杆等。为保证主轴的刚度，卧式车床的主轴孔径 d 通常不小于主轴平均直径的 55%～60%；铣床主轴孔径 d 可比刀具拉杆直径大 5～10 mm。

表 3-3　主轴前轴颈的直径 D_1

主传动功率/kW	2.6～3.6	3.7～5.5	5.6～7.2	7.4～11	11～14.7	14.8～18.4
卧式车床	70～90	70～105	95～130	110～145	140～165	150～190
升降台铣床	60～90	60～95	75～100	90～105	100～115	—
外圆磨床	50～60	55～70	70～80	75～90	75～100	90～100

（3）主轴前端悬伸量 a 的确定

主轴前端悬伸量 a 是指主轴前端面到前支承径向支反力作用点之间的距离。它主要取决于主轴端部的结构形式和尺寸、主轴轴承的布置形式及密封形式。在满足结构要求的前提下，应尽量减少悬伸量，提高主轴的刚度。

（4）主轴主要支承间跨距 L 的确定

主轴前后支承跨距 L 对主轴组件的刚度、抗振性和旋转精度等有较大的影响，且影响效果比较复杂。支承跨距 L 过小，主轴的弯曲变形较小，但因支承变形引起主轴前轴端的位移量增大；支承跨距 L 过大，支承变形引起主轴前轴端的位移量减小，但主轴的弯曲变形增大，也会引起主轴前轴端较大的位移。因此，通过分析计算，在已确定 a 的情况下，存在一个最佳跨距 L_0，在该跨距时，因主轴弯曲变形和支承变形引起主轴前轴端的总位移量为最小。

获得最佳跨距 L_0 有两种途径，其一是依靠经验数据，其二是用计算方法。用经验数据时一般取 $L_0=(3\sim5)a$，对悬伸量较大的机床则取 $L_0=(1\sim2)a$。但在实际结构设计时，由于结构上的原因，以及支承刚度因磨损会不断降低，主轴主要支承间的实际跨距 L 往往大于上述最佳跨距 L_0。

四、典型主轴组件

由于机床的工作情况不同，主轴组件的结构各异，下面介绍几种常用的机床的主轴组件。

1. 速度型

图 3－16 所示为高速 CNC 车床主轴组件，主轴前、后轴承都采用角接触球轴承。轴向切削力越大，配置角度应越大，且大角度的刚度也大。这种支承配置的主轴组件具有良好的高速性能，但承载能力小，适用于高速轻载或精密机床。

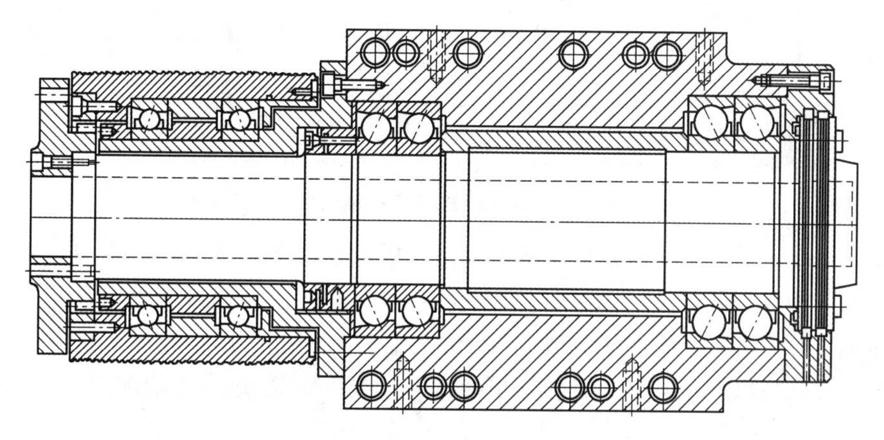

图 3－16　高速 CNC 车床主轴组件

2. 刚度型

图 3－17 所示为 CNC 型车床主轴组件，前支承采用双列短圆柱滚子轴承承受径向载荷，以及 60°角接触双列向心推力轴承承受轴向载荷，后支承采用双列短圆柱滚子轴承。这种支承配置的主轴组件适用于中等转速、切削负载较大和刚度高的机床。

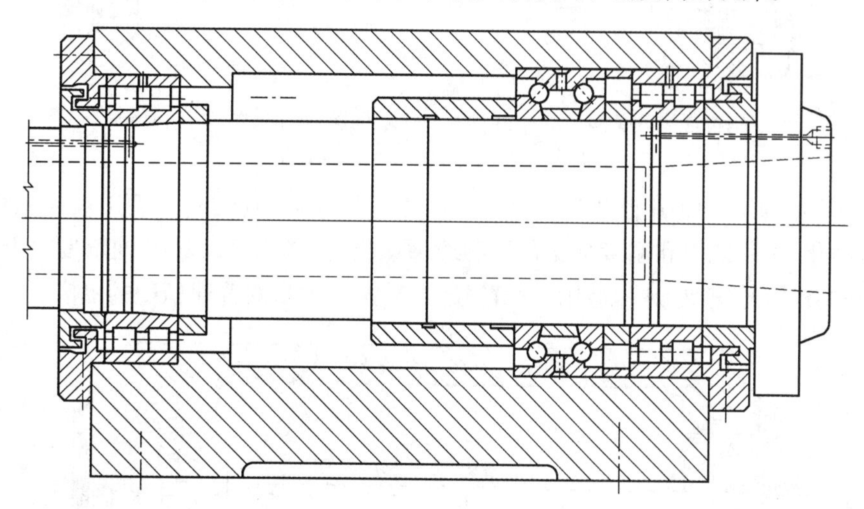

图 3－17　CNC 型车床主轴组件

3. 刚度速度型

图 3－18 所示为卧式铣床主轴组件，前轴承采用双联角接触球轴承，承受两个方向的轴向力，后支承采用双列短圆柱滚子轴承，用于承受从后端传入的较大的传动力。这种支承配置的主轴组件，适用于径向刚度好，并有较高转速的机床。

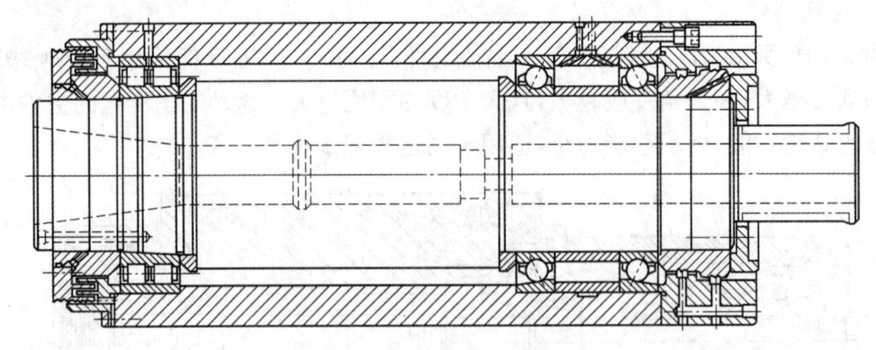

图 3-18　卧式铣床主轴组件

图 3-19 所示为卧式镗铣床主轴组件。它由镗主轴 2 和铣主轴 3 组成。铣主轴 3 的前轴承采用双列圆锥滚子轴承，用以承受双向轴向力和径向力，承载能力大，刚性好，结构简单。镗主轴可在铣主轴内轴向移动，通过双键 4 传动，用于孔加工。主运动传动齿轮 1 装在铣主轴 3 上。铣主轴轴端可装铣刀盘或平旋盘，进行铣削加工或车削加工。

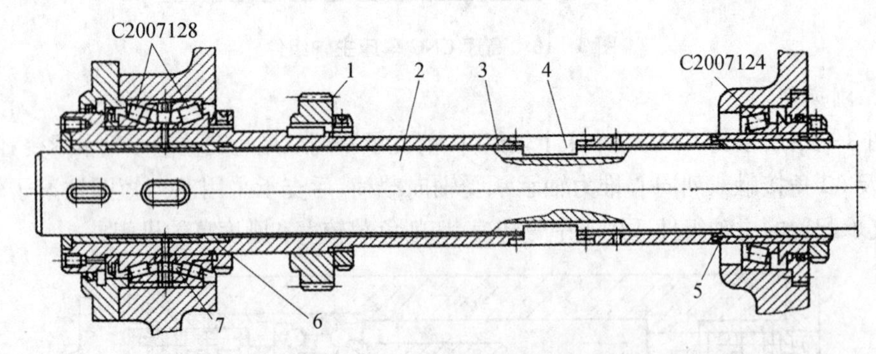

1-齿轮　2-镗主轴　3-铣主轴　4-双键　5、6-镗主轴套　7-前轴承

图 3-19　卧式镗铣床主轴组件

图 3-20 所示为采用圆锥滚子轴承的机床主轴组件，其结构比采用双列短圆柱滚子轴承简化，承载能力和刚度都比角接触球轴承高，但因为圆锥滚子轴承发热大，温升高，允许的极限转速要低些，适用于载荷较大、转速不太高的普通精度的机床。

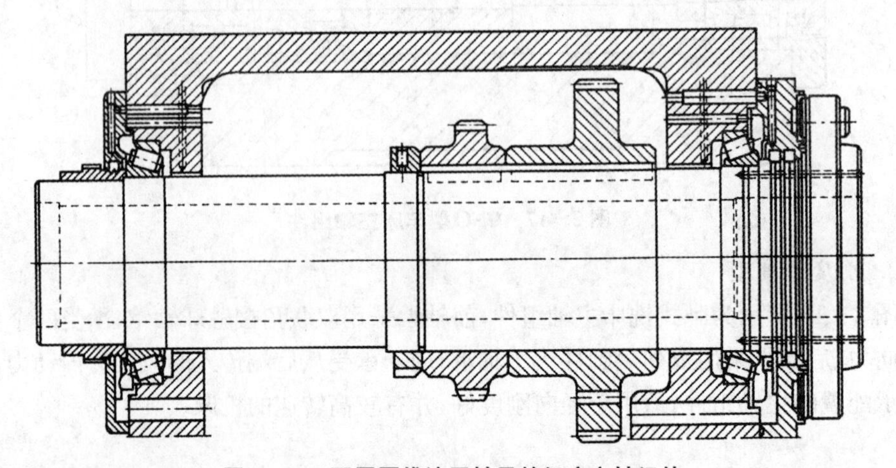

图 3-20　配置圆锥滚子轴承的机床主轴组件

图 3－21 所示为摇臂钻床主轴组件，采用了推力球轴承承受两个方向轴向力，其轴向刚度很高，适用于轴向载荷大的机床。

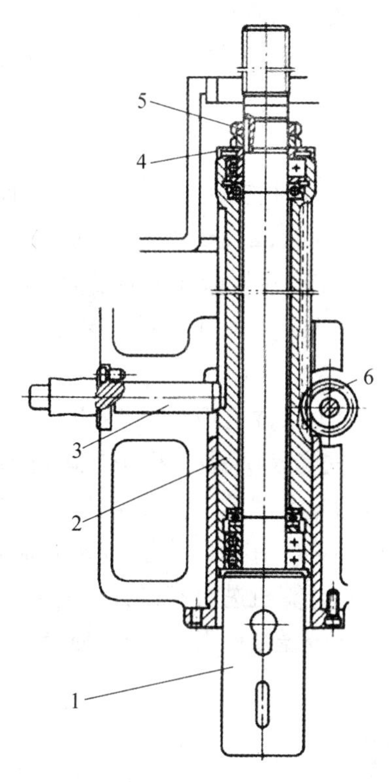

1－主轴　2－主轴套筒　3－键　4－挡油盖　5－螺母　6－进给齿轮

图 3－21　摇臂钻床主轴组件

第二节　支承件设计

一、支承件的功用、基本要求及设计步骤

（一）支承件功用

机床支承件是指用于支承和连接若干部件的基础件，主要是床身、立柱、横梁、底座等大件。机床上其他零部件可以固定在支承件上，或者工作时在支承件的导轨上运动。因此，支承件的功用是保证机床各零部件之间的相互位置和相对运动精度，并保证机床有足够的静刚度、抗振性、热稳定性和耐用度。因此，支承件的合理设计是机床设计的重要环节之一。

例如车床，支承件即是床身，固定联接着主轴箱、进给箱和三杠（丝杠、光杠、操纵杠）；刀架与溜板箱沿着床身导轨运动。床身不仅要承受这些部件的重量，而且还要承受切削力、传动力和摩擦力等，在这些力的作用下，不应产生过大的振动和变形；还要保证刀架沿床身导轨运动的直线度及相对主轴轴线的平行度；受热后产生的热变形不应破坏机床的原始精度；床身导轨应有一定的耐用度等。

（二）支承件应满足的基本要求

支承件应满足下列要求：

（1）应具有足够的刚度和较高的刚度－质量比。在机床额定载荷作用下，变形量不得超出规定值，以保证刀具和工件在加工过程中相对位移不超出加工允许误差。支承件的质量约占机床质量的80%～85%，所以在满足刚度的前提下尽量减少支承件的质量。

（2）应具有较好的动态特性，包括较大的位移阻抗（动刚度）和阻尼；整机的低阶频率较高，各阶频率不致引起结构共振；不会因薄壁振动而产生噪声。

（3）热稳定性好，以减小热变形对机床加工精度的影响。

（4）排屑畅通、吊运安全，并具有良好的结构工艺性。

（三）支承件的设计步骤

支承件的结构形状复杂，受力条件也很复杂，难以进行符合实际情况的简化理论计算。因此，设计支承件时，应首先考虑所属机床的类型、布局及常用支承件的形状。在满足机床工作性能的前提下，综合考虑其工艺性。其次根据其使用要求，进行受力和变形分析，根据所受的力和其他要求（如排屑、吊运、安装其他零件等）进行结构设计，初步决定其形状和尺寸。然后，利用计算机进行有限元计算，求出其静态刚度和动态特性，并对设计进行修改和完善，选出最佳结构形式，以保证支承件具有良好的性能，同时尽量减轻重量，节约金属。

二、支承件的结构设计

支承件的性能对机床的性能影响较大，支承件的重量约占机床总重的80%以上，因此，应该正确进行支承件的结构设计，并对主要支承件进行必要的验算与试验，使支承件能满足它的基本要求。

（一）机床的类型、布局和支承件的形状

1. 机床的类型

机床根据所受外载荷的特点，可分为三类：

（1）以切削力为主的中小型机床。这类机床受到的外载荷以切削力为主，工件的质量，移动部件的质量等相对较小，在进行支承件受力分析时可忽略不计。例如车床的刀架在床身的导轨上移动时引起床身变形可忽略不计。

（2）以移动件的重力和热应力为主的精密和高精密机床。这类机床以精加工为主，受到的切削力很小。外载荷以移动部件的重力以及切削产生的热应力为主。例如双柱立式坐标镗床，在分析横梁受力和变形时，主要考虑主轴箱沿横梁移动时引起的横梁的弯曲和扭转变形。

（3）重力和切削力必须同时考虑的大型和重型机床。这类机床工件质量较大，移动件的重量也较大，切削力也很大，因此进行支承件受力分析时必须同时考虑切削力、工件重力和移动件重力等外载荷。

2. 机床的布局形式对支承件形状的影响

机床的布局形式直接影响支承件的结构设计。如图3－22所示的卧式数控车床，

采用的布局形式不同,车床床身构造和形状也不同。图 3-22(a)是平床身、平拖板;图 3-22(b)是后倾床身、平拖板;图 3-22(c)是平床身、前倾拖板;图 3-22(d)是前倾床身、前倾拖板。床身导轨的倾斜角度有 30°、45°、60°、75°。通常小型数控车床采用 45°、60°的较多。中型卧式车床多采用前倾床身、前倾拖板布局形式,其优点是:方便排屑,避免切屑堆积在导轨上将热量传给床身而产生热变形;容易安装自动排屑装置;床身设计成封闭的箱形,以保证有足够的抗弯和抗扭强度。

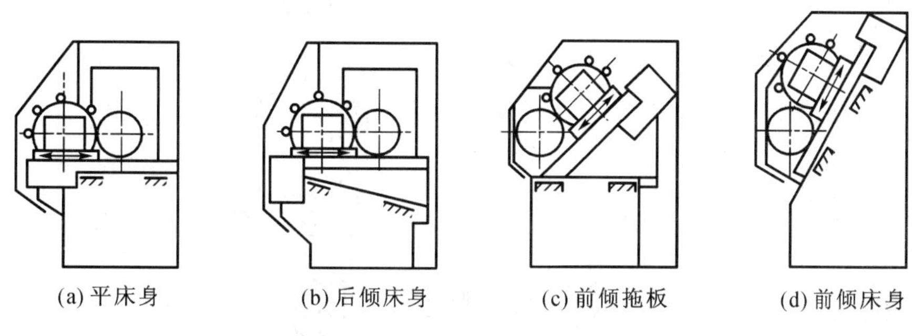

图 3-22 卧式数控车床布局形式

3. 支承件的形状

支承件的形状基本上可以分为三类:

(1) 箱形类,支承件在三个方向的尺寸上都相差不多,如各类箱体、升降台、底座等。

(2) 板块类,支承件在两个方向的尺寸上比第三个方向大得多,如工作台、刀架等。

(3) 梁类,支承件在一个方向的尺寸比另两个方向大得多,如立柱、摇臂、横梁、滑枕、床身等。

(二) 支承件的截面形状和选择

支承件所承受载荷主要为弯曲载荷和扭转载荷,支承件的抗弯和抗扭刚度与其截面惯性矩成正比。支承件结构的合理设计要求是应在最小重量条件下,具有最大静刚度。静刚度主要包括弯曲刚度和扭转刚度。支承件截面形状不同,即使材料和截面积都相同,其抗弯和抗扭惯性矩也不同。表 3-4 为截面积皆近似为 100 mm^2的 8 种不同截面形状的抗弯和抗扭惯性矩的比较。比较后可知:

(1) 截面积相同时空心截面刚度大于实心截面刚度。无论是圆形、方形或矩形,空心的截面刚度都比实心的大,而且同样的截面形状和相同大小的面积,外形尺寸大而壁薄的截面,比外形尺寸小而壁厚的截面的抗弯刚度和抗扭刚度都高。所以为提高支承件刚度,支承件的截面应是中空形状,尽可能加大截面尺寸,在工艺可能的前提下壁厚尽量薄一些。当然壁厚不能太薄,以免出现薄壁振动。

(2) 圆(环)形截面的抗扭刚度比方形好,而抗弯刚度比方形低。因此,以承受弯矩为主的应采用矩形截面,并以其高度方向为受弯方向;以承受扭矩为主的应取圆(环)形,同时承受弯矩和扭矩的,应采用近似方形的截面。

(3) 封闭截面的刚度远远大于开口截面的刚度,特别是抗扭刚度。设计时应尽量把支承件的截面作成封闭形状。但为了排屑和在床身内安装一些机构的需要,有时不能作全封闭形时，可适当布置肋板和肋条。

表 3-4　不同截面形状的抗弯、抗扭的截面系数

序号	截面形状尺寸/mm	截面系数计算值/mm⁴		序号	截面形状尺寸/mm	截面系数计算值/mm⁴	
		抗弯	抗扭			抗弯	抗扭
1	φ113	800/1.0	1 600/1.0	5	100×100	833/1.04	1 400/0.88
2	φ113，φ160	2 412/3.02	4 824/3.02	6	100，142，100，142	2 555/3.19	2 040/1.27
3	φ160，φ196	4 030/5.04	8 060/5.04	7	200，50	3 333/4.17	680/0.43
4	φ160，φ196		108/0.07	8	85，200，235，50	5 860/7.325	1 316/0.82

图 3-23 是机床床身断面图，均为空心矩形截面。图 3-23(a)为典型的车床类床身，工作时同时承受弯曲和扭转载荷，并且床身上需要有较大空间以排除大量切屑和冷却液。图 3-23(b)是镗床、龙门刨床等机床的床身，主要承受弯曲载荷，由于切屑不需要从床身排除，所以顶面多采用封闭的结构，台面不太高，以便于工件的安装调整。图 3-23(c)用于大型和重型机床的床身，采用三道壁。重型机床可采用双层壁结构床身，以便进一步提高刚度。

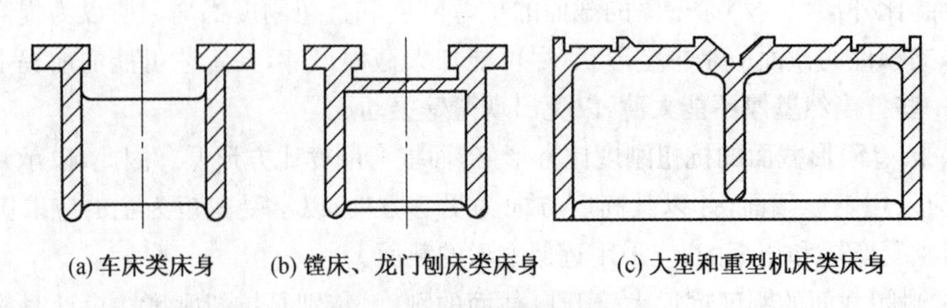

(a) 车床类床身　(b) 镗床、龙门刨床类床身　(c) 大型和重型机床类床身

图 3-23　机床床身断面图

（三）支承件肋板和肋条的布置

肋板是指连接支承件四周外壁的内板，对于提高截面不能封闭的支承件的刚度比较有效，它能使支承件外壁的局部载荷传递给其他壁板，从而使整个支承件承受载荷，提高支承件自身和整体刚度。肋板的布置取决于支承件的受力变形方向，有纵向、横向和斜向三种基本形式。图 3－24(a)所示的纵向肋板布置在弯曲平面内，对提高纵向抗弯刚度有显著效果；图 3－24(b)所示的横向肋板将支承件的外壁横向连接起来，对提高抗扭刚度有显著效果；斜向肋板对提高抗弯和抗扭刚度都有较好的效果。图 3－25 是在立柱中采用肋板的两种结构形式图，图 3－25(a)中立柱加有菱形加强肋，形状近似正方形。图 3－25(b)中加有 X 形加强肋，形状也近似为正方形。因此，两种结构抗弯和抗扭刚度都很高。应用于受复杂的空间载荷作用的机床，如加工中心、镗床、铣床等。

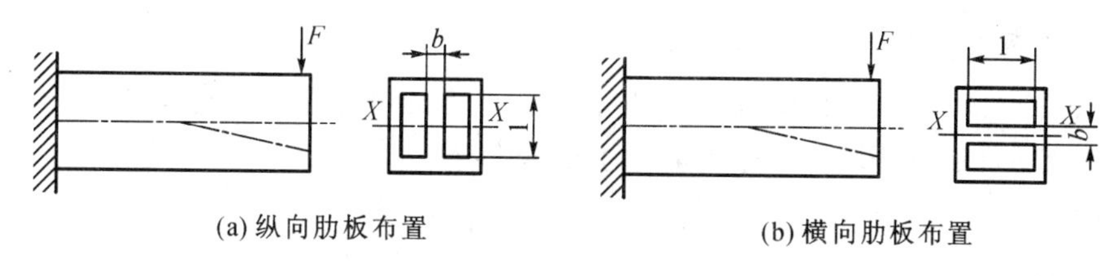

(a) 纵向肋板布置　　(b) 横向肋板布置

图 3－24　肋板的布置方向

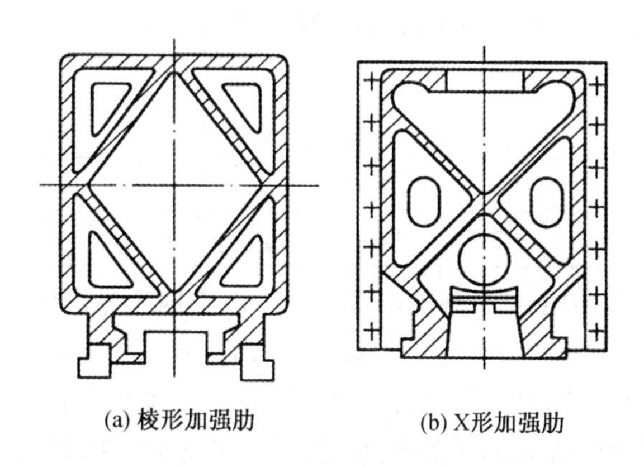

(a) 棱形加强肋　　(b) X形加强肋

图 3－25　立式加工中心立柱

有些支承件内部要安装其他机构，不但不能封闭，安装肋板也有困难，这时只能布置肋条。肋条又称加强筋，一般配置于支承件某一内壁上，主要为了减小局部变形和薄壁振动，用来提高支承件的局部刚度，如图 3－26 所示。与肋板不同，它只是壁板上局部凸起的窄条，不在壁板之间起连接作用，其厚度一般取壁厚的 0.7～0.8 倍。高度为壁厚的 4～5 倍。肋条可以纵向、横向和斜向，常常布置成交叉排列，如井字形、米字形等。必须使肋条位于壁板的弯曲平面内，才能有效地减少壁板的弯曲变形。

图 3－27 为局部增设肋条来提高局部刚度的例子。图 3－27(a)表示在支承件的固定螺栓、连接螺栓或地脚螺栓处的加强肋。图 3－27(b)为床身导轨处的加强肋。

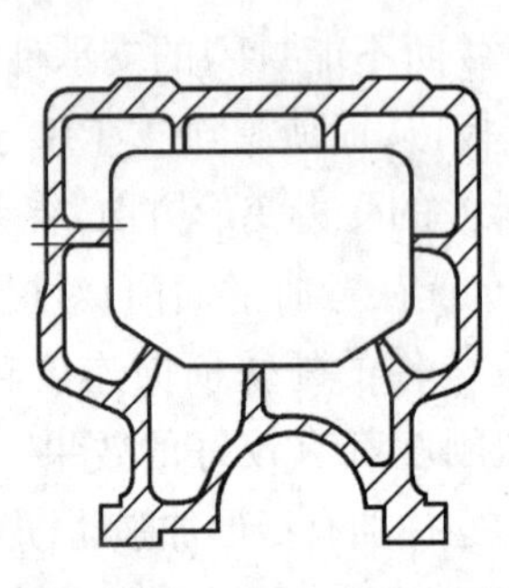
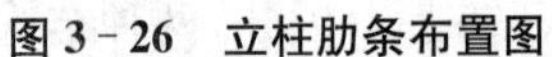

图 3-26　立柱肋条布置图

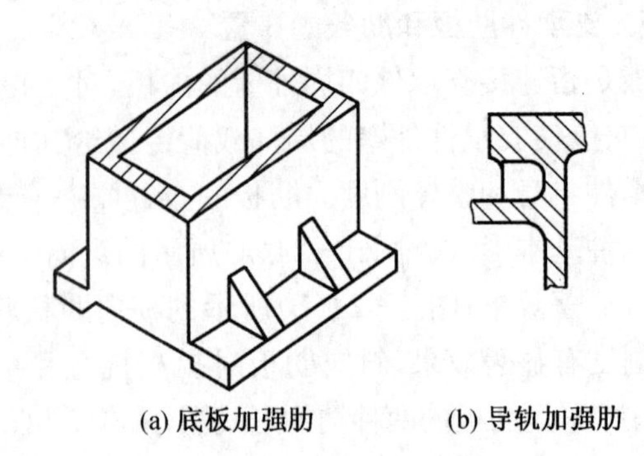

图 3-27　局部加强肋

（四）合理选择支承件的壁厚

为减轻机床的重量，支承件的壁厚应根据工艺上的可能性尽可能薄些。

铸铁支承件的外壁厚可根据当量尺寸 C 来选择

$$C=(2L+B+H)/3 \tag{3-1}$$

式中：L、B、H 分别为支承件的长、宽、高。

根据算出的 C 值按表 3-5 选择最小壁厚 t，再综合考虑工艺条件、受力情况，可适当加厚，壁厚应尽量均匀。

表 3-5　根据当量尺寸选择壁厚

C/m	0.75	1.0	1.5	1.8	2.0	2.5	3.0	3.5	4.0
t/mm	8	10	12	14	16	18	20	22	25

焊接支承件一般采用钢板与型钢焊接而成。由于钢的弹性模量约比铸铁大一倍，所以钢板焊接床身的抗弯刚度约为铸铁床身的 1.45 倍。为减轻重量，在承受同样载荷的情况下，焊接支承件壁厚可做的比铸件薄 2/3～4/5，具体数字可参考表 3-6 选用。但是，钢的阻尼是铸铁的 1/3，抗振性较差，所以焊接支承件在结构和焊缝上要采取抗振措施。

表 3-6　焊接床身壁厚选择

壁或肋的位置及承载情况	机床规格	
	壁厚/mm	
	大型机床	中型机床
外壁和纵向主肋	20～25	8～15
肋	15～20	6～12
导轨支承壁	30～40	18～25

大型机床以及承受载荷较大的导轨处的壁板，为了提高刚度，往往采用双层壁结构，一般选用双层壁结构的壁厚度 $t \geqslant 6$ mm。

三、提高支承件结构性能的措施

（一）提高支承件的静刚度和固有频率

提高支承件的静刚度和固有频率的主要方法是：合理选择支承件的材料、截面形状和尺寸，合理布置肋板和肋条，以提高结构局部和整体的抗弯刚度和抗扭刚度；利用有限元分析方法进行定量分析，以便在较小质量下得到较高的静刚度和固有频率；在刚度不变的前提下，减小质量可以提高支承件的固有频率，改善支承件间的接触刚度以及支承件与地基连接处的刚度。

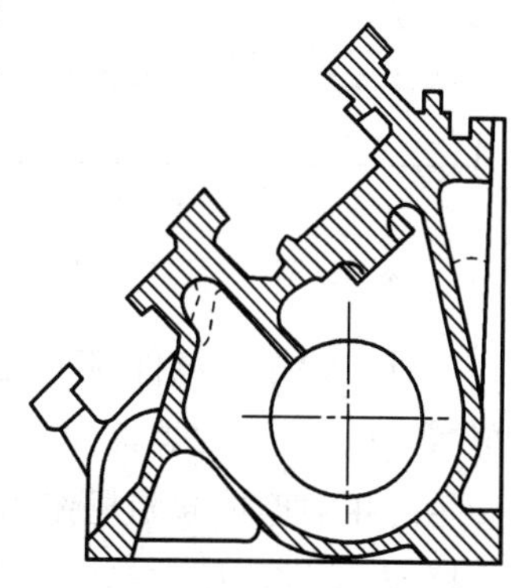

图 3-28　数控车床床身断面

图 3-28 所示为数控车床的床身断面图，床身采用了倾斜式空心封闭箱型结构，排屑方便，抗扭刚度高。图 3-29 所示为加工中心的床身断面图，采用了三角形肋板结构，抗弯、抗扭刚度均较高。图 3-30 所示为大型滚齿机立柱和床身截面示意图，采用了双层壁加强肋的结构，其内腔设计成供液压油循环的通道，使床身温度场一致，防止热变形；立柱设计成双重壁加强肋的封闭式框架结构，刚度好。

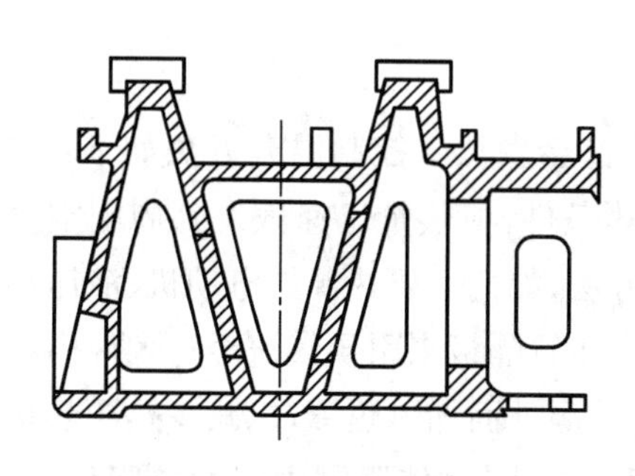

图 3-29　加工中心床身断面图

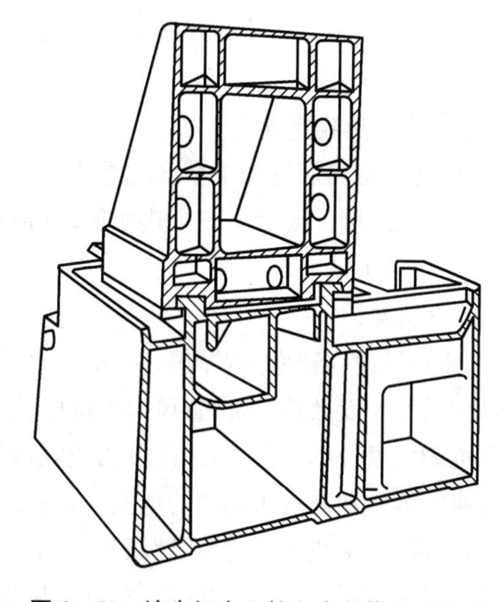

图 3-30　滚齿机大立柱和床身截面示意图

（二）提高动态特性

1. 改善阻尼特性

对于铸铁支承件，保留支承件内部的砂芯不清除，或在支承件中填充型砂或混凝土等阻尼材料，利用振动时的相对摩擦消耗振动能量，以起到减振作用。图 3-31 所示的车床床身、图 3-32 所示的镗床主轴箱，为改善阻尼特性，将铸造砂芯封装在箱内。

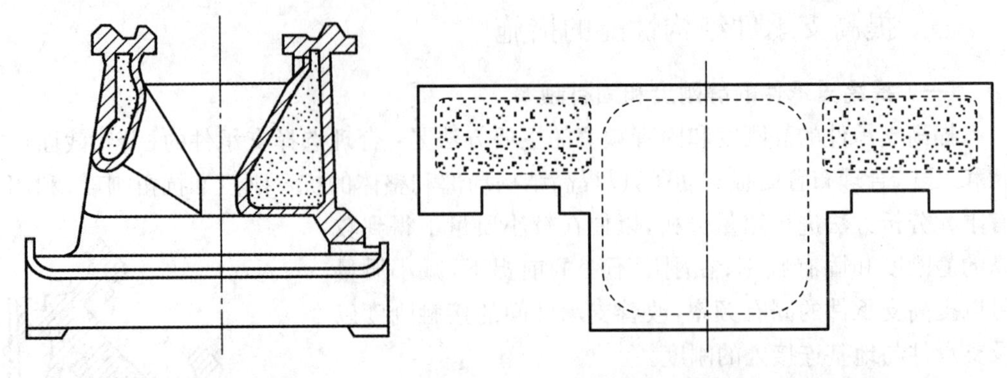

图 3-31　封砂结构的床身　　图 3-32　镗床主轴箱断面图

对于焊接支承件，除了在内腔中填充混凝土减振外，还可以利用接合面间的摩擦阻尼减小振动，即两焊接件之间留有贴合而未焊死的表面。在振动过程中，两贴合面之间产生的相对摩擦起阻尼作用，使振动减小。间断焊缝虽使静刚度有所下降，但阻尼比大为增加，使动刚度大幅度增大。

2. 采用新材料制造支承件

树脂混凝土材料是制造支承件的一种新材料，具有刚性高、抗振性好、热变形小、耐化学腐蚀的特点，被国内外广泛研究。现在美国、日本、德国等都已在实际中应用，我国也已成功地应用于精密外圆磨床中。实践表明，采用这种材料的支承件，动刚度可以提高几倍。

（三）提高热稳定性

机床热变形是影响加工精度的重要因素之一，尤其对精密机床、自动化机床及重型机床影响明显，因此要设法减少热变形，特别是不均匀的热变形，以降低热变形对精度的影响。主要方法有：

1. 控制温升

机床运转时，各种机械摩擦、电动机、液压系统都会发热。控制温升方法如下：加大散热面积，加设散热片，设置风扇等措施改善散热条件，将热量迅速散发到周围空气中，则机床的温升不会很高；采用分离或隔绝热源方法，如把主要热源如电动机、液压油箱、变速箱等移到与机床隔离的地基上；在支承件中布置隔板来引导气流经过大件内温度较高的部分，将热量带走；在液压马达、液压缸等热源外面加隔热罩，以减少热源热量的辐射；采用双层壁结构，中间有空气层，使外壁温升较小，又能限制内壁的热胀作用；高精度机床安装在恒温室内。

2. 采用热对称结构

所谓热对称结构是指在发生热变形时，其工件或刀具回转中心线的位置基本不变，从而减小对加工精度的影响。

3. 均衡温度场

在设计时，尽量减少支承件本身各个部位的温差，使温度的分布比较均匀，从而减少热变形。

4. 采用热补偿装置

采用热补偿的基本方法是在热变形的相反方向上采取相应措施，产生反方向热变形，使两者之间影响相互抵消，减少综合热变形。

目前，国内外都已能利用计算机和检测装置进行热位移补偿。先预测热变形规律，然后建立数学模型存入计算机中进行实时处理，进行热补偿。

第三节　导轨设计

一、导轨的功用及基本要求

（一）导轨的功用和分类

导轨的功用是导向和承受载荷，即引导运动部件沿一定轨迹运动，承受安装在导轨上的运动部件及工件的重量和切削力。运动的导轨常称为动导轨，不动的导轨常称为支承导轨或静导轨。动导轨相对于静导轨可以做直线运动或者回转运动。

按导轨面的摩擦性质可分为：滑动导轨和滚动导轨。在滑动导轨中又可为为普通滑动导轨、静压导轨和卸荷导轨等。滚动导轨按滚动体不同又可分为滚珠导轨、滚柱导轨和滚针导轨。

导轨按结构形式可分为开式导轨和闭式导轨两类。

开式导轨是指在部件自重和载荷的作用下，运动导轨和支承导轨的工作面[如图 3-33(a)中 c 和 d 面]始终保持贴合接触。其特点是结构简单，但不能承受较大颠覆力矩的作用。

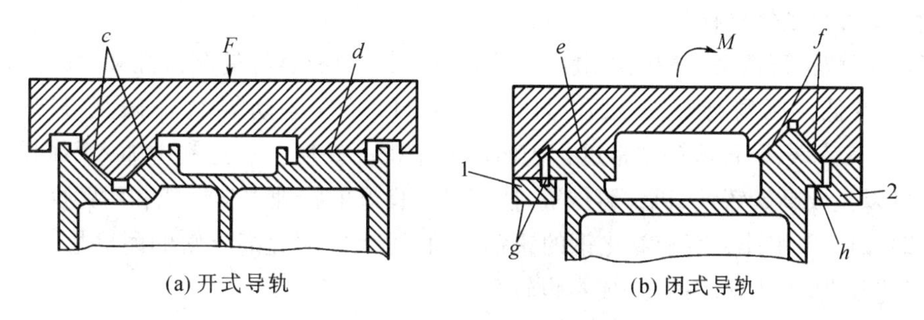

(a) 开式导轨　　(b) 闭式导轨

图 3-33　开式和闭式导轨

闭式导轨借助于压板使导轨能够承受较大的颠覆力矩作用。如图 3-33(b)所示的车床床身和床鞍导轨，当颠覆力矩 M 作用在导轨上时，仅靠自重已不能使主导轨面 e、f 始终贴合接触，需要用压板 1 和 2 形成辅助导轨面 g 和 h，以保证动导轨与支承导轨的工作面始终保持可靠的接触。

（二）导轨应满足的要求

导轨应满足精度高、承载能力大、刚度好、运动平稳、精度保持性好、摩擦阻力小、寿命长、结构简单、工艺性好、成本低、便于加工、装配、调整和维修等要求。下面的五个要求尤为突出：

(1) 导向精度高。导向精度是导轨副在空载或切削条件下运动时，实际运动轨迹与理论运动轨迹之间的偏差。主要影响因素有：导轨的几何精度和接触精度、导轨的结构形式、导轨和支承件的刚度和热变形，对于静压导轨和动压导轨，还有导轨的油膜厚度和油膜刚度等。

(2) 承载能力大，刚度好。根据导轨承受载荷的性质、大小和方向，合理地选择导轨的截面形状和尺寸，使导轨具有足够的刚度，保证相关各部件的相对位置精度和导向精度。

(3) 精度保持性好。精度保持性主要取决于导轨的耐磨性，常见的导轨磨损形式有磨料(或磨粒)磨损、咬合磨损、接触疲劳磨损等。影响耐磨性的因素有导轨摩擦性质、材料、载荷状况、工艺方法、润滑和防护条件等。

(4) 低速运动平稳。当导轨作低速运动或微量进给时，应保证运动平稳，不出现爬行现象。影响低速运动平稳性的因素有导轨摩擦面的静、动摩擦系数的差值，传动系统的刚度，导轨的结构形式，润滑情况等。

(5) 结构简单、工艺性好。

二、滑动导轨

(一) 导轨的材料

1. 对导轨材料的要求

导轨的材料有铸铁、钢、塑料和非铁金属等。对其主要要求是耐磨性好、工艺性好和成本低。对于塑料导轨的材料，还应保证：在温度升高(主运动导轨 120～150 ℃，进给导轨 60 ℃)和空气湿度增大时的尺寸稳定性；在静载压力达到 5MPa 时，不发生蠕变；塑料的线膨胀系数应与铸铁接近。

2. 常用的导轨材料

(1) 铸铁。铸铁是一种应用最广泛的导轨材料，具有良好的减振性和耐磨性，易于铸造，成本低。床身导轨一般用 HT200 或 HT300，运动导轨一般用 HT150 或 HT200。灰铸铁、孕育铸铁通常进行表面淬火来提高硬度。在铸铁中加入不同的合金元素，可以生成高磷铸铁、钒钛铸铁等，使其具有良好的物理力学性能和耐磨性。

(2) 钢。采用淬火钢和氮化钢的镶钢导轨，可大幅度提高导轨的耐磨性。但镶钢导轨工艺复杂，加工比较困难，成本也较高。

(3) 有色金属。用于镶装导轨的有色金属板的材料主要有锡青铜和铝青铜。把其镶装在动导轨上，可防止撕伤，保证运动的平稳性和提高运动的精度。

(4) 塑料。镶装塑料导轨具有摩擦因数小、抗咬合磨损性能好、抗撕伤能力强、低速时不易出现“爬行”、加工性好、化学性能稳定、工艺简单、成本低等特点，因而在各类设备的动导轨上都有应用，特别是用在数控、大型、重型机床动导轨上。

3. 导轨副材料的选用

在导轨副中，为了提高耐磨性和防止咬焊，导轨副材料的匹配应“一软一硬”，即动导轨和支承导轨采用不同材料。如果采用相同材料，也应采用不同的热处理方法，使两者具有不同的硬度。通常，应使动导轨相对软一些。

对于作直线运动的导轨，长导轨要用耐磨性较好或硬度较高的材料制造。原因是：

长导轨各段使用机会不等，磨损不均匀，这会影响加工精度，所以长导轨的耐磨性要高一些；长导轨面刮研难度大，选用耐磨材料制造，可减少维修劳动量；不能完全防护的导轨往往都是长导轨，由于没有防护，容易被刮伤。

对于作回转运动的导轨副，动导轨宜选用较软的材料。原因是花盘或圆工作台导轨比底座加工方便，磨损后修理也较方便。

（二）导轨的结构

1. 直线运动导轨的截面形状

直线运动滑动导轨的基本截面形状主要有三角形、矩形、燕尾形和圆柱形，并可互相组合，每种导轨副还有凹、凸之分。对于水平放置的导轨，凸型导轨容易清除掉切屑，但不易存留润滑油，多用于低速运动的情况；凹型导轨则相反，用于高速运动的情况。

(1) 三角形导轨。如图 3－34(a)所示，靠两个相交的导轨面导向。三角形导轨面磨损时，动导轨会自动下沉，自动补偿磨损量，不会产生间隙。三角形导轨的顶角 α 一般在 90°～120°范围内变化，导向性随顶角 α 不同而不同，α 角越小导向性越好，但摩擦力也越大。所以，大顶角用于大型或重型机床，小顶角用于轻载精密机床。

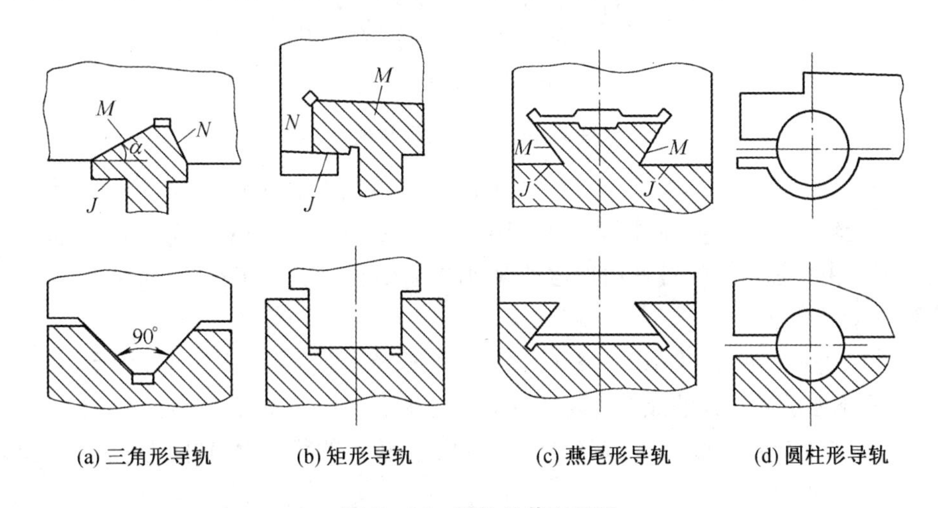

图 3－34　导轨的截面形状

三角形导轨结构分为对称式和不对称式两种。当水平力大于垂直力，两侧压力分布不均时，宜采用不对称三角形导轨。

(2) 矩形导轨。如图 3－34(b)所示，矩形导轨靠两个彼此垂直的导轨面导向。矩形导轨具有承载能力大、刚度高、加工、检验和维修方便等优点；但由于存在侧面间隙，需用镶条调整，导向性差。矩形导轨适用于载荷较大而导向性要求略低的机床。

(3) 燕尾形导轨。如图 3－34(c)所示，燕尾形导轨的高度较小，结构紧凑，可承受颠覆力矩，间隙调整方便。但是刚度较差，摩擦阻力较大，加工、检验和维修都不大方便。燕尾形导轨适用于受力小、层次多、要求间隙调整方便的场合，如铣床工作台、车床刀架等。

(4) 圆柱形导轨。如图 3－34(d)所示，圆柱形导轨制造方便，工艺性好，但磨损后很难调整和补偿间隙。主要用于受轴向负荷的导轨(如摇臂钻床的立柱),应用较少。

以上四种截面的导轨的尺寸已经标准化,可参阅有关标准。

2. 回转运动导轨的截面形状

回转运动导轨的截面形状有平面环形、锥面环形和双锥面导轨三种形式,如图 3-35所示。

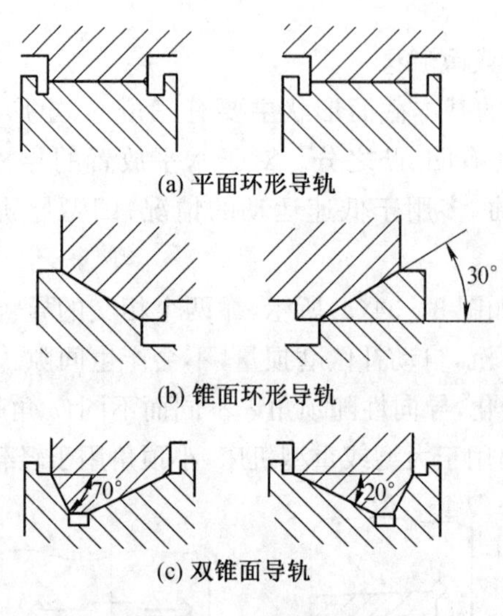

图 3-35　回转运动导轨

(1) 平面环形导轨。如图 3-35(a)所示,它结构简单、制造方便、摩擦小、精度高,但只能承受较大的轴向载荷,因此必须与主轴联合使用,由主轴来承受径向载荷。这种导轨适用于由主轴定心的各种回转运动导轨的机床,如齿轮加工机床、高速大载荷立式车床等。

(2) 锥面环形导轨。如图 3-35(b)所示,除承受轴向载荷外,还可以承受较大的径向载荷,但不能承受较大的颠覆力矩。导向性比平面环形导轨好,但制造较难。

(3) 双锥面导轨。如图 3-35(c)所示,能承受较大的径向力、轴向力和一定的颠覆力矩,但工艺性差。

3. 镶装导轨

镶钢导轨是将淬硬的合金钢或碳素钢导轨,分段地镶装在铸铁或钢制的床身上,以提高导轨的耐磨性。在钢制床身上镶装导轨一般用焊接方法连接,在铸铁床身上镶装钢导轨常用螺钉或楔块挤紧固定。

4. 导轨的组合形式

机床通常采用两条导轨导向和承受载荷。根据载荷情况、导向精度、工艺性以及润滑、防护等方面的要求,可采用如下几种不同的组合形式(图 3-36)。

(1) 双矩形导轨。如图 3-36(a)、(b)所示,刚性好,承载能力大,制造简单。但导向性差,磨损后不能自动补偿间隙。适用于重型机床和普通精度机床,如重型车床、升降台铣床、龙门铣床等。

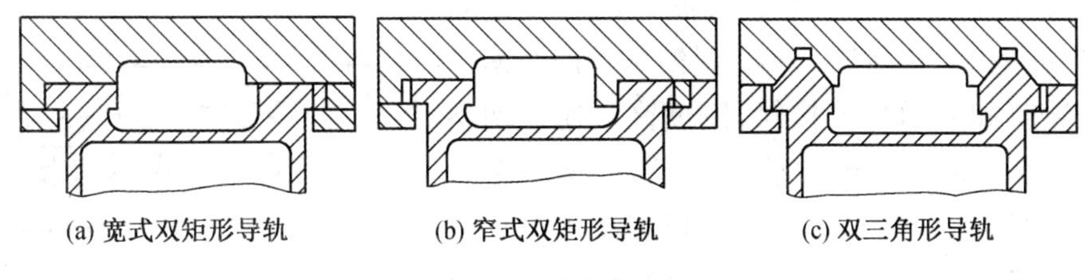

图 3-36　导轨的组合

(2) 双三角形导轨。如图 3-36(c)所示，不需要镶条调整间隙，导向精度高，磨损后能自动补偿间隙，精度保持性好；但加工、检验和维修困难，各个导轨面都要接触良好。常用于精度要求较高的机床，如坐标镗床、丝杠车床等。

(3) 矩形和三角形导轨的组合。如图 3-33 所示，导向性好，刚度大，制造方便，应用广泛。适用于卧式车床、磨床、龙门刨床等床身导轨。

(4) 矩形和燕尾形导轨的组合。这类组合的导轨调整方便，能承受较大力矩，多用在横梁、立柱、摇臂导轨中。

5. 导轨间隙的调整

导轨面间的间隙对机床工作性能有很大的影响，如果间隙过大，将直接影响运动精度和平稳性，甚至引起振动；间隙过小，会使导轨的磨损加快。因此必须保证导轨有合理间隙，磨损后能方便地调整。导轨间隙常用镶条、压板来调整。

(1) 镶条调整

镶条用来调整矩形导轨和燕尾形导轨的侧隙。镶条应放在导轨受力较小一侧。常用的镶条有平镶条和斜镶条两种。

① 平镶条

平镶条截面为矩形或平行四边形，其厚度全长均匀相等。如图 3-37(a)、(b)所示，平镶条是靠沿长度方向均布的几个螺钉调整间隙，因只在几个点上受力，各处间隙不易调整均匀。这种镶条制造容易，但镶条易变形，刚度较低，目前应用较少。图 3-37(c)由螺钉 1 调整间隙，螺钉 3 将镶条 2 固定在动导轨上，这种镶条刚性好，装配方便，但调整麻烦。

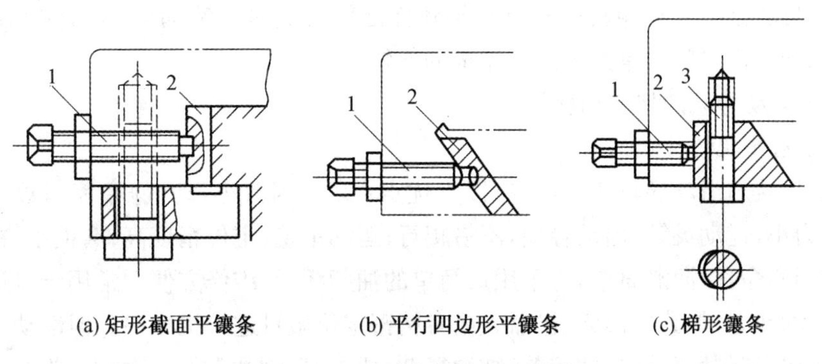

图 3-37　平镶条调整间隙装置

② 斜镶条。斜镶条沿其长度方向有一定斜度，其斜度为1∶40～1∶100。斜镶条的两个面分别与动导轨和支承导轨接触，刚度高。通过调整螺钉或修磨垫的方式轴向移动镶条，以调整导轨的间隙。如图3-38所示是使用修磨垫来调整间隙的。这种办法虽然麻烦些，但导轨移动时，镶条不会移动，可保持间隙恒定。

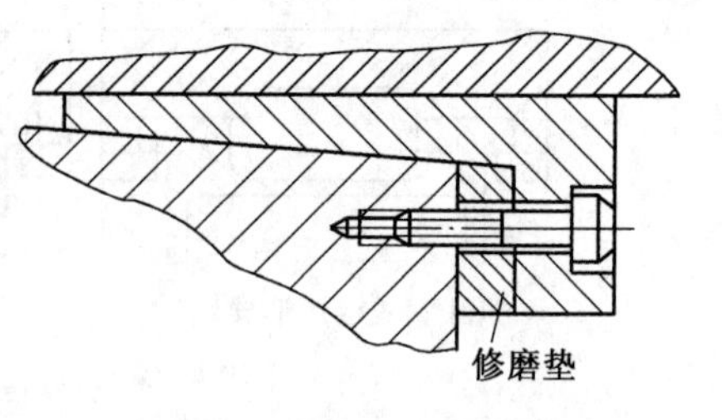

图3-38　斜镶条的间隙调整

(2) 压板调整

压板是用来调整间隙和承受颠覆力矩。压板用螺钉固定在运动部件上，用配刮或垫片来调整间隙。图3-39为矩形导轨的三种压板结构：3-39(a)采用磨或刮压板3的d面和e面来调整间隙。若间隙过大，则磨或刮d面；若间隙太小，则磨或刮e面。由于d面、e面不在同一水平面，因此用空刀槽分开。这种方法制造简单，调整复杂。图3-39(b)用改变垫片1的厚度或数目来调整间隙。这种方法调整比较方便，但调整量受垫片厚度限制，降低了结合面的接触刚度。图3-39(c)是在压板和导轨之间用平镶条2调节间隙，这种方法调整方便，但刚性比前两种差。因此多用于需要经常调整间隙和受力不大的场合。

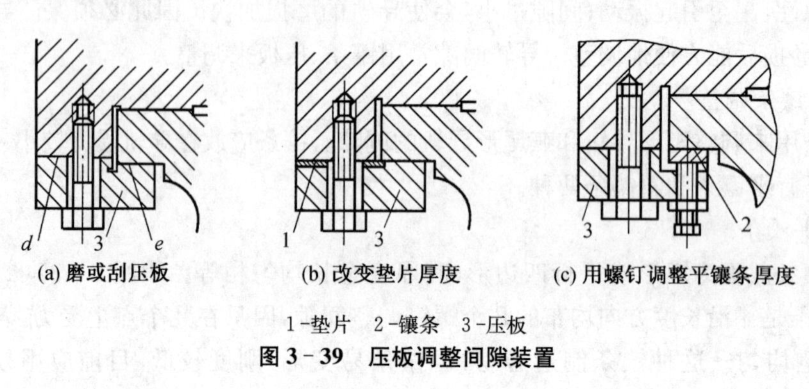

(a) 磨或刮压板　(b) 改变垫片厚度　(c) 用螺钉调整平镶条厚度

1-垫片　2-镶条　3-压板

图3-39　压板调整间隙装置

三、滚动导轨

滚动导轨是指在动导轨面和支承导轨面之间安放多个滚动体（如滚针、滚柱或滚珠），使两导轨面之间的摩擦为滚动摩擦的导轨。

（一）滚动导轨的特点和材料

1. 滚动导轨的特点

滚动导轨与滑动导轨相比，具有以下优点：摩擦因数小，动、静摩擦因数接近。因此，摩擦力小，运动灵敏，启动轻便，不易爬行；运动平稳，定位精度高；磨损小，精度保持性好，使用寿命长；润滑简单，可采用最简单的油脂润滑，维修方便。常用于对运动灵敏度要求高的地方，如数控机床、机器人或者精密定位微量进给机床中。但滚动导轨同滑动导轨相比，其刚度和抗振性较差，结构复杂，成本高，对脏物比较敏感，必须有良好的防护装置。

2. 滚动导轨的材料

滚动导轨的支承导轨最常用的材料是淬硬钢和铸铁,滚动体采用滚动轴承钢。

淬硬钢导轨的承载能力强,耐磨性好,但工艺性差,成本高。常用材料为合金结构钢、合金工具钢、低碳合金钢等,主要适用于静载荷高、动载和冲击载荷大、需要预紧及防护比较困难的场合。

铸铁成本低,有良好的减振性和耐磨性,常用材料为 HT200。铸铁导轨主要适用于中、小载荷又无动载荷,不需要预紧及采用镶装结构困难的场合。

(二) 滚动导轨的结构形式

1. 按滚动体类型分类

滚动导轨按滚动体类型分为滚珠、滚柱和滚针三种结构形式。如图 3-40 所示。滚珠导轨结构紧凑,易于制造,但因为是点接触,承载能力低,刚度差,适用于载荷较小的场合。滚柱导轨结构简单,制造精度高,又是线接触,承载能力和刚度都比滚珠导轨高,适用于载荷较大的导轨。滚针比滚柱的长径比大,也是线接触,因此,滚针导轨的尺寸小,承载能力大,但摩擦系数也大,常用于径向尺寸小的导轨中。

2. 按循环方式分类

按滚动体循环与否,可分为循环式和非循环式二种结构形式。非循环式滚动导轨的滚动体在运行中不循环,运动部件的行程有限,运行中滚动体始终同导轨面保持接触。非循环式滚动导轨结构简单,一般用于短行程导轨。循环式滚动导轨的滚动体在运行过程中沿自己的工作轨道和返回轨道作连续循环运动,如图 3-41,运动部件的行程不受限制。循环式导轨安装、使用、维护方便,已基本形成系列产品,由专业厂家生产。

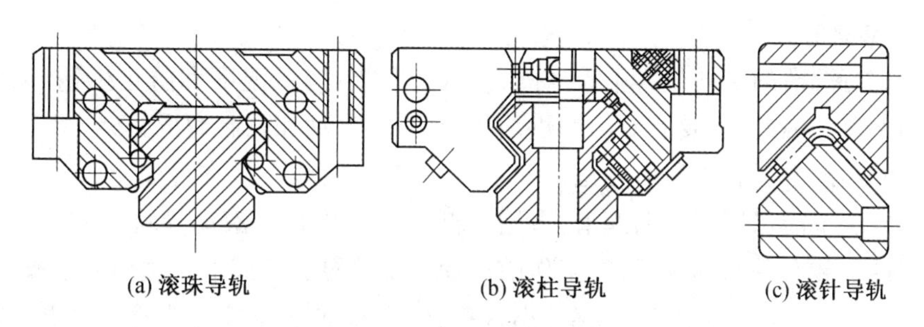
(a) 滚珠导轨　(b) 滚柱导轨　(c) 滚针导轨

图 3-40　滚动导轨的滚动体

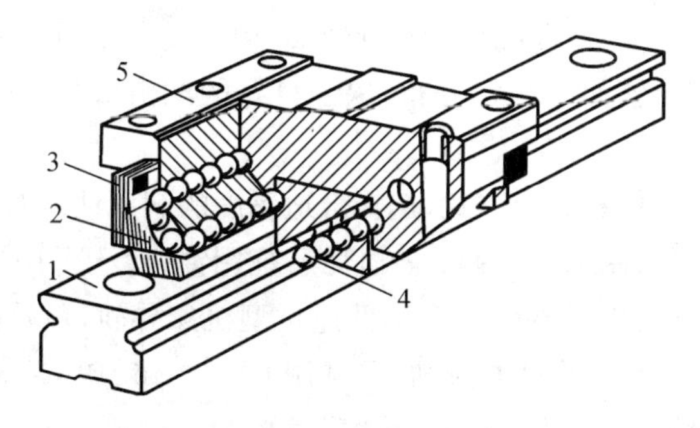

1-导轨条　2-端面挡板　3-密封垫　4-滚珠　5-滑块

图 3-41　循环式直线滚珠导轨

（三）滚动导轨的预紧

为提高导轨的精度、刚度和抗振性，在滚动体与导轨面之间预加一定载荷，以增加滚动体与导轨的接触面积，减小导轨面平面度、滚子直线度以及滚动体直径不一致性等误差的影响，使大多数滚动体都能参加工作。不过预加载荷应适当，太小不起作用，太大不仅对刚度的增加不起明显作用，还会增加牵引力，降低导轨寿命。

整体型直线滚动导轨副由制造厂通过选配不同直径钢球的方法来进行调隙或预紧，用户可根据要求订货，一般不需用户自己调整。对于分离式直线滚动导轨副和各种滚动导轨块，一般采用调整螺钉、垫块或楔块来进行调隙或预紧。如在图 3－42 中，通过推拉螺钉 4、6 来调整楔铁 3 的位置，以达到预紧的效果。

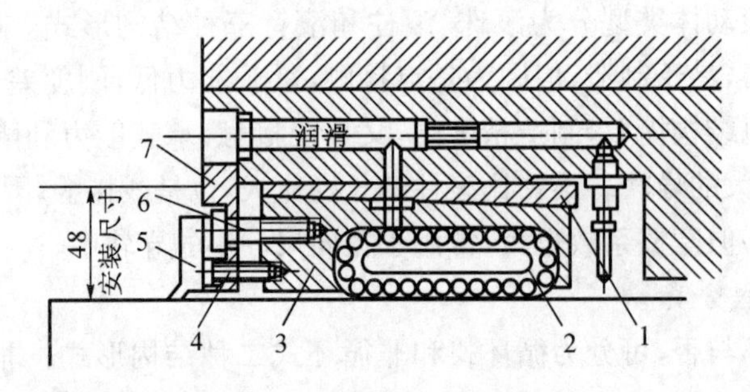

1－楔块　2－标准导轨块　3－支承导轨楔块　4、6－调整螺钉　5－刮屑板　7－楔块调整板

图 3－42　滚柱导轨块及预紧

四、导轨的润滑与密封

（一）导轨的润滑

导轨进行润滑的目的是：降低摩擦力，减少磨损，降低温度和防止生锈，以延长导轨的使用寿命。因此，需要有专门的供油系统，采用自动和强制润滑。

导轨的润滑方法有多种：方法一是利用人工定期地直接在导轨上浇油或油杯供油。这种方法不能保证充分的润滑，多用于低速滑动导轨及滚动导轨。方法二是在机床运动部件上装有手动油泵，可在工作前拉动几次油泵进行润滑。这种方法操作方便，但不能实现连续供油，多用于小载荷、小行程、低中速或不经常运动的导轨上。方法三是采用压力油强制润滑，多用于现代机床上。这种方法润滑可靠，润滑效果好，不受运动速度限制，并且可以不断地冲洗和冷却导轨面，但需要有专门的供油装置。

为了使润滑油在导轨面上均匀分布，保证良好的润滑效果，通常在导轨面上开出油沟。

根据导轨的工作条件和润滑方式，选择合适黏度的润滑油。对于低中速、小载荷的小型机床进给导轨，可选用 L－AN32 全损耗系统用油；对于低中速、中等载荷的机床导轨，可选用 L－AN46 或 AN68 油；对于低速重型机床导轨，可选用 L－AN68、AN80 或 AN100 油；对于倾斜导轨或竖直导轨，可选用 L－AN46 或 AN68 油。对于滚动导轨可选用润滑脂或润滑油，其中大多选用润滑脂润滑。

（二）导轨的密封

导轨的密封防护方法有以下几种：

(1) 整罩式。铁皮罩固定在运动部件上,罩住导轨表面。整罩式结构简单,但工作台两端要加长,适用于行程不长的中小型机床。

(2) 层叠式。它有多段金属薄板连接而成,防护罩可随运动部件的移动而伸长或缩短。层叠式使用寿命较长,但工艺复杂,成本高,适用于精密机床或大型机床。

(3) 刮板式。刮板可以是橡胶、毡、皮革等,也可以把刮板和钢片组合在一起使用。当动导轨移动时,刮板可以清除落在支承导轨面上的切屑及灰尘,但容易被细小杂物填塞,对导轨产生刮磨。刮板式仅适用于移动速度较低的导轨。

此外,还有隙缝式、钢带式和手风琴式等密封防护装置。

五、提高导轨耐磨性的措施

导轨的磨损形式主要是磨料磨损和咬合磨损。提高耐磨性的主要措施有以下几方面:

1. 合理选用导轨材料和热处理方法

常用的导轨材料有铸铁、钢、有色金属和塑料。

为提高硬度及耐磨性,铸铁常进行表面淬火,有时还采用高磷铸铁、磷铜钛铸铁以及钒钛铸铁等。镶钢导轨的耐磨性比灰铸铁高 5～10 倍。一般可通过焊接、螺钉连接等方式固定在支承件上。有色金属能够防止咬合磨损,提高耐磨性,使导轨运动平稳。塑料导轨抗咬合磨损性能好,不易爬行。常用的塑料材料有环氧树脂耐磨涂料、酚醛夹布塑料和尼龙等。

2. 减小导轨面压强,使导轨面磨损均匀

合理设计各导轨面的结构尺寸,提高支承件和运动部件的刚度,合理安排切削力、运动部件驱动力和导轨间的相互位置,使导轨面上的压强分布合理,磨损均匀。

3. 提高导轨面的表面质量

这样可提高导轨的接触精度以及导向精度,从而有效提高导轨的耐磨性。对于铸铁和钢导轨,常采用磨削、精刨、刮研和滚压等方法。

4. 合理选择导轨的润滑和防护

习题与思考题

3-1 为什么对机床主轴要提出旋转精度、刚度、抗振性、温升及耐磨性要求?

3-2 主轴组件采用的滚动轴承有那些类型,其特点和选用原则是什么?

3-3 主轴组件中滚动轴承的精度应如何选取?试分析主轴前支承轴承精度应比后支承轴承精度高一级的原因。

3-4 试分析主轴的结构参数跨度 L、悬伸量 a、外径 D 及内孔 d 对主轴组件弯曲刚度的影响?

3-5 提高主轴刚度的措施有哪些?

3-6 主轴的轴向定位方式有哪几种,各有什么将点?适用于什么场合?

3-7 为什么多数数控车床采用倾斜床身?

3－8　支承件的功用及基本要求是什么？

3－9　肋板和肋条有什么作用，使用原则有哪些？

3－10　试述铸铁支承件、焊接支承件的优缺点，并说明其应用范围。

3－11　树脂混凝土支承件有什么特点？目前应用于什么类型的机床？

3－12　支承件截面形状的选用原则是什么？

3－13　提高支承件结构性能的措施有哪些？

3－14　导轨的作用是什么？应满足哪些基本要求？

3－15　按摩擦性质导轨分为哪几类？适用于什么场合？什么是闭式导轨，开式导轨、主运动导轨、进给运动导轨？

3－16　导轨的磨损有几种形式，导轨防护的重点是什么？

3－17　导轨的材料有几种？有什么特点，各适用于什么场合？

3－18　常见的直线运动导轨组合形式有哪几种？说明主要性能及应用场合？

3－19　直线运动导轨的截面形状有哪些？各有什么特点？

3－20　滚动导轨有哪些特点？应满足哪些技术要求？

3－21　滚动导轨如何预紧？

第四章　组合机床设计

第一节　概　　述

一、组合机床的组成及特点

组合机床是以系列化、标准化的通用部件为基准，配以少量的专用部件组成的专用机床。它具有自动化程度较高，加工质量稳定，工序高度集中等特点。

图 4－1 所示为单工位双面复合式组合机床。工件安装在夹具 5 中，多轴箱 4 的主轴前端刀具和镗削头 6 上的镗刀，分别由电动机通过动力箱 3 驱动多轴箱和由电动机驱动传动装置使主轴作旋转主运动，并由各自的动力滑台 7 带动作直线进给运动。图中除多轴箱和夹具是专用部件外，其余为通用部件。

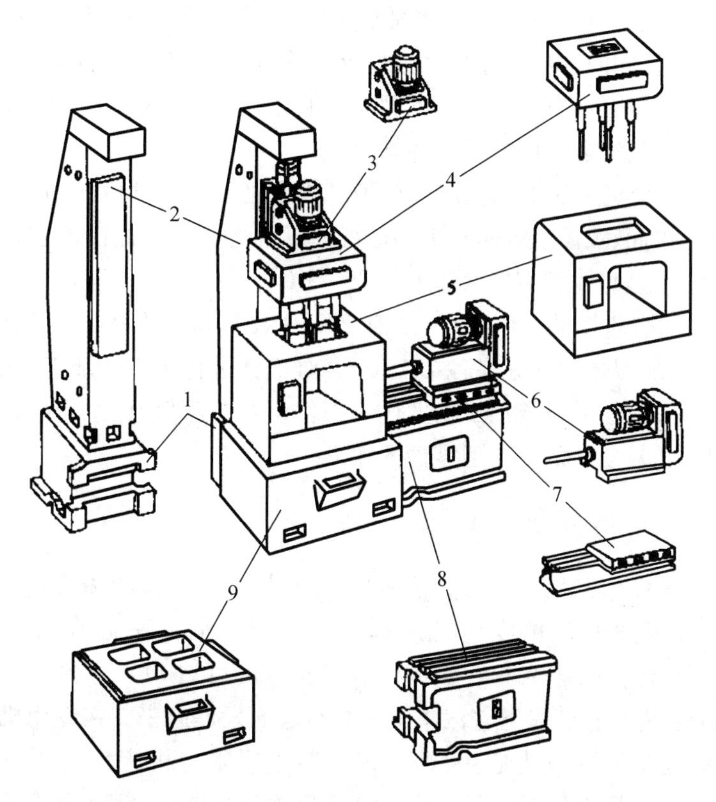

1－立柱底座　2－立柱　3－动力箱　4－多轴箱　5－夹具　6－镗削头
7－动力滑台　8－侧底座　9－中间底座

图 4－1　单工位双面复合式组合机床

组合机床与一般的专用机床相比具有以下特点：

(1) 组合机床的通用零部件占整个机床的70%～90%，故机床设计和制造周期短、投资少、经济效益好。

(2) 组合机床便于产品更新。当加工对象改变时，它的通用零部件可以重复使用，组成新的组合机床。

组合机床与一般通用机床相比，具有以下特点：

(1) 组合机床一般采用多轴、多刀、多面、多工位加工，生产效率和自动化程度比较高。

(2) 由于采用专用刀具、夹具和导向装置，组合机床加工质量稳定，使用和维修方便。但组合机床的工艺适应性较通用机床差，结构不如专用机床紧凑，而且较复杂。

二、组合机床的工艺范围

在组合机床上可完成下列工艺内容：平面加工包括铣平面、车端面和锪平面等；孔加工包括钻、扩、铰、镗孔及攻螺纹等。此外，组合机床还可以完成焊接热处理、自动测量和自动装配、清洗、零件分类等非切削工作。

组合机床主要加工箱体类零件，如气缸体、气缸盖、变速箱体和电动机座等。也可以完成如曲轴、飞轮、连杆、拨叉、盖板类零件加工。目前，组合机床在大批量生产的企业，如汽车、拖拉机、阀门、电机、缝纫机等行业已获得广泛的应用，此外，一些重要零件的关键加工工序，虽然生产批量不大，也可采用组合机床来保证其加工质量。

单工位和多工位组合机床的工作特点为：

(1) 单工位组合机床的工作特点。加工过程中夹具和工件位置固定不动，通过动力部件使刀具从单面、双面或多面对工件进行加工。这类机床加工精度较高，但生产率较低，适合于大、中型箱体类零件的加工。

(2) 多工位组合机床的工作特点。加工过程中夹具和工件可以按预定的工作循环做间歇移动或转动，以便顺次地在各个工位上，对工件进行多工步加工，或者对工件的不同部位顺序加工。这类机床加工精度比单工位组合机床低，但生产率较高。适合于大批大量生产中比较复杂的中小型零件的加工。

三、组合机床的发展趋势

二十世纪70年代以来，随着可转位刀具、镗孔尺寸自动检测和刀具自动补偿技术的发展，组合机床的加工精度也有所提高。铣削平面的平面度可达0.05 mm/1 000 mm，表面粗糙度可达2.5～0.63 μm；镗孔精度可达IT7～6级，孔距精度可达0.03～0.02 μm。专用机床是随着汽车工业的新起而发展起来。在专用机床中某些部件因重复使用，逐步发展成为通用部件，因而产生了组合机床。最早的组合机床是1911年在美国制成，用于加工汽车零件。1953年美国福特公司和通用汽车公司与美国机床制造厂协商，确定了组合机床通用部件标准化的原则，即严格规定各部件间的联系尺寸，但对部件结构未作规定。

近十多年来，组合机床及其自动线在高效、高生产率、柔性化以及并行工程制定更为合理、更为节省的方案方面取得了不小的进展。尤其是汽车工业，为了提高汽车的性能，对于汽车零件加工精度，现在要求将一些关键零件主要加工精度只分布在一个比公差带要小的公差范围内。目前，我国组合机床行业已发展成为自成体系、配套齐全的行业，由于行业内多数为中小企业，且兼产企业多，其市场竞争能力普遍较弱。

为了使组合机床能在中小批量生产中得到应用，往往需要应用成组技术，把结构和工艺相似的零件集中在一台组合机床上加工，以提高机床的利用率。组合机床未来的发展更多地采用调速电动机和滚珠丝杠等传动，以简化结构、缩短生产节拍；采用数字控制系统和主轴箱、夹具自动更换系统，以提高工艺可调性；以及纳入柔性制造系统等。

第二节　组合机床的总体设计

组合机床是由大量的通用零件和少量的专用部件所组成，为加工零件的某一道工序而设计的高效率专用机床，它要求加工的零件定型和具有一定的批量。为了保证加工零件的质量、产量和降低设计成本，在组合机床设计时首先要制定合理的工艺方案；然后按工艺方案的要求，确定机床的配置形式，选择通用零部件，设计专用部件和工作循环的控制系统。为了表达组合机床设计的总体方案，在设计时要绘制被加工零件工序图、加工示意图、生产率计算卡和机床联系尺寸图，这在组合机床设计中简称为“三图一卡”设计。所确定的三图一卡将作为组合机床设计、调整和验收的依据。

一、被加工零件工序图

1. 被加工零件工序图的作用和内容

被加工零件工序图是根据选定的工艺方案，表示在一台组合机床或自动线上完成的工艺内容，即加工部位的尺寸、精度、表面粗糙度及技术要求、加工用的定位基准、夹紧部位以及被加工零件的材料、硬度和在本机床加工前毛坯或半成品情况。它是在原有的零件图基础上，以突出本机床或自动线的加工内容，加上必要的说明而绘制的。它是设计和验收机床的重要依据，也是制造和使用时调整机床的重要技术文件。被加工零件工序图主要内容包括：

(1) 被加工零件的形状和主要轮廓尺寸及与本机床设计有关的部位的结构形状及尺寸。当要设置中间导向时，表示出工件内部筋的布置和尺寸，以便检查工件在安装时是否与夹具相碰，以及刀具通过的可能性。

(2) 加工用定位基准、夹紧部位及夹紧方向，以便依此进行夹具的定位支承(包括辅助定位支承)、夹紧和导向装置的设计。

(3) 本道工序加工部位的尺寸、精度、表面粗糙度、位置尺寸等技术要求。

(4) 必要的文字说明，如被加工零件的名称、编号、材料、硬度等。

2. 被加工零件图表达的绘制

为了清晰明了地表达本机床的工艺内容，在绘制时应注意以下几个问题：

(1) 本工序的加工部位用粗实线绘制，其余部分用细实线绘制。

(2) 加工部位的位置尺寸一般由定位基准标注，如果设计基准与定位基准不重合时，必须对加工部位的位置尺寸进行分析与换算。位置尺寸的公差不对称时，要换算成对称公差。

(3) 对本机床保证的工序尺寸、角度下面画粗实线。

(4) 加工时所用的定位基准、夹紧部位、夹紧方向及辅助支撑等需用符号表示。

(5) 应注明零件对机床加工提出的某些特殊要求。如在镗孔时是否允许有退刀痕迹，主轴是否需要定位等。

图 4-2 所示为气缸体三面孔精镗组合机床的被加工零件工序图。

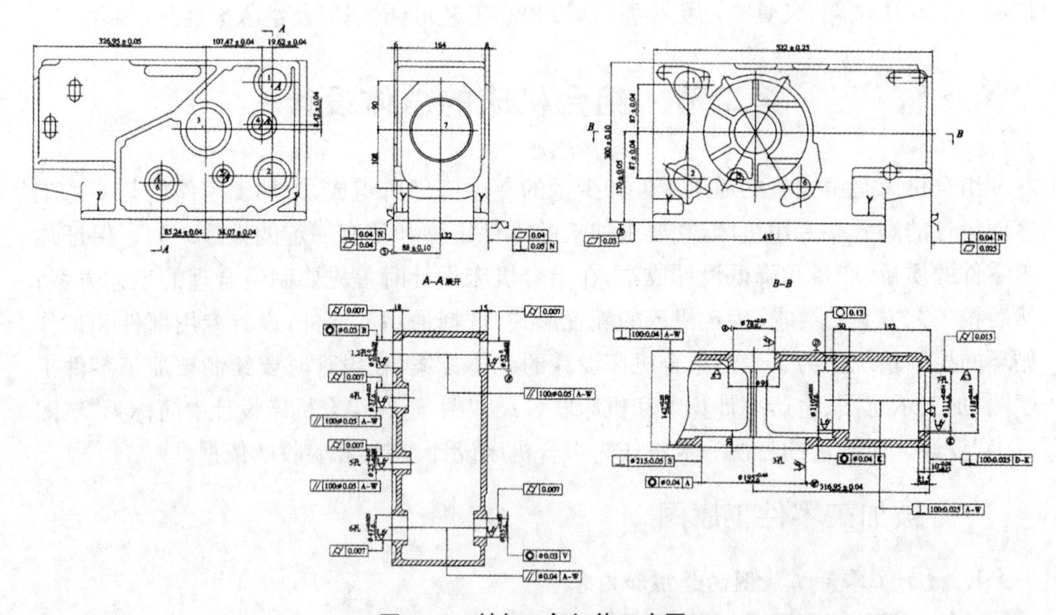

图 4-2 被加工气缸体工序图

本工序的加工内容：左侧面：精镗平衡轴孔 4×ϕ52M7，凸轮轴孔 ϕ47H7、ϕ35H7，调速轴孔 ϕ25V7，起动轴孔 ϕ37H7；右侧面：精镗曲轴孔 ϕ195H7、ϕ78H7，锪平 ϕ95 平面；后面：精镗缸套孔 ϕ118H9、ϕ111H8、ϕ110H7。圆柱度要求在 0.007 mm 以内，同轴度要求在 ϕ0.03 mm 内，平行度要求被测孔轴线平行于曲轴孔轴线且在给定方向上 0.05 mm 以内，表面粗糙度均为 R_a1.6。

采用三平面定位，可消除工件的六个自由度。具体的定位基准是：气缸体的底面定位限制 3 个自由度，气缸体侧面定位限制 2 个自由度，气缸体端面定位限制 1 个自由度。采用液压夹紧，夹紧部位为气缸体边缘实体上表面，以减少气缸体夹紧变形误差。

二、加工示意图

1. 加工示意图的作用和内容

加工示意图是在工艺方案和机床总体方案初步确定的基础上绘制的，是表达工艺方案具体内容的机床工艺方案图。它是设计刀具、夹具、多轴箱、电气和液压系统，以及选择机床动力部件的主要依据，是整台组合机床布局和性能的原始要求，也是调整机床和刀具所必需的重要技术要求。

加工示意图应表达的内容：

(1) 反映机床的加工方法、切削用量，工作循环和工作行程。

(2) 确定刀具类型、数量和结构尺寸，若为镗削时还有确定镗杆直径和长度。

(3) 决定主轴的结构类型、尺寸及外伸长度。

(4) 接杆或浮动卡头、导向装置、攻丝靠模装置、刀杆托架的结构尺寸。

(5) 刀具、接杆(浮动卡头)、主轴、夹具和工件之间的联系尺寸、配合尺寸及精度。

(6) 机床的使用条件。

2. 加工示意图的绘制

加工示意图以展开图的形式绘制，在绘制时要注意以下几点：

(1) 加工示意图中的刀具位置，应按加工终了时的位置绘制，且其方向与机床布局相吻合。

(2) 工件的非加工部位用细实线画，其余部位按机械制图标准画。

(3) 同一多轴箱上结构、尺寸完全相同的主轴，只画一根，但在主轴上应标注与工件孔号相对应的轴号。在轴端标注相应的切削参数，同一多轴箱要校核各主轴每分钟的进给量是否相等。

(4) 一般主轴的轴间距离不受真实距离的限制，但主轴之间很近时，要按比例画，以便检查它们之间是否干涉。

(5) 对于标准通用结构如刀具接杆、浮动卡头，可以只绘外形，标注型号，但对于一些专用结构，应画剖视图。

(6) 标注必要的联系尺寸和配合尺寸，如标注主轴伸出端尺寸、导向尺寸、配合尺寸等。表明加工条件，如工件的名称、图号、材料、硬度以及是否采用冷却液等。

3. 绘制加工示意图时需解决的几个问题

(1) 选择刀具

根据工件的价格尺寸、精度、粗糙度、生产率以及其它方面的要求来选择刀具的类型、结构、尺寸。只要条件允许，尽可能选用标准刀具。为了提高工序集中程度或满足精度要求，可采用复合刀具。孔加工刀具的长度应保证加工终了时，刀具螺旋槽尾部距离导向外端面有 30～50 mm，以便于排出切屑和补偿刀具重新刃磨时长度上的减少量。刀具锥柄插入接杆内的长度，在绘制加工示意图时应从刀具总长中减去。

(2) 选择切削用量

组合机床常用多轴、多刀、多面同时加工，在同一多轴箱上往往有许多种不同类型或规格的刀具，当按推荐值选取时，其切削用量可能各不相同，但多轴箱上所有刀具共用一个动力滑台，在工作时要求所有刀具的每分钟进给量都相同，且等于动力滑台的每分钟进给量。为此一般初选的切削用量在推荐用量的中值，然后按某一刀具的切削用量进行调整，尽可能使所有刀具的切削用量都在推荐范围内，使多轴箱上所有刀具进给速度都等于滑台进给速度。

转速与每转进给量的关系是

$$n_1 f_1 = n_2 f_2 = n_3 f_3 = \cdots = n_i f_i = f_M$$

式中：n_1、n_2、n_3…n_i——各主轴的转速(r/min)；

f_1、f_2、f_3…f_i——各主轴的进给量(mm/r)；

f_M——动力滑台每分钟进给量(mm/min)。

选择切削用量时，要考虑刀具的使用寿命，至少要使刀具在一个班的工作时间或4个小时的工作时间内不必换刀。选择切削用量时，应尽量使相邻主轴转速接近，使多轴箱的传动链简单些。使用液压滑台时，所选的每分钟进给量一般应比滑台的最小进给量大50%，保证进给稳定。

(3) 选择导向装置

组合机床进行孔的加工除采用刚性主轴外，大多数情况都采用导向装置，用来引导刀具以保证刀具和工件之间的位置精度和提高刀具系统的支承刚度，从而提高机床的加工精度。

导向装置有两大类，即固定式导向和旋转式导向。固定式导向是刀具或刀杆的导向部分，在导向套内既转动又轴向移动，所以一般只适应于导向部分线速度小于20 mm/min时；当线速度大于20 mm/min时，一般应用旋转式导向。这种导向的导向套与刀具之间仅有相对滑动而无相对转动，以便减少磨损和持久地保持导向精度。根据回转部分安装的位置不同，旋转式导向可分为外滚式和内滚式导向。内滚式导向是把回转部分安装在镗杆上，并且成为整个镗杆的一部分；外滚式导向是把回转部分安装在导套的外面。

(4) 确定主轴类型及尺寸

根据刀具切削用量计算切削扭矩，再根据切削扭矩计算主轴直径，其计算公式为

$$d = B\sqrt[4]{10M} \tag{4-1}$$

式中：d——主轴的直径(mm)；

M——轴所传递的扭矩(N·m)N/mm²；

B——系数，当主轴材料的剪切弹性模数$G=8.1\times10^4$ N/mm²时；B值为：刚性主轴7.3，非刚性主轴6.2，传动轴5.2。

主轴用于精镗孔，因其切削转矩M较小，如按M值来确定主轴直径，则刚性不足。因此，应按加工孔径→镗杆直径→浮动卡头规格→主轴直径的顺序，逐步推定主轴直径。

当主轴直径确定后，便可根据钻孔、镗孔等要求从《图册》中确定主轴类型，主轴外伸长度以及主轴伸出端内孔直径。

(5) 选择刀具的接杆和浮动卡头

在钻、扩、绞、锪孔及倒角等加工小孔时，通常采用接杆。因为主轴箱各主轴的外伸长度为定值，刀具长度也为定值，为保证主轴箱上各刀具能同时到达加工终了位置，需在主轴与刀具之间选用接杆连接，通过接杆来调整各轴的轴向长度，以满足同时加工完各孔的要求。接杆已经标准化了，通用标准接杆号可根据刀具的锥柄尺寸及主轴的孔径从《图册》中选取。同一规格中，接杆有不同的长度，在选择接杆长度时，首先应按加工部位在外壁、孔深最浅、孔径又最大的主轴选定接杆(通常先按最小长度选取)，由此选用其他接杆。

在采用多导向或长导向进行镗孔或扩、铰孔时，镗杆与主轴间应设置浮动卡头，消除了机床主轴回转误差对镗孔精度的影响，镗孔的位置精度由镗模的制造精度来保证。浮动卡头按浮动量的大小分为两种。浮动卡头的类型和规格可根据主轴伸出端孔径和镗杆尾部直径选取，此时主轴箱到工件端面的距离由镗杆长度来调整。

(6) 确定动力部件的工作循环和行程

动力部件的工作循环是指动力部件以原始位置开始运动到加工终了位置，又回到原位的动作过程。一般包括快速前进、工作进给和快速退回等运动。当加工端面、止口和不通孔时，动力部件在工作终了位置，需在死挡铁上停留数秒或主轴旋转几转后再快速退回。当加工深孔时，需采用分级进给工作循环。

工作进给长度为刀具的切入长度、加工长度和切出长度之和，加工长度应按加工长度最大的孔来确定，切入长度应根据工件端面情况确定。一般在 5～10 mm，切出长度从《手册》中选取。

快速退回长度应保证工件装卸方便。对于固定式夹具的钻、扩孔机床，只要把所有刀具都退至导套内即可。对于夹具需回转和移动的机床，则须保证刀具、钻模板、托架以及定位销都要退到夹具运动时可能碰到的范围之外。快速退回长度与工件进给长度之差即快速进给长度。

图 4－3 所示为气缸体三面孔精镗的加工示意图。为便于同时镗削同一轴线上两层壁上的孔，对应每一个孔通常在镗杆上安装 2 把镗刀。加工同一孔时，由安装在镗杆上的 2 把镗刀分别加工，前 1 把镗刀为半精镗，后 1 把镗刀为精镗，半精镗在半径方向上加工余量皆为 1.25 mm，精镗在半径方向上加工余量为 0.1～0.4 mm，根据加工孔的精度、孔的直径大小及工厂经验选取。

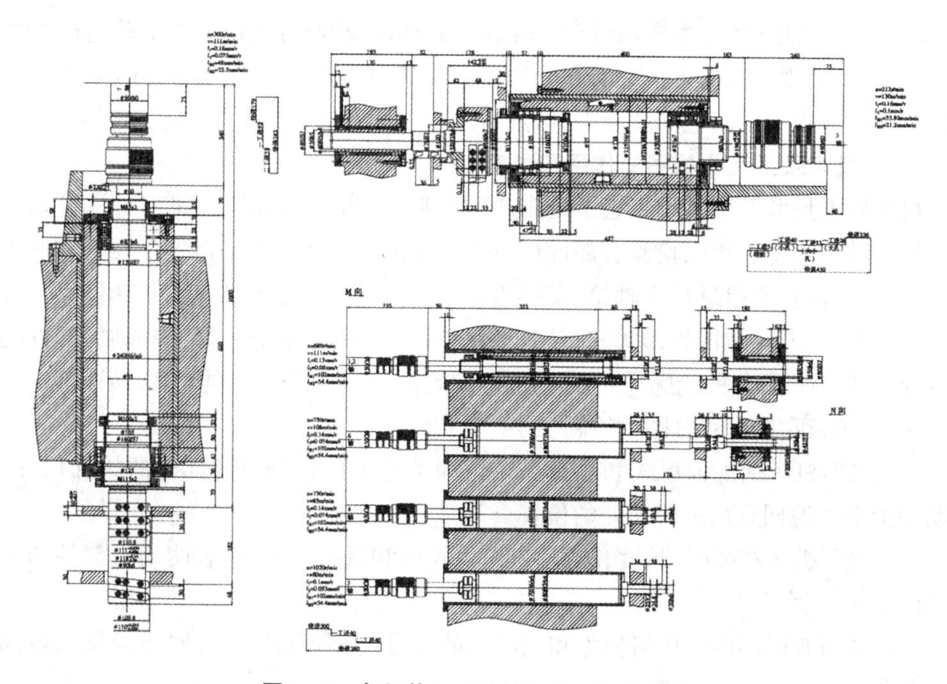

图 4－3　气缸体三面孔精镗的加工示意图

镗套是镗模支架上特有的元件，用来引导刀具以保证被加工孔的位置精度和提高工艺系统的刚度。为了保证孔系的同轴度要求，平衡轴孔系 1～2、曲轴孔系 3 和凸轮轴孔系 6 从一端加工，导向装置采用前、后导向，且前导向采用内滚式导向结构，后导向采用外滚式导向结构；起动轴孔 4 和调速轴孔 5 采用单导向；缸套孔 7 采用长型镗套单导向，并设计托架，以便在单导向镗杆退出镗套时，托住镗杆。

镗杆与机床主轴采用浮动连接，被加工孔的位置精度由镗模和镗杆的制造精度来保证。镗模、镗杆、镗套经精磨后研磨，加工精度达 IT4 级，其配合间隙采用研磨。镗杆要求具有足够的刚度、硬度和耐磨性，为此，镗杆采用 20Cr，渗碳淬火，渗碳后淬火硬度 61～63HRC。

三、机床联系尺寸总图

图 4－4 所示为气缸体三面孔精镗组合机床的机床联系尺寸总图。

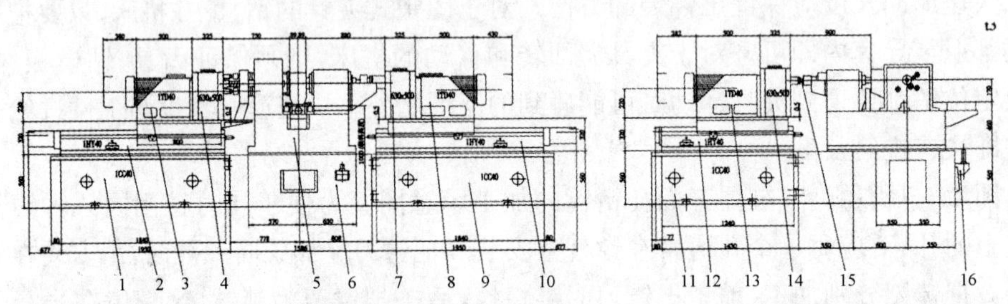

1、9、11－侧底座　2、10、12－液压滑台　3、8、13－动力箱　4、7、14－主轴箱　5－夹具　6－中间底座　15－刀具　16－电气装置

图 4－4　机床联系尺寸总图

动力箱 1TD40 通过主轴箱带动主轴旋转运动，主轴通过浮动卡头带动镗杆上镗刀的旋转运动，实现机床的主运动。在侧底座 1CC40 上配置液压滑台 1HY40，实现镗刀进给运动。在中间底座上面安装夹具，液压滑台 1HY40 和夹紧油缸配有液压站。

（一）机床联系尺寸总图的作用和内容

机床联系尺寸总图是用来表示机床的配置形式、机床各部件之间相对位置和运动关系的总体布局图。用以检验各部件相对位置及尺寸联系能否满足加工要求和通用部件选择是否合适，它是进行多轴箱、夹具等专用部件设计的重要依据。机床联系尺寸图应表达的内容：机床的配置形式和布局，工件和各部件的主要联系尺寸和动力部件的运动位置尺寸，专用部件的轮廓尺寸，通用部件的规格、型号和电动机的功率、转速等。

（二）机床联系尺寸总图的绘制

(1) 表明机床的配置形式和总布局。按加工终了位置画出各部件的轮廓尺寸，并表明动力部件退回到最远时所处的位置。

(2) 表明机床在高度、长度和宽度方向的轮廓和联系尺寸，并表明动力部件的总行程和前备量、后备量尺寸。

(3) 注明通用部件的规格型号和电动机的型号、功率和转速，并对组成机床各部件分组编号。

（三）绘制联系尺寸总图时需解决的几个问题

1. 动力滑台的选取

（1）由驱动方式选取

采用液压驱动还是机械驱动的滑台，应根据液压滑台和机械滑台的性能特点比较，并结合具体的加工要求、使用条件等因素来确定。当要求进给速度稳定，工作循环不复杂，进给量固定时，可选用机械滑台。当选用进给量需要无级调速时，工件循环复杂，可选用液压滑台。

（2）由加工精度选取

"1"字头系列滑台分为普通、精密、高精度三种精度等级，根据加工精度要求，选用不同精度等级的滑台。

（3）由进给力选取

每一型号的动力滑台都有其最大允许的进给力，滑台所需的进给力可按下式计算

$$F_{多轴箱} = \sum_{i=1}^{n} F_i \tag{4-2}$$

式中：F_i——各主轴所需的轴向切削力，单位为 N。

实际上，为克服滑台移动引起的摩擦阻力，动力滑台的最大进给力应大于 $F_{多轴箱}$。

（4）由进给速度选取

每一种型号的动力滑台都规定有快速行程的最大速度和工作进给速度的范围。当选用机械滑台时，由于进给速度是有级调整，所以要按加工示意图中确定的每分钟进给速度来验算进给速度是否合适，如不符，则要以滑台上接近的进给速度来修正加工示意图中的进给速度。当选用液压滑台时，由于温度在使用过程中要升高以及液压元件制造精度等因素的影响，滑台的最小进给量往往不稳定。因此实际选用的进给速度要大于液压滑台许用的最小进给速度，尤其是精加工机床，实际进给速度一般应大于滑台规定的最小进给速度的 0.5～1 倍。当在液压进给系统中采用压力继电器时，实际进给速度还应选得更大些。

（5）确定进给速度

机械滑台的工作进给速度是分等级的，由交换齿轮的配换来决定。对液压滑台，确定刀具切削用量时所规定的工作进给速度应大于滑台最小进给速度的 0.5～1 倍；当在液压进给系统中采用压力继电器时，实际进给速度还应选得更大些。

（6）由最大行程选取

选取动力滑台时，必须考虑其最大允许行程除应满足机床工作循环要求之外，还必须保证调整和装卸刀具的方便。这样所选取动力滑台的最大行程应大于或等于工作行程、前备量和后备量之和。前备量是指刀具磨损或补偿制造，安装误差，动力部件能够向前调节的距离。后备量是指刀具装卸以及刀具从接杆中或接杆连同刀具一起从主轴中取出时，动力部件需后退的距离（刀具退离夹具导套外端面的距离应大于接杆插入主轴孔内或刀具插入接杆孔内的长度）。

实例中，左、右液压滑台均选用 1HY40ⅢA 型，后液压滑台选用 1HY40ⅠA 型。

2. 动力箱的选取

每种规格的动力滑台相应有一种动力箱与其配套，所以选取动力箱的宽度必须与滑台台面宽度相等。动力箱的规格主要依据主轴箱所需的电动机功率来选用，在主轴箱传动系统设计之前，可按下式估算

$$P_{多轴箱} = \frac{P_{切削}}{\eta} \tag{4-3}$$

式中：$P_{切削}$——消耗于各主轴的切削功率的总和(kW)；

η——多轴箱的传动效率，加工黑色金属时取0.8～0.9，加工有色金属时取0.7～0.8；主轴数多、传动复杂时取小值，反之取大值。

实例中，动力箱的主要参数见表4-1。

表4-1 动力箱的参数

	动力箱型号	电动机型号	电动机功率(kW)	电动机转速(r/min)	输出轴转速(r/min)
左主轴箱	1TD40	Y132S—4	5.5	1 440	720
右主轴箱	1TD40	Y132S—6	3.0	960	480
后主轴箱	1TD40	Y132S—6	3.0	960	480

当动力部件选好后，其他通用部件如侧底座、立柱、立柱底座等均可按动力滑台的规格配套选用。

3. 确定机床装料高度

装料高度H一般是指机床上工件安装基面到地面垂直距离。组合机床标准中推荐的装料高度为1 060 mm，与国际标准(ISO)一致。但根据所设计的机床具体情况在850～1 060 mm范围内选取。实例中，取装料高度H＝1 000 mm。

4. 确定夹具轮廓尺寸

夹具的轮廓尺寸是指夹具底座的轮廓尺寸即长、宽、高尺寸，它主要由工件的轮廓尺寸形状来确定。另外还要考虑到能布置工件的机构、夹紧机构、刀具导向位置的需求空间，并应满足排屑和安装的需要。夹具底座的高度尺寸，一方面要保证其有足够的刚度，同时要考虑机床的装料高度、中间底座的刚度、便于布置定位元件和夹紧机构，便于排屑。

5. 确定中间底座尺寸

中间底座的轮廓尺寸要满足夹具在其上面连接安装的需要，中间底座长度方向尺寸要根据所选滑台和滑座及其侧底座的位置关系，由各部件联系尺寸的合理性来确定。一定要保证加工终了时，主轴箱前端面至工件端面的距离不小于加工示意图上要求的距离。另外还要考虑动力部件处于加工终了位置时，夹具外轮廓与主轴箱间应有便于机床调整、维修的距离。

在确定中间底座的宽度和高度方向轮廓尺寸时，应考虑切屑的贮存和排除，电气接线盒的安排以及冷却液的贮存。此外，在确定中间底座尺寸时，还应考虑中间底座的刚性。在初步确定中间底座长、宽、高轮廓后，应优先选用标准系列尺寸，以简化设计。

6. 确定主轴箱轮廓尺寸

标准主轴箱由箱体、前盖和后盖三部分组成。对卧式多轴箱总厚度为325 mm，立

式多轴箱厚度为 340 mm。

主轴箱宽度和高度尺寸如图 4-5 所示。在图中用点画线表示被加工工件，用实线表示多轴箱轮廓。多轴箱的宽度 B 和高度 H 可按下式计算

$$B = b_2 + 2b_1$$

$$H = h + h_1 + b_1$$

式中：b_2——工件在宽度方向相距最远的两孔距离(mm)；

b_1——最边缘主轴中心至箱外壁的距离(mm)；

h——工件在高度方向相距最远的两孔距离(mm)。

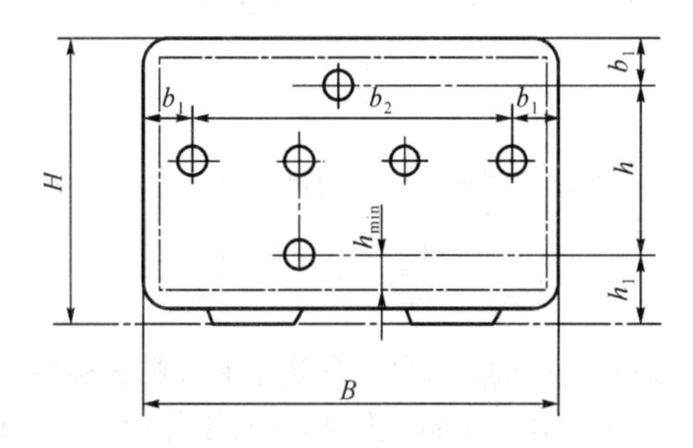

图 4-5 主轴箱轮廓尺寸的确定

其中，h_1 还与最低主轴高度 h_{min}、机床装料高度 H、滑台总高 h_3、侧底座高度 h_4、调整垫高度 h_7 等尺寸有关。实例中，$h_{min}=70.52$ mm，$H=1\ 000$ mm，$h_3=320$ mm，$h_4=560$ mm，$h_7=5$ mm。

对于卧式组合机床，h_1 要保证润滑油不致从主轴衬套处泄漏箱外，通常推荐 $h_1>85\sim140$ mm，实例中，

$$h_1 = h_{min} + H - (0.5 + h_3 + h_7 + h_4)$$

计算，得：$h_1=187.02$ mm

$b_2=212.33$ mm，$h=186.48$ mm，取 $b_1=100$ mm

$B=b+2b_1=212.33+200=412.33$ mm

$H=h+h_1+b_1=186.48+187.02+100=473.5$ mm

根据上述计算值，按主轴箱轮廓尺寸系列标准，最后确定主轴箱轮廓尺寸为 $B\times H=630$ mm$\times$500 mm。

四、机床生产率计算卡

生产率计算卡是反映机床的工作循环过程，动作时间，切削用量，生产率与负荷率关系的表格。绘制出加工示意图以后，即可编制生产率计算卡，根据这一卡片便可分析所拟订的方案是否满足生产率与负荷率的要求。

(1) 理想生产率 Q(件/h)

理想生产率是指完成年生产纲领(包括备品率及废品率)所要求的机床生产率。它与全年工时总数 t_k 有关,一般情况下,单班制 $t_k=2\ 350$ h,两班制 $t_k=4\ 600$ h。

$$Q=\frac{A}{t_k} \tag{4-4}$$

式中:A——年生产纲领(件);

t_k——全年工时总数,本课题以两班 16 小时计,则 $t_k=4\ 600$ h。

(2) 实际生产率 Q_1(件/h)

实际生产率是指以机床每小时实际生产的零件数量。

$$Q_1=\frac{60}{T_{单}} \tag{4-5}$$

式中:$T_{单}$——单件工时,加工一个零件所需时间(min),可按下式计算

$$T_{单}=T_{切}+T_{辅}=(\frac{L_1}{v_{f_1}}+\frac{L_2}{v_{f_2}}+t_{停})+(\frac{L_{快进}+L_{快退}}{v_{f_k}}+t_{移}+t_{装}) \tag{4-6}$$

式中:$T_{切}$——机加工时间,包括动力部件工作进给和死挡铁停留时间;

$T_{辅}$——辅助时间,包括快进时间、快退时间,工作台移动或转位时间,装卸工件时间;

L_1、L_2——分别为刀具的第Ⅰ、第Ⅱ工作进给长度,单位为 mm;

v_{f1}、v_{f2}——分别为刀具第Ⅰ、第Ⅱ工作进给量,单位为 mm/min;

$t_{停}$——死挡铁停留时间,一般为在动力部件进给停止状态下,刀具旋转 5~10 转所需的时间,单位为 min;

$L_{快进}$、$L_{快退}$——分别为动力部件快进行程、快退行程长度,单位为 mm;

v_{fk}——动力部件快速行程速度。用机械动力部件时取 5~6 m/min;用液压动力部件时取 3~10 m/min;

$t_{移}$——工作台移动或转位时间,一般取 0.1 min;

$t_{装卸}$——装卸工件时间,一般取 0.5~1.5 min。

如果计算出的机床实际生产率不能满足理想生产率要求,即 $Q_1<Q$,则必须重新选择切削用量或修改机床设计方案。

(3) 机床负荷率 $\eta_{负}$

机床负荷率为理想生产率与实际生产率之比

$$\eta_{负}=\frac{Q}{Q_1} \tag{4-7}$$

机床负荷率一般取 75%~90%为宜。机床复杂时,取小值,反之,取大值。

第三节　组合机床的多轴箱设计

多轴箱是组合机床的专用部件。它的功用是根据被加工零件的工序要求，将电机与动力箱部件的功率和运动，通过按一定速比排布的传动齿轮，传递给各工作主轴，使其能按要求的转速和转向带动刀具进行切削。多轴箱按其组成和用途不同又可分为通用多轴箱和专用多轴箱两种。通用多轴箱在生产中应用广泛，常见的有钻削类多轴箱、攻螺纹类多轴箱、钻攻复合多轴箱。通用多轴箱主要由箱体、主轴、传动轴、齿轮、轴套等零件以及润滑、防油元件等组成。下面仅介绍通用多轴箱设计的有关问题。

随着计算机的发展，在多轴箱的设计中已开始应用计算机辅助设计方法，按事先编制的程序，用较短的时间设计出最佳的多轴箱。目前多轴箱的设计一般是按以下设计步骤进行：绘制多轴箱设计的原始依据图；确定主轴结构形式和齿轮模数；多轴箱的传动系统设计；传动零件的验算；多轴箱坐标计算；绘制坐标检查图；绘制多轴箱总图及零件图。具体内容和步骤简述如下。

一、绘制多轴箱设计的原始依据图

多轴箱设计的原始依据图是根据“三图一卡”绘制的，其主要内容以下：

(1) 所有主轴的位置尺寸。根据在总体设计中已经确定的各孔位置尺寸、被加工零件与机床的相对位置、多轴箱的轮廓尺寸以及最低主轴至多轴箱底面的距离，便可确定了各主轴和驱动轴在多轴箱中的位置。在绘制图时要特别注意，多轴箱原始依据图是从多轴箱的正面来观察主轴，这样多轴箱中主轴的横向坐标与被加工零件工序图上横向坐标正好相反，即被加工零件左边的孔要画在原始依据图的右边，右边的孔要画在左边。另外多轴箱上的坐标尺寸基准和零件工序图上的基准经常不相重合。应根据多轴箱与零件的相对位置，标注出其相对位置关系尺寸，以便计算主轴在多轴箱所设置的坐标系统中的坐标。

(2) 主轴要求的转速与转向。根据加工示意图确定主轴的转速；由于刀具多为右旋，当面对主轴时，主轴的转向应为逆时针方向旋转，此时在图上不必标注；若为顺时针方向旋转，则在图上要标注转向。

(3) 列表表示各主轴的工序内容、切削用量以及主轴的外伸尺寸等。

(4) 多轴箱的外形尺寸及其他部件有关的联系尺寸。

(5) 标注被加工零件编号及名称，材料及硬度，动力部件的型号及其性能参数。

图 4-6 所示为气缸体三面孔粗镗组合机床左多轴箱设计原始依据图。

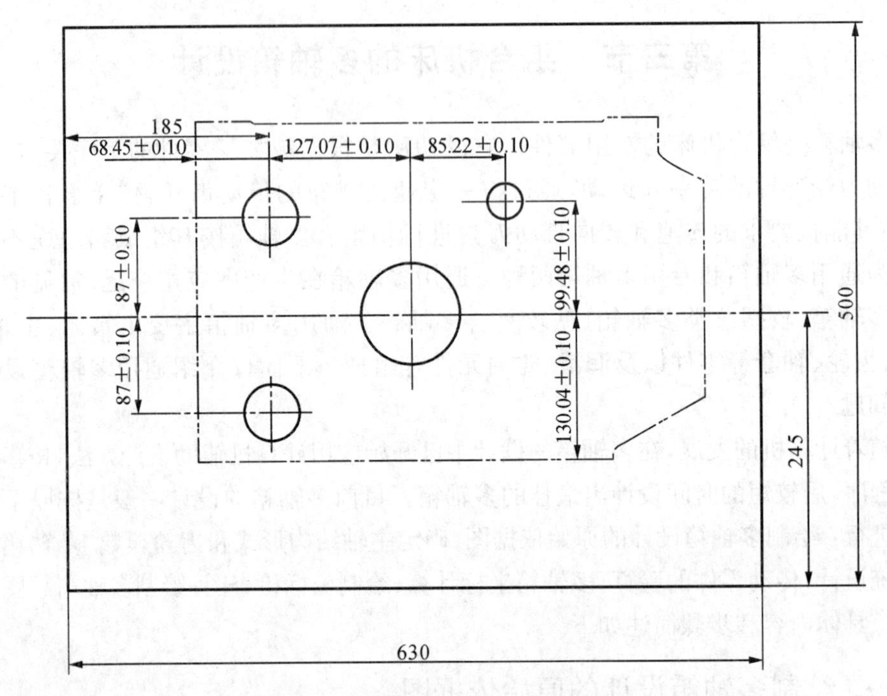

图 4-6　左多轴箱设计原始依据图

① 被加工零件名称：ZH1100 柴油机气缸体；材料：HT200；硬度：170～240HB。

② 主轴外伸尺寸及切削用量见表 4-2。

表 4-2　主轴外伸尺寸及切削用量

轴号	主轴外伸尺寸(mm)		切削用量				
	D/d	L	工序内容	n(r/min)	v(mm/min)	f(mm/r)	Vf(mm/min)
2、3	50/36	75	粗镗 Φ60	201	38	0.75	151.7
7	50/36	110	钻 Φ34	281	30	0.54	151.7
9	90/60	75	粗镗 Φ192 Φ122	110	42	1.37	151.7

③ 动力部件 1TD40Ⅱ，1HY40Ⅱ，$N_{主}=7.5$ kW，$n=1\,440$ r/min。

二、确定主轴结构形式和齿轮模数

主轴结构形式根据工件的加工工艺，并考虑主轴的工作条件和受力情况决定。如进行钻削加工的主轴，需承受较大的轴向切削力，最好用推力球轴承承受轴向力，而用深沟球轴承承受径向力。又因钻削时轴向力是单向的，因此推力球轴承在前端安排即可。进行镗削加工的主轴，轴向切削力较小，但有时由于加工工艺要求，主轴进退都要切削，此时有两个方向的轴向力，一般选用前后支承均为圆锥滚子轴承的结构。如主轴孔间距较小，可选用滚针轴承和推力球轴承组合的主轴，滚针轴承精度、结构刚度和装配工艺性都比较差，除非必要时，最好不选用。

主轴直径根据加工示意图所示主轴类型和外伸长度初步确定，传动轴直径可根据主轴直径初步确定，待传动系统拟定后再进行验证。

齿轮模数 m（单位为 mm）一般用类比法确定，也可根据公式估算，即

$$m \geqslant (30 \sim 32)\sqrt[3]{\frac{p}{zn}} \tag{4-8}$$

式中：p——齿轮所传递的功率，单位为 kW；

z——对啮合齿轮中的小齿轮齿数；

n——小齿轮的转速，单位为 r/min。

多轴箱中的齿轮常用的模数有 2、2.5、3、3.5、4 等几种，为了便于组织生产，同一多轴箱中齿轮的模数最好不要多于两种。

三、多轴箱的传动系统设计

多轴箱传动系统的设计，就是通过一定的传动链，将动力箱输出轴的动力和运动传递到各主轴上，使其获得预定的转速和转向。传动系统设计的好坏，直接影响主轴箱的质量、通用化程度、制造工作量的大小及成本的高低。因此，对各种传动方案分析比较，从中得出最佳方案。

1. 设计传动系统的一般要求

(1) 在保证各主轴的强度、刚度以及所需转速和转向的前提下，力求传动轴与齿轮的规格和数量为最少。在设计时要尽可能将传动齿轮布置在同一排上，用一根中间传动轴带动几根主轴，从而减少传动轴与齿轮的数量、改善传动轴的受力情况。

(2) 保证主轴具有一定的传动精度。在设计时要尽可能避免用主轴来带动其他的主轴，否则将增加主轴的负荷，影响加工质量。只有主轴之间的距离过小，布置齿轮的空间受到限制或主轴负荷较小、加工精度要求不高时，才可用一根强度较好的主轴带动1～2 根其他主轴。另外为了保证主轴传动精度要尽可能避免粗加工对精加工的影响。当同一多轴箱上，既有用于粗加工主轴，又有用于精加工主轴时，应设计两条传动路线来分别带动，以免影响加工精度。粗加工切削力大，主轴上的齿轮应尽量布置在第Ⅰ排，以减小主轴的扭转变形。将精加工主轴的齿轮布置在第Ⅲ排，以减少主轴弯曲变形对加工精度的影响。

(3) 选择合理的传动比。为了结构紧凑，多轴箱内齿轮传动副的最佳传动比为1～1∶1.5；在多轴箱后盖内第Ⅳ排或第Ⅴ排齿轮，根据需要，其传动比允许取至 1∶3～1∶3.5。根据在传递功率不变的情况下，转速与扭矩成反比的道理。一般情况下，驱动轴转速较高时，可采用逐步降速传动；如驱动轴转速较低时可先升高一点再降速，这样可使前面几根轴、齿轮等在较高转速范围下传动，结构可小些。应尽量避免升速传动，必须采用升速时，其传功比一般也要小于 2，否则将会引起振动，影响加工质量。应注意升速传动链最好放在传动链的最后一级，以减少功率损失。

(4) 便于装配。与驱动轴发生关系的传动轴数一般不能超过两根，否则会给装配带来困难。传动系统设计时还要防止各零件之间的干涉。

2. 传动系统设计的方法

在设计传动系统时，要尽可能用较少的传动件，使数量较多的主轴获得预定的转速和转向。因此，在设计时仅用计算或作图的方法就难以达到要求，故一般都采用"计算、作图和试凑"相结合的办法来设计。拟定多轴箱传动系统的方法是，一般首先分析主轴的位置，确定传动齿轮的齿数，再确定中间传动轴的位置和转速，最后用少量的传动轴将各中间传动轴与驱动轴连接起来。另外对于一些简单的、主轴数较少的多轴箱，可直接采用传动轴将主轴与驱动轴连接起来。

(1) 分析主轴位置。组合机床加工的零件是多种多样的，结构也各不相同，但零件上孔的分布大体可归纳为同心圆分布、直线分布和任意分布三种类型。所以，主轴箱中主轴的分布也相应地归纳为这三种类型。

第一种属同心圆分布如图 4-7 所示。图 4-7(a)为主轴单组同心圆分布，图 4-7(b)为主轴多组同心圆分布。不论主轴的分布是均布还是不均布，转速相同或不相同，都可在同心圆圆心上设置一根中间传动轴，由其上的一个或几个齿轮来传动各主轴旋转。

第二种属直线分布如图 4-8 所示。图 4-8(a)为主轴按直线等距分布，图 4-8(b)为主轴按直线不等距分布，对于这种分布情况，可在主轴中心连线的垂直平分线上设置中间传动轴，由其上一个或几个齿轮来传动主轴。

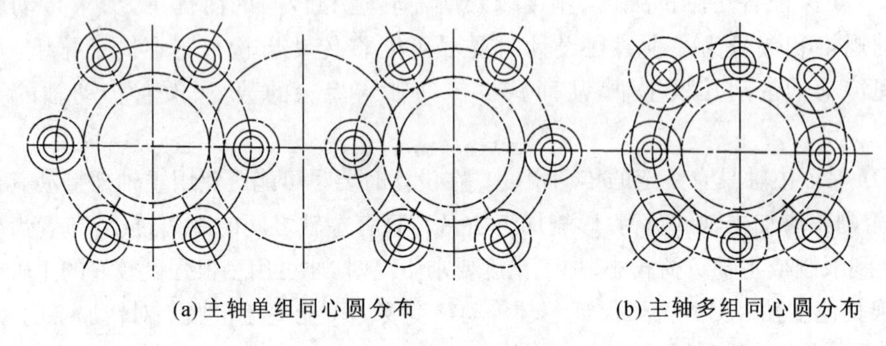

(a) 主轴单组同心圆分布　　(b) 主轴多组同心圆分布

图 4-7　主轴位置按同心圆分布

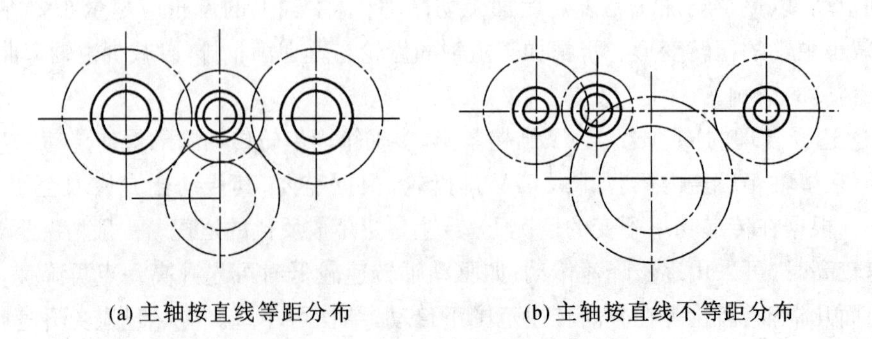

(a) 主轴按直线等距分布　　(b) 主轴按直线不等距分布

图 4-8　主轴位置按直线分布

第三种属任意分布，如图 4-9 所示。这是设计中最常见的分布，在设计时可将靠近的主轴分别组成同心圆或直线分布，只有离开较远的主轴才单独处理。如图 4-9(b)

所示。主轴1、2、3较靠近，按“三点定圆”的原理可组成同心圆，4、5、6轴也同样，7、8轴按“二点定线”的原理看作直线分布，所以任意分布的主轴经常可看作是同心圆和直线的混合分布。

主轴位置按任意分布

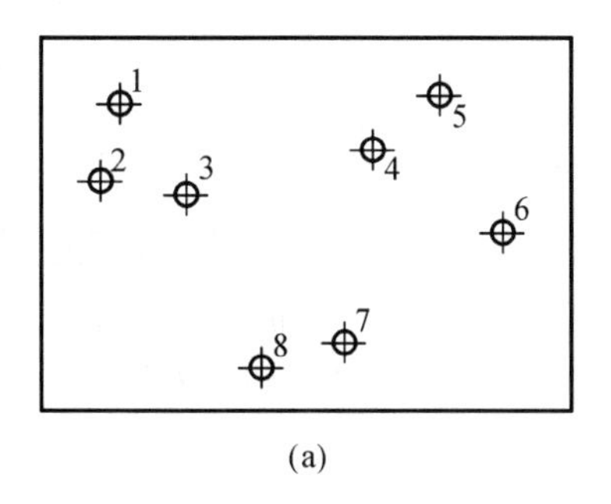

(a)

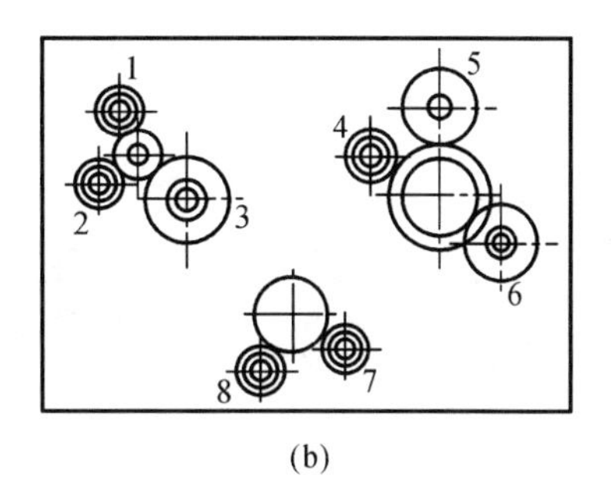

(b)

图4-9 主轴位置任意分布

(2) 确定齿轮齿数、中间传动轴的位置和转速

在多轴箱设计原始依据图中，已给出了各主轴的位置、转速和转向。通过对主轴位置的分析，拟定传动方案，按类比法或凭经验定出齿轮的模数后，便可按“计算、作图和多次试凑”的方法来确定齿轮的齿数，中间传动轴的位置和转速。

1) 为便于确定齿轮齿数和传动轴转速，给出以下基本计算公式

$$u = \frac{z_{主}}{z_{从}} = \frac{n_{从}}{n_{主}} \tag{4-9}$$

$$A = \frac{m}{2}(z_{主} + z_{从}) = \frac{m}{2}S_z \tag{4-10}$$

$$n_{主} = \frac{n_{从}}{u} = n_{从}\frac{z_{从}}{z_{主}} \tag{4-11}$$

$$n_{从} = n_{主}\,u = n_{主}\frac{z_{主}}{z_{从}} \tag{4-12}$$

$$z_{主} = \frac{2A}{m} - z_{从} = \frac{2A}{m\left(1 + \frac{n_{主}}{n_{从}}\right)} = \frac{2Au}{m(1+u)} \tag{4-13}$$

$$z_{从} = \frac{2A}{m} - z_{主} = \frac{2A}{m\left(1 + \frac{n_{从}}{n_{主}}\right)} = \frac{2Au}{(1+u)} \tag{4-14}$$

式中：u——啮合齿轮副传动比；

$z_{主}$、$z_{从}$——分别为主动和从动齿轮齿数；

S_z——啮合齿轮副齿轮和；

$n_{主}$、$n_{从}$——分别为主动和从动齿轮转速，单位为r/mm；

A——齿轮啮合中心距，单位为mm；

m——齿轮模数，单位mm。

2) 传动路线的设计方法

当主轴数少且分散时，可以分别用中间传动轴将驱动轴和主轴联系起来。如图4-10所示，为联系驱动轴O与主轴1、2的三种传动方案，为使传动比合理，齿轮齿数在标准之内。图4-10(c)的方案较为合理，由作图确定的中心距和传动比来确定齿轮的齿数。

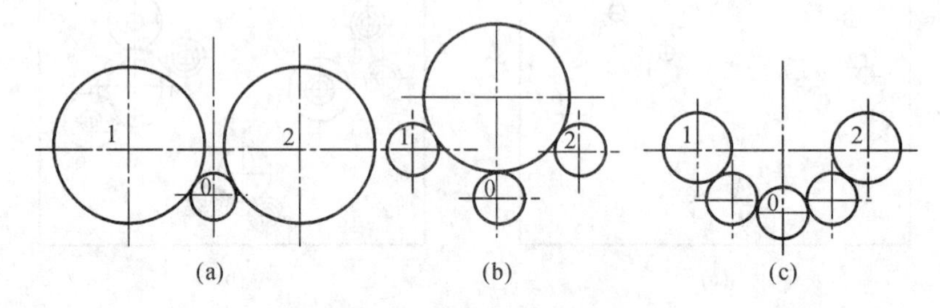

图4-10　齿轮排列的三种方案

当主轴数量较多且较分散时，此时设计传动系统应先以主轴处着手，先将比较接近的主轴分为几组，选取若干中间轴分别带动各组主轴，在设计过程中要经过反复试凑和画图，才能最后确定齿轮的齿数和中间传动轴的位置，最后再将传动轴与驱动轴联系起来。排列齿轮时，要注意先满足转速最低及主轴间距最小的那一组主轴的要求。注意中间轴转速尽量高些，而且使驱动轴和其他传动轴连接的传动比不能太大。

(3) 润滑泵轴和手柄轴位置的安排

大型标准多轴箱一般采用叶片泵进行润滑，一般情况下，对于中等尺寸的多轴箱用一个润滑泵来润滑；对尺寸较大，轴数又多的多轴箱，采用一个润滑泵润滑满足不了要求时，可采用两个润滑泵。对于卧式多轴箱，油泵打出来的油经过分油器流向各润滑部位，分油器流出的油经油盘流向箱体内的齿轮和轴承；对于立式多轴箱则将油管分散到最高排齿轮上面，使多轴箱内传动件得到润滑。

安排油泵时，油泵轴的位置要尽可能靠近油池，油泵轴的安装高度不应大400～500 mm；油泵轴的转速，根据工作条件而定，当主轴数目多，油泵转速应选得高些。当采用R12—1型叶片泵时，油泵转速可在400～800 r/min范围内选用。为了便于维修，油泵齿轮最好放在第Ⅰ排上，如受结构限制，也可布置在第Ⅳ排上，用油泵传动轴带动油泵。油泵的安置要使其回转方向保证进油口转过270°。

为了便于更换、调整刀具以及装配、维修时检验主轴的回转精度等，在多轴箱上一般要设置一根手柄轴，以便手动回转主轴。但对于主轴数目较少的钻、扩、铰多轴箱也可不设手柄轴。为使转动手柄轴轻便，其转速应尽可能高些，同时应将手柄轴设置在操作者一侧，其周围还要有足够的操作空间，以便操作。

四、传动零件的验算

在初步拟定多轴箱传动系统后，还要对初选传动轴的直径和齿轮的模数进行验算，看其是否满足强度的要求。

(1) 传动轴直径的验算

多轴箱中,不管是主轴还是传动轴,它们的直径都是按照扭转刚度条件,根据其所受的扭矩,查表选取的,故它的刚度是完全满足使用要求的,这里只对那些相对强度比较弱的轴进行危险截面的强度校核。

(2) 齿轮模数的验算

在初步确定主轴箱传动系统后,还要对危险齿轮进行校核计算,尤其对低速级齿轮或齿根到齿槽距离较低的齿轮及受转矩较大的齿轮更应该进行接触强度和弯曲强度验算,以保证传动系统运转平稳、准确,有一定的使用寿命。

五、多轴箱坐标计算、绘制坐标检查图

多轴箱箱体上主轴和传动轴孔大多采用坐标镗床进行加工,所以需精确计算它们在多轴箱体上的坐标位置。多轴箱坐标计算的顺序是确定多轴箱坐标系的原点,计算主轴的坐标,计算传动轴的坐标。

1. 多轴箱坐标系确定

为了计算多轴箱各轴坐标,在多轴箱上要选择一个直角坐标系。当多轴箱安装在动力箱上时,一般选择多轴箱上的定位销孔为坐标原点[图 4-11(a)],当多轴箱安装在滑台或床身上时,一般选择多轴箱底面与通过其定位销孔的垂直线的交点为坐标原点[图 4-11(b)]。

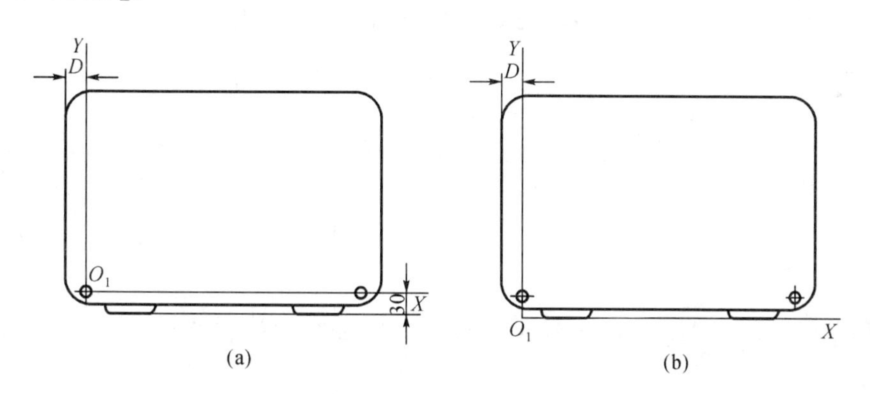

图 4-11 多轴箱坐标原点的确定

2. 主轴坐标的计算

坐标原点确定后,可根据被加工零件工序图或多轴箱设计原始依据图计算或标注出各主轴的坐标。主轴坐标的计算要精确到小数点后第三位,当被加工零件的孔距尺寸带有公差时,在计算坐标时要考虑到公差的影响,使主轴坐标的基本尺寸位于公差带中央。

3. 传动轴的坐标计算

传动轴的坐标计算中,为了计算方便,总是先计算与主轴有啮合关系的传动轴,计算方法与传动轴的布置形式有关,它可分为与一轴定距的传动轴坐标计算,与二轴等距的传动轴坐标的计算,与三轴定距的传动轴坐标的计算三种情况。对于轴数较多的多轴箱或经常进行多轴箱计算时,可利用微型计算机进行运算。

下面简单介绍与二轴定距的传动轴坐标计算步骤：

根据图 4-12 计算得到

$$A = X_B - X_A \tag{4-15}$$

$$B = Y_B - Y_A \tag{4-16}$$

则

$$L = \sqrt{A^2 + B^2} \tag{4-17}$$

$$I = \frac{1}{2L}(R_1^2 + L^2 - R_2^2) \tag{4-18}$$

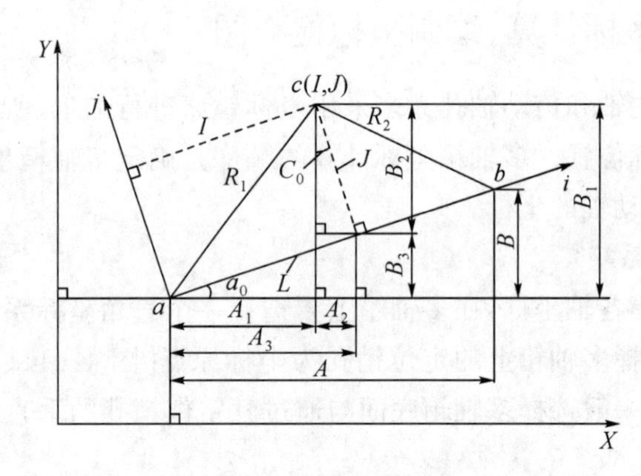

图 4-12　与二轴定距传动轴坐标计算图

$$J = \sqrt{R_1^2 - I^2} \tag{4-19}$$

因为

$$\sin c_0 = \sin a_0 = \frac{B}{L} \tag{4-20}$$

$$\cos c_0 = \cos a_0 = \frac{A}{L} \tag{4-21}$$

所以

$$A_1 = A_3 - A_2 = I\cos c_0 - J\sin c_0 = \frac{AI - BJ}{L} \tag{4-22}$$

$$B_1 = B_3 + B_2 = I\sin a_0 + J\cos c_0 = \frac{BI + AJ}{L} \tag{4-23}$$

还原到 XOY 坐标系中去，则 c 点坐标：

$$X = X_A + A_1 = X_A + \frac{AI - BJ}{L} \tag{4-24}$$

$$Y = Y_A + B_1 = Y_A + \frac{BI + AJ}{L} \tag{4-25}$$

4. 验算中心距误差

多轴箱体上的孔系是按计算的坐标加工的，而装配要求两轴间的齿轮正常啮合。因此必须验算根据坐标计算确定的实际中心距 A 与两轴间齿轮啮合要求的标准中心距 R 之间的差值是否在规定允差范围之内。正常齿轮啮合中心距允差 $\delta = R - A <$

0.001～0.009 mm。

5. 绘制坐标检查图

在坐标计算完成后，还需绘制坐标及传动关系检查图，以便用来检查传动系统的正确性。坐标检查图的主要内容有：通过齿轮啮合，检查坐标位置是否正确；检查主轴转速及转向；检查零件间有无干涉现象；检查液压泵、分油器等附加机构的位置是否合适。

检查图可根据具体情况，用 1∶1 或 1∶2 比例绘制。绘制的顺序是：

(1) 画出多轴箱体轮廓和坐标系 XOY。

(2) 按计算的坐标值，在图纸上布置各轴的位置，并注明轴号、转速和转向。

(3) 用点画线画出各齿轮分度圆，注明齿轮所在的排数、齿数、模数及变位齿轮的变位量。

(4) 为了醒目，用各种颜色的细实线画出轴、隔套、轴承、防油套等外径以及油泵的外廓形状。

坐标检查图绘制好以后，对各零件在空间的位置进行逐排、逐轴检查，当某一轴位置或其上齿轮修改后，要注意对有关轴作相应的修改。并再一次复查主轴与被加工零件孔的位置是否一致。

气缸体三面孔粗镗组合机床左多轴箱坐标检查图见图 4－13。

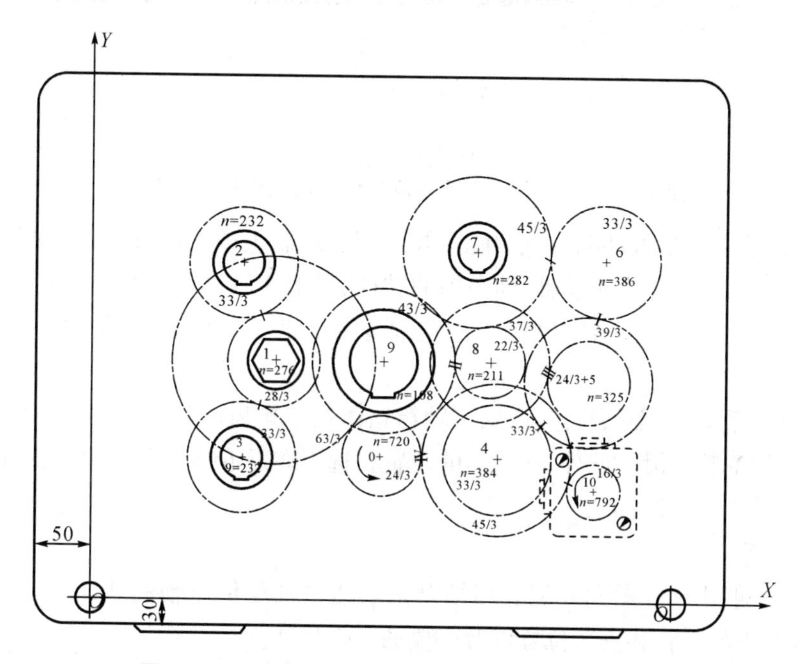

图 4－13　三面孔粗镗组合机床左多轴箱坐标检查图

六、绘制多轴箱装配图及零件图

组合机床通用多轴箱装配图包括主视图、展开图、装配表和技术要求等四部分组成。气缸体三面孔粗镗组合机床左多轴箱装配图见图 4－14。

1. 主视图

主视图主要表示多轴箱的传动系统、主轴、传动轴的位置及编号、齿轮排列位置及

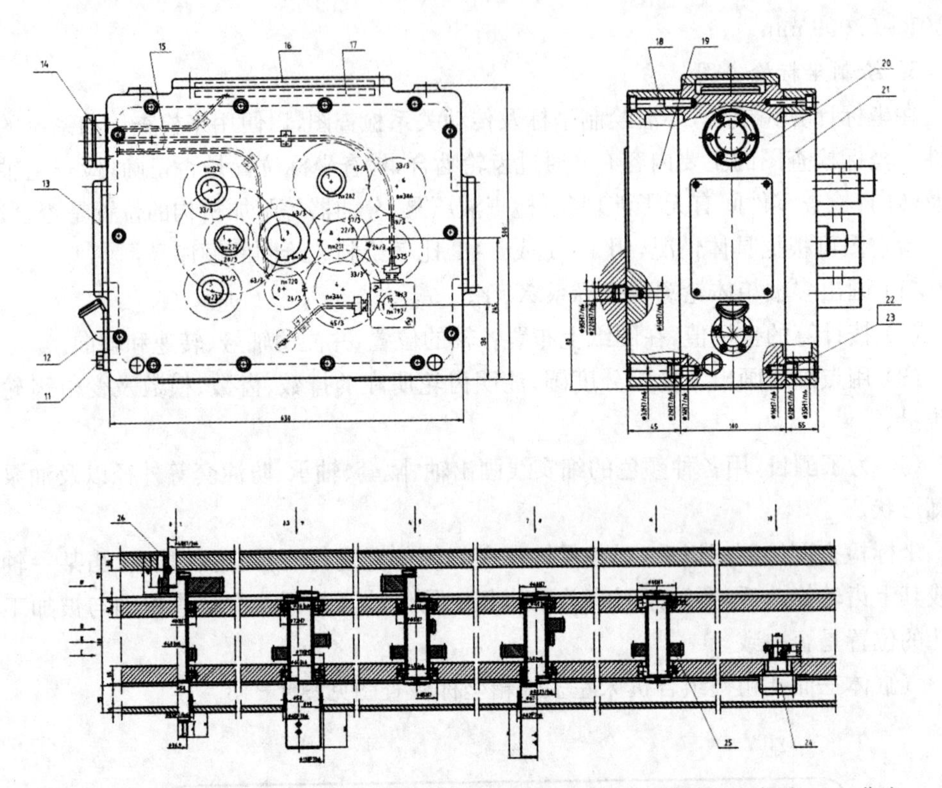

1-手柄轴 2、3、7、9-主轴 4、5、6、8-传动轴 11-放油塞 12-注油杯 13-侧盖 14-分油器 15-油管 16-上盖 17-通用油盘 18-螺钉 19-后盖 20-主轴箱体 21-前盖 22-定位销 23-衬套 24-叶片油泵 25-传动齿轮 26-驱动齿轮

图4-14 气缸体三面孔粗镗组合机床左多轴箱装配图

参数，以及润滑泵的位置和润滑点的配置等，因此，绘制主视图就是在设计的传动系统图上，画出润滑系统，标出驱动轴、油泵轴的转向、最低主轴高度及多轴箱轮廓尺寸等。若主视图不能表达全部内容时(如多轴箱与活动钻模板、托架等联系关系)可增加侧视图来表达。

设计润滑系统时，必须注意，卧式多轴箱箱体内三排齿轮是油盘润滑，后盖内第Ⅳ排齿轮单独引油管润滑。此外，配油器的位置要选择在靠近操作者一侧，以便观察和检查润滑油泵的工作情况。

2. 展开图

多轴箱一般用展开图和装配表相结合来表达主轴和传动轴的装配形式，轴承、齿轮、隔套等零件的形状和安装位置以及必要的零件尺寸。

在绘制时要注意，图形是从各轴的径向展开，各轴间允许不按比例断裂展开，各零件的轴向尺寸要按比例画出，并注明齿轮排数，轴的编号和直径，最好把规格注上。

对结构相同的同类型主轴和传动轴可只画一根，但需在轴端注明相同轴轴号。对轴向装配结构基本相同，只是齿轮大小及排列位置不同的两根(或两组)轴，可以合画在一起，即轴心线两边各表示一根(或一组)轴。

在展开图上只需标出多轴箱前、后盖，箱体的厚度尺寸，箱壁的厚度尺寸以及主轴外伸部分及内外径等。

3. 装配表

一个多轴箱内的零件如齿轮、轴、轴承、隔套、标准件、外购件等，不仅规格不一，数量也多。为了使展开图清晰醒目和便于装配，还需编制主轴和传动轴的装配表，在表中要表达每一根主轴和传动轴在装配时所用的通用件和标准件的规格尺寸和数量。

4. 多轴箱的技术条件

对通用多轴箱已有标准，一般要表示：多轴箱的验收精度标准，主轴精度等级及精度要求，多轴箱应注入润滑油品种及油量。此外，要标注必要的设计、装配、检验、调整和使用说明。

5. 多轴箱零件图的绘制

多轴箱中的零件大多数是通用件，标准件和外购件，需要设计的零件图，只有少量的变位齿轮，专用轴、套及箱体补充加工图。

变位齿轮，专用轴、套等零件的设计与一般零件的设计方法相同。必须使视图完整合理，尺寸正确，标注出要求的公差和表面粗糙度、材料、热处理方法、硬度和技术条件等。

多轴箱箱体类零件(前盖、箱体、后盖等)的铸件是通用的，但由于加工对象不同，必须在通用箱体零件上补充加工各轴承孔。因此，必须在原有多轴箱轮廓基础上绘制出补充加工图，以表示多轴箱在原通用件上必须再加工的轴承孔的形状、尺寸、公差。

有时根据设计要求，局部地方要修改模型并进行补充加工，如在箱体上须铸有两个凸台，以便安装托架、支撑杆，这时要绘制修改模型及补充加工图。

为了方便加工，在绘图时，对要进行补充加工和修改模型补充加工的部分用粗实线画出，而通用铸件原有部分的轮廓等一律用细实线表示。为了表达修改模型或补充加工部分与整个箱体的关系，还应注出箱体的外形轮廓尺寸和相关尺寸，如需取消原来图上的图形和尺寸，需要特别加以注明。

习题与思考题

4-1　什么叫组合机床，它与通用机床、一般专用机床相比较，有什么特点？

4-2　简述单工位和多工位组合机床的工作特点？

4-3　什么叫通用部件，它们是怎样具有了通用性的？

4-4　简述被加工零件工序图的作用和内容？

4-5　为什么说被加工零件工序图是设计和验收机床的依据？

4-6　简述加工示意图的作用和内容？

4-7　为什么说加工示意图是设计和调整机床的依据？

4-8　简述机床联系尺寸总图的作用和内容？

4-9　机床联系尺寸总图中高度方向尺寸链有什么作用？

4-10　选择动力滑台的依据是什么？若所选动力滑台只是进给力稍不能满足要

求时,应如何解决?

4-11　导向机构分为哪两类?什么是内滚式导向、外滚式导向?滚动导向适用于什么场合?滚动导向的导杆与主轴以什么方式连接?

4-12　怎样确定组合机床的装料高度、最低主轴高度和中间底座的长度?

4-13　在组合机床中为什么要留有前备量和后备量?

4-14　与驱动轴齿轮发生啮合关系的轴为什么不宜超过两根?

4-15　在传动系统设计中齿轮传动比为什么最好采用降速排列?

4-16　多轴箱传动设计与通用机床的主传动设计有什么不同?多轴箱设计原则是什么?

4-17　立式多轴箱与卧式多轴箱在结构上有什么区别?

4-18　为什么在组合机床多轴箱总图中要应用装配表?

4-19　多轴箱箱体是通用零件,为什么还要绘制补充加工图?

第五章　金属切削刀具

第一节　车　刀

一、概述

车刀是金属切削加工中使用最广泛的刀具，它可以加工外圆、内孔、端面、螺纹，也可以用于切槽和切断等，车刀由刀体(夹持部分)和切削部分(工作部分)组成。

1. 车刀种类

(1) 按用途可分外圆车刀、端面车刀、切断(槽)刀、镗孔刀、螺纹车刀等。

(2) 按切削部分材料可分为高速钢车刀、硬质合金车刀、陶瓷车刀等。

(3) 按结构可分为整体式、焊接式、机夹重磨式、可转位式等。

2. 车刀结构和应用

(1) 硬质合金焊接式车刀(图 5-1)

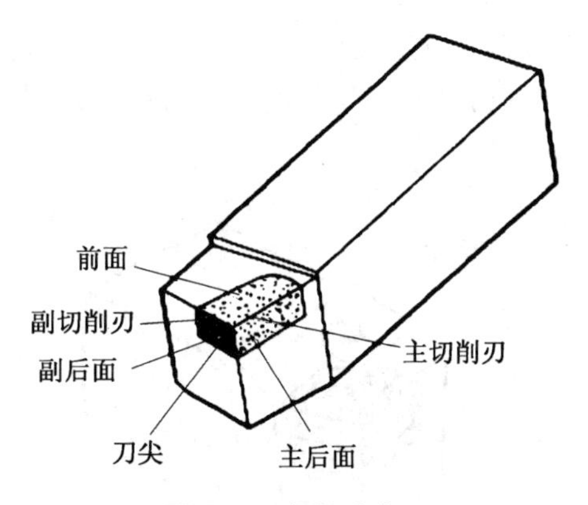

图 5-1　焊接式车刀

硬质合金焊接车刀是将一定形状的硬质合金刀片用焊料焊接在刀杆的刀槽内制成的。

优点：结构简单、可根据需要进行刃磨，硬质合金利用得较充分，故目前在车刀中仍占相当比例。

缺点：切削性能主要取决于工人刃磨技术，不适合现代化生产要求，此外刀杆不能重复使用，造成一定的浪费。在制造工艺上，由于硬质合金刀片和刀杆材料(一般为中碳钢)的线膨胀系数不同，焊接时，易产生热应力，当焊接工艺不合理是易导致硬质合金产生裂纹。

(2) 硬质合金机夹式车刀(又称重磨式车刀)(图 5-2)

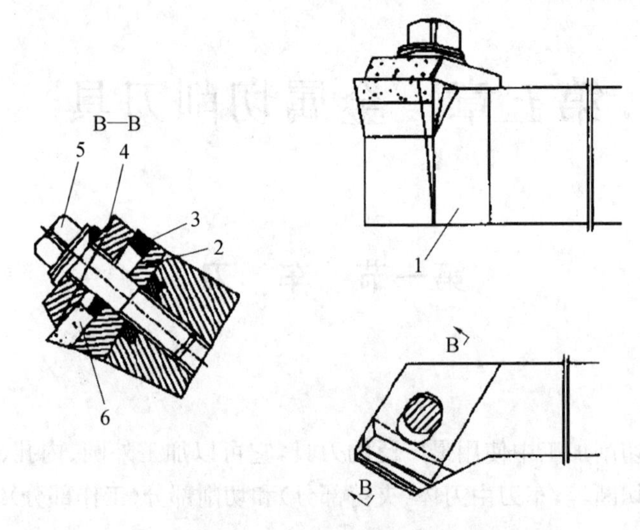

图 5-2　硬质合金机夹式车刀

用机械方法将硬质合金刀夹固在到杆上，刀片磨损以后，卸下后可以重磨刀刃，然后安装使用。

优点：刀片不经高温焊接，排除了产生焊接裂纹的可能性；刀杆可进行热处理，提高刀片支承面的硬度，从而提高了刀长寿命，刀杆可重复使用。

(3) 可转位车刀(旧称机夹不重磨式车刀)

它的刀片也是采用机械夹固方法装夹的，刀片为多边形，每个边都可做成切削刃，用钝后不必修磨，只需将刀片转位，即可使新的切削刃投入切削。可转位车刀如图 5-3 所示。

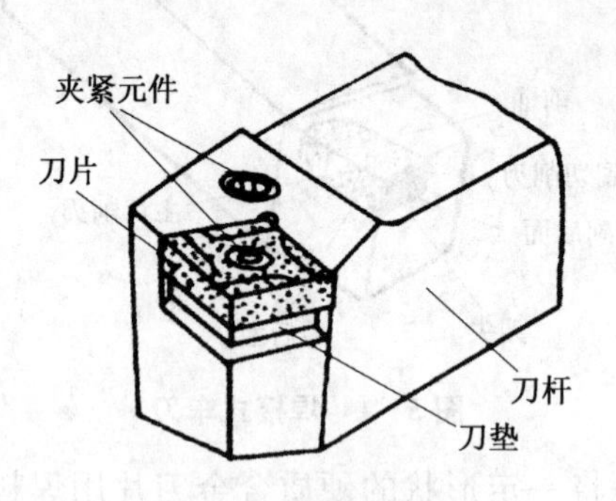

图 5-3　可转位车刀

除具备上述优点外，其最大优点是几何参数完全由刀片和刀杆上的刀槽保证，不受工人技术水平的影响，切削性能稳定，很适合现代化的生产要求；操作工人不必磨刀，可减少许多停机换刀的时间；刀片下面的刀垫用硬质合金制成，提高了刀片支承强度。可使用较薄的刀片。

二、可转位车刀

1. 硬质合金可转位刀片

硬质可金可转位刀片已有国家标准(GB/T5343. 1. 2—2007 及 GB/T14297—

1993)，刀片形状很多，常用的有三角形、凸三角形，正方形、五角形和圆形。

硬质合金可转位刀片大多不带后角，但在每个切削刃上做有断屑槽并形成刀片的前角。有的刀片做成带后角不带前角的，多用内孔车刀。刀片的主要尺寸有：内切圆基本直径 d(或刀片边长 L)，检查尺寸 m，刀片厚度 s，孔径尺寸 d_1 及刀尖圆弧半径 r，其中 d 和 s 是基本尺寸。如图 5-4 所示。

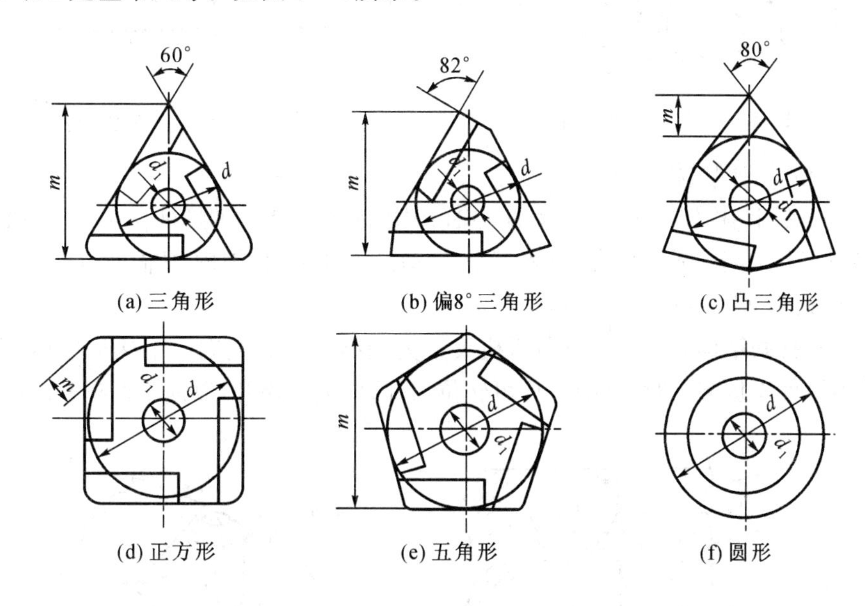

图 5-4 硬质合金可转位车片的常用形状

2. 可转位车刀的夹紧结构

(1) 对刀片夹固结构的要求

转位刀片大多是利用刀片上的孔进行夹固，故与机夹车刀的夹固结构完全不同。

1) 夹紧可靠。不允许刀片在切削时松动，而且不受刀片及刀槽尺寸误差的影响。

2) 定位准确。刀片转位或更换时，刀尖位置的变化应在工件精度允许的范围以内。

3) 操作简便。以降低制造成本。

4) 结构简单。以节省转位或更换刀片的时间。

5) 排屑流畅。夹固元件不应妨碍切屑的流出。

(2) 典型夹固结构

1) 杠杆式夹固结构

杠杆式夹固结构如图 5-5 所示，调整压紧螺钉，当螺钉向下时，则杠杆把刀垫上的刀片压紧向刀槽中。当螺钉向上时，由于弹簧的作用，使杠杆把刀片松开，即可取向刀片，转位后再装入，向下调整压紧螺钉即可压紧刀片而继续使用。

2) 楔块式夹固结构

楔块式夹固结构如图 5-6 所示，当调整压紧螺钉使楔块向下时，由于楔块右侧的斜楔面，则楔块向左移动，把刀片向左推，从而使刀片的中心孔与圆柱销紧密接触，从而使刀片被紧固。

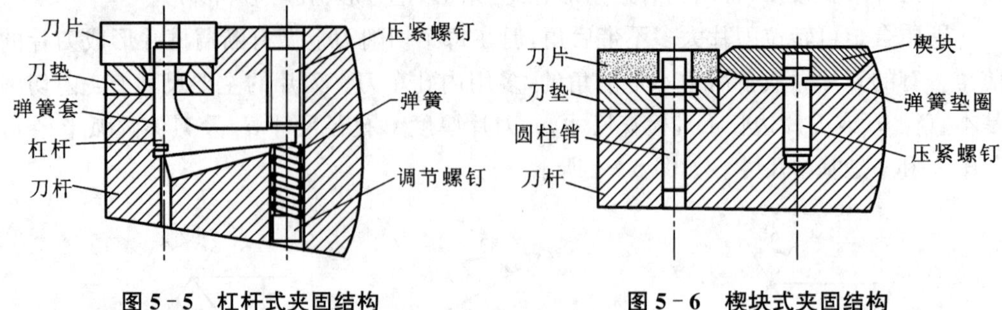

图 5-5 杠杆式夹固结构　　图 5-6 楔块式夹固结构

3) 偏心式夹固结构

偏心式夹固结构如图 5-7 所示,偏心轴上端的圆柱与下方的螺杆存在一定的偏心量,当转动螺杆时,上端的圆柱的轴线向右运动,带动刀片向右卡向刀槽,从而使刀片被紧固。

4) 机夹式夹固结构

机夹式夹固结构如图 5-8 所示,机夹式夹固结构实际上像一个钩形压板,当转动其上的螺钉使压板向下时,压板压住可转位刀片,向上则松开,以便于调整和转位。

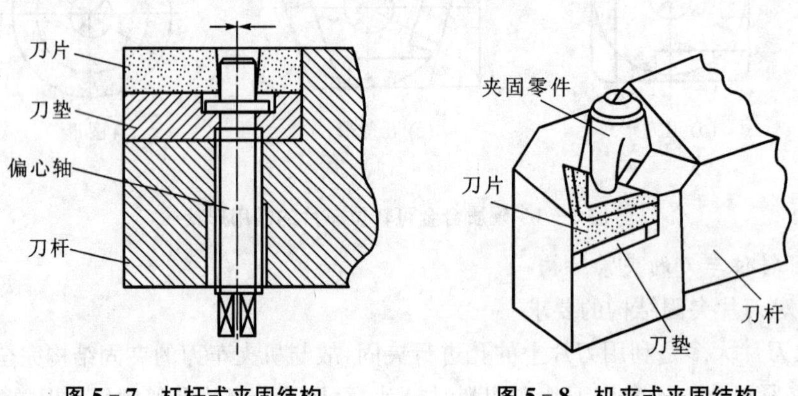

图 5-7 杠杆式夹固结构　　图 5-8 机夹式夹固结构

三、成形车刀设计

成形车刀是加工回转体成形表面的专用车刀,车刀的刃形是根据工件廓形设计的,又称样板车刀。

成形车刀与普通车刀相比,有以下的优点:

(1) 加工精度稳定

(2) 生产率高

(3) 刀具寿命长

1. 成形车刀的种类、用途和装夹

(1) 按用途分类

1) 平体成形车刀[图 5-9(a)]

重磨次数较少,只能用于批量较少的成形表面加工,如螺纹车刀、铲齿车刀等。

2) 棱体成形车刀[图 5-9(b)]

重磨次数比平体成型车刀多,使用寿命长,刚性好,但只能用于外成形表面。

3）圆体成形车刀[图 5－9(c)]

重磨次数多，可用与加工内外成形表面，用途较广泛。

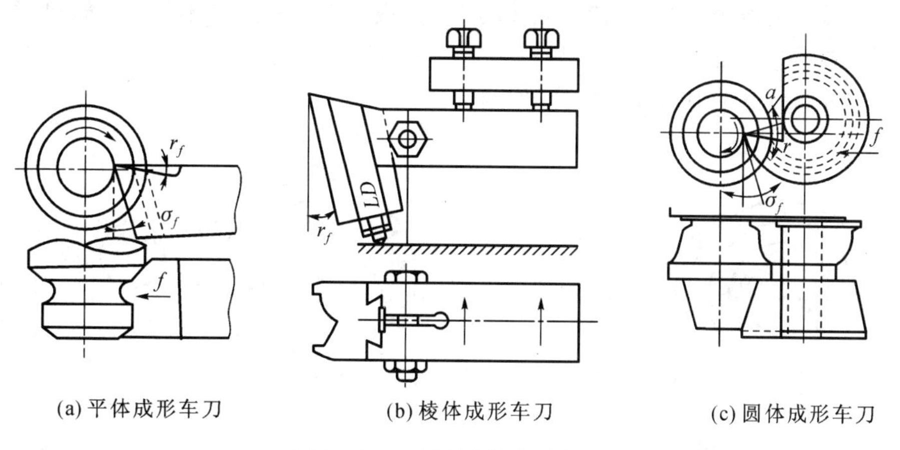

图 5－9　三种形式的成形车刀

(2) 按进刀方式分类

1）径向成形车刀。

2）切向成形车刀。

2. 成形车刀的角度

成形车刀前角和后角的形成(如图 5－10)。成形车刀是预先磨出一定角度，然后依靠刀具相对工件的安装位置而形成前角和后角。成形车刀的后刀面是一个成形表面，为了保证重磨后成形表面廓形不变，重磨时是磨前刀面的。

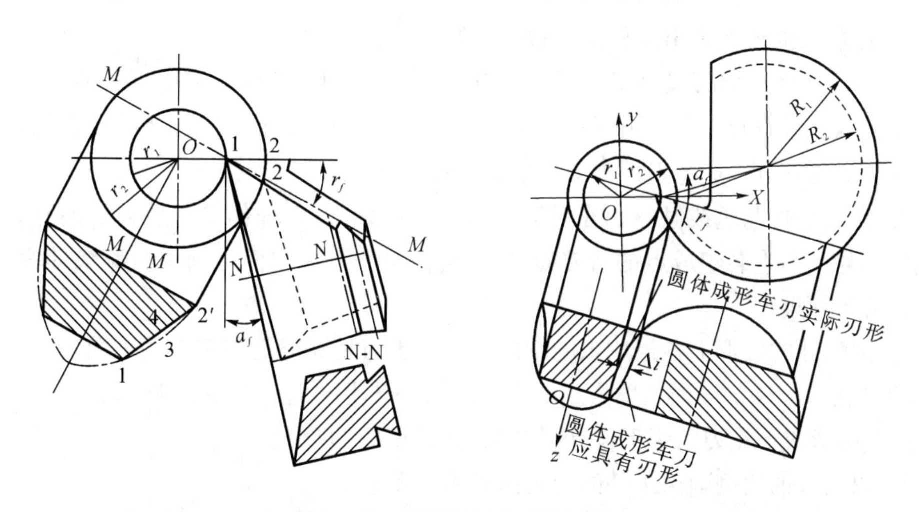

图 5－10　成形车刀的前角和后角

成形车刀是前角和后角规定在刀尖的纵向剖面，并以切削刃上最外一点的前角和后角作为刀具的名义前角和后角。成形车刀切削刃上各点处的切削平面与基面位置不同，因而前角和后角都不相同，而且离基面越远的各点，前角越小，后角越大。

3. 成形车刀廓形设计(制图法)简介

成形车刀廓形设计的方法有：作图法、计算法和查表法三种。作图法比较简单直接,但精度较低;计算法精度高,计算量较大,如果运用计算机编程进行才比较方便;查表法也能达到设计精度要求,而且比较简便。这里我们简单介绍作图法。作图法的原理是已知零件的廓形、刀具的前角 α_f 和 γ_f、圆体成形车刀的最大半径 R,通过作图法找出切削刃在垂直后面在平面上的投影。其作图步骤如下:

(1) 棱形成形车刀的廓形设计[作图法,图 5-11(a)]

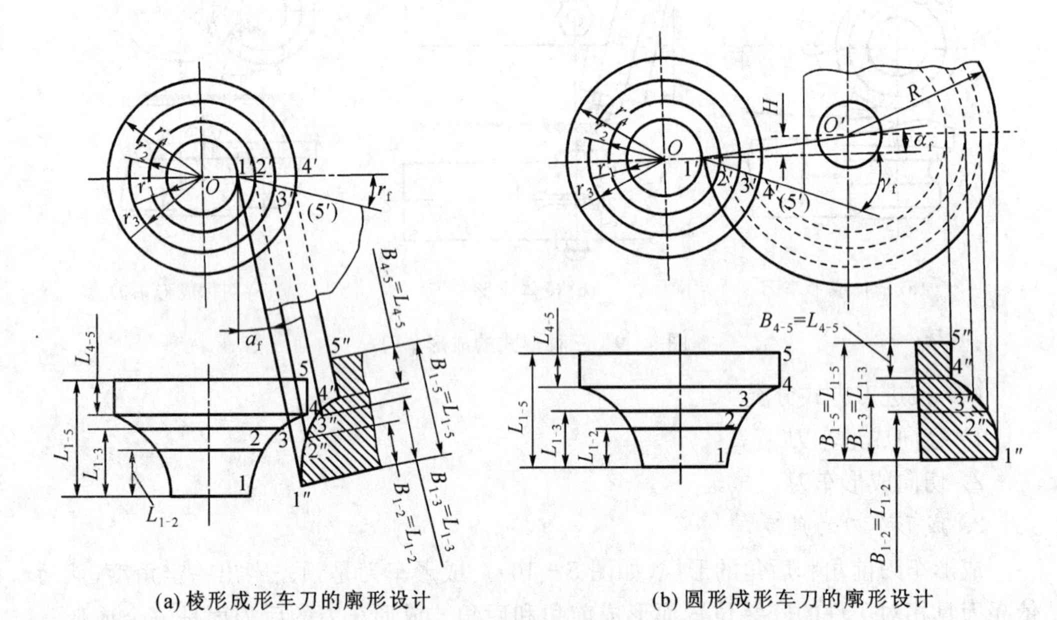

(a) 棱形成形车刀的廓形设计　　(b) 圆形成形车刀的廓形设计

图 5-11　成形车刀的前角和后角

1) 按放大的比例画出工件的正视图和俯视图。

2) 在主视图上将刀具廓形最外一点置于点 1 处(即工件廓形最小半径的圆和水平中心线交点),并自点 1′处和水平线倾斜 γ_f 的线,此即前刀面,它与工件各组成点所在圆相交 2′、3′…等点,这些点即为前刀面上组成点即相应刀刃点。

3) 自点 1′作与垂线倾斜 α_f 的线,即为后刀面,由 2′、3′…作平行后刀面的直线,这些线即为切削刃上各组成点的后刀面迹线,它们与 1 点后刀面之间垂直距离即为各组成点的廓形深度。

4) 因工件的廓形上各组成点的轴向尺寸等于刀具廓形上相应点的轴向尺寸,故可求出刀具在 N—N 剖面内的廓形组成点 1″、2″、3″…,用线连接即为刀具廓形。

(2) 圆形成形车刀的廓形设计[作图法,如图 5-11(b)]

1) 以放大的比例画出工件的主视图和俯视图。

2) 在主视图上将刀具廓形最外一点置于点 1 处,并自点 1′向水平线下方倾斜 γ_f 作刀具前刀面,它与工件各组成点所在圆相交 2′、3′…等点。

3) 自点 1′向水平线上方作斜角为 α_f 直线,以点 1′为中心,车刀的外圆半径 R 为半径作圆弧,与该直线相交,其交点 O' 即为刀尖中心。以 O' 为圆心,$2'O'$、$3'O'$…为半径画圆,此 $2'O'$、$3'O'$……即为刀具廓形上各组成点的半径,与其 R 之差即为各该点的廓形深度。

4）从O'作一水平线，分别与圆交，从交点作投影线，与工件俯视图1、2、……各相应点水平线交1″、2″、……，连接这些点，即得刀具径向廓形。

4. 成形车刀的安装

利用成形车刀进行加工，精加工精度不仅与刀具的刃形设计与制造精度有关，而且与刀具的安装精度有关。安装成形车刀时，应满足以下要求：

1）圆体成形车刀切削刃上的基准点应与工件中心等高。

2）棱体成形车刀的燕尾定位基面及圆体成形车刀的轴线，必须与工件的轴心线平行。

3）成形车刀的安装后的前角和后角应符合设计所规定的数值，尤其要保证所需的后角的大小（要求安装误差≤±30′）。

4）成型车刀的装夹必须可靠牢固。

5）成形车刀装夹后，应先进行试切削，并测量工件的加工尺寸，待检验合格后可正式投入生产。

5. 成形车刀的刃磨（图5－12）

当成形车刀达到规定的磨损限度（一般指后面的最大磨损量为0.4～0.5 mm）时，应进行刃磨。通常，在工具磨床上进行重磨，圆形成形车刀和棱形成形车刀均只刃磨前面，重磨的基本要求是保证原设计的前角和后角数值不变。棱体刀刃磨时应保证刀具面与砂轮轴心线夹角为$\gamma_f+\alpha_f$。圆体刀刃磨时，应保证前面至刀具中心线的距离为设计值h，如图5－10所示，否则安装后成形车刀的前、后角会发生变化。

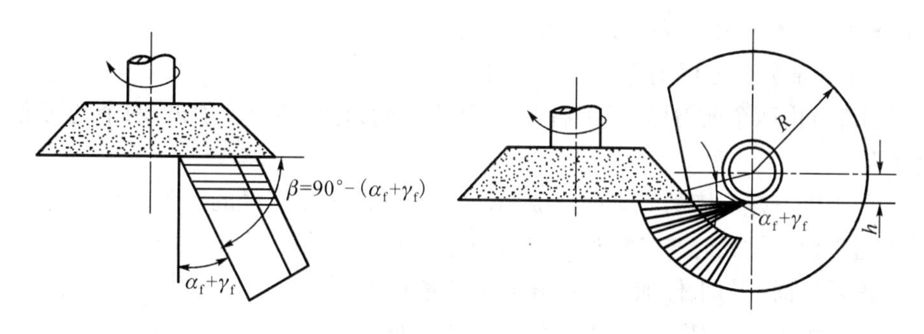

图5－12　成形车刀的刃磨

第二节　孔加工刀具

孔加工刀具按其用途分为两类：一类是用于在实体材料上加工的刀具，如麻花钻、深孔钻等，一类是对以有孔进行再加工的刀具，如扩孔钻、镗刀、绞刀。

一、麻花钻

麻花钻一般用孔的粗加工，也可用攻螺纹、绞孔、拉孔、镗孔的预制孔加工。

1. 麻花钻的结构（图5－13）

麻花钻由柄部、颈部和工作部分3个部分组成。

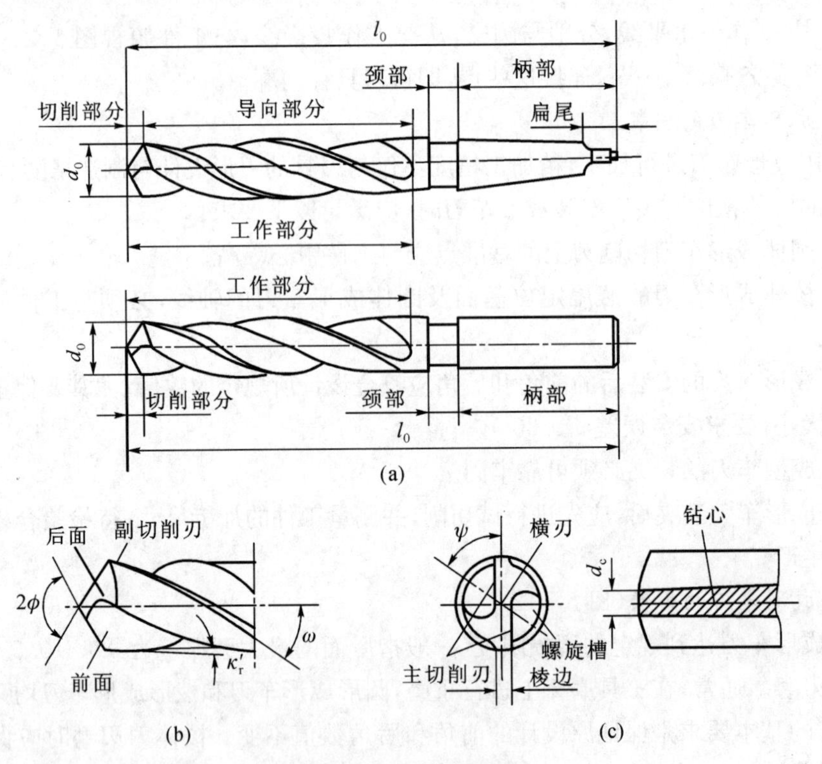

图 5-13　麻花钻的结构

(1) 柄部。钻头的夹持部分,传递动力,有直柄和锥柄两种。

(2) 颈部。供磨削时砂轮退刀和打印标记用。

(3) 工作部分。分切削部分和导向部分。

切削部分由两个前刀面、两个后刀面、两个副后刀面、两个主削刃、两个副切削刃和一个横刃。

1) 前刀面。螺旋槽的螺旋面形成的,切削流出时最初接触的钻头表面。

2) 后刀面。钻孔时与工件加工表面相对的表面。

3) 副后刀面。与工件加工表面相对的两条棱边。

4) 主切削刃。前刀面与后刀面相交而形成的刃口。

5) 副切削刃。前刀面与副后刀刃相交而形成的刃口。

6) 横刃。两个后刀刃相交而形成的刃口。

2. 麻花钻的主要几何参数

图 5-14 标注了麻花钻的几何参数。

切削平面:主切削刃上选定点的切削平面,是包含该点切削速度方向,而又切于加工表面的平面。显然,因主切削刃上各点的切削速度方向不同,切削平面的位置也不同。

基面:主切削刃上选定点的基面,即通过该点并垂直于该点切削速度方向的平面。因为切削刃上各点的切削速度方向不同,基面的位置也不同。显然,基面总是包含钻头轴线的平面,永远与切削平面垂直。

(1) 螺旋角 w

钻头外圆柱面与螺旋槽交线的切线与钻头轴线的夹角。

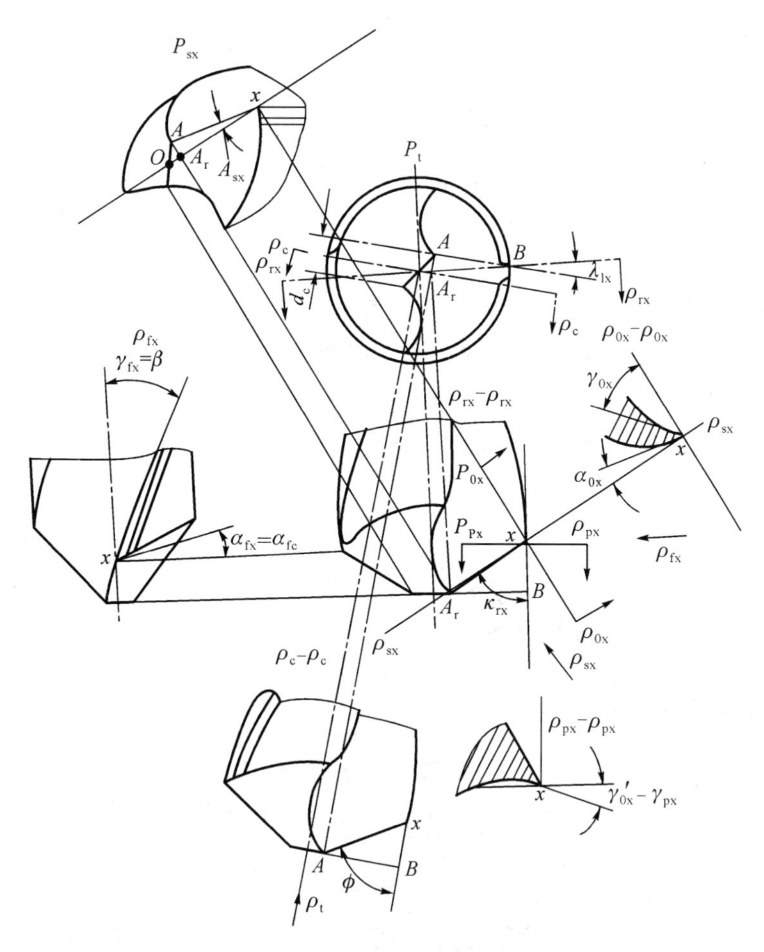

图 5-14　麻花钻的几何参数

$$\tan w = 2\pi R/L$$

由于螺旋槽上各点的导程相等，在主切削刃上沿半径方向各点的螺旋角 β 就不同。钻头主切削刃上任意点 y 的螺旋角 Wy

$$\tan Wy = 2\pi Ry/L = Ry/R\tan\beta$$

钻头外径处的螺旋角最大，越接近钻头的轴线处，其螺旋角越小。螺旋角实际上就是钻头的进给前角 γ_f。故 $W\uparrow$，$\gamma_f\uparrow$，钻头越锋利。但如果 W 过大，钻头的强度会大大削弱，散热条件变坏。W 一般为 25°～32°。

(2) 顶角 2Φ 和主偏角 κ_r

钻头的顶角 2Φ 是两个主切削刃在与其平行的平面上投影的夹角。标准麻花钻的 $2\Phi=118°$，顶角与基面无关。

钻头的主偏角 κ_r 是主切削刃在基面上的投影与进给方向的夹角。因主切削刃上各点基面位置不同，故 κ_r 也是变化的。越接近钻心，κ_r 越小。

(3) 前角 γ_o

麻花钻主切削刃上任意一点 y 的前角 γOy 规定在主剖面测量的前刀面与基面之间的夹角。

主切削刃上各点的前角是变化的，从外缘到钻芯，前角逐渐减小，对于标准麻花钻，前角由 30°逐渐变为－30°，故靠近中心处的切削条件较差。

(4) 后角 α_f

麻花钻主切削刃上任意点的后角 α_{fy} 是以钻头轴线为轴心的圆柱面的切平面上测量的钻头后刀面与切削平面之间的夹角。反映后刀面与工件加工表面之间的摩擦状况，同时也为了测量方便。

刃磨钻头后刀面时，应沿主切削刃将后角从外缘到钻心逐渐增大，标准麻花钻的后角(最外圆)为 8°～20°，大直径钻头取小值，小直径钻头取大值。

(5) 横刃角度

如图 5－15 所示，横刃角度包括横刃斜角、横刃前角与后角。

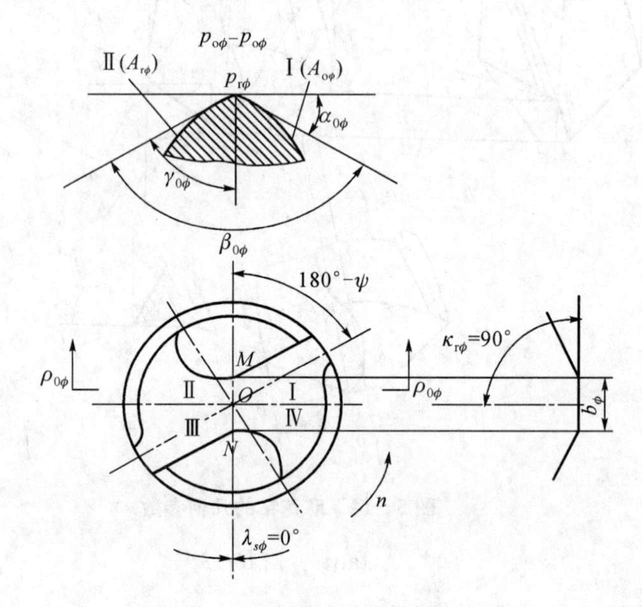

图 5－15　麻花钻的横刃参数

横刃斜角 Ψ 为横刃与主切削刃在钻头端平面内投影之间的夹角。标准麻花钻的 Ψ=50°～55°。$b\phi$ 为横刃长度。

横刃是通过钻头轴线的，而且它在钻头端面上的投影为一条直线，因此横刃上各点的基面是相同的。

从横刃上任意一点的主剖面看出，横刃前角为负值(标准麻花钻 $\gamma_{o\phi}$＝－60°～－54°)，横刃后角 $\alpha_{o\phi}\approx$90°－｜$\gamma_{o\phi}$｜(标准麻花钻的 $\alpha_{o\phi}$＝30°～36°)。因横刃具有很大的负前角，工作时会产生很大的轴向力(通常占总轴向力的 1/2 以上)，因此横刃的存在对钻削过程有很不利的影响。

二、扩孔钻和锪钻

1. 扩孔钻

扩孔钻是用于扩大孔径、提高孔质量的刀具。它可用于孔的最终加工或铰孔、磨孔前的预加工。其加工精度为 IT10～IT9，表面粗糙度 R_a6.3～3.2 μm。图 5－16 所示的扩孔钻与麻花钻相比，其齿数较多，一般有 3 至 4 齿，导向性较好。扩孔钻无横刃，改善了其切削条件。扩孔钻余量较小，容屑槽较浅，钻心较厚，强度和刚度较高。国标规定，ϕ7.8～ϕ50 高速钢扩孔钻做成锥柄，ϕ25～ϕ100 高速钢扩孔钻可做成套式。实际生产中，也使用硬质合金扩孔钻和可转位扩孔钻。

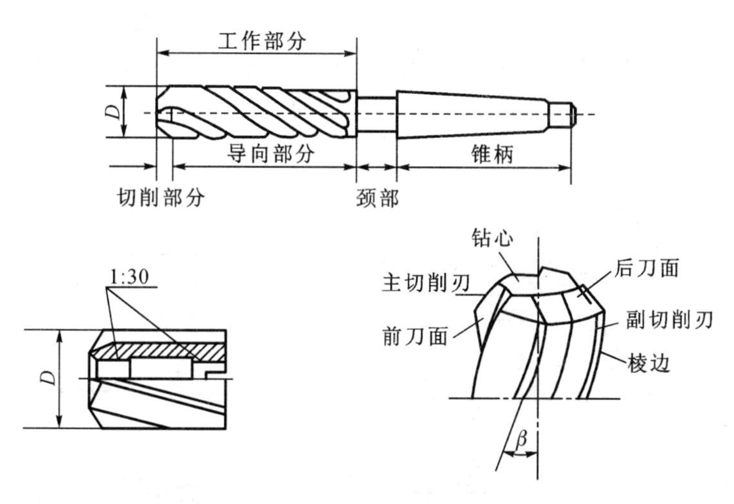

图 5－16　扩孔钻

2. 锪钻

锪钻用于加工埋头螺钉的沉孔、锥孔和凸台面等。图 5－17 表示了锪台阶孔、锥孔、凸台的锪孔钻。

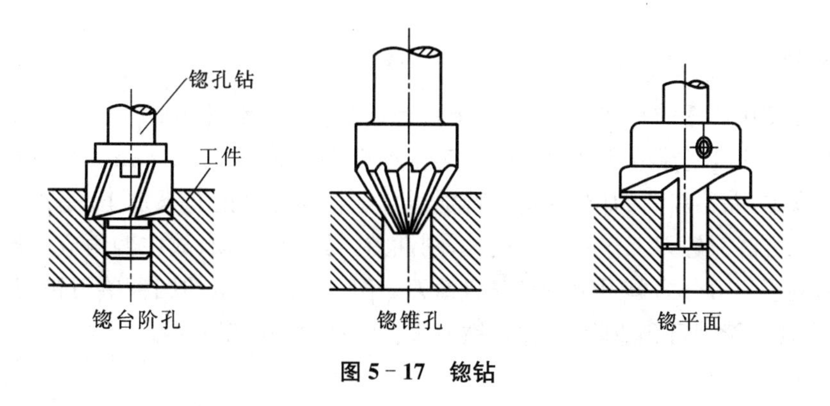

图 5－17　锪钻

三、铰刀

铰刀用于中小直径的半精加工和精加工。铰刀加工余量小，齿数多达 6～12 个，刚性和导向性较好，铰孔的精度可达 IT7～IT5 级，表面粗糙度可达 R_a1.6～0.4 μm。铰刀的结构如图 5－18 所示，由工作部分、颈部和柄部组成，工作部分由切削部分和校准部分两部分组成，校准部分有圆柱部分和倒锥部分。铰刀的主要结构参数有直径 d、齿数 z、主偏角 κ_r、背前角 γ_p、后角 α_0 和槽形角 θ。铰刀的切削部分用于切除加工余量，呈锥形，其锥角的大小($2\kappa_r$)主要影响被加工孔的质量和铰削时的轴向力的大小。由于铰削余量很小，切屑很薄，故铰刀的前角作用不大，为便于制造一般取前角 $\gamma_p=0°$。后角

一般取为 $\alpha_0=6\sim10^\circ$，而校准部分应留有宽 b_{a1} 为 0.2～0.4 mm、后角为 $\alpha_{01}=0^\circ$ 的棱边，以保证铰刀有良好的导向性和修光作用。铰刀圆柱校准部分的直径为铰刀直径，它直接影响到被加工孔的尺寸精度、铰刀的制造成本和使用寿命。铰刀的基本尺寸等于孔的基本尺寸，其直径公差应综合考虑加工孔的公差、铰削时的扩张量或收缩率、铰刀的制造公差和备磨量等。铰刀可分为手工铰刀和机用铰刀。手工铰刀主偏角较小，工作部分较长，适用于单件小批生产或在装配中铰削圆柱孔。手工铰刀分为整体式和可调式，机用铰刀分为带柄和套式两种。加工锥孔用的铰刀称为锥度铰刀，铰刀的结构及其参数，如图 5-18 所示。

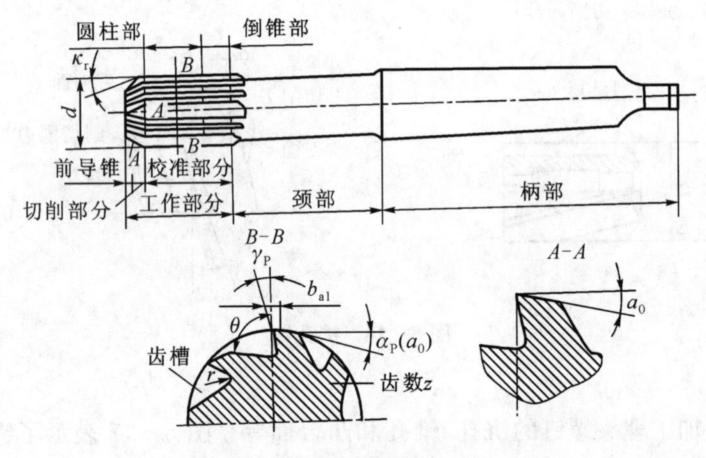

图 5-18　铰刀的结构及参数

四、镗刀

镗刀是使用广泛的孔加工刀具，用于留有预制孔的工件上孔的加工。一般镗孔精度可达 IT9～IT7，精镗精度可达到 IT6，表面粗糙度为 R_a1.6～0.8 μm。镗孔能纠正孔的直线度误差，获得较高的位置精度，特别适合于箱体零件的孔系加工，是加工大孔的主要精加工方法。镗刀工作时悬伸量大，刚性差，易引起振动，故主偏角应一般选得较大。按结构镗刀可分为单刃镗刀和双刃镗刀。图 5-19 所示的四种单刃镗刀，结构简单，制造方便。镗削盲孔或阶梯孔时，镗刀头在镗杆内要倾斜安装。

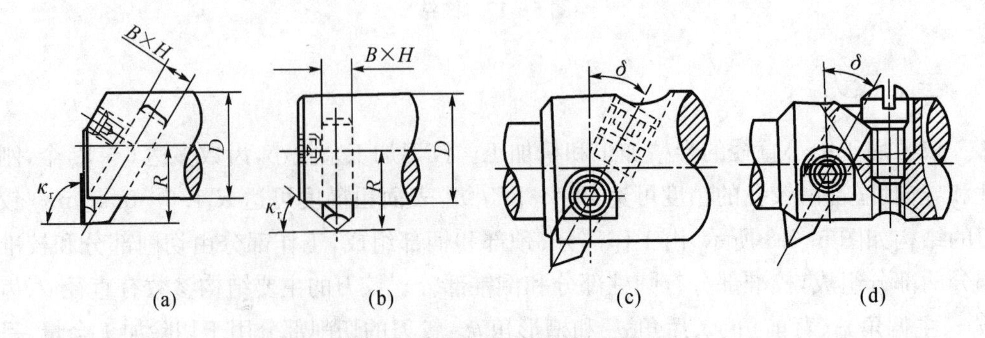

图 5-19　所示的四种单刃镗刀

图 5-20 所示为带刻度微调镗刀，转动刻度盘，刀尖可以在一定范围内调整加工

尺寸。

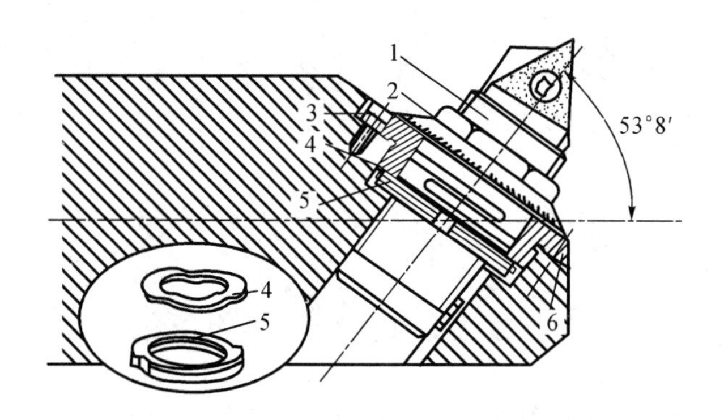

1-镗刀头　2-微调螺母　3-螺钉　4-波形垫圈　5-调节螺母　6-固定座

图 5-20　微调镗刀

图 5-21 所示为尺寸可调的双刃浮动镗刀。松开紧固螺钉 2，调节螺钉 3，调整到规定尺寸并定位后，拧紧紧固螺钉 2 就成一定尺寸镗刀。这种镗刀置入与其规格相配套的镗杆中，只能改变工件的局部尺寸，而且只能实现局部尺寸的改变，不能改变工件圆柱孔的轴线直线度误差，因为该刀具随工件孔原来的形状而作轴向进给运动。

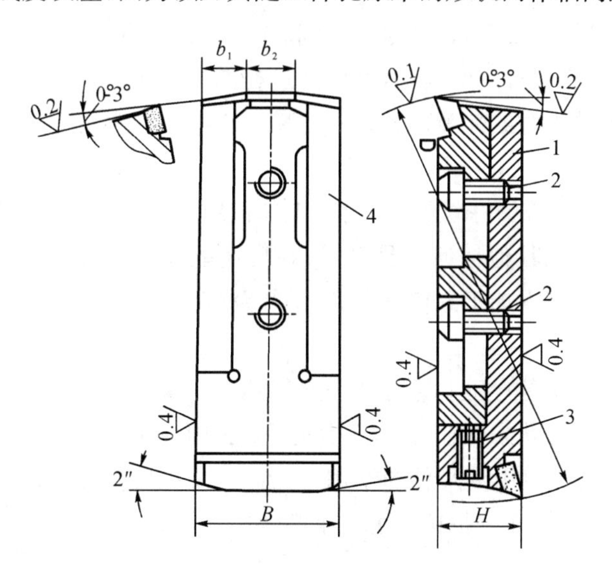

1-上刀体　2-紧固螺钉　3-调节螺钉　4-下刀体

图 5-21　双刃浮动镗刀

五、拉刀设计

在拉床上用拉刀加工工件的工艺过程，称为拉削加工。拉削工艺范围广，不但可以加工各种外形的通孔，还可以拉削平面及各种组合成形表面。图 5-22 为适用于拉削加工的典型工件孔截面形状。由于受拉刀制造工艺以及拉床动力的限制，过小或过大尺寸的孔均不适宜拉削加工（拉削孔径一般为 10～100 mm，孔的深径比一般不超过 5)，盲孔、台阶孔和薄壁孔也不适宜拉削加工。

拉刀是由许多尺寸逐渐增大的刀齿所组成的一种切削刀具。当它在拉力或推力作

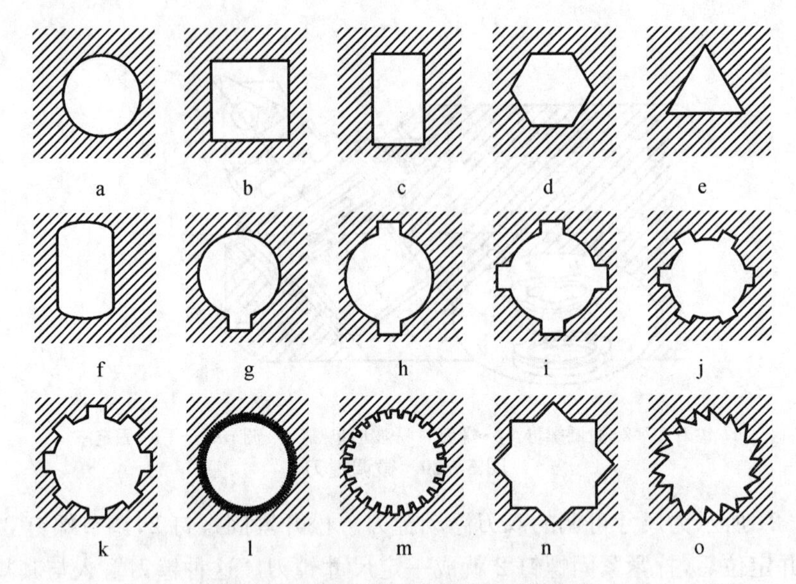

图 5-22 适合拉削的典型孔截面形状

用下沿其轴线做直线运动时，其刀齿便一个接一个地在被加工工件上切下一层薄薄的金属，从而使工件获得一定形状、尺寸、精度和光洁度的内孔或外表面。拉削的加工过程与其他刀具不同，它没有进给运动，其切削过程的连续进行，是利用拉刀后一刀齿比前一刀齿增加一定的齿宽或齿高(即齿升量)来实现的。拉刀的这种特殊加工方式，使之具有如下的突出优点：

(1) 生产效率高。拉刀在切削时，同时工作齿数一般有 3～8 齿，所以拉刀同时参加切削的切削刃长度比其他任何刀具都长；拉刀还能在一次拉削中完成粗、精加工工序。对于用其他方法难以加工的特型孔、花键孔及其他特殊截形工件来说，生产率的提高则更为显著。

(2) 能稳定获得较高的加工精度和表面光洁度。拉削时，加工精度及光洁度主要由拉刀的尺寸及几何形状来保证，而拉刀尺寸和几何形状的稳定性很高。

(3) 两次重磨间的耐用度及总的使用寿命高。一把质量良好的拉刀，在两次重磨间可以拉削千余件工件，而一把拉刀可以重磨数次。因而一把拉刀在报废前，可以加工数万件工件。

(4) 拉削运动简单。拉削的主运动是拉刀的轴向移动，而进给运动是由拉刀各刀齿的齿升量 a_f 来完成的。因此，拉床只有主运动，没有进给运动，拉床结构简单，操纵方便。但拉刀结构较复杂，制造本钱高。拉削多用于大批大量或成批生产中。

由于拉刀具有上述优点，尽管它的制造工艺复杂，价格较贵，但在大量生产中分摊到每一工件上的加工费用确实很低的。因此，在大量生产中，拉刀是一种很经济的刀具，得到了广泛应用。

1. 拉刀的结构

如图 5-23 所示，拉刀由前柄、颈部、过渡锥、前导部、切削部、校准部、后导部和后柄八部分组成。

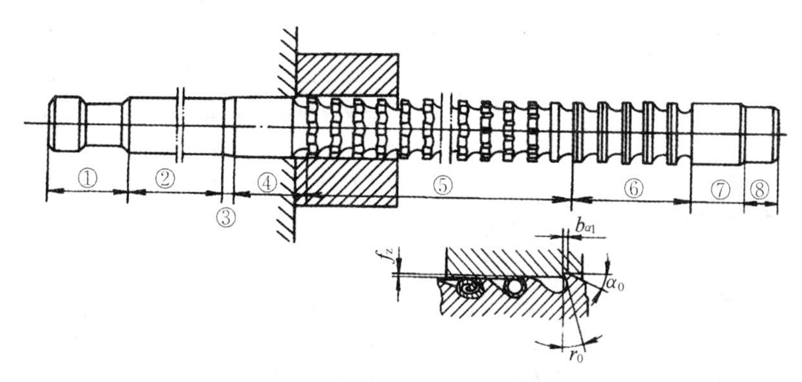

① 前柄　② 颈部　③ 过渡锥　④ 前导部　⑤ 切削部　⑥ 校准部　⑦ 后导部　⑧ 后柄

图 5－23　拉刀的结构

(1) 前柄。用以拉床夹头夹持拉刀，带动拉刀进行拉削。

(2) 颈部。是前柄与过渡锥的连接部分，可在此处打标记。

(3) 过渡锥。起对准中心的作用，使拉刀顺利进入工件预制孔中。

(4) 前导部。起导向和定心作用，防止拉孔歪斜，并可检查拉削前的孔径尺寸是否过小，以免拉刀第一个切削齿载荷太重而损坏。

(5) 切削部。承担全部余量的切除工作，由粗切齿、过渡齿和精切齿组成。

(6) 校准部。用以校正孔径，修光孔壁，并作为精切齿的后备齿。

(7) 后导部。用以保持拉刀最后正确位置，防止拉刀在即将离开工件时，工件下垂而损坏已加工表面或刀齿。

(8) 后柄。用作直径大于 60 mm 既长又重拉刀的后支承，防止拉刀下垂。直径较小的拉刀可不设后柄。

2. 拉削方式

拉削方式见表 5－1。

表 5－1　拉削方式

分类	拉削简图	说　明
成形式	拉圆孔　拉方孔	按成形式设计的拉刀，各刀齿的廓形与被加工表面的最终形状相似，它们一层一层地切去加工余量，而只有拉刀的最后一个切削齿和校准齿参与被加工表面的最终形成。 优点：拉削后工件表面粗糙度较低。 缺点：按成形式设计的拉刀长度较长，刀具成本高，生产率低，并且不适于加工带硬皮的工件。
渐成式	拉方孔　拉键槽	按渐成式设计的拉刀，各刀齿可制成简单的直线或弧形，它们一般与被加工表面的最终形状不同，被加工表面的最终形状是由许多刀齿所切出的各小段表面连续组合而成。 优点：拉刀制造较简单。 缺点：具有成形式的同样的缺点，并且加工表面粗糙度也较高。

续 表

分类	拉削简图	说　明
轮切式	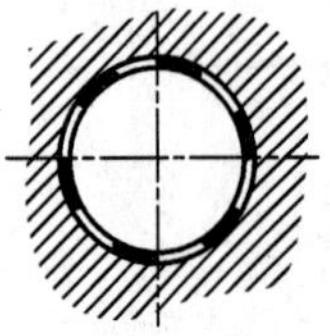 弧形齿　圆形齿 拉圆孔 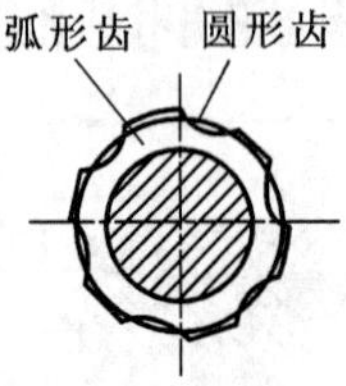　拉刀刀齿截形	按轮切式设计的拉刀，各切削齿分别轮换切去被加工表面上的一段；往往是由数个刀齿组成一组来切削加工余量中的一层，而每个刀齿仅切去其中的一部分。 图中所示为两齿一组的圆孔拉刀轮换切削加工余量的情形，图中白色部分是表示弧形齿切除的部分，黑色部分是表示圆形齿切除的部分。 优点：按轮切式设计的拉刀齿数少，长度短，生产率高。 缺点：拉刀制造比较困难。
综合轮切式	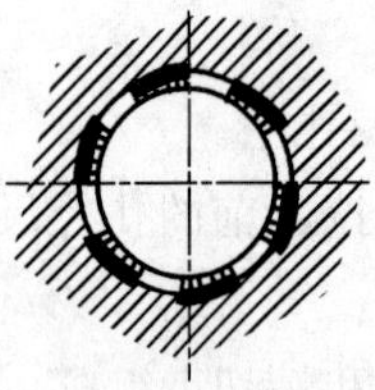 后齿　前齿 拉圆孔 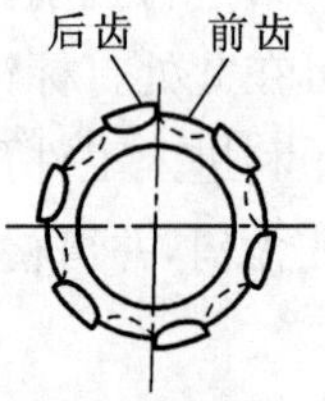　拉刀刀齿截形	按综合轮切式设计的拉刀，粗切齿采用轮切式结构，精切齿采用成形式的结构，而且全部切削齿是逐齿有齿升的。所以它同时具有轮切式和成形式的优点，拉刀制造也比较方便。 图中白色部分表示前齿切除的加工余量，黑色部分表示后齿切除的加工余量。

3. 拉刀刀齿的几何参数

拉刀刀齿的几何参数，如前角 γ_0、后角 α_0、和刃带宽 $b_{\alpha l}$ 等，主要取决于工件的材料和拉刀的结构形式，拉刀的几何参数如表 5－2 所示。

表 5－2　拉刀的几何参数

(1) 常用材料的拉刀几何参数表

拉刀形式	工件材料			前角 γ_o/(°)		后角 α_o/(°)		刃带宽 $b_{\alpha l}$/mm		
				粗切齿	精切齿 校准齿	切削齿	校准齿	粗切齿	精切齿	校准齿
圆拉刀	钢	硬度 HBS	≤229	15	15	2.5～4	0.5～1	0～0.05	0.1～0.15	0.3～0.5
			>229	10～12	10～12					
	铸铁	硬度 HBS	≤180	8～10	8～10	2.5～4	0.5～1	0～0.05	0.1～0.15	0.3～0.5
			>180	5	5					
	可锻、球墨、蠕墨铸铁			10	10	2～3	0.5～1.5	0～0.05	0.1～0.15	0.3～0.5
	铝合金、巴氏合金			20～25	20～25	2.5～4	0.5～1.5	0～0.05	0.1～0.15	0.3～0.5
	铜合金			5～10	5～10	2～3	0.5～1.5	0～0.5	0.1～0.15	0.3～0.5

续　表

(1) 常用材料的拉刀几何参数表

拉刀形式	工件材料			前角 γ_o/(°)		后角 α_o/(°)		刃带宽 $b_{\alpha 1}$/mm		
				粗切齿	精切齿 校准齿	切削齿	校准齿	粗切齿	精切齿	校准齿
各种花键拉刀	钢	硬度HBS	≤229	15	15	2.5～4	0.5～1.5	0～0.5	0.1～0.15	0.3～0.6
			>229	10～12	10～12					
	铸铁	硬度HBS	≤180	8～10	8～10	2.5～4	0.5～1.5	0～0.05	0.1～0.15	0.3～0.6
			>180	5	5					
	铜合金			5	5	2～3	0.5～1.5	0～0.05	0.1～0.15	0.3～0.6
键槽拉刀平面拉刀	钢	硬度HBS	≤229	15	15	2.5～4	0.5～1.5	0.1～0.15	0.2～0.3	0.5～0.8
			>229	10～12	10～12					
	铸铁	硬度HBS	≤180	8～10	8～10	2.5～4	0.5～1.5	0.1～0.15	0.2～0.3	0.5～0.8
			>180	5	5					
	铜合金			5	5	2～3	0.5～1.5	0.1～0.15	0.2～0.3	0.5～0.8
形成拉刀	钢	硬度HBS	≤229	15	15	0.5～4	0.5～1.5	0.1～0.15	0.2～0.3	0.5～0.8
			>229	10～12	10～12					
	铸铁	硬度HBS	≤180	8～10	8～10	2.5～4	0.5～1.5	0.1～0.15	0.2～0.3	0.5～0.8
			>180	5	5					
	铜合金			5	5	2～3	0.5～1.5	0.1～0.15	0.2～0.3	0.5～0.8
螺旋齿拉刀	钢	硬度HBS	≤229	15	15	2.5～4	0.5～1.5	0.1～0.15	0.2～0.3	0.5～0.8
			>229	10～12	10～12					
	铸铁	硬度HBS	≤180	8～10	8～10	2.5～4	0.5～1.5	0.1～0.15	0.2～0.3	0.5～0.8
			>180	5	5					
	铜合金			5	5	2～3	0.5～1.5	0.1～0.15	0.2～0.3	0.5～0.8

(2) 加工特种合金钢时拉刀的前角与后角

拉刀类型	耐热合金钢			钛合金刚		
	前角 γ_o	切削齿后角 α_o	校准齿后角 α_z	前角 γ_o	切削齿后角 α_o	校准齿后角 α_z
内拉刀	15	3～5	2～3	3～5	5～7	2～3
外拉刀		10～12	5～7		10～12	8～10

4. 拉削力的计算和强度检验

(1) 拉削力的计算

拉削力主要受到下列因素的影响：齿升量、拉削宽度、同时工作的齿数、零件材料及热处理情况、拉刀类型、截面形状、刀具几何参数、刀具的锋利程度和切削液等情况。拉削时拉削力是变化的，为了选择拉床和验算拉刀的强度，必须计算最大拉削力 F_{max}，

F_{max}由下列经验公式决定

$$F_{max}=F'b_bZ_eK_rK_aK_\delta K_w$$

式中：F'——刀齿单位切削刃长度上的拉削力(由实验测得)(N/mm)，也可通过查表5-3获得；

b_b——每个刀齿切削刃的总宽度(mm)；

Z_e——最大同时工作的齿数；

K_r、K_a、K_δ、K_w——分别为前角、后角、刀齿锋利程度、切削液对切削力的影响的修正系统，见表5-4，一般情况下可以略去不计。

表5-3　刀齿单位切削长度上的拉削力 F　(N/mm)

齿升量 a_f/mm	工件材料及硬度								
	碳钢			合金钢			灰铸铁		可锻铸铁
	≤197 HBS	>197~229 HBS	>229 HBS	≤197 HBS	>197~229 HBS	>229 HBS	≤180 HBS	>180 HBS	
0.01	65	71	85	76	85	91	55	75	63
0.015	80	88	105	101	110	124	68	82	68
0.02	95	105	125	126	136	158	81	89	73
0.025	109	121	144	142	152	168	93	103	84
0.03	123	136	161	157	169	186	104	116	94
0.04	143	158	187	184	198	218	121	134	109
0.05	163	181	216	207	222	245	140	155	125
0.06	177	195	232	238	255	282	151	166	134
0.07	196	217	258	260	282	312	167	184	153
0.075	202	226	269	270	292	325	173	192	156
0.08	213	235	280	280	302	335	180	200	164
0.09	231	255	304	304	328	362	195	216	179
0.10	247	273	325	328	354	390	207	236	192
0.11	266	294	350	351	381	420	226	254	206
0.12	285	315	375	378	407	450	243	268	220
0.125	294	326	387	390	420	465	250	279	230
0.13	304	336	398	403	434	480	258	285	234
0.14	324	357	425	423	457	505	273	303	250
0.15	342	379	450	445	480	530	290	321	261
0.16	360	398	472	471	510	560	305	336	276
0.18	395	436	520	525	565	625	324	370	302
0.20	427	473	562	576	620	685	360	402	326

表 5－4　拉削力修正系数

系数参数	K_γ				K_α		K_δ		K_u			
参数	5°	10°	15°	20	$<1^\circ$	2°～3°	锋利	磨钝	硫化油	乳化液	植物油	干切削
钢	1.13	1.0	0.93	0.85	1.2	1.0	1.0	1.15	1.0	1.13	0.9	1.34
铸铁	1.1	1.0	0.95		1.12	1.0	1.0	1.15	0.9			1.0

注：1. 后刀面磨钝宽度：圆孔拉刀为 0.15 mm，花键和键槽拉刀为 0.3 mm。
2. 乳化剂含量的质量分数为 10%的乳化液。

不同类型的拉刀的最大拉削力为：

① 对于同廓式圆拉刀，$\sum b_b=\pi D$ 修正系数 K_0 取 1.06，则

$$F_{\max}=F'\pi DZ_eK_0=3.33FDZ_e$$

② 对于轮切式圆拉刀，$\sum b_b=\pi D/Z_c$，修正系数 K_0 取 1.06，则

$$F_{\max}=F'\pi DZ_eK_0/Z_c=3.33\,F'DZ_e/Z_c$$

③ 对于综合轮切式圆拉刀，$\sum b_b=\pi D/2$，修正系数 K_0 取 1.06，则

$$F_{\max}=F'\pi DZ_eK_0/2=3.33\,F'DZ_e/2$$

式中：D——刀齿的最大直径(mm)

Z_c——轮切拉刀齿组齿数。

(2) 拉刀强度的计算

拉刀工作时，主要承受拉应力，拉刀承受的拉应力 σ 应小于材料的许用应力[σ]，即

$$\sigma=F_{\max}/A_{\min}\leqslant[\sigma]$$

式中：$A_{\min}$——拉力上的危险截面面积。

拉力的危险截面，一般在第一个切削齿的容屑槽底处，或在柄部的最小截面处。不同材料允许的拉应力见表 5－5。

表 5－5　不同材料允许的拉应力

拉刀类型	许用拉应力[σ]/MPa	
	高速钢	合金工具钢
具有环形刀齿的拉刀(圆、方、花键拉刀)	350～400	250～300
具有不对称载荷的拉刀(键槽、平拉刀)	200～250	150

拉刀是一种较昂贵的刀具。在使用过程中，有许多因素影响着拉刀的耐用度和加工质量，为了充分发挥拉刀的效能和使之获得高的使用寿命，在使用中应注意遵守正确的操作规程和维护保养方法，并在拉削中密切注视和及时发现磨钝或其他不良现象。

5. 拉刀正确的操作规程

(1) 拉削前，应逐齿仔细检查刀齿是否锋利，有无碰伤、崩刃等损伤。不允许使用有损伤或以磨钝的拉刀进行加工。

(2) 装卡拉刀的位置必须正确，夹持必须牢固。

(3) 为了保证拉削中工件的正确定位，每次拉完以后，应使用切削液将拉床上固定工

件的法兰盘支撑面冲洗干净，以免在其上附着铁屑碎末和污物，影响下一工件的定位。

(4) 在每一工件拉完后，应彻底清除容屑槽内的切屑。可用铜刷沿刀齿方向顺向刷去。如果拉刀未经清除切屑就进行下一次拉削，残存的切屑会严重妨碍新切屑的形成，且有可能因容屑槽内切屑过多而发生堵塞，招致刀齿损坏，甚至引起拉刀断裂。

(5) 在拉削若干工件后，拉刀刀齿的切削刃上会产生一些微小的积屑瘤，而在刀齿后刀面的刃带上也会出现粘附着细小金属颗粒的积屑层，使拉削表面上产生纵向划痕和沟纹，引起表面光洁度的降低。这种积屑瘤一般不能用铜刷清除，视力也往往难以看出。但用手摸可以感觉到，这时应用细油石沿刀齿后刀面顺向将它轻轻抹去，但须注意不能损伤切削刃，否则会降低拉刀切削性能和恶化拉削表面光洁度。

(6) 拉削时，切削液浇注位置要正确，切削液的供应要充足。

(7) 拉削中，由于机床功率不足，以及刀齿磨钝或工件歪斜等原因，可能引起拉床溜板停止而使拉刀卡在工件中不能进退的情况，如果是确认由于拉床拉力不足所致，则可设法增大拉力后使拉刀从工件中拉出。如果不是上述原因，则应将拉刀和工件保持原样的从拉床上小心取下，可以沿工件对称侧边轻轻敲击工件，使其松动而从拉刀前端退出。如果轻轻敲击后仍不能使工件退出，则不允许用重的敲击和大的压力将拉刀从工件中强行脱出。因为此时工件已将拉刀楔紧，强行敲打则会造成刀齿崩刃。发生此种情况时，应将工件锯开分块儿取下，以尽量保存拉刀。

6. 拉刀的维护保养

拉刀是一种细长的刀具，其上刀齿密布，很容易发生弯曲变形和遭到意外损伤。因此，使用和保管中应特别注意以下事项：

(1) 严禁把拉刀放在拉床床面或其他硬物上，并应避免和任何硬物相碰撞，以免碰伤刀齿。

(2) 拉刀使用完毕，应清洗干净后垂直吊挂在架子上，以免拉刀因自重而弯曲变形。架上各把拉刀之间，应用木板隔开或保持足够的距离，以防止两把拉刀相互碰撞而损坏刀齿。

(3) 运送拉刀时，更应注意拉刀刀齿的保护。拉刀应在专用木盒内放置稳固，防止在运送途中发生滚动而碰伤。运送的拉刀如果有两把以上，则它们应用木板隔开或分盒放置，以免相互碰撞。

(4) 较长时间不用的拉刀，应在清洗和涂防锈油包扎后，垂直吊挂存放。

7. 对拉削过程的监视及重磨规范

拉削过程中，操作者应随时注意观察拉刀的切削状态，一旦出现异常情况或拉刀变钝的现象，应及时排除故障或将拉刀送交重磨，以防损坏拉刀和保证拉削过程的正常进行。拉削中标志拉刀磨钝的征象有以下几方面：

(1) 随着拉刀的变钝，拉削表面光洁度会逐渐变坏。

(2) 拉削中，拉床压力表所示压力的持续增高，则是拉刀变钝和磨钝程度增加的明显标志。

(3) 使用锋利的拉刀拉削时，切屑的厚度均匀，边缘平整，切屑卷曲良好。当拉削中产生的是断裂和破碎的切屑，其边缘又很不平整时，则表示拉刀已磨钝。

(4) 拉刀刀齿上出现一些明显的缺陷，如前刀面上粘附了较大的积屑瘤，切削刃上出现刻痕、烧伤以及较宽的磨损带等，都意味着拉刀需要进行重磨。

拉刀是利用拉刀上相邻刀齿尺寸的变化来切除加工余量。其加工精度为 IT9～IT7，表面粗糙度为 R_a3.2～0.5 μm。可用于加工形状贯通的内外表面，生产率高，拉刀使用寿命长，但制造较为复杂，主要用于大量、成批的零件的加工。

对拉削过程进行监视，虽然可以使拉刀的磨损在变得严重之前被及时发现。但是，这种方法在大量生产中不完全适用，因为它不仅需要每个操作者具有丰富的经验和较高的技术水平，而且还会占用不少观察、分析的辅助时间。所以，操作者一定要遵守拉刀的重磨规范，它使操作者只需正确的操作，而无需以过多的精力和时间去监视拉刀的工作状况，这样可以把生产尽可能多的工件与拉刀具有最高的使用寿命二者统一起来，从而获得最大的经济效益。

第三节　铣　刀

一、常用铣刀及其选用

1. 圆柱形铣刀

如图 5-24(a)所示，圆柱铣刀只有圆柱表面有切削刃，一般用于卧式铣床上加工平面。可分为粗齿和细齿两种，分别用于粗加工和精加工，其直径 d 有 50、63、80、100 等规格。通常根据铣削用量和铣刀心轴直径来选择铣刀直径。

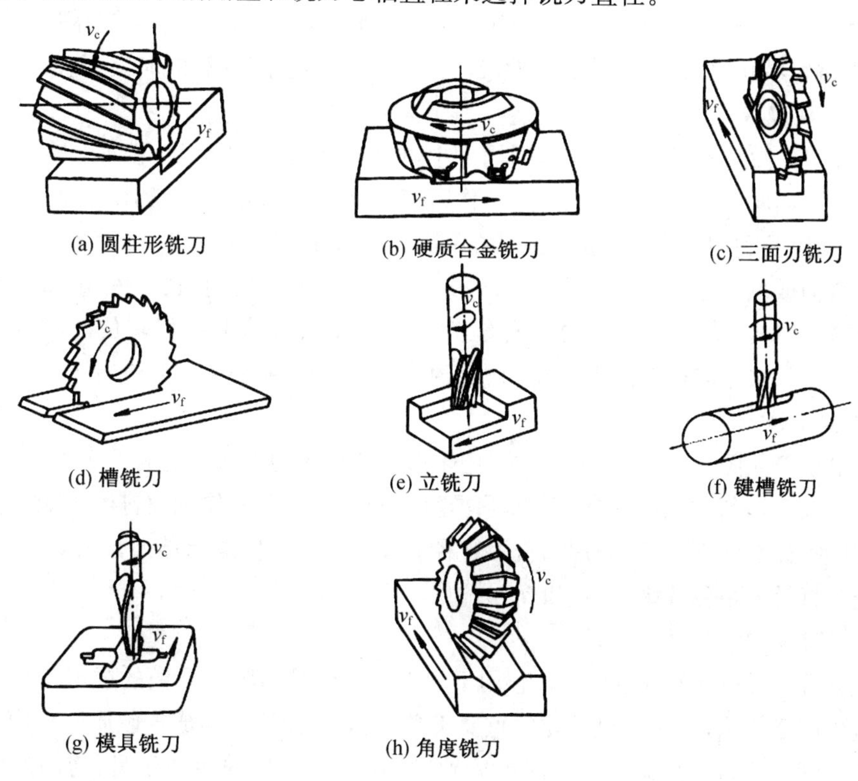

图 5-24　常用的各类铣刀

圆柱形铣刀用于卧式铣床上加工平面。刀齿分布在铣刀的圆周上，按齿形分为直齿和螺旋齿两种。按齿数分粗齿和细齿两种。螺旋齿粗齿圆柱铣刀齿数少，刀齿强度高，容屑空间大，适用于粗加工；细齿圆柱铣刀的刀齿数多，容屑空间小，适用于精加工。

2. 硬质合金端面铣刀

硬质合金铣刀如图[5－24(b)]所示，其圆周表面和端面都有切削刃，一般用于高速铣削平面。目前广泛采用机夹可转位刀片式结构，它是将硬质合金可转位刀片直接用机械夹固的方法安装在铣刀体上，磨钝后转换刀片切削刃或更换刀片则可继续使用。与高速钢整体圆柱铣刀相比，其铣削速度较高，生产率高，加工表面质量较好。选用此类刀具是根据侧吃刀量选择适当的铣刀直径，一般取其直径 $D=(1.2\sim1.6)a_e$，并使端面铣刀工作时有合理的切入角和切离角，以防止面铣刀过早发生破损。同一直径的可转位面铣刀，其齿数分为粗、中、细齿三种。粗齿用于长切屑或同时切削刀齿过多引起振动时；切屑较短或精铣钢件选用中齿端铣刀；每齿进给量较小的细齿面铣刀常用于加工薄壁铸件。

3. 盘形铣刀

盘形铣刀分为错齿三面刃和槽铣刀两种，分别如图 5－24(c)和图 5－24(d)所示。槽铣刀只在圆柱表面上有刀齿，为铣削时减少两侧面与工件槽的磨擦，两侧做有 $30'$ 的副偏角，一般用于加工浅槽。薄片的槽铣刀用于切削窄槽或切断工件。

三面刃铣刀在两圆周面和两侧端面都在切削刃，为了改善端面切削刃的工作条件，可以采用斜齿结构。但由于斜齿结构会使其中一个端面切削刃的前角为负值，故采用错齿结构，即每个刀齿上只有两条切削刃并交错地左斜或右斜，它具有切削平稳，切削力小，排屑容易和容屑槽大、端面摩擦小的优点。它常用于切槽和加工台阶面。

4. 立铣刀

立铣刀如图 5－24(e)所示，其圆周面上的切削刃是主切削刃，端面上的切削刃是副切削刃。端面切削刃不通过中心，工作时不宜作轴向进给。一般用于加工平面、凹槽、台阶面以及利用靠模加工成形板件的侧面。国家标准规定，直径 $d=2\sim71$ 的立铣刀做成直柄或削平型直柄，直径 $d=6\sim63$ 的做成莫氏锥柄，直径 $d=25\sim80$ 的做成 7∶24锥柄，直径 $d=40\sim160$ 的做成套式立锥柄，此外还有装有可转位硬质合金刀片的立铣刀。其选用应根据加工需要和机床主轴可安装刀柄的类型来进行。

5. 键槽铣刀

键槽铣刀如图 5－24(f)所示，主要用于加工圆头封闭键槽。它有两个刀齿，圆柱面和端面上都有切削刃，端面有切削刃延伸至中心，工作时既能作轴向进给也能作径向进给。按国家标准的规定，直柄键槽铣刀直径 $d=2\sim22$，锥柄键槽铣刀直径 $d=14\sim50$。键槽铣刀直径的精度等级有 $e8$ 和 d_8 两种。

6. 模具铣刀

模具铣刀如图 5－24(g)所示，它用于加工异形模具型腔或凸模的成形表面。在模具制造中广泛使用，是钳工机械化的重要工具，由立铣刀演变而成。硬质合金模具铣刀可取代金刚石锉刀和磨头来加工淬火后硬度小于 65HRC 的各种模具，与高速钢模具铣刀相比，切削效率可提高几十倍。

模具铣刀是由立铣刀演变而成的，按工作部分外形可分为圆锥形平头、圆柱形球头、圆锥形球头三种，分别如图 5－25(a)、(b)、(c)所示。硬质合金模具铣刀用途非常广泛，除可铣削各种模具型腔外，还可代替手用锉刀和砂轮磨头清理铸、锻、焊工件的毛边，以及对某些成形表面进行光整加工等。该铣刀可装在风动或电动工具上使用，生产效率和耐用度比砂轮和锉刀提高数十倍。

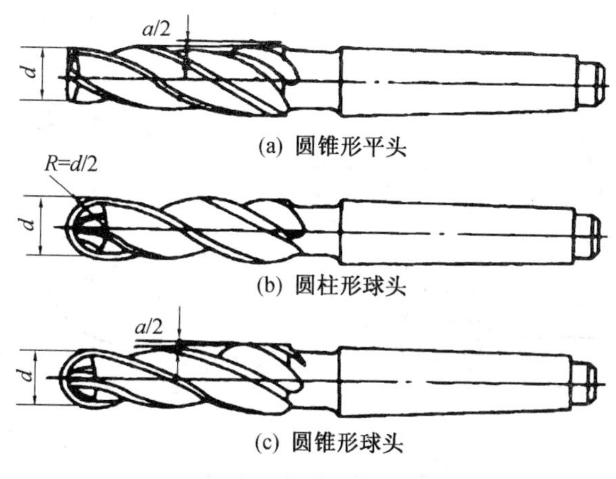

图 5－25　模具铣刀

7. 角度铣刀

角度铣刀如图 5－24(h)所示，这种铣刀一般用于带角度的沟槽和斜面，分单角铣刀和双角铣刀两种。单角铣刀的圆锥切削刃为主切削刃，端面切削刃为副切削刃，双角铣刀的两圆锥面上的切削刃均为主切削刃，它分为对称和不对称双角铣刀。对称双角铣刀直径 d=50～100，夹角 θ=18°～100°。不对称双角铣刀直径 d=40～100，夹角 θ=50°～100°。

二、铲齿成形铣刀

成形铣刀是在铣床上加工成形表面的专用刀具。与成形车刀相类，其刃形根据工件的廓形设计计算。它具有较高的生产效率，且能保证工件的形状和尺寸的互换性，因此得到广泛的使用。成形铣刀如图 5－26 所示。

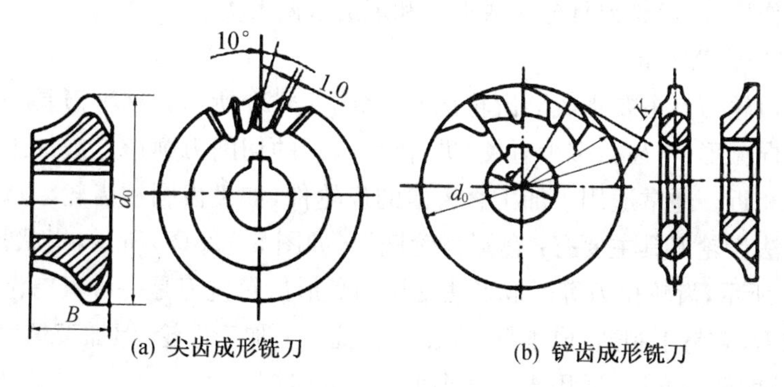

图 5－26　成形铣刀

成形铣刀按齿背的形状可分为尖齿和铲齿两种。尖齿成形铣刀刀齿数多，具有合理的后角，切削轻快、平稳，加工表面质量好，铣刀寿命长等优点。尖齿成形铣刀需要专用靠模或在数控工具磨床上重磨后刀面，刃磨工艺复杂。刃形简单的成形铣刀一般制作成尖齿成形铣刀，刃形复杂的都制作成铲齿成形铣刀。

铲齿成形铣刀的刃形与后刀面是在铲齿车床上用铲刀铲齿获得。铲齿后所得的齿背曲线为阿基米德螺旋线。如图 5－27 所示，它具有下列特性：

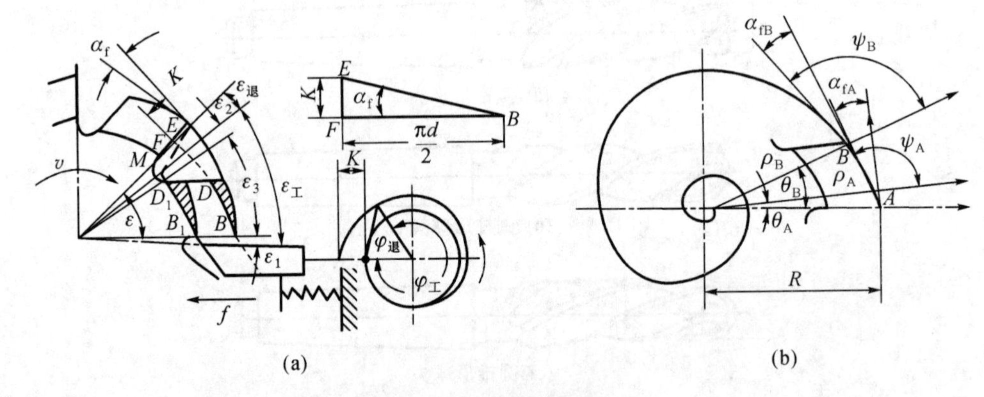

图 5－27　铲齿成形原理

(1) 刀齿沿铣刀前刀面重磨，刀齿形状保持不变。

(2) 重磨后铣刀的直径变化不大，后角变化较小。

铲齿成形铣刀的制造、刃磨比尖角铣刀方便，但热处理后铲磨时修理成形砂轮较费时，若不进行铲磨，则刃形误差较大。另外它的前、后角不够合理，所以加工表面质量不高。

第四节　齿轮刀具

一、齿轮刀具的种类

齿轮刀具是用于切削齿轮齿形的刀具。齿轮刀具结构复杂，种类较多。按齿轮齿形加工的工作原理，齿轮刀具分为成形法和展成法两大类。

1. 成形法齿轮刀具

成形法齿轮刀具主要指成形齿轮铣刀，如图 5－28 所示。这种刀具一般按被加工齿轮槽的法向截形(与齿数多少有关)进行设计，它的切削刃廓形与被加工齿轮齿槽的廓形相同或相近。通常适用于加工直齿槽的齿轮件，如直齿圆柱齿轮、直齿扇形齿轮。常用的成形法齿轮刀具主要有：盘形齿轮铣刀，如图 5－28(a)所示，指状齿轮铣刀，如图 5－28(b)所示，齿轮拉刀等。成形法常用的盘形齿轮铣刀是一种具有渐开线齿形的铲齿成形铣刀，它易于制造，成本低，宜在普通铣床上加工齿轮，但加工精度和生产效率较低，一般精度低于 9 级，适用于单件小批生产和修配。

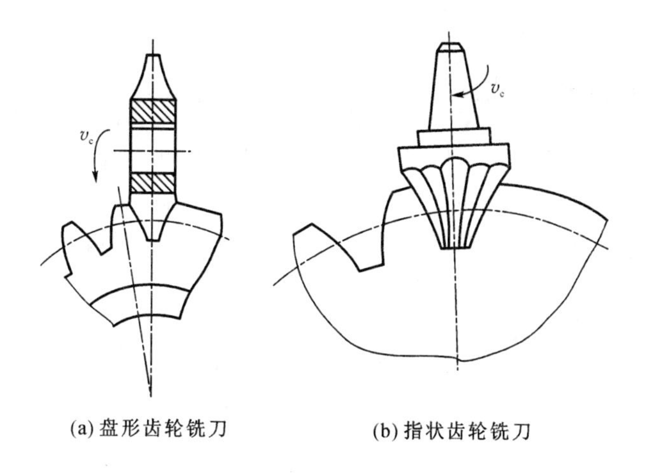

(a) 盘形齿轮铣刀　　(b) 指状齿轮铣刀

图 5-28　成形齿轮铣刀

当盘形齿轮铣刀的前角为零度时，其刃口形状就是被加工齿轮的渐形线齿形。压力角为 20°的直齿渐开线圆柱齿轮的盘形齿轮铣刀已标准化，每种模数备有 8 把铣刀（模数 0.3～8 mm）或者 15 把铣刀（模数 9～16 mm）分别组成一套。

盘形齿轮铣刀也可以加工斜齿圆柱齿轮，所用的铣刀的模数和压力角应与被加工齿轮的法向模数和压力角相同，而刀号则由当量齿数 Zv 确定。

2. 展成法齿轮刀具

这种方法利用齿轮的啮合原理加工齿轮。切齿时，刀具就相当于一个齿轮，它与被加工齿轮作无侧隙啮合，工件的齿形是刀具齿形运动轨迹包络而成。其加工齿轮的精度和生产率较高，刀具通用性好，生产中已被广泛使用。常用的有以下几种：

(1) 齿轮滚刀。齿轮滚刀如图 5-29 所示，主要用于加工直齿、斜齿圆柱齿轮，生产效率高，应用最广泛。

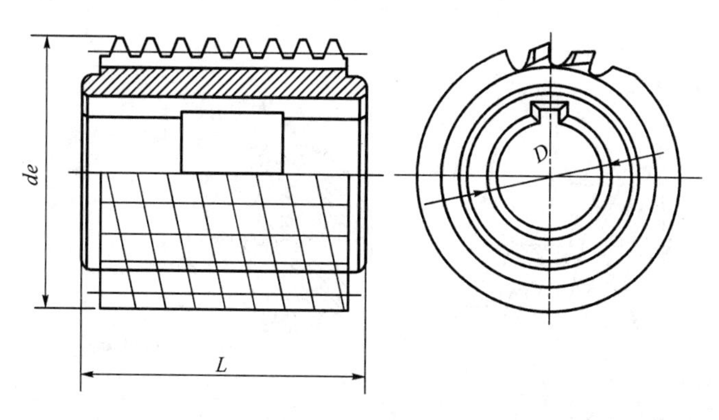

图 5-29　齿轮滚刀

(2) 插齿刀。常用于加工内外齿轮，还可加工多联齿轮。

(3) 剃齿刀。用于软齿(未经淬硬，硬度<32HRC)面直齿、斜齿齿轮的精加工。加工前需要使用专用的剃前滚刀或剃前插齿刀加工齿槽，并留有剃削余量。其生产率高，在大批大量生产中使用较多。

(4) 蜗轮滚刀。用于加工各种蜗轮,它需专门设计制造。

二、齿轮滚刀及其选用

齿轮滚刀是加工直齿和斜齿圆柱齿轮最常用的一种展成加工刀具,利用齿轮啮合的原理来加工齿轮。其加工范围广,模数从 0.1 到 40 mm 的齿轮均可使用滚刀加工,而且同一把齿轮滚刀可加工模数和压力角相同但齿数不同的齿轮。

1. 齿轮滚刀的基本蜗杆

齿轮滚刀相当于一个齿数少、螺旋角很大、轮齿很长的圆柱齿轮,其外形就像一个蜗杆。为这个蜗杆起到切削作用,需要在基圆周上开出几个槽(直槽或螺旋槽)用以容纳切屑,形成较短的刀齿,产生前刀面和切削刃。如图 5-30 所示,每个刀齿有一个顶刃和两个侧刃,需要对齿顶后刀面和齿侧后刀面进行铲齿加工,从而产生后角。但滚刀的切削刃必须保持在蜗杆的螺旋面上,其中的蜗杆称为滚刀的铲形蜗杆或基本蜗杆。

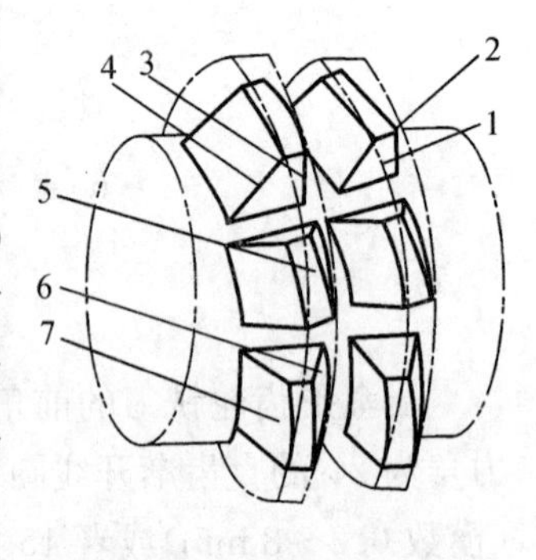

1-前面 2-顶刃 3、4-侧刃
5-顶后面 6、7-侧后面

图 5-30 滚刀的基本蜗杆和切削要素

(1) 渐开线蜗杆

① 加工渐开线齿轮的齿轮滚刀基本蜗杆应是渐开线蜗杆,理论造型误差为零。

② 加工端剖面内齿形为渐开线,轴剖面、法剖面齿形是曲线,对滚刀制造与检验较为困难。

(2) 阿基米德蜗杆

阿基米德蜗杆齿形的轴向剖面是直线,实质上是一个梯形螺纹,其端剖面是阿基米德螺旋线。

① 法剖面齿形是直线,容易制造和测量。端剖面齿形是阿基米德蜗旋线,如图5-31 所示。

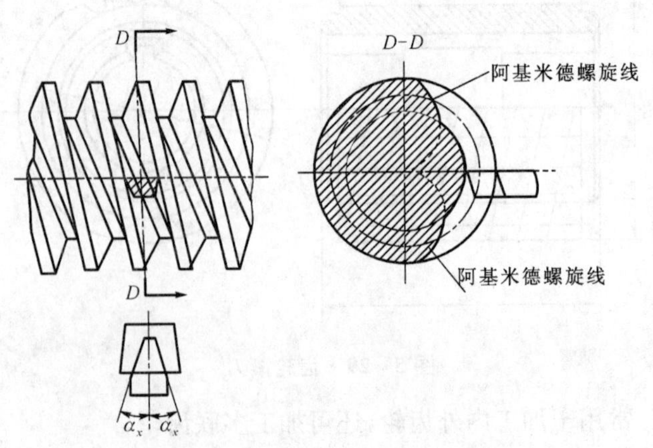

图 5-31 阿基米德蜗杆几何特性

② 用阿基米德齿轮滚刀加工渐开线齿轮有一定的造型误差。

(3) 法向直廓蜗杆

如图 5 - 32 所示，法向直廓蜗杆实质上是在法向剖面中具有直线齿形的梯形螺纹。

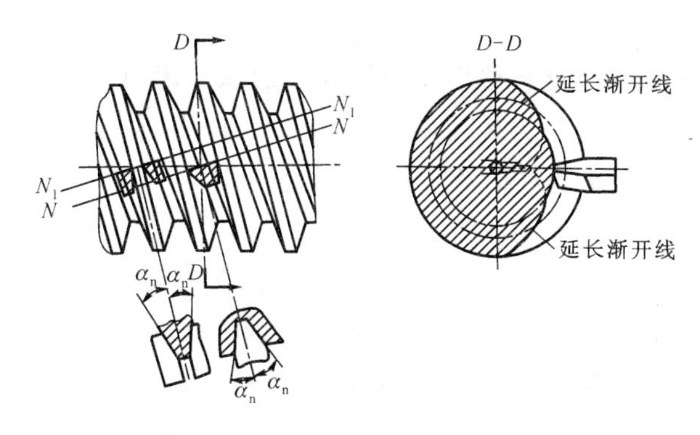

图 5 - 32　法向直廓蜗杆几何特性

① 法剖面齿形是直线，端剖面齿形是延伸渐开线。

② 用法向直廓齿轮滚刀加工渐开线齿轮造型误差较大。

用阿基米德滚刀和法向直廓滚刀加工出来的齿轮齿形，理论上都不是渐开线，但由于齿轮滚刀分度圆柱上螺旋升角很小，故加工出来的齿轮齿形误差也很小。阿基米德滚刀，不仅误差小，且误差的分布对齿形造成一定的修缘，有利于齿轮的传动。因此，一般精加工和小模数的齿轮滚刀（$m \leqslant 10$ mm），均可采用阿基米德滚刀；对于粗加工、大模数的齿轮多用法向直廓蜗杆滚刀，其加工误差略大些。

虽然这些滚刀的设计方法存在一定的误差，但只要把误差控制在规定的范围之内，就可以加工出合格的齿轮。

2. 齿轮滚刀的结构参数

齿轮滚刀的结构参数如表 5 - 6 所示。

齿轮滚刀的参数及选用原则如下：

(1) 齿轮滚刀的外径 de

外径是一个重要的尺寸，它直接影响其他结构参数（如孔径、齿数等）的合理性、滚刀的精度和寿命、切削过程的平稳性等。滚刀的外径应要根据使用条件尽量选得大些，这样可以增加刀齿数，有利于减少齿面的切削负荷，并且加要外径可选用直径较大的心轴，切削刚度高。但也不能选得过大，过大则滚刀的制造、刃磨和安装均有不便，还会增大切入时间，影响生产率。通常粗加工取较小的外径，精加工取较大的外径。如表 5 - 6 所示，Ⅰ型为大外径系列，用于高精度等级的 AAA 级滚刀；Ⅱ型的为小外径系列，用于普通精度等级的 AA、A、B、C 级滚刀。

(2) 齿轮滚刀的头数 k

滚刀螺旋头数对于滚刀的切削效率和加工精度有较大影响，采用多头滚刀加工时，由于同时参与切削的刀齿数增加，其生产效率比单头滚刀高，但加工精度较低，常用于粗切滚刀。多头滚刀如适当增大外径和圆周齿数，也可提高加工精度，单头滚刀多用于精切滚刀。

(3) 滚刀的齿数 Z

滚刀的齿数多则切削过程平稳，齿面质量好，精度高，或获得较小的表面粗糙度值，故精加工齿轮刀齿数应较多。通常大外径滚刀齿数为12～16个，小外径滚刀齿数为9～12。

(4) 滚刀的长度

滚刀的最小长度应满足能包络齿轮的齿廓和边缘刀齿负荷不应过重两个要求，还应考虑滚刀两端边缘的不完整刀齿及使用中轴向窜动等因素。滚刀轴台的长度 a 一般不小于 4～5 mm，作为检验滚刀安装是否正确的基准。

(5) 前角和后角

为使滚刀重磨后齿形与齿高不变，刀齿的顶面及两侧都经过铲削，一般齿顶处后角为10°～12°，齿侧刀刃后角为3°～4°。滚刀刀齿的前刀面就是容屑的螺旋表面，为保证齿形精度，高精度滚刀为零前角，而正前角可以改善切削条件，所以普通精度的滚刀的前角可取7°～9°，粗加工滚刀可取12°～15°。

3. 齿轮滚刀的合理使用

表 5-6 标准齿轮滚刀的基本形式和主要结构尺寸(GB6083—2001)(单位：mm)

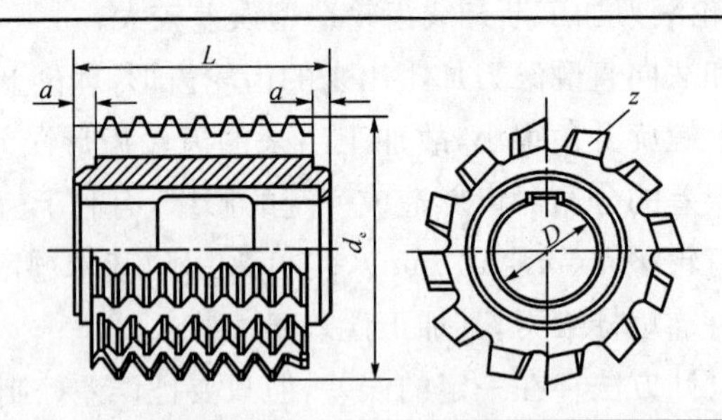

模数系列		Ⅰ型					Ⅱ型				
1	2	d_c	L	D	a_{min}	Z	d_c	L	D	a_{min}	Z
1 1.25		63	63	27	5	16	50	32 40	22	5	12
1.5	1.75	71	71	32		14	63	50	27		
2	2.25	80	80				71	56 63			
2.5	2.75	90	90				80	71	32		
3	3.25	100	100	40			90	80 90			
4	3.5 3.75 4.5	112	112								
5		125	125	50		12	100 112	100 112	40		10
6	5.5	140	140				118 118	118 125			
8	6.5 7	160	160				125	132			
10		180	180	60			140	150			
	9	200	200				150	170	50		

齿轮滚刀的精度分为AAA、AA、A、B、C级。AAA级加工6级精度;AA级加工7级精度;A级加工8级精度;B级加工9级精度;C级加工10级精度。

选用齿轮滚刀应遵循的原则如下:

(1) 齿轮滚刀的基本参数(如模数、压力角、齿顶高系数等),应与加工齿轮相同。

(2) 齿轮滚刀的精度等级应符合加工精度要求,还应考虑滚齿机的精度、滚刀与工件的安装、滚刀的刃磨质量等因素。如AAA级加工6级精度。

(3) 齿轮滚刀的旋向,应尽可能与加工齿轮的旋向相同,以减少滚刀的安装角度,避免产生切削振动,提高加工精度和表面质量。滚刀的旋向尽可能与齿轮的旋向一致。

(4) 粗滚刀可用双头,以提高生产效率,精滚刀用单头,中等模数用直槽整体式滚刀,模数大于10 mm可选镶齿滚刀。成批生产可使用正前角滚刀,以增大切削用量。

三、插齿刀及其选用

插齿刀也是一种主要的展成法齿轮刀具,它可用于加工相同压力角、模数的任意齿数的齿轮,可加工直齿轮、斜齿轮、内齿轮、塔形齿轮、人字齿轮和齿条等,特别适用于加工内齿轮和多联齿轮。

1. 插齿刀的结构

插齿刀的结构如图5-33所示,其刀刃的水平投影为直齿渐开线齿轮的横截面。齿轮插齿刀也是主要的展成法齿轮刀具之一,它可用于加工压力角、模数相的任意齿数的齿轮,可加工直齿齿轮、斜齿齿轮、内齿齿轮、塔形齿轮、人字齿轮和齿条等。它的形状如同圆柱齿轮,但具有前、后角和切削刃。插刀可以看成一个由无穷多层由不同变位系数的薄片齿轮叠加而成。直齿插刀刀齿如图5-34所示。每刀齿有一条呈圆弧形的顶切削刃,两条呈渐开线的侧切削刃,一个呈平面(或半锥面)的前面,两个侧后刀面。为形成后角并使得重磨齿形不变,插齿刀的不同端面就具有不同的变位系数的变位齿轮的廓形,如图5-35所示,随着重磨次数的增多,变位系数越来越大,虽然渐开线齿形不变,但由于各剖面的位置不同,故剖面中的顶圆半径和齿厚都不同。

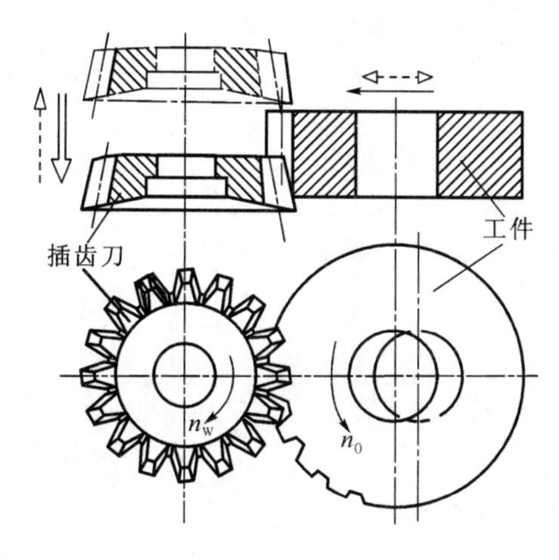

图5-33　工作中的插齿刀

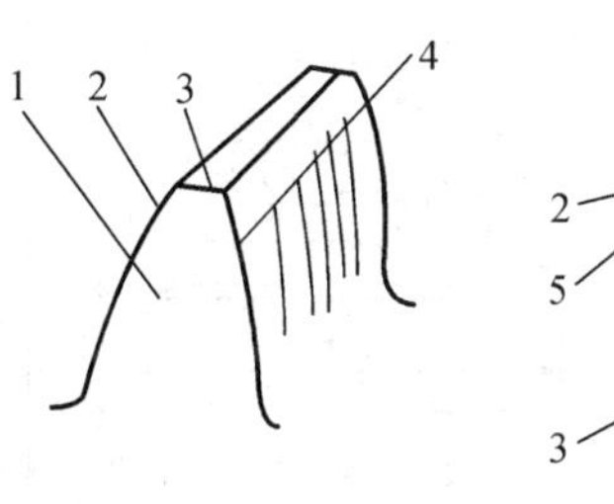

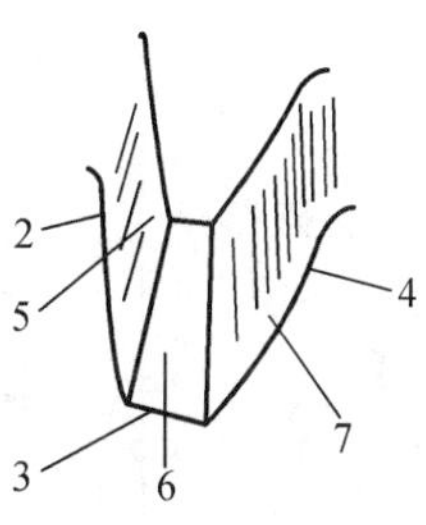

1-前面　2、4-侧切削刃　3-顶切削刃　5、7-侧后面　6-顶后面

图5-34　直齿插齿刀的刀齿

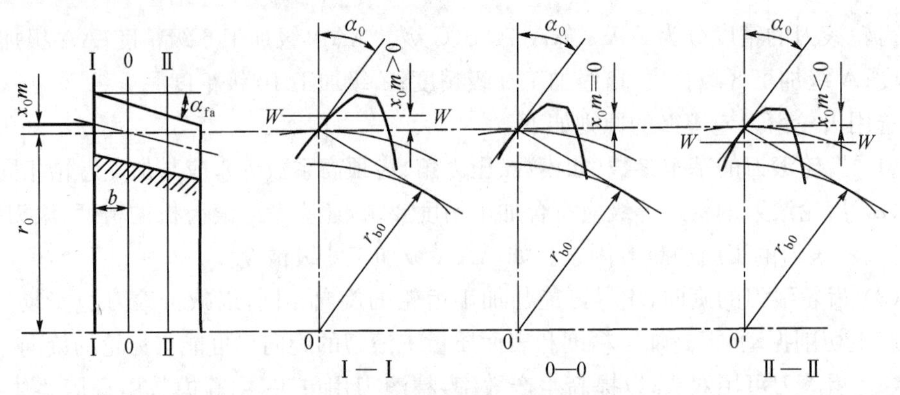

图 5-35　插齿机的传动原理图

2. 插齿刀的选用

插齿刀实际上是一个变位齿轮，根据渐开线的啮合原理，一个齿轮可以与标准齿轮啮合，也可以与变位齿轮啮合，同一把插齿刀可以切削任意齿数的标准齿轮和变位齿轮。标准直齿插齿刀按其结构形状可分为盘形、碗形和锥柄三种，它们的主要规格与应用范围见表 5-7 所示，其中不含小模数（模数小于 1 mm）的插齿刀。盘形和碗形插齿刀分为 AA、A、B 三级，分别用于加工精度为 6、7、8 级精度的齿轮；锥柄精度为 A、B 级，分别用于加工精度为 7、8 级精度的齿轮。

选用插齿刀时，首先据被加工齿轮的精度选择对应精度的刀具，然后再选择其他各类参数，即模数、压力角、齿顶高等，使与被加工齿轮相对应。

表 5-7　插齿刀的选用

序号	类型	简图	应用范围	规格		d_1/mm 或莫氏锥度
				d_0/mm	m/mm	
1	盘形直齿插齿刀		加工普通直齿外齿轮和大直径内齿轮	ϕ75	1～4	31.743
				ϕ100	1～6	
				ϕ125	4～8	
				ϕ160	6～10	88.90
				ϕ200	8～12	101.60
2	碗形直齿插齿刀		加工塔形、双联直齿轮	ϕ50	1～3.5	20
				ϕ75	1～4	31.743
				ϕ100	1～8	
				ϕ125	4～8	
3	锥柄直齿插齿刀		加工直齿内齿轮	ϕ25	1～2.75	莫氏锥度 2#
				ϕ38	1～3.75	莫氏锥度 3#

习题与思考题

5－1　按用途和结构分类，车刀有哪些类型？它们分别使用在什么场合？

5－2　试对硬质合金焊接车刀、机夹重磨车刀和可转位车刀的优点、缺点进行比较。

5－3　成形车刀切削刃上各点的前后角是否相同，为什么？

5－4　在使用中，成形车刀与普通车刀有什么不同？

5－5　成形车刀有哪些类型？其特点分别是什么？

5－6　试说明孔加工刀具的类型及其用途。定尺寸孔加工刀具有哪些？

5－7　对麻花钻修磨的目的是什么？有哪些修磨方法？

5－8　普通镗刀与浮刀镗刀的结构有何不同，它们对孔加工的尺寸精度、位置精度、形状精度分别有什么影响？

5－9　什么是拉削加工？其工艺范围如何？试比较分层、分块及组合拉削的特点。

5－10　拉刀一般有哪些部分组成？各部分分别有什么作用？

5－11　圆孔拉刀在使用中应注意哪些问题。

5－12　什么是孔加工复合刀具？它有哪些特点？

5－13　齿轮加工方式有哪些？分别用于什么场合？

5－14　齿轮滚刀有哪些主要参数？如何合理地选择齿轮滚刀？

5－15　滚刀的前、后角是怎样形成的？

5－16　简述插齿刀的加工工艺范围。

5－17　如何选择砂轮的粒度？选择不当会造成什么后果？

第六章　机床夹具设计

第一节　概　述

在机械制造业的产品制造过程中，一种装夹工件的工艺装备称之为夹具。它被广泛地应用于机械加工、焊接、检验、热处理和装配等工艺过程中，分别称为机床夹具、焊接夹具、检验夹具、热处理夹具和装配夹具等。

机床夹具是在机床上用以装夹工件和引导刀具的一种工艺装备，简称夹具。它使工件相对于机床或刀具获得正确的位置，并在加工过程中保持位置不变。在机械加工过程中，机床夹具是产品制造工艺阶段中重要的工艺装备，它直接影响着工件的加工精度、劳动生产率和产品的制造成本，因此，机床夹具设计在企业的产品制造和生产技术装备中占有非常重要的地位。

一、机床夹具的功用

(1) 保证被加工表面的位置精度

机床夹具的首要任务是保证加工精度，特别是保证工件的被加工表面与定位面之间以及被加工表面相互之间的位置精度。采用夹具装夹工件，工件被加工表面的位置精度，主要靠夹具和机床来保证，不必依赖于工人的技术水平。

(2) 提高生产率，降低成本

采用夹具后，能使工件迅速地定位和夹紧，夹具中还可采用高效率的多件、多位、增力、快速等夹紧装置，可以显著减少辅助时间，提高劳动生产率。

(3) 扩大机床的工艺范围

在单件小批量生产的条件下，工件的品种多，而机床的种类却有限。为解决这种矛盾，在机床上使用专用夹具可以改变机床的用途和扩大机床的使用范围。例如，在车床的溜板上安装镗模就可以进行箱体孔的镗削加工。在普通铣床上安装专用铣夹具，又可以铣削成形表面。

(4) 减轻工人的劳动强度，保证生产安全

生产中使用夹具装夹工件方便、省力、安全。在大批量生产中，采用气压、液压等夹紧装置，可减轻工人的劳动强度，保证安全生产。

二、机床夹具的分类

1. 按机床夹具的通用特性分类

(1) 通用夹具

通用夹具指已经标准化、可用于在一定范围内加工不同工件的夹具。如三爪自定

心卡盘、四爪单动卡盘、机用平口钳、回转工作台、万能分度头、中心架、电磁吸盘等。这类夹具作为机床附件，其通用性强，不需调整或稍加调整就可用于不同工件的加工。采用这类夹具可缩短生产准备周期，减少夹具品种，从而降低生产成本。其缺点是夹具的加工精度不高，生产率较低，夹紧工件操作复杂，故主要用于单件小批量生产中。

(2) 专用夹具

专用夹具指专门为某一工件的某一道工序设计和制造的夹具。这类夹具结构紧凑，操作迅速、方便，可以得到较高的加工精度和较高的生产效率。专用夹具需要根据工件的具体加工要求而专门设计和制造，生产准备周期比较长，制造费用高，在产品变更后，无法继续使用。因此这类夹具主要用于产品固定的大批大量生产中。

(3) 可调夹具

可调夹具是针对通用夹具和专用夹具的缺陷而发展起来的一类新型夹具。它可分为通用可调夹具和成组夹具两种。这两种夹具结构相似，其共同点为：在加工完一种工件后，经过调整和更换个别元件，即可加工形状相似，尺寸相近或加工工艺相似的多种工件。不同点为：通用可调夹具的加工对象较广，有时加工对象不确定。成组夹具则是指专门为加工成组工艺中某一族(组)工件而设计制造的，它的加工对象及适用范围明确。可调夹具适用于多品种、小批量生产，能获得较好的经济效益。

(4) 组合夹具

组合夹具是指按某一工件中的某道工序的加工要求，由一套事先制造好的标准元件和合件组合而成的夹具。它既可组装成某一专用夹具，也可组装成通用可调夹具或成组夹具。其特点是组装迅速，周期短，元件和组件可反复使用。组合夹具把一般专用夹具的设计、制造、使用、报废的单向过程变为设计、组装、使用、拆散、清洗入库、再组装的循环过程。与专用夹具比，其刚性差，外形尺寸大。这类夹具适用于小批量生产或新产品试制。

(5) 自动化生产用夹具

自动化生产用夹具主要分自动线夹具和数控机床用夹具两大类。自动线夹具有两种：一种是固定式夹具，它与专用夹具相似。另一种是随行夹具，它除用以装夹工件外，还将工件沿着自动线从一个工位移至下一个工位进行加工。

2. 按使用机床类型分类

分为车床夹具、铣床夹具、钻床夹具、镗床夹具、磨床夹具、拉床夹具等。

3. 按夹紧的动力源分类

分为手动夹具、气动夹具、液压夹具、电动夹具、电磁夹具、真空夹具等。

三、机床夹具的组成

图 6-1 所示为加工工件上 $\phi10$ mm 孔的钻床夹具。工件以 $\phi68H7$ mm 孔、端面和键槽侧面与夹具上的定位法兰 4 和定位块 5 相接触来确定工件的正确位置。钻模板上的钻套 6，用来确定所钻孔的位置并引导钻头。用螺母 9、螺杆 3 及垫圈 2 将工件夹紧。

从图钻床夹具的例子可以看出，一般夹具由下列部分组成：

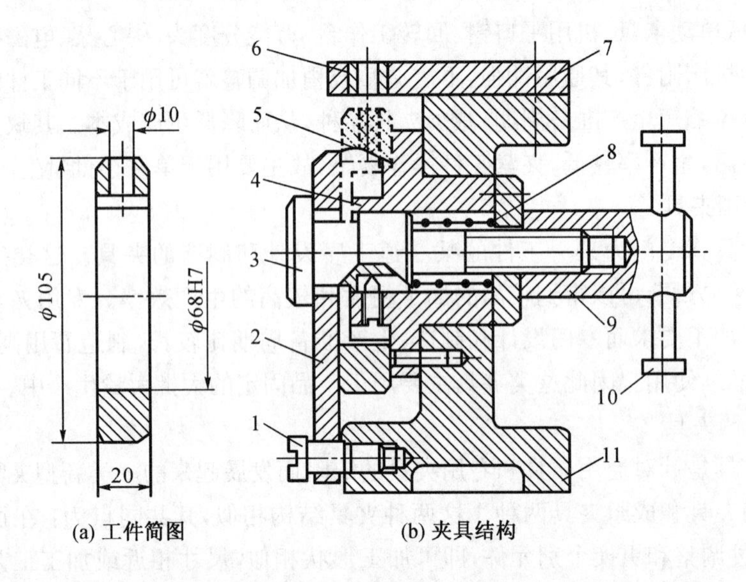

(a) 工件简图　　(b) 夹具结构

1-螺钉　2-垫圈　3-螺杆　4-定位法兰　5-定位块　6-钻套　7-钻模板　8-弹簧　9-螺母　10-手柄　11-夹具体

图 6-1　钻床夹具

(1) 定位装置

用于确定工件在夹具中的正确位置,它由各种定位元件构成。如图 6-1 中的定位法兰 4 和定位块 5 一起组成定位装置。它们使工件在夹具中占据正确位置。

(2) 夹紧装置

用于夹紧工件,保证工件在加工过程中受到外力(切削力、重力、惯性力)作用时不离开已经占据的正确位置。如图 6-1 中的手柄 10、螺母 9、螺杆 3 和垫圈 2 一起组成夹紧装置。

(3) 导向或对刀装置

用来保证刀具与工件加工表面的正确位置和引导刀具进行加工。如图 6-1 中钻套 1 和钻模板 7 组成导向装置。铣床夹具上的对刀块和塞尺组成对刀装置。

(4) 夹具体

夹具体是一个基础件,它用于将夹具上各个元件或装置连接成一个整体,并与机床的有关部位相连接。如图 6-1 中的 11,通过它将夹具的所有元件或装置连接成一个整体。

(5) 其他元件及装置

根据加工需要而设置的其他元件或装置。如分度装置、靠模装置、上下料装置、顶出器、定向键和平衡块等。

四、机床夹具应满足基本要求

(1) 保证工件的加工精度。这是夹具设计的最基本要求,夹具设计应有合理的定位方案、夹紧方案和导向方案,合理制定夹具的技术要求,必要时应进行误差的分析与计算。

(2) 夹具的总体方案应与生产纲领相适应。在大批大量生产时,应尽量采用各种快速、高效结构，以缩短辅助时间，提高生产率。小批量生产中，则要求在满足夹具功能的前提下，尽量使夹具结构简单、易于制造。对介于大批大量和小批量生产之间的各种生产规模，可根据经济性原则选择合理的结构方案。

(3) 使用性好。夹具的操作维护应安全方便，能减轻工人劳动强度。夹具操作位置应符合操作工人的习惯，必要时应有安全保护装置，工件的装卸要方便，夹紧要省力，排屑要通畅。

(4) 经济性好。应尽量采用标准元件和组合件，专用零件的结构工艺性要好，以便于制造、装配和维修，可缩短夹具设计制造周期，降低夹具制造成本。

第二节 工件的定位设计

用夹具安装工件时，首先要使工件在夹具中占据正确的位置，即工件的定位。一批工件逐个在夹具上定位时，各个工件在夹具中占据的位置不可能完全一致，但各个工件位置变动量必须控制在加工要求所允许的范围内。

一、工件定位的基本原理

1. 六点定则

一个尚未定位的工件是一个自由工件，其位置是不确定的。一个自由工件的位置不确定性，称为自由度。如图 6-2 所示，一个自由工件在空间直角坐标系中，工件可以沿 X、Y、Z 轴的方向，有不同的位置，称作工件沿 X、Y 和 Z 轴的轴向位置自由度，用$\overrightarrow{X}$、$\overrightarrow{Y}$、$\overrightarrow{Z}$ 表示。工件也可以绕 X、Y、Z 轴的角度方位，有不同的位置，称作工件绕 X、Y 和 Z 轴的角向位置自由度，用 $\widehat{X}$、$\widehat{Y}$、$\widehat{Z}$ 表示。因此，工件的自由度有六个。

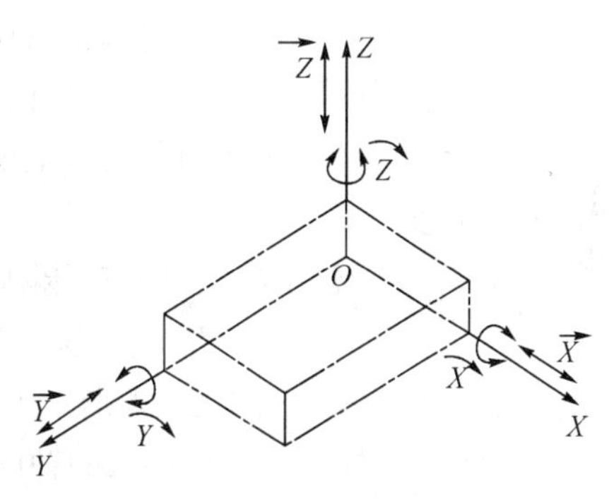

图 6-2 未定位工件的六个自由度

工件的定位就是采用适当的约束措施来限制工件的某些自由度，使工件在该方向上有确定的位置。如图 6-3 所示。在长方体工件底面设置不处于同一直线上的三个约束点 1、2、3，工件底面与三个约束点接触，限制$\overrightarrow{Z}$、$\widehat{X}$ 和 $\widehat{Y}$ 三个自由度。在工件侧面设置两个约束点 4、5，工件侧面与两个约束点接触，限制$\overrightarrow{X}$ 和 $\widehat{Z}$ 两个自由度。在工件端面设置一个约束点 6。工件端面与一个约束点接触，限制$\overrightarrow{Y}$ 一个自由度。这样工件的六个自由度都限制了，工件在夹具中的位置得到了完全确定。这些用来限制工件自由度的约束点，称为定位支承点，简称支承点。

用适当分布的六个支承点限制工件的六个自由度，称为六点定则。

支承点的分布必须合理，否则六个支承点限制不了工件的六个自由度。例如，图 6-3 中长方体工件底面上的三个支承点应放成三角形。三角形的面积越大，定位越稳。若工件底面上的三个支承点沿 Y 轴成一条线分布，则工件绕 Y 轴的角度自由度 $\widehat{Y}$ 不能限制。若工件侧面上的两个支承点沿 Z 轴方向分布，则工件绕 Z 轴的角度自由度

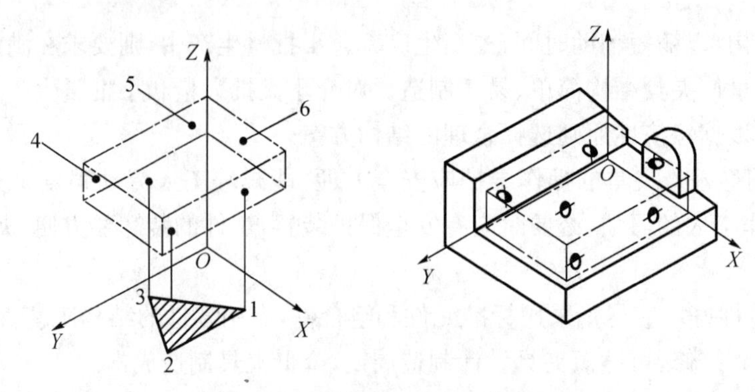

图 6-3　长方形工件的六点定位

$\widehat{Z}$ 不能限制。

必须指出：定位是支承点与工件的定位基面相接触来实现的，如两者一旦相脱离，定位作用就消失了。同时，定位和夹紧概念不能混淆。在分析定位支承点起定位作用时，不考虑力的作用，工件在某一坐标参数方向上的自由度被限制，是指工件在该坐标参数方向上有了确定的位置。而不是指工件受到使工件脱离支承点的外力时不能运动，使工件在外力作用下不能运动属于夹紧任务。此外，长方体工件底面与三个支承点接触，限制 $\vec{Z}$、$\widehat{X}$ 和 $\widehat{Y}$ 三个自由度。这是由于三个支承点综合作用的结果，而不是各支承点与被限制的自由度之间成一一对应关系，即不是一个支承点限制一个自由度。

六点定则是工件定位的基本法则，用于实际生产时，起支承点作用的是一定形状的几何体，这些用来限制工件自由度的几何体就是定位元件。工件在夹具中定位时，往往是利用工件上的几个表面与夹具上的几个定位元件的工作表面相接触，来限制工件的几个自由度。

表 6-1 为常用的定位元件能限制的工件自由度。

(1) 短圆柱销与工件定位孔呈被包容关系。被工件定位孔包容时，提供两点约束，消除工件两个移动自由度；菱形销提供一点约束，消除一个转动自由度。

(2) 长圆柱销与工件接触的轴向尺寸较大，提供四点约束，消除工件两个移动自由度和两个转动自由度。

(3) 短 V 形块与工件外圆柱面轮廓成两条短直线或两点接触，对工件提供两点约束，消除两个方向上的移动自由度。

(4) 长 V 形块与轴类工件成两条直线或四点接触，提供四点约束，消除两个移动自由度和两个转动自由度。

2. 六点定则的应用

在实际生产中，应用六点定则分析工件在夹具中的定位问题时，常有以下几种情况：

(1) 完全定位

工件的六个自由度都被限制的定位称为完全定位。如长方体工件铣不通槽需要限制工件的六个自由度，应该采用完全定位。

(2) 不完全定位

工件被限制的自由度少于六个，但能保证加工要求的定位称为不完全定位。如图

6－4 加工通槽的例子,工件的移动自由度$\vec{Y}$并不影响通槽的加工要求。因此,不完全定位属正常定位。

(3) 欠定位

按照加工要求,需要限制的自由度没有全部被限制的定位称为欠定位。欠定位不能保证加工要求,欠定位是不允许出现的。如图 6－4 中,如果移动自由度$\vec{X}$没有被限制,就不能保证尺寸 30±0.1 mm。

表 6－1　常用的定位元件能限制的工件自由度

工件的定位面	夹具的定位元件				
平面	支承钉	定位情况	一个支承钉	两个支承钉	三个支承钉
		示意图	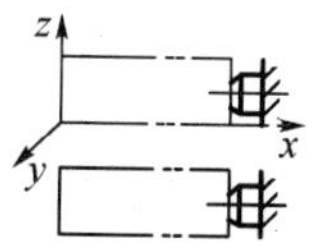	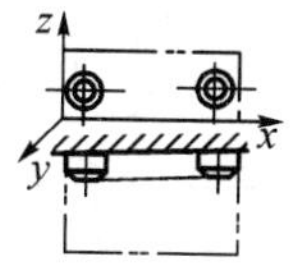	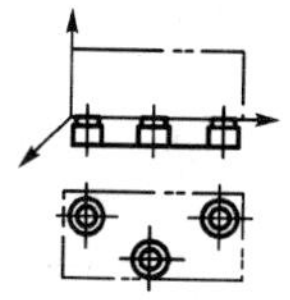
		限制的自由度	$\vec{x}$	$\vec{y}$ $\widehat{z}$	$\widehat{x}$ $\widehat{x}$ $\widehat{y}$
	支承板	定位情况	一块条形支承板	两块条形支承板	三块条形支承板
		示意图	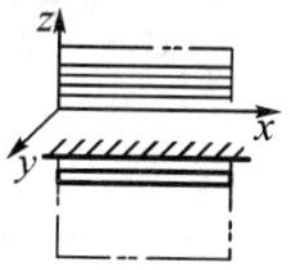	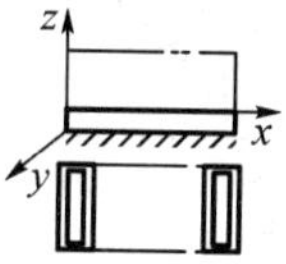	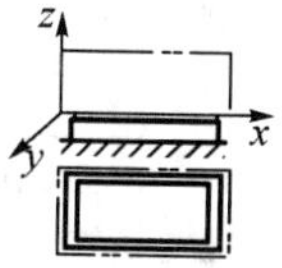
		限制的自由度	$\vec{y}$ $\widehat{z}$	$\vec{z}$ $\widehat{x}$ $\widehat{y}$	$\vec{z}$ $\widehat{x}$ $\widehat{y}$
圆柱孔	圆柱销	定位情况	短圆柱销	长圆柱销	两段短圆柱销
		示意图	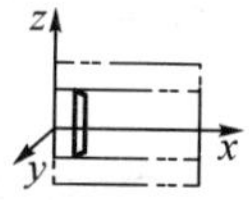	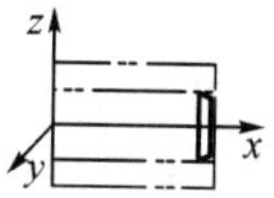	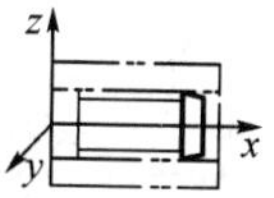
		限制的自由度	$\vec{y}$ $\dot{z}$	$\vec{y}$ $\vec{z}$ $\widehat{y}$ $\widehat{z}$	$\vec{y}$ $\dot{z}$ $\widehat{y}$ $\widehat{z}$
		定位情况	菱形销	长销小平面组合	短销大平面组合
		示意图	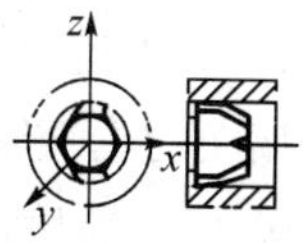	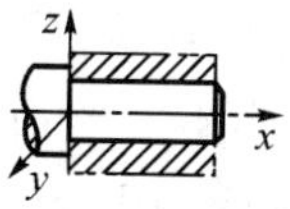	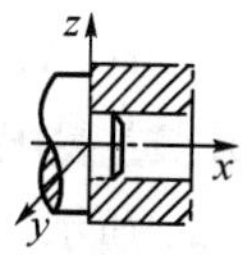
		限制的自由度	$\vec{z}$	$\vec{x}$ $\vec{y}$ $\vec{z}$ $\widehat{y}$ $\widehat{z}$	$\vec{x}$ $\vec{y}$ $\vec{z}$ $\widehat{y}$ $\widehat{z}$
	圆锥销	定位情况	固定锥销	浮动锥销	固定锥销与浮动锥销组合
		示意图	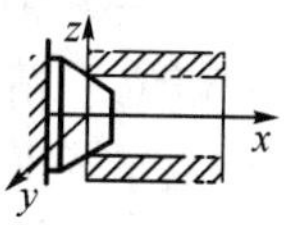	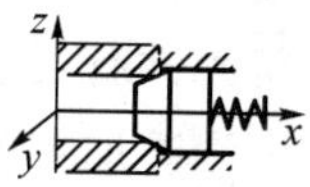	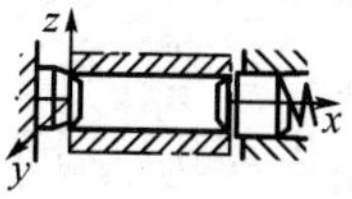
		限制的自由度	$\vec{x}$ $\dot{y}$ $\vec{z}$	$\vec{y}$ $\vec{z}$	$\vec{x}$ $\vec{y}$ $\vec{z}$ $\widehat{y}$ $\widehat{z}$

续 表

工件的定位面	夹具的定位元件				
圆柱孔	心轴	定位情况	长圆柱心轴	短圆柱心轴	小锥度心轴
		示意图	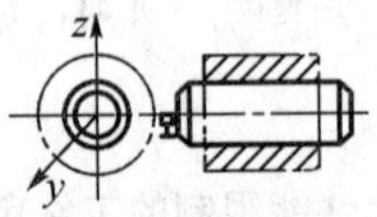	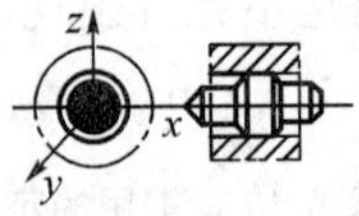	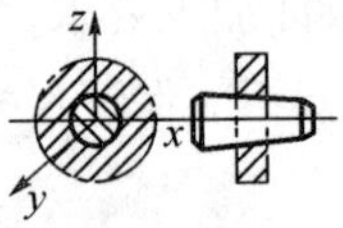
		限制的自由度	$\vec{x}\ \vec{z}\ \hat{x}\ \hat{z}$	$\vec{x}\ \vec{z}$	$\vec{x}\ \vec{z}$
外圆柱面	V形块	定位情况	一块短V形块	两块短V形块	一块长V形块
		示意图	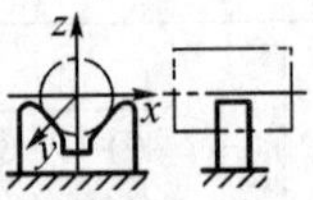	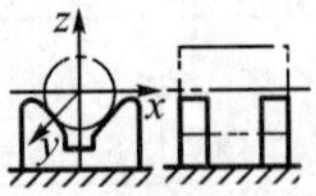	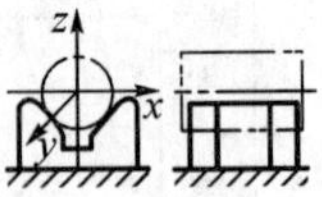
		限制的自由度	$\vec{x}\ \vec{z}$	$\vec{x}\ \vec{z}\ \hat{x}\ \hat{z}$	$\vec{x}\ \vec{z}\ \hat{x}\ \hat{z}$
	定位套	定位情况	一个短定位套	两个短定位套	一个长定位套
		示意图	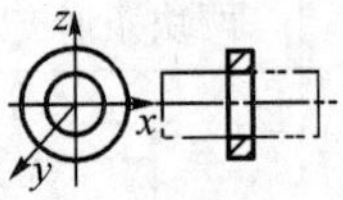	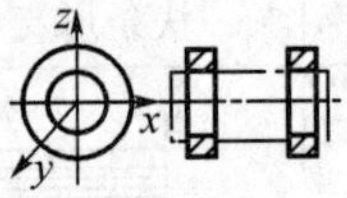	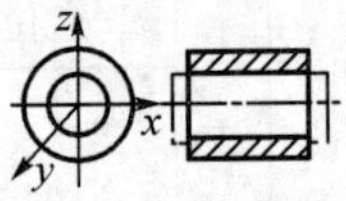
		限制的自由度	$\vec{x}\ \vec{z}$	$\vec{x}\ \vec{z}\ \hat{x}\ \hat{z}$	$\vec{x}\ \vec{z}\ \hat{x}\ \hat{z}$
圆锥孔	顶尖和锥度心轴	定位情况	固定顶尖	浮动顶尖	锥度心轴
		示意图	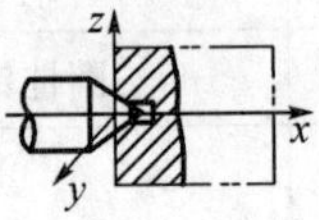	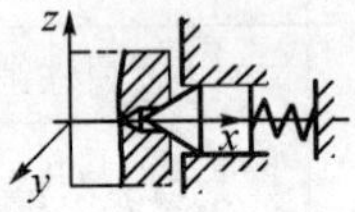	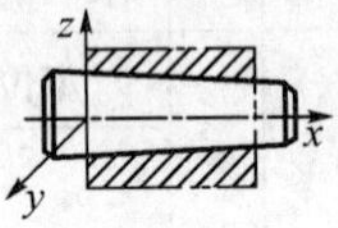
		限制的自由度	$\vec{x}\ \vec{y}\ \vec{z}$	$\vec{y}\ \vec{z}$	$\vec{x}\ \vec{y}\ \dot{z}\ \hat{y}\ \hat{z}$

(4) 过定位

工件的一个或几个自由度被两个或两个以上的约束重复限制的定位称为过定位。

如图 6-4(a)所示，为插齿加工夹具。工件 3(齿坯)以内孔在心轴 1 上定位，限制工件的$\vec{X}$、$\vec{Y}$、$\hat{X}$、$\hat{Y}$四个自由度，以端面在支承凸台 2 上定位，限制工件的$\vec{Z}$、$\hat{Y}$、$\hat{Y}$三个自由度，$\hat{X}$、$\hat{Y}$被重复限制，属于过定位。当齿坯孔与端面的垂直度误差较大时，工件的定位将如图 6-4(b)所示，这时齿坯端面与凸台只有一点接触，夹紧后，造成工件或心轴的弯曲变形。

防止出现因过定位影响加工精度的方法有两种，一是改变定位装置结构。如将长圆柱销改为短圆柱销，去掉重复限制 $\hat{X}$、$\hat{Y}$ 的两个支承点，或将大支承板改为球面垫圈，如图 6-4(c)所示，去掉重复限制 $\hat{X}$、$\hat{Y}$ 的两个支承点。但这样做会使夹具结构复杂，刚度差。二是提高工件和定位元件有关表面形状和位置精度。如图 6-4(a)所示夹具，如果齿坯孔与端面的垂直度误差加上夹具心轴与凸台的垂直度误差之和，小于或等于齿坯孔与心轴之间的间隙，

就不会出现图 6-4(b)所示情况，工件和夹具有关表面位置精度提高后，虽然仍是

过定位，但工件和心轴不会在夹紧力作用下变形，而且定位精度高，夹具刚度好。因此，过定位有时是必要的，因为过定位如使用得当，可起到增强刚性和稳定性作用。

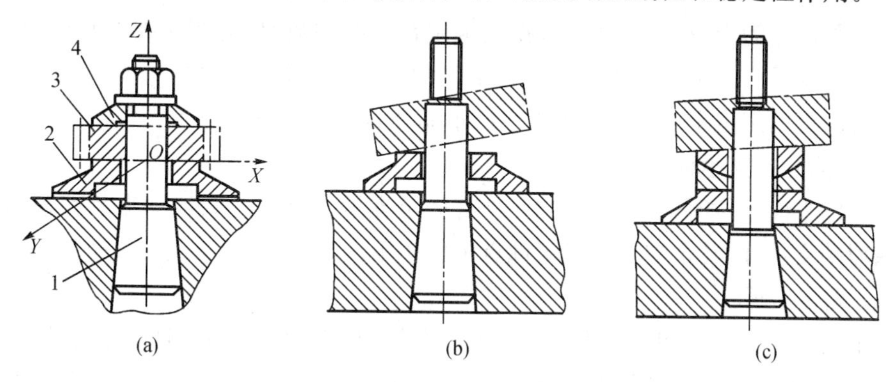

1-心轴　2-支承凸台　3-工件　4-压板

图 6-4　插齿加工常用定位方式及其夹具

3. 限制工件自由度与加工要求的关系

工件在夹具中定位时，并非所有情况都必须限制工件的六个自由度，设计工件的定位方案时，应根据本工序的加工要求，分析必须限制哪些自由度，然后在夹具中配置相应的定位元件。

例如，铣图 6-5 所示工件上的通槽，为保证工件上通槽底面与 A 面的平行度和尺寸 $60^{0}_{-0.2}$mm 两项加工要求，必须限制 $\widehat{X}$、$\widehat{Y}$、$\vec{Z}$ 三个自由度。为保证通槽的侧面与 B 面的平行度和尺寸 30±0.1 mm 两项加工要求，必须限制 $\vec{X}$、$\widehat{Z}$ 两个自由度。至于 $\vec{Y}$，从加工要求的角度看，可以不限制。因此，在此情况下，限制工件的五个自由度就可以保证工序的加工要求。

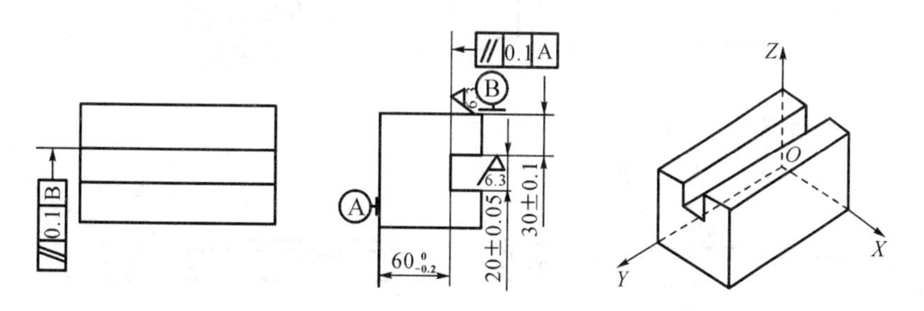

图 6-5　按照加工要求确定必须限制的自由度

二、常用的定位方法和定位元件

定位元件设计包括定位元件的结构、形状、尺寸及布置形式等。主要决定于工件的加工要求和工件定位基准的形状、尺寸精度和外力的作用状况等因素。

设计定位元件时，应满足以下基本要求：具有较高的制造精度，以保证工件定位准确；耐磨性好，以延长定位元件的更换周期，提高夹具的使用寿命；应有足够的强度和刚度，以保证在夹紧力、切削力等外力作用下，不产生较大的变形而影响加工精度。工艺性好，定位元件的结构应力求简单、合理，便于加工、装配和更换。

(一) 工件以平面定位

在机械加工中,大多数工件,如箱体、机体、支架、圆盘等零件,都以平面作为主要定位基准。平面作为定位基准,通常根据其限制自由度的数目,分为主要支承面、导向支承面和止推支承面。限制工件的三个自由度的定位平面,称为主要支承面。限制工件的两个自由度的定位平面,称为导向支承面,该平面常常做成窄长面。限制一个自由度的平面,称为止推支承面。

工件以平面定位时,常用的定位元件有固定支承、可调支承、浮动支承和辅助支承等。除辅助支承外,其余支承均对工件有定位作用。

(1) 固定支承

固定支承有支承钉和支承板两种形式。在使用过程中,它们都是固定不动的。

图 6-6 为标准支承钉和支承板。图 6-6(a)为平头支承钉,用于精基准平面的定位。图 6-6(b)为球头支承钉,用于定位基准面是粗糙不平的粗基准表面,可减小与工件的接触面积,提高定位稳定性。图 6-6(c)为齿纹头支承钉,用于侧面定位,花纹增大摩擦系数,防止工件受力后滑动。图 6-6(d)为光面支承板,结构简单,便于制造。但沉头螺钉处的积屑难于清除,多用于侧面和顶面定位。图 6-6(e)为斜槽式支承板,

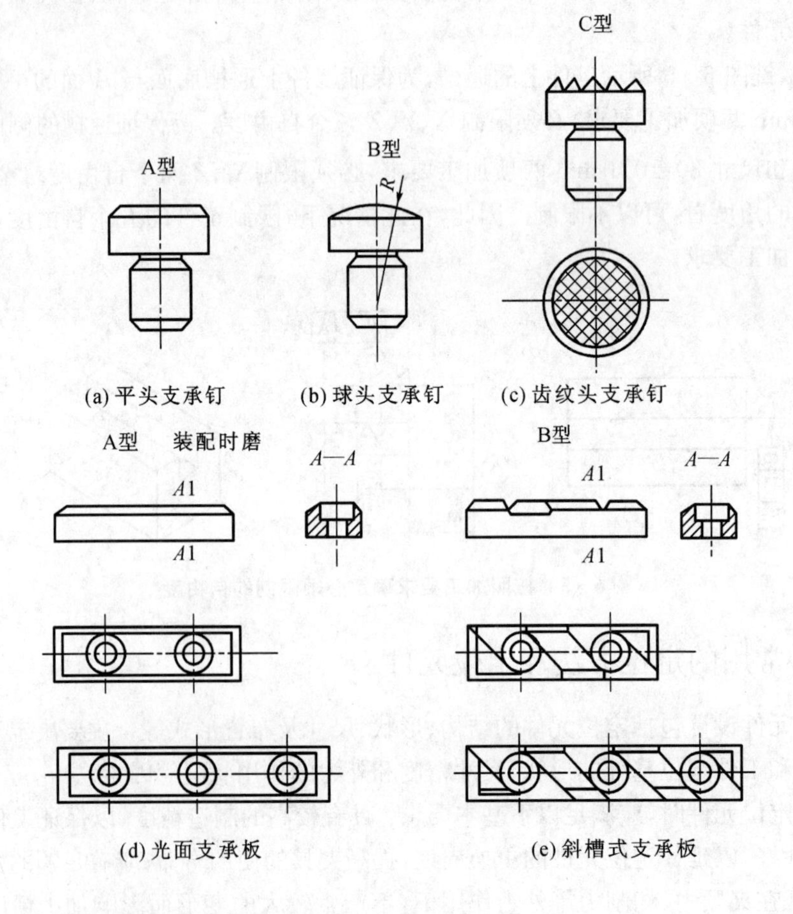

图 6-6 固定支承

因易于清除切屑和容纳切屑，适用于底面定位。

在实际应用中，还可以根据需要设计非标准结构支承钉和支承板，如台阶式支承板、圆形支承板、三角形支承板等。当几个支承钉或支承板在装配后要求等高时，采用装配后一次磨削法，以保证它们的限位基面在同一平面内。

(2) 可调支承

可调支承是支承点位置可以调整的支承，其结构已标准化。可调支承的工作位置，一经调节合适后需要锁紧，以防止在夹具使用过程中定位支承螺钉的松动而使其支承点位置发生变化。

图 6－7 所示的几种可调支承采用螺钉螺母形式实现支承点位置的调整。图(a)直接用手或拨杆拧动球头螺钉 1 进行高度调节，多用于小型工件；图(b)用扳手调节螺钉 1，故适用于较重的工件；图(c)带有压脚 3 的可调支承，可增大接触面积，避免损坏定位面；图(d)用扳手调节螺钉 1，用于侧面定位。

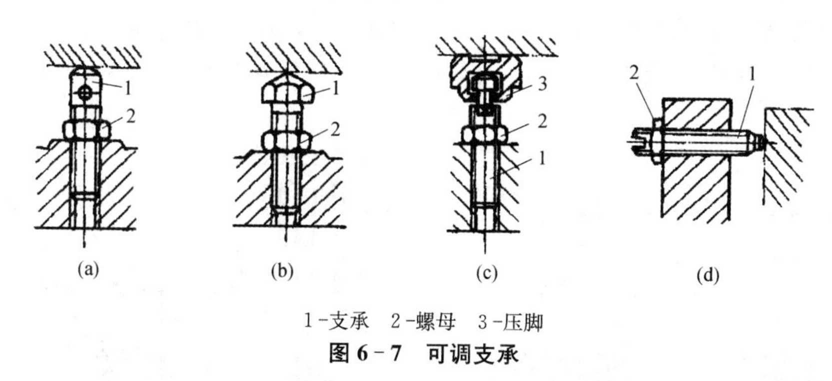

1－支承　2－螺母　3－压脚

图 6－7　可调支承

可调支承常用于工件的毛坯制造精度不高，而又以粗基准定位的工序中，采用可调支承进行调整定位，以保证工序有足够和均匀的加工余量。有时也可用于成组加工中不同尺寸的相似工件的定位。

(3) 自位支承

自位支承又称浮动支承。自位支承本身在对工件定位过程中，其支承点位置随工件定位基准面的变化而自动调节，当基准面有误差时，定位基面压下其中一点，其余点便上升，直至全部接触为止。因此，自位支承在结构上是具有可移动或转动的浮动元件。

图 6－8 所示为几种常见的自位支承。图 6－8(a)是球面多点式自位支承，作用相当于一个定位支承点。图 6－8(b)、(c)是两点式自位支承，作用相当于一个定位支承点。

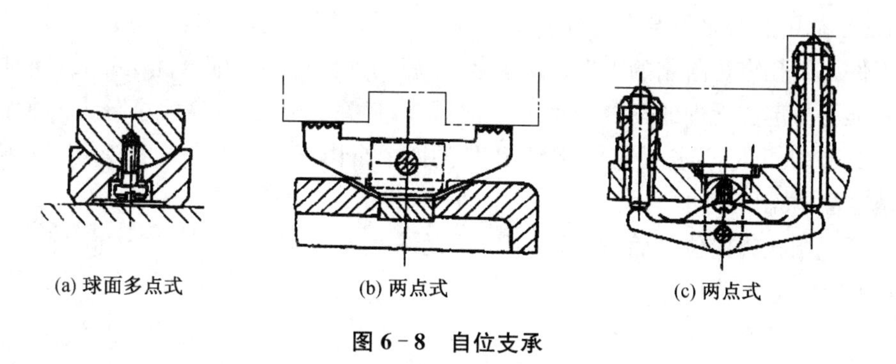

(a) 球面多点式　(b) 两点式　(c) 两点式

图 6－8　自位支承

自位支承由于增加了接触点数，可提高工件的安装刚性和稳定性，但其作用仍相当于一个定位支承点，只限制工件的一个自由度。自位支承主要用于工件以毛坯面定位、定位基面不连续或台阶面及工件刚性不足的场合。

(4) 辅助支承

生产中，由于工件形状以及夹紧力、切削力、工件重力等原因可能使工件定位后产生变形或定位不稳定。为了提高工件的安装刚性和稳定性，常需要设置辅助支承。辅助支承在定位支承对工件定位后才参与支承，不起定位作用，有调整和锁紧机构。

图 6-9 所示为辅助支承的典型结构，图 6-9(a)工件定位时，辅助支承 1 高度低于主要支承，工件定位后，必须逐个调整，以适应工件定位表面位置的变化。其特点是结构简单，但在调节时需转动支承，这样可能会损伤工件的定位面。图 6-9(b)避免了这种缺点，调节时转动螺母 2，辅助支承 1 只作上下直线运动。这两种结构，动作较慢，拧动时用力不当会破坏工件定位。图 6-9(c)辅助支承 1 的高度高于主要支承，当工件放在主要支承上后，靠弹簧 3 的弹力使辅助支承 1 与工件表面接触，转动手柄 4，将辅助支承 1 锁紧。为了防止锁紧时将辅助支承 1 顶出，α 角不应太大，以保证有一定自锁性，一般取 7°～10°。

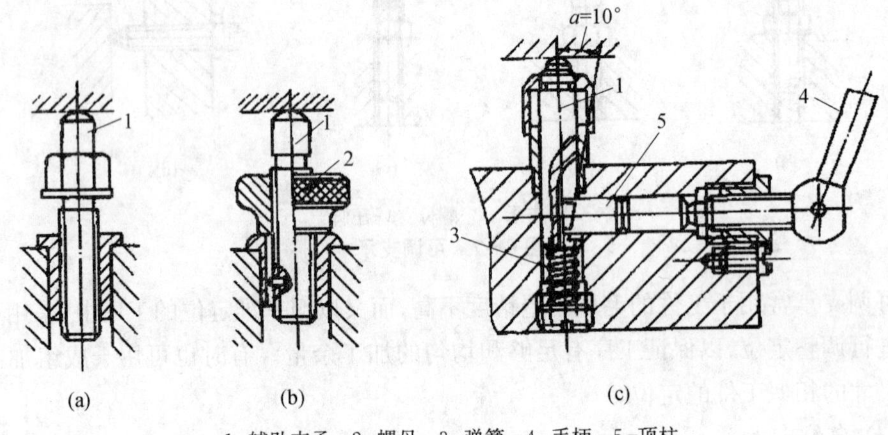

1-辅助支承　2-螺母　3-弹簧　4-手柄　5-顶柱

图 6-9　辅助支承

由于采用辅助支承会使夹具结构复杂，增加操作时间，因此，当定位基准平面精度较高而允许过定位时，可用固定支承代替。各种辅助支承在每次卸下工件后，必须松开，装上工件后再调整和锁紧。

(二) 工件以圆柱孔定位

套筒、轮盘和齿轮类工件，常以孔的中心线作为定位基准。常用的定位方法是用定位销、定位插销和心轴等与孔的配合实现的。有时采用自动定心定位等。

工件以圆孔定位限制的工件自由度数，不仅与两者之间的配合性质有关，同时还与定位基准孔与定位元件的配合长度 L 与直径 D 有关。根据 L/D 大小分为两种情形：当 $L/D>1\sim1.5$ 时，为长销定位，限制工件的四个自由度。若配合长度较短($L/D<1$)，为短销定位，限制工件的两个自由度。

工件以圆孔为定位基面，常用以下定位元件。

(1) 定位销

图 6－10 所示为标准化的圆柱定位销。直径 d 与定位孔配合，为便于工件装入，上端部有较长的倒角。图 6－10(a)、(b)、(c)的定位销以尾柄与夹具体孔采用过盈配合连接，图 6－10(d)的定位销通过衬套与夹具体连接，其尾柄与衬套采用间隙配合，这种结构便于更换。定位销的有关参数可查“夹具标准”或“夹具手册”。

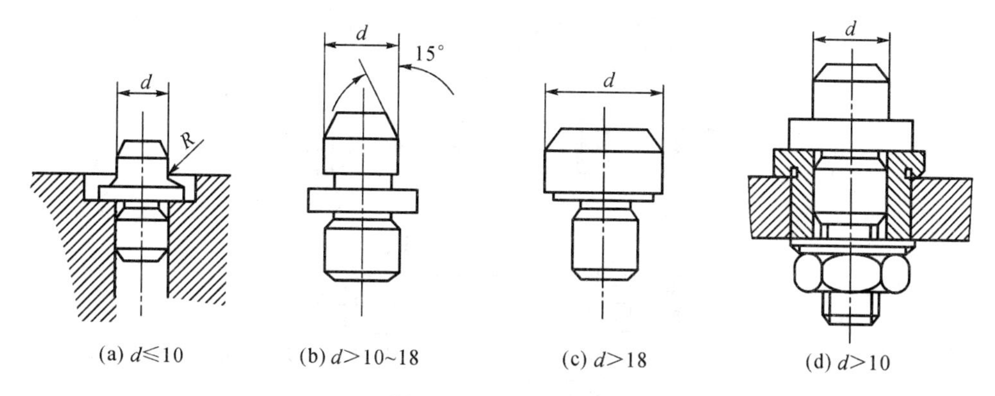

(a) $d \leqslant 10$　(b) $d > 10 \sim 18$　(c) $d > 18$　(d) $d > 10$

图 6－10　圆柱定位销

图 6－11(a)所示为菱形销，它只在圆弧部分与工件定位孔接触。因而定位时只在该接触方向限制工件的一个自由度，在需要避免过定位时使用。图 6－11(b)、(c)所示为圆锥销，工件圆孔与锥销定位，圆孔与锥销的接触线是一个圆，限制工件 $\vec{X}$、$\vec{Y}$、$\vec{Z}$ 三个位移自由度，图 6－11(a)用于用于毛坯孔定位，图 6－11(b)用于已加工孔定位。

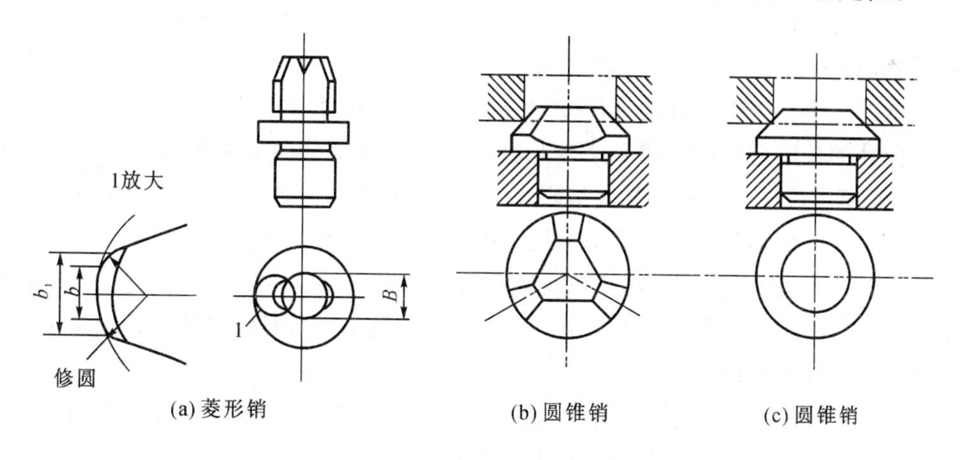

(a) 菱形销　(b) 圆锥销　(c) 圆锥销

图 6－11　菱形销和圆锥销

(2) 定位心轴(或刚性心轴)

常用的定位心轴分为圆柱心轴和锥度心轴。

圆柱心轴常见结构形式如图 6－12 所示。图 6－12(a)是间隙配合心轴，心轴的限位基面一般按 $h6$、$g6$ 或 $f7$ 制造，与工件孔的配合属于间隙配合。其特点是装卸工件方便，但定心精度不高。为了减少因配合间隙而造成的工件倾斜，工件常以孔与端面组合定位，因此要求工件定位孔与定位端面、心轴限位圆柱面与限位端面之间都有较高的位置精度，最好能在一次装夹中加工出来。切削力矩传递靠端部螺纹夹紧产生的夹紧力传递。

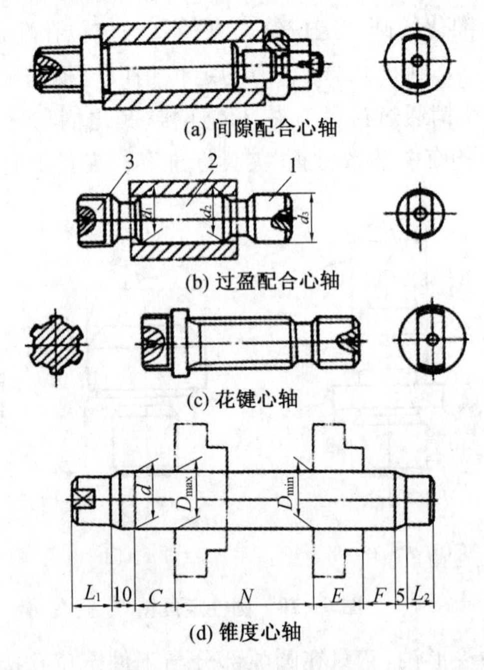

(a) 间隙配合心轴

(b) 过盈配合心轴

(c) 花键心轴

(d) 锥度心轴

图 6-12　定位心轴结构

图 6-12(b)为过盈配合心轴，由引导部分 1、工作部分 2、传动部分 3 组成。其特点是结构简单，定心准确，不需要另设夹紧机构；但装卸工件不方便，易损坏工件定位孔，因此多用于定心精度高的精加工。引导部分的作用是使工件迅速而准确地装入心轴，其直径 $d3$ 按 $e8$ 制造，$d3$ 的基本尺寸等于工件孔的最小极限尺寸，其长度约为工件定位孔长度的一半。工作部分的直径按 $r6$ 制造，其基本尺寸等于孔的最大极限尺寸。当工件定位孔的长度与直径之比 $L/D>1$ 时，心轴的工作部分稍带锥度，这时，直径 $d1$ 按 $r6$ 制造，其基本尺寸等于孔的最大极限尺寸；直径 $d2$ 按 $h6$ 制造，其基本尺寸等于孔的最小极限尺寸。传动部分的作用是与机床传动装置相连接，传递运动。

图 6-12(c)是花键心轴，用于以花键孔为定位基准的工件。当工件定位孔的长径比$L/D>1$时，心轴工作部分可稍带锥度。设计花键心轴时，根据工件的不同定位方式来确定定位心轴的结构。

图 6-12(d)是锥度心轴，工件在锥度心轴上定位，通过孔和心轴接触表面的弹性变形来夹紧工件，由于是无间隙配合，定心精度较高，可达到 $\phi 0.005 \sim \phi 0.01$ mm，但工件的轴向位移量较大，适用于工件定位孔精度不低于 IT7 的精车和磨削工序中。心轴锥度 K 如表 6-2 所示。锥度大会造成工件在心轴上倾斜，锥度过小会由于工件孔径的变化而引起工件轴向位置有较大的变动。为保证心轴的刚度，心轴的长径比 $L/D>8$ 时，应将工件按定位孔的公差范围分成 2～3 组，每组设计一根心轴。

表 6-2　高精度心轴锥度推荐值

工件定位孔直径 D/mm	8～25	25～50	50～70	70～80	80～100	>100
锥度 K	$\frac{0.01\ \text{mm}}{2.5D}$	$\frac{0.01\ \text{mm}}{2D}$	$\frac{0.01\ \text{mm}}{1.5D}$	$\frac{0.01\ \text{mm}}{1.25D}$	$\frac{0.01\ \text{mm}}{D}$	$\frac{0.01}{100}$

除了刚性心轴外，生产中还有弹性心轴、液塑心轴及自动定心心轴等，它们在定位的同时将工件夹紧，使用很方便，但结构比较复杂。

（三）工件以外圆柱面定位

以外圆柱面定位的工件有：轴类、套类、盘类、连杆类等零件。外圆柱面是定位基面，外圆柱面的中心线是定位基准。常用的定位元件有：V形块、半圆套、定位套等。

（1）V形块

V形块作为定位元件，不仅安装工件方便，而且定位对中性好，即能使工件的定位基准轴线处于V形块两工作斜面的对称面上。不论定位基准是完整的还是非完整或阶梯的圆柱表面，不论是粗基准还是精基准，都可采用V形块定位。V形块既可用作主要定位，又可用作辅助定位。

V形块结构如图6-13所示，两工作面间的夹角α，有60°，90°，120°三种，其中以90°应用最广。V形块均已标准化，设计时可查看有关标准。

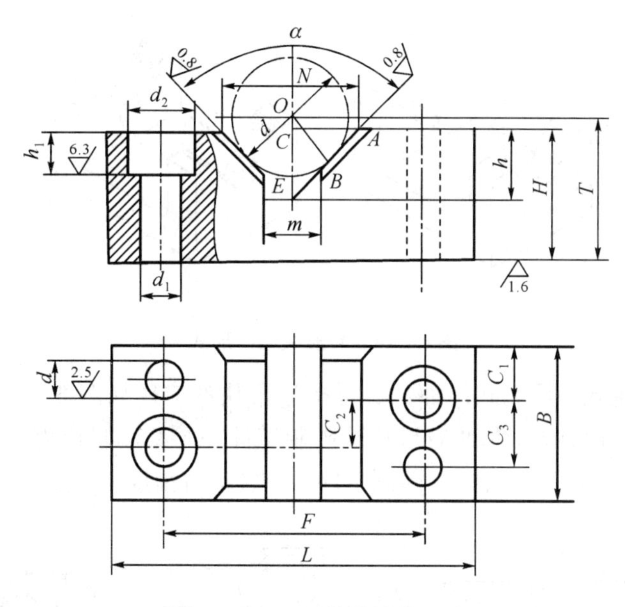

图6-13　V形块的结构尺寸

V形块在夹具中的安装尺寸T是V形块的主要设计参数，由几何关系可得

$$T=H+0.5\left(\frac{d}{\sin\frac{\alpha}{2}}-\frac{N}{\tan\frac{\alpha}{2}}\right) \tag{6-1}$$

式中：T——V形块的定位高度，单位为mm；

H——V形块的高度，单位为mm；

d——工件或检验心轴的直径；单位为mm；

α——V形块两工作面间的夹角，单位为(°)；

N——V形块的开口尺寸，单位为mm。

当$\alpha=90°$时，$T=H+0.707d+0.5N$

图6-14所示为常用的V形块结构形式。图6-14(a)为用于较短的精基准定位。

图 6－14(b)为用于较长的粗基准或阶梯轴的定位。图 6－14(c)为用于较长的精基准或两个相距较远的轴的定位基准面的定位。V 形块不一定采用整体结构的钢件，如图 6－14(d)所示可在铸铁底座上镶装淬硬的钢片或硬片合金的结构，以减少磨损，提高寿命和节约材料。上述 V 形块的结构形式虽然不同，但其目的均在于与定位基准面保持紧贴关系，使短 V 形块能限制工件的两个移动自由度，长 V 形块能限制工件的四个自由度(两个移动及两个转动)。

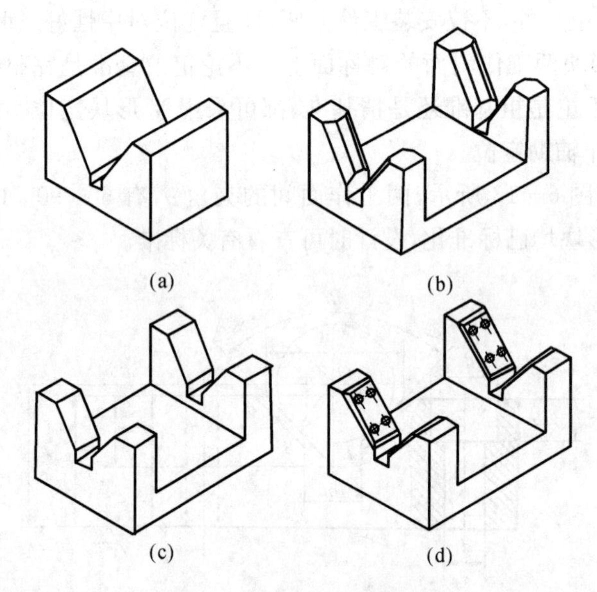

图 6－14　V 形块结构形式

V 形块有固定式和活动式两种。活动式 V 形块的应用如图 6－15 所示，图 6－15 为加工轴承座的定位方式，活动 V 形块除限制工件一个移动自由度外，还兼夹紧工件的作用。图为 V 形块只定位作用，限制工件一个转动自由度。

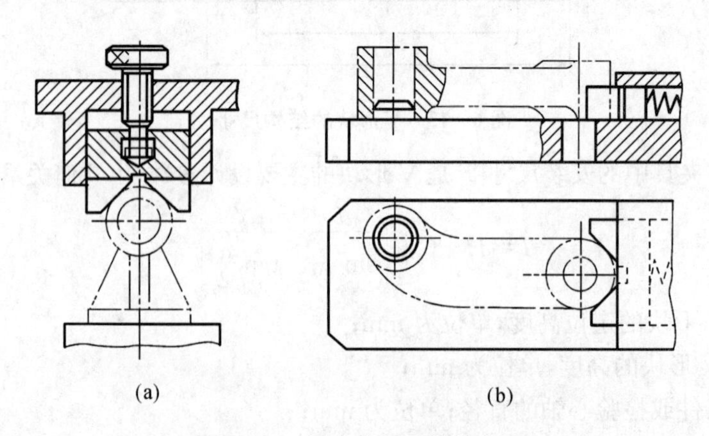

图 6－15　活动式 V 形块的应用

(2) 定位套

定位套有圆定位套、半圆套和圆锥套三种结构形式。图 6－16 所示为常用的几种定位套结构形式。

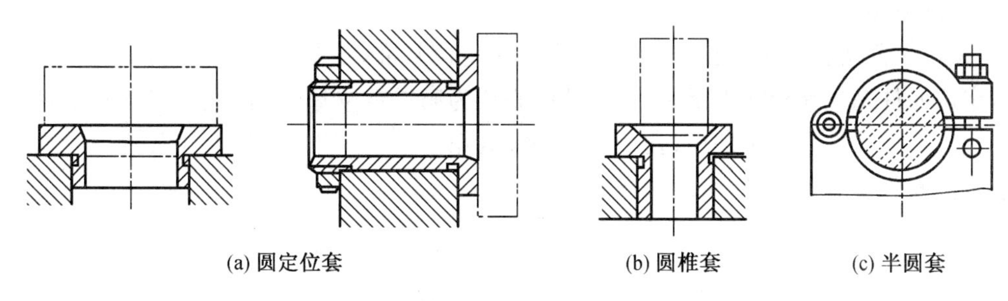

图 6-16　定位套结构形式

图 6-16(a)为圆定位套结构，为限制工件沿轴向自由度，常与端面组合定位，限制工件的五个自由度。如果把工件端面作为主要定位面，工件端面可限制三个自由度，短套定位孔限制二个自由度。如果把长套定位孔作为主要限位基面，长套定位孔限制四个自由度，工件端面可限制一个移动自由度。图 6-16(b)为圆锥套的结构，可限制工件三个自由度。图 6-16(c)为半圆套结构，半圆套的下半部分装在夹具体上，起定位作用。上半部分制成铰链式或可卸式的半圆盖，仅起夹紧作用。半圆套的最小内径应取工件定位基面的最大直径，常用于大型轴类工件及不便于轴向装夹的工件。

（四）组合表面定位

实际生产中经常遇到的不是单一表面定位，而是几个表面的组合定位。这时，按限制自由度的数目来区分每一定位面的性能，限制自由度数最多的定位面称为第一定位基准面或主要定位面，次之的称为第二定位基准面或导向面，限制一个自由度的称为第三定位基准面或止推面。

常见的定位表面组合有平面与平面的组合，平面与圆孔的组合，平面与外圆表面的组合等。下面介绍一面两孔的组合定位及特殊表面定位。

1. 工件以一面两孔定位

在加工箱体、连杆和支架类零件，常用工件的平面和垂直于此平面的两个孔为定位基准组合起来定位，这样易于基准统一，保证工件的位置精度，又有利于简化夹具结构。工件的定位平面一般是已加工的精基准面，两孔可以是工件结构上原有的，也可以是为定位需要而专门精加工的工艺孔。

(1) 两个圆柱销的定位方案

工件以一面两孔在夹具支承板和两个短圆柱销上定位，这种定位是过定位，两销在连心线方向的自由度被重复限制了。过定位的后果是，当工件上两定位孔与销的配合间隙不大，而中心距误差较大时，就会使装卸工件发生干涉，为解决这一问题，可以缩小一个定位销的直径。这种方法虽然能实现工件的顺利装卸，但增大了工件的转角误差，因此只适用于加工要求不高的场合。

(2) 一个圆柱销和一个菱形销(削边销)的定位方案

如图 6-18 所示，采用削边销，沿垂直于两销的连心线方向削边，通常把削边销作成菱形销可提高强度。这种方法不缩小定位销的直径，也能起到相当于在连心线方向上缩小定位销直径的作用，使中心距误差得到补偿。在垂直于连心线的方向上，由于定位销的直径并未减小，所以工件的转角误差没有增大，有利于保证定位精度，在生产中获得广泛应用。

采用一面两孔定位，通常要求平面为第一定位基准，限制工件的$\vec{Z}$、$\hat{X}$、$\hat{Y}$三个自由度，定位元件是支承板或支承钉；孔1的中心线为第二定位基准，限制工件的$\vec{X}$、$\vec{Y}$两个自由度，定位元件是短圆柱销；孔2的中心线为第三定位基准，限制工件$\hat{Z}$的一个自由度，定位元件是短菱形销，实现六点定位。

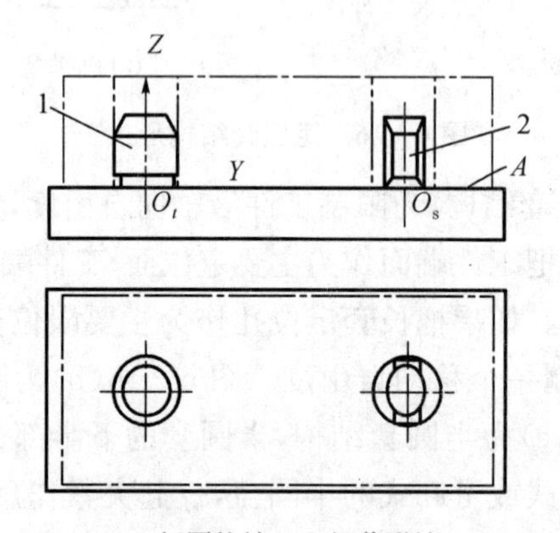

1-短圆柱销　2-短菱形销

图6-17　一面两孔组合定位

菱形销(削边销)宽度尺寸的确定。

菱形销(削边销)的设计计算。计算的依据就是不发生干涉，把发生干涉部分削掉。发生干涉的两种极限情况为：

① 工件孔距 $L_{gmin}=L-\delta L_d$，销距 $L_{xmax}=L+\delta L_d$，d_{1max}、d_{2max}、D_{1min}、D_{2min}。

② 工件孔距 $L_{gmax}=L+\delta L_d$，销距 $L_{xmax}=L_x-\delta L_d$，d_{1max}、d_{2max}、D_{1min}、D_{2min}。

按①计算削边销的宽度b：设孔1中心O'_1与销1中心O_1重合，最小间隙为X_{1min}；孔2中心O'_2与销2中心O_2重合，最小间隙为$X_{2min}=D_{2min}-d_{2max}$，$O'_2$为图6-18所示极限状态孔2的中心位置。为了避免过定位，应将干涉部分削掉。

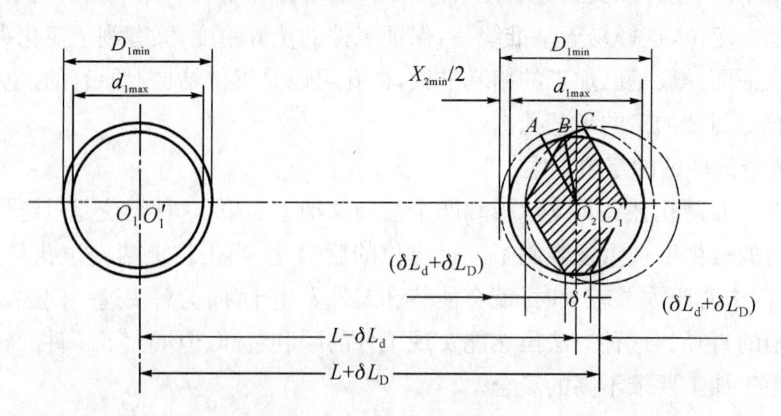

图6-18　削边销的计算

由图6-18所示的几何关系

$$\overline{CO_2}^2=\overline{AO_2}^2-\overline{AC}^2=\overline{BO_2}^2-\overline{BC}^2$$

其中

$$\overline{AO_2}=\frac{1}{2}D_{2\min},\overline{AC}=\overline{AB}+\overline{BC}=(\delta L_D+\delta L_d)+\frac{1}{2}b$$

$$\overline{BO_2}=\frac{1}{2}d_{2\max}=\frac{1}{2}(D_{2\min}-X_{2\min}),\overline{BC}=\frac{1}{2}b$$

整理并略去二次微量$(\delta L_D+\delta L_d)^2$、$X_{2\min}^2$，得

$$b=\frac{D_{2\min}X_{2\min}}{2(\delta L_D+\delta L_d)} \tag{6-2}$$

或

$$X_{2\min}=\frac{2b(\delta L_D+\delta L_d)}{D_{2\min}}$$

菱形销已标准化了，其削边尺寸可查表 6－3。

表 6－3　菱形销的尺寸　(mm)

D	>3～6	>6～8	>8～20	>20～24	>24～30	>30～40	>40～50
B	$d-0.5$	$d-1$	$d-2$	$d-3$	$d-4$	$d-5$	
b_1	1	2	3			4	5
b	2	3	4	5		6	8

注：b_1—修圆后留下圆柱部分宽度；b—削边部分宽度

2. 工件以特殊表面定位

(1) 导轨面的定位

图 6－19 为主轴箱孔系加工时的定位简图。两个短圆柱销 1 形成一个定位长销，作为主要定位基准依据，对凹山形导轨进行定位，限制两个移动自由度和两个转动自由度；长条支承板 2 限制两个自由度，挡销 3 限制一个自由度，此处的长支承板为重复定位设置。单纯从工件定位的需要来考虑，在平导轨处只需一个简单的支承钉，就可以满足工件的防转要求，但考虑到工件的安装稳定性及安装刚性，才设置成长支承板定位。若要保证支承板处较为理想的接触，工件的双导轨面必须保证较高的制造精度，否则，在平导轨处极易形成线接触以至点接触。

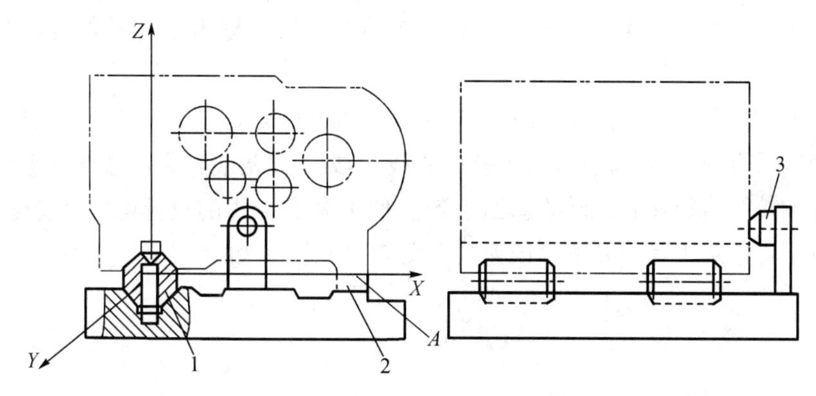

图 6－19　主轴箱孔系加工时的定位简图

(2) 齿形面定位

高精度齿轮传动中,要保证齿轮具有较高的传递运动准确性。一般要在淬火后磨内孔和齿的侧面。为保证磨齿侧面时余量均匀,先以齿形面定位磨内孔,再以内孔定位磨齿侧面。以齿形面定位磨内孔为例,此时应采用图 6-20 所示的方法来对齿轮进行定位。

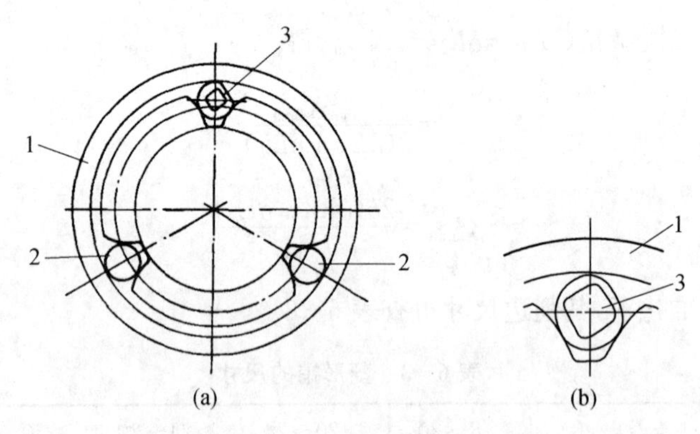

1-定位套　2-定位滚柱　3-夹紧滚柱

图 6-20　齿形面定位

在渐开线齿槽内均布三个精度很高的定位滚柱 2,并把齿轮、定位滚柱置入夹具薄壁定位套 1 中,为方便工件的夹紧,把其中的一个定位滚柱 2 磨成缺圆形 3,当扭转此滚柱时,薄壁定位套产生微量弹性变形,使齿轮定心并夹紧。

三、定位误差的分析和计算

一批工件逐个在夹具上定位时,各个工件所占据的位置不完全一致,加工后,各个工件的工序尺寸必然大小不一,形成误差。这种由于工件在夹具中定位不准确所引起的加工误差,称为定位误差,用 Δ_D 表示。

(一) 定位误差产生的原因

造成定位误差的原因有两个;一是定位基准和工序基准不重合,二是定位基准和限位基准不重合。

1. 基准不重合误差

由于定位基准与工序基准不重合而造成的加工误差称为基准不重合误差,用 Δ_B 表示。

如图 6-21 所示,工件以内孔在心轴上定位铣键槽。对于工序尺寸 a 来说,其工序基准为外圆下母线 A,定位基准为内孔中心线 O,故工序基准与定位基准不重合。由于一批工件的外圆直径在 $d_{\min}$ 到 $d_{\max}$ 之间变化,使工序基准 A 的位置也发生变化,从而导致这一批工件的加工尺寸 a 有了误差。由图 6-21(b)可知

$$\Delta_B=\frac{d_{\max}}{2}-\frac{d_{\min}}{2}=\frac{T_d}{2} \tag{6-3}$$

式中:T_d——工件外圆直径的公差

2. 基准位移误差

由于定位副的制造公差及最小配合间隙的影响，会引起定位基准在加工尺寸方向上有位置变动，其最大位置变动量称为基准位移误差，用 Δ_Y 表示。

图 6－21 所示的工件，由于定位副有制造公差和最小配合间隙，则工件内孔中心线与心轴中心线 O 不同轴，如图 6－21(c)所示，一批工件的定位基准在 O_1 和 O_2 之间变动，从而使一批工件的加工尺寸 a 有误差。由图 6－21(c)可知

$$\Delta_Y = O_1O_2 = OO_2 - OO_1 = \frac{D_{\max} - d_{o\min}}{2} - \frac{D_{\min} - d_{o\max}}{2} = \frac{T_D + T_{do}}{2}$$

式中：T_D——工件内孔的直径公差；

T_{do}——定位心轴的直径公差。

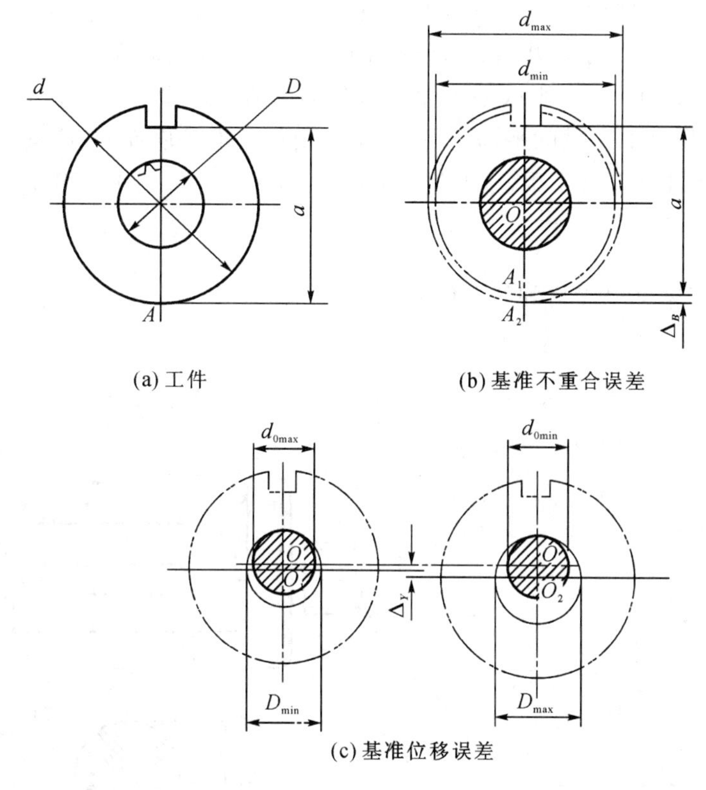

(a) 工件　(b) 基准不重合误差

(c) 基准位移误差

图 6－21　定位误差的产生

（二）定位误差的计算方法

如果采用试切法加工，通常不需要考虑定位误差。在成批生产中采用调整法加工时，需要作定位误差的分析计算。在分析定位方案时，通常定位误差应控制在工件对应公差的 1/3～1/5 以内。

定位误差的计算方法可以用几何方法，也可以用微分方法。几何方法计算定位误差又有合成法和极限位置法两种。

1. 合成法

(1) $\Delta_Y \neq 0$、$\Delta_B = 0$ 时，$\Delta_D = \Delta_Y$。

(2) $\Delta_Y=0$、$\Delta_B\neq0$ 时，$\Delta_D=\Delta_B$。

(3) $\Delta_Y\neq0$、$\Delta_B\neq0$ 时：

若工序基准不在定位基面上：$\Delta_D=\Delta_Y+\Delta_B$；

若工序基准在定位基面上：$\Delta_D=\Delta_Y\pm\Delta_B$。

判断“+”、“−”号的确定方法：首先分析定位基面直径由小到大(或由大到小)时，定位基准的变动方向；再分析在定位基准的位置不变动，当定位基面直径作同样变化时，分析工序基准的变动方向，两者变动方向相同时，取“+”号；相反时，取“−”号。

2. 极限位置法

根据定位误差的定义，直接计算出一批工件的工序基准在工序尺寸方向上的相对位置最大位移量，即加工尺寸的最大变动范围。计算时，先画出工件定位时工序基准变动的两个极限位置，再根据几何关系确定工序尺寸的最大变动范围。

例 6-1 如图 6-22 所示，工件底面和侧面已加工。求工序尺寸 A 的定位误差。

解：由于用已加工过的平面定位，$\Delta_\tau=0$；定位基准是底面，工序基准是圆孔中心线，定位基准与工序基准不重合，因此产生基准不重合误差。基准不重合误差为

$$\Delta_B=0.2\ \text{mm}$$

Δ_B 的方向与工序尺寸 A 之间的夹角为：$\gamma=45°$。

工序尺寸 A 的定位误差为

$$\Delta_D(A)=\Delta_B\cos\gamma=0.2\cos45°=0.141\ 4\ \text{mm}$$

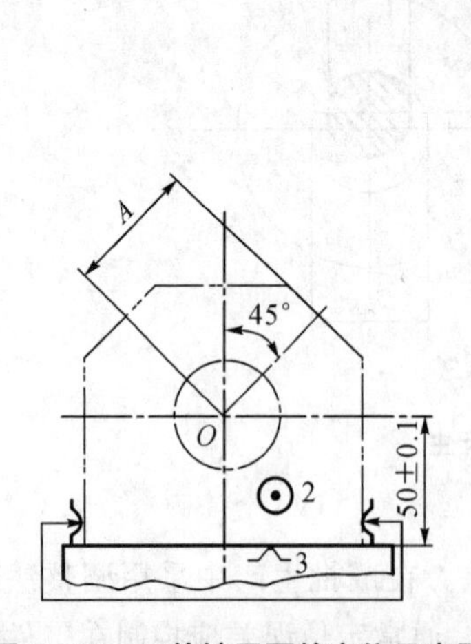

图 6-22 工件铣平面的定位示意图

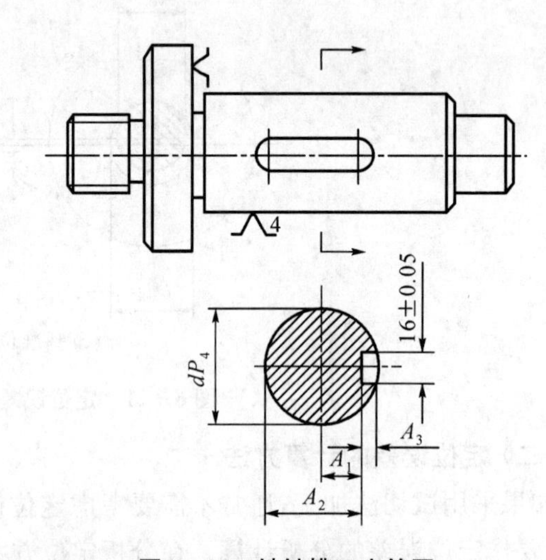

图 6-23 铣键槽工序简图

例 6-2 铣图 6-23 所示工件上的键槽，以圆柱面 $\alpha^{0}_{-T_A}$ 在 $\alpha=90°$的 V 形块上定位，不考虑 V 形块的制造误差，求工序尺寸 A_1、A_2、A_3 的定位误差。

解：(1) 工序尺寸 A_1

工序基准为外圆柱轴线，与定位基准重合，基准不重合误差 $\Delta_B(A_1)=0$；

由于定位基面存在制造公差 T_d，定位基准 O 在 O_1、O_2 之间变动，如图 6-24 所示，

定位基准的最大变动量$\overline{O_1O_2}$，即为基准位移误差。由图示几何关系

$$\overline{O_1E}=\frac{d_{max}}{2}\ \overline{O_2F}=\frac{d_{min}}{2}$$

$$\Delta_W=\overline{O_1O_2}=\frac{T_A}{2\sin\frac{\alpha}{2}} \tag{6-4}$$

Δ_w 的方向与工序尺寸 A_1 相同，即 $\beta=0$；工序尺寸 A_1 的定位误差为

$$\Delta_{D(A_1)}=\Delta_{W(A_1)}=\frac{T_d}{2\sin\frac{\alpha}{2}}$$

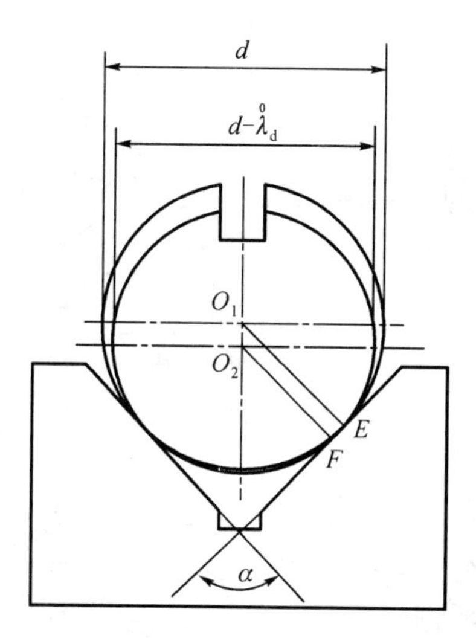

图 6-24 工件在 V 形块上定位时的基准位移误差

(2) 工序尺寸 A_2

工序基准为外圆柱下母线，与定位基准不重合，会产生基准不重合误差。基准不重合误差为：$\Delta_B(A_2)=\frac{T_d}{2}$。同理，基准位移误差 $\Delta_{W(A_2)}=\Delta_{W(A_1)}$。

工序基准在定位基面上，当定位基面由 d_{min}变为 d_{max}时，定位基准由 $O_2\rightarrow O_1$ 变动，工序基准反向变动，应取"－"号。工序尺寸 A_2 的定位误差为

$$\Delta_{D(A_2)}=\frac{T_d}{2\sin\frac{\alpha}{2}}-\frac{T_d}{2}=\frac{T_d}{2}\left(\frac{1}{\sin\frac{\alpha}{2}}-1\right)$$

(3) 工序尺寸 A_3

同样的道理，基准不重合误差 $\Delta_{B(A_3)}=\Delta_{B(A_2)}$，基准位移误差 $\Delta_{W(A_3)}=\Delta_{W(A_2)}$。

由于定位基准变动与工序基准变动方向相同，应取"＋"号。工序尺寸 A_3 的定位误差为

$$\Delta_{D(A_3)}=\frac{T_d}{2\sin\frac{\alpha}{2}}+\frac{T_d}{2}=\frac{T_d}{2}\left(\frac{1}{\sin\frac{\alpha}{2}}+1\right)$$

由上述定位误差分析计算可知：

同样是在V形块上定位，工序基准不同，其定位误差不同，$\Delta_{D(A_3)} > \Delta_{D(A_1)} > \Delta_{D(A_2)}$。

（三）工件以一面两孔定位时的定位误差

工件以多个表面组合定位时，工序基准的位置与多个定位基准有关。用极限位置法求定位误差比较方便。这里以“一面两孔”定位为例介绍组合定位时定位误差的分析计算方法。

工件以“一面两孔”在夹具一面两销上定位时，如图6-25所示，由于O_1孔与圆柱销存在最大配合间隙$X_{1\max}$，孔O_2与菱形销存在最大配合间隙$X_{2\min}$，因此产生基准位置(位移和转角)误差。

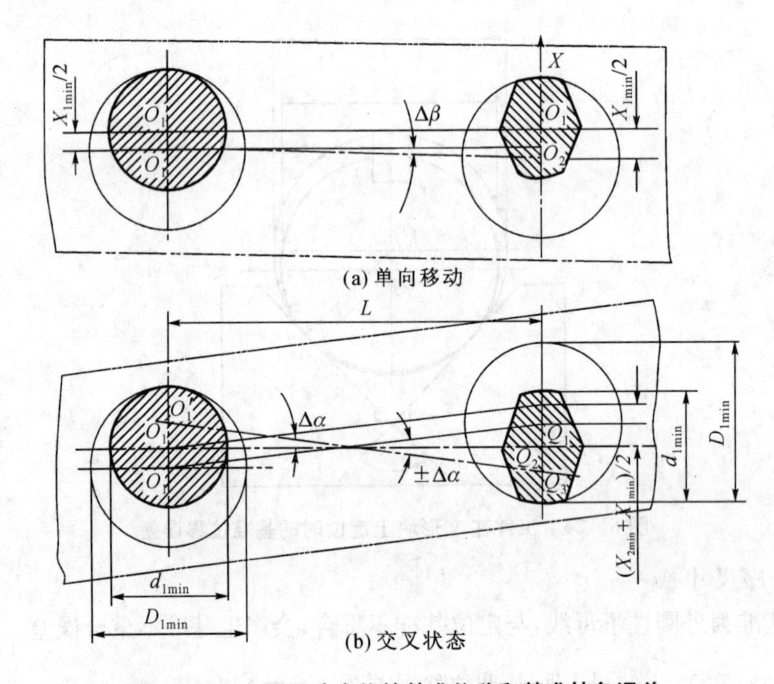

图6-25 一面两孔定位的基准位移和基准转角误差

(1) 孔1中心O_1的基准位移误差孔1中心O_1的基准位移误差在任何方向上均为

$$\Delta_{W(O_1)} = X_{1\max} = \delta D_1 + \delta d_1 + X_{1\min}$$

(2) 孔2中心O_2的基准位移误差孔2在两孔连线方向Y上不起定位作用，所以在该方向上不计基准位移误差。在垂直于两孔连线方向X上，存在最大配合间隙$X_{2\max}$，产生基准位移误差

$$\Delta_{W(O_{2x})} = X_{2\max} = \delta D_2 + \delta d_2 + X_{2\min}$$

(3) 转角误差由于$X_{1\max}$和$X_{2\max}$的存在，在水平面内，两孔连线O_1O_2产生基准转角误差。设O_1O_2是定位基准的理想状态(销中心与孔中心重合)，当$d_{1\min}$、$d_{2\min}$、$D_{1\max}$、$D_{2\max}$时，O_1在O_1'和O_1''之间变动，O_2在O_2'和O_2''之间变动，O_1O_2两种极限状态为：

1) 交叉状态，如图6-25(b)所示，定位基准由$O_1'O_2''$变为$O_1''O_2'$，此时基准转角

误差

$$\Delta_\alpha = \tan^{-1}\frac{X_{1max}+X_{2max}}{2L} \tag{6-5}$$

则有

$$2\Delta_\alpha = 2\tan^{-1}\frac{X_{1max}+X_{2max}}{2L}$$

2）单向移动，如图 6－25(a)所示，定位基准由 $O_1'O_2'$变为 $O_1''O_2''$，此时基准转角误差

$$\Delta_\beta = \tan^{-1}\frac{X_{2max}-X_{1max}}{2L} \tag{6-6}$$

则有

$$2\Delta_\beta = 2\tan^{-1}\frac{X_{2max}-X_{1max}}{2L}$$

将所求得的有关基准位移和基准转角误差，按最不利的情况，反映到工序尺寸方向上，即为基准位置误差引起工序尺寸的定位误差。

例 6－3　如图所示在工件上钻孔，保证尺寸 L，已知条件和加工要求见图示，试计算(a)、(b)、(c)三种定位方案中，工序尺寸 L 的定位误差($\phi40H7/g6 = \phi40_{0}^{+0.025}/_{-0.025}^{-0.009}$)。

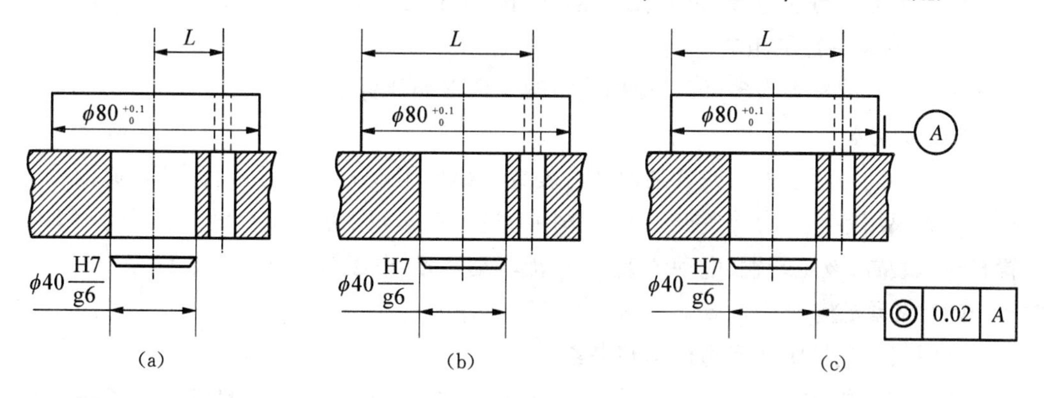

解：

类别	△B	△Y	△D
(a)	0	0.05	0.05
(b)	0.05	0.05	0.1
(c)	0.05+0.02	0.05	0.12

例 6－4　如图所示在工件上钻孔，保证尺寸 A，已知外圆尺寸 $d_{-\Delta d}$，V 型块两工作面间的夹角为 90°，采用(a)～(d)四种方案。试分别计算各种方案的定位误差。

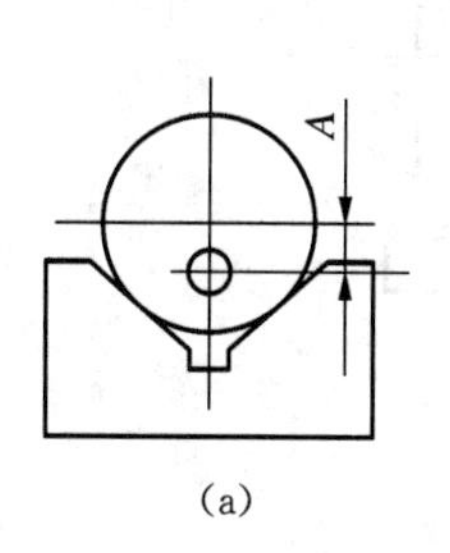

(a)

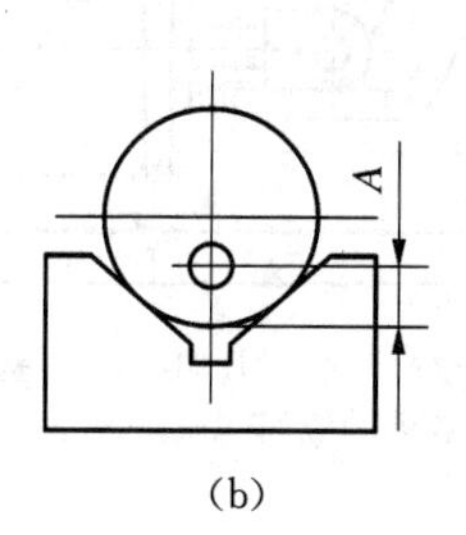

(b)

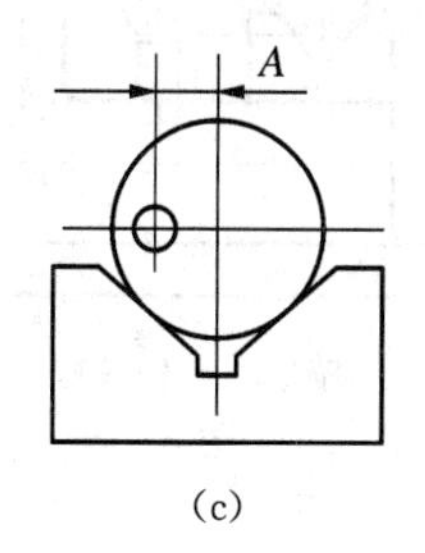

(c)

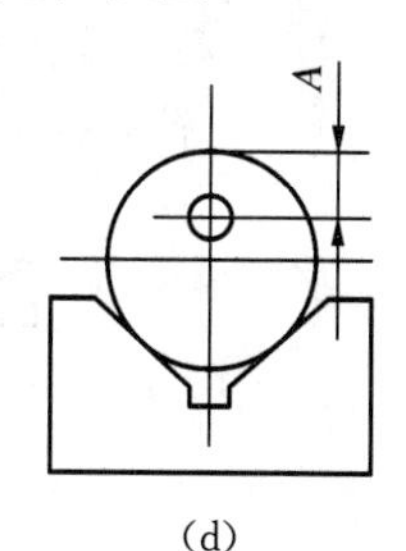

(d)

解：

类别	△B	△Y	△D
(a)	0	0.707△d	0.707△d
(b)	0.5△d	0.707△d	0.207△d
(c)	0	0	0
(d)	0.5△d	0.707△d	1.207△d

第三节　工件的夹紧设计

一、夹紧装置的组成和基本要求

工件在夹具中除了定位以外，加工过程中工件会受到切削力、离心力、惯性力及重力等外力的作用，为了防止工件因此发生运动而破坏定位，因此，工件在夹具中还需要夹紧。

(一) 夹紧装置的组成

夹紧装置的种类很多，但其结构均由两个基本部分组成。

(1) 动力源

夹紧力的来源于人力或者某种动力装置。如果用人力对工件进行夹紧，称为手动夹紧。如果用各种动力装置产生夹紧作用力进行夹紧，称为机动夹紧。常用的动力装置有气压装置、液压装置、电动装置、气—液联动装置、电磁装置和真空装置等。

(2) 夹紧机构

夹紧机构包括中间递力机构和夹紧元件。

中间递力机构。它是在动力源与夹紧元件之间，传递夹紧力的机构。其主要作用有：改变作用力的大小和方向；夹紧工件后还应具有良好的自锁性能，保证夹紧可靠，尤其在手动夹具中。夹紧元件是执行元件，它直接与工件接触，最终完成夹紧任务。

图 6-26 所示是铣床夹具。其中，液压缸 4、活塞 5、活塞杆 3 组成了液压动力装置，压板 1 和铰链臂 2 等组成了铰链压板夹紧机构，压板 1 是夹紧元件。

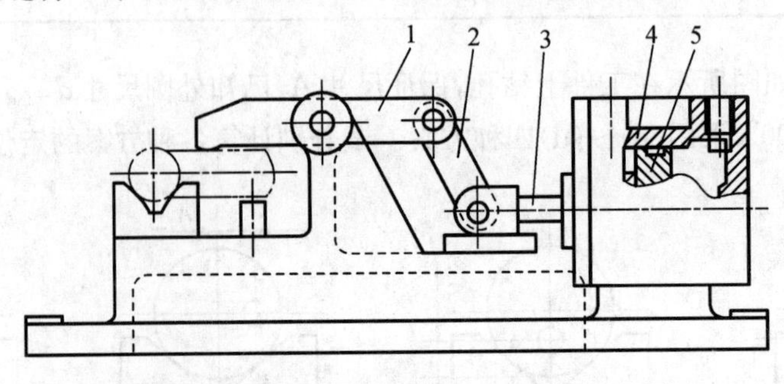

1-压板　2-铰链臂　3-活塞杆　4-液压缸　5-活塞

图 6-26　液压夹紧的铣床夹具

（二）对夹紧的基本要求

(1) 夹紧时不能破坏工件定位时所获得的正确位置。

(2) 夹紧应可靠和适当。既要保证工件在整个加工过程中的位置稳定不变，振动小，又要使工件不产生过大的夹紧变形。夹紧力稳定可减小夹紧误差。

(3) 夹紧机构的自动化程度和复杂程度应与工件的生产批量及工厂条件相适应。

(4) 夹紧操作应方便、省力、安全。

(5) 夹紧机构应有良好的结构工艺性，尽量使用标准件。

二、夹紧力的确定

确定夹紧力的方向、作用点和大小三要素时，要分析工件的加工要求、结构特点、切削力和其他外力作用工件的情况，以及定位元件的结构和布置方式。

（一）夹紧力方向的确定

(1) 夹紧力应朝向主要限位面。

图 6－27(a)所示，工件在夹具角铁上定位进行镗孔加工，由于工件被镗孔的轴线相对工件左端面有一定的垂直度公差要求，因此，工件以孔的左端面与定位元件的 A 面接触，限制三个自由度；底面与 B 面接触。限制两个自由度，夹紧力朝向主要限位面 A，有利于保证孔与左端面的垂直度要求。图 6－27(b)所示，夹紧力朝向 V 形块的 V 形面，使工件装夹稳定可靠。

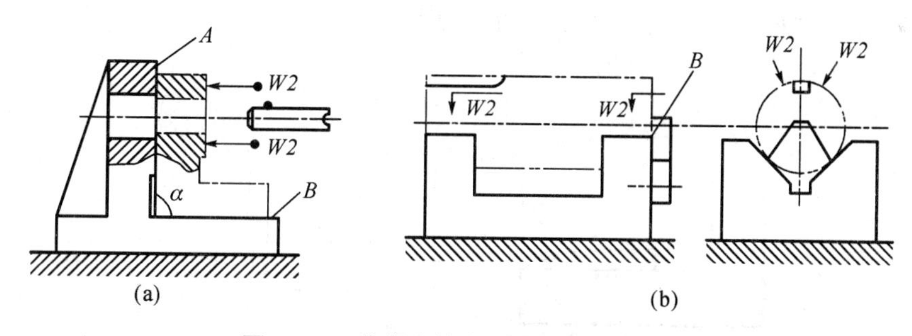

图 6－27　夹紧力的方向朝向主要定位面

(2) 夹紧力的方向尽量与工件刚度大的方向一致，以减小工件变形。

不同结构及形状的工件，其不同方向上的刚性不同，为尽量减小夹紧变形，应尽量在刚性较大的方向上施加夹紧力。特别是对于那些本身刚性较差的薄壁件、细长件等，更应予以注意。图 6－28 中的薄壁套类工件，轴向刚性比径向刚性好，用卡盘径向夹紧，易引起工件的变形，所以，此类工件常采用轴向夹紧方法，如图 6－28，以减小夹紧变形。

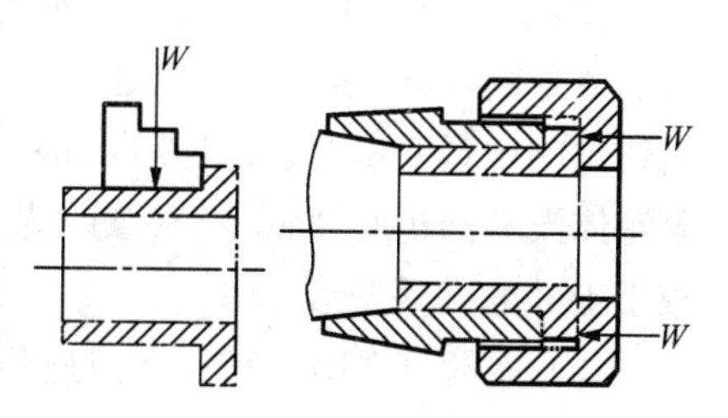

图 6－28　薄壁套筒的夹紧

(3) 夹紧力的方向因尽量与切削力、工件重力方向一致，以减小所需的夹紧力。

夹紧力和切削力、工件重力的方向有多种组合形式。通常情况下，夹紧力和切削力、工件重力的方向一致时，此时所需夹紧力最小，而当切削力和工件重力与夹紧力的方向相反或由夹紧力所产生的摩擦力夹紧工件时，则所需夹紧力较大。如图 6-29 所示的工件，孔 A 和孔 B 分别在两个工序中进行加工，工件在夹具平面上定位。当钻削孔 A 时，夹紧力 W、轴向切削力 P 和工件重力 G 三者方向都垂直于定位基面。这些同向力为支承反力所平衡。钻削扭矩 M 由这些同向力的作用而在支承面上所产生的摩擦阻力矩平衡，故这种情况所需的夹紧力为最小。在加工孔 B 时，水平切削力 F_H 与夹紧力 W、工件重力 G 相垂直。此时只依靠夹紧力和工件重力在支承面上产生的摩擦力来平衡切削力，故所需要的夹紧力为较大。图 6-28 所示，工件以一面两孔定位，此时由于钻削扭矩由两销的反力矩平衡，故可减小夹紧力。

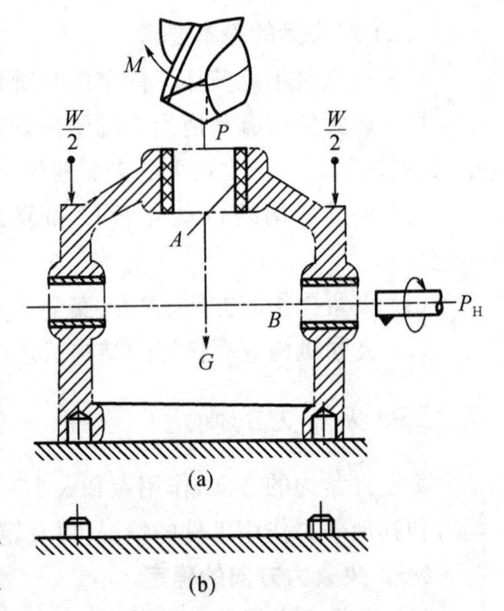

图 6-29　夹紧力与切削力、重力的关系

（二）夹紧力作用点的选择

（1）夹紧力作用点应正对支承元件或位于支承元件所形成的稳定受力区内，以保证工件获得的定位不变。如图 6-30 所示，夹紧力的作用点落在了定位元件支承范围之外，产生了使工件翻转的力矩，破坏了工件的定位。

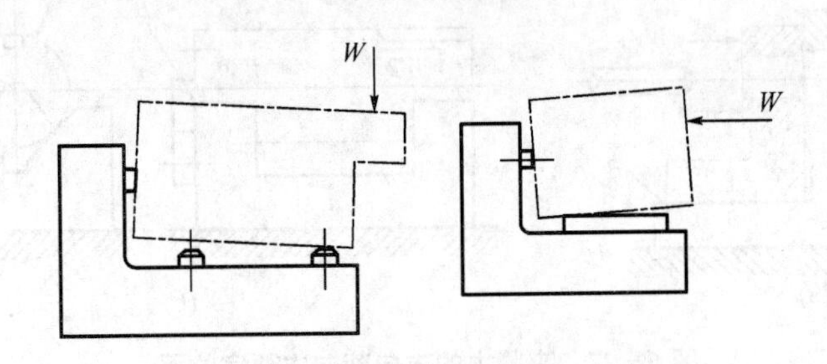

图 6-30　夹紧力作用点的位置不正确

（2）夹紧力作用点应在工件刚性较好的部位，以减小工件的夹紧变形。图 6-31 所示薄壁箱体，夹紧把作用点选在工件刚性最差的薄壁空腔顶部的中央，会造成工件顶面较大的压紧变形；把夹紧点设置在工件底部凸缘处，夹紧所产生的夹紧变形就很小。若箱体没有凸边时，将单点夹紧改为三点夹紧，使夹紧点分散到刚性好的箱壁上，可以减小工件的夹紧变形。

（3）夹紧力作用点和支承点应尽量靠近切削部位，以提高工件切削部位的刚度和抗振性。如图 6-32 所示，在拨叉上铣槽，由于主要夹紧力的作用点距工件铣削表面较远，故在靠近铣削部位处设置辅助支承，并对准辅助支承对工件的悬臂施加夹紧力，提高定位稳定性，承受夹紧力和切削力等。

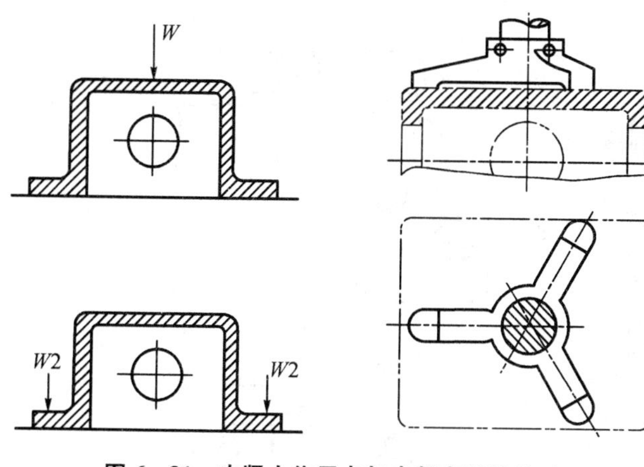

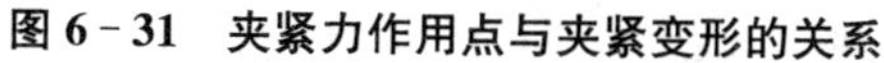
图 6-31　夹紧力作用点与夹紧变形的关系

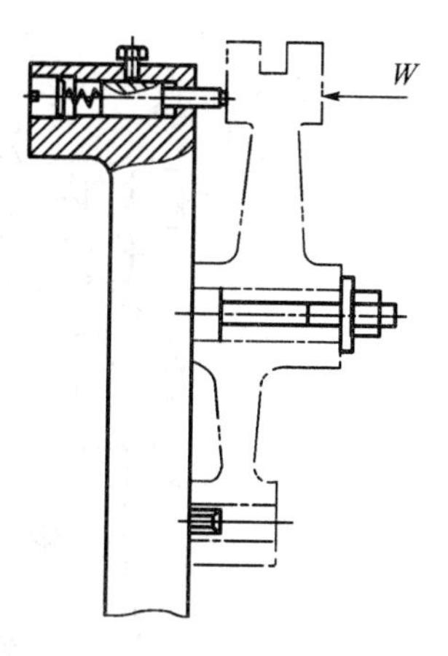

图 6-32　夹紧力作用点靠近加工表面

（三）夹紧力大小的估算

夹紧力的大小必须适当。夹紧力过小，则夹紧不稳定，在加工过程中工件仍会发生位移而破坏定位。结果轻则影响加工质量，重则造成安全事故。夹紧力过大，则没有必要，反而增加夹紧变形，对加工质量不利。此外，夹紧装置的机构尺寸也加大。

在估算夹紧力大小时，一般将工件视为分离体，以最不利夹紧时的工件受力状况，分析作用在工件上的各种力，列出工件的静力平衡方程式，求出理想夹紧力，再乘以安全系数，作为实际所需的夹紧力。

$$W=KW_o \tag{6-7}$$

式中：W——实际所需夹紧力，单位 N；

K——安全系数，粗加工时，$K=2.5\sim3$，精加工时，$K=1.5\sim2$；

W_o——在最不利夹紧时，与切削力相平衡的理论夹紧力，单位 N。

三、常用的夹紧机构

（一）斜楔夹紧机构

常用的典型夹紧机构有斜楔夹紧机构、螺旋夹紧机构、偏心夹紧机构及铰链夹紧机构等。

1. 斜楔夹紧机构

斜楔夹紧机构是最基本夹紧机构，螺旋夹紧机构、偏心夹紧机构等均是斜楔机构的变型。图 6-33 为几种典型的斜楔夹紧机构，图 6-33(a)是在工件上钻削互相垂直的 $\phi8$ mm、$\phi5$ mm 两组孔。工件装入后，敲击斜楔大头，夹紧工件。加工完毕后，敲击斜楔小头，松开件。由于用斜楔直接夹紧工件的夹紧力较小，且操作费时，所以，实际生产中应用不多，多数情况下是将斜楔与其他机构联合起来使用。图 6-33(b)是斜楔、滑柱、杠杆夹紧机构，可以手动，也可以气压驱动。图 6-33(c)为端面斜楔、杠杆组合夹紧机构。

(1) 斜楔的夹紧力

图 6-34(a)为施加作用力 F_Q 时，斜楔的受力情况，建立静平衡方程式

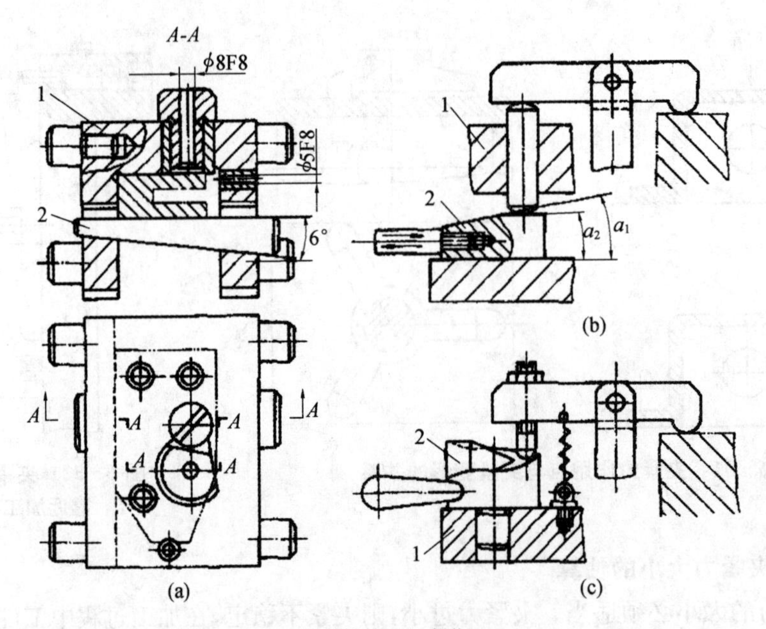

(a)　　(b)　　(c)

1-夹具体　2-斜楔

图 6-33　斜楔夹紧机构

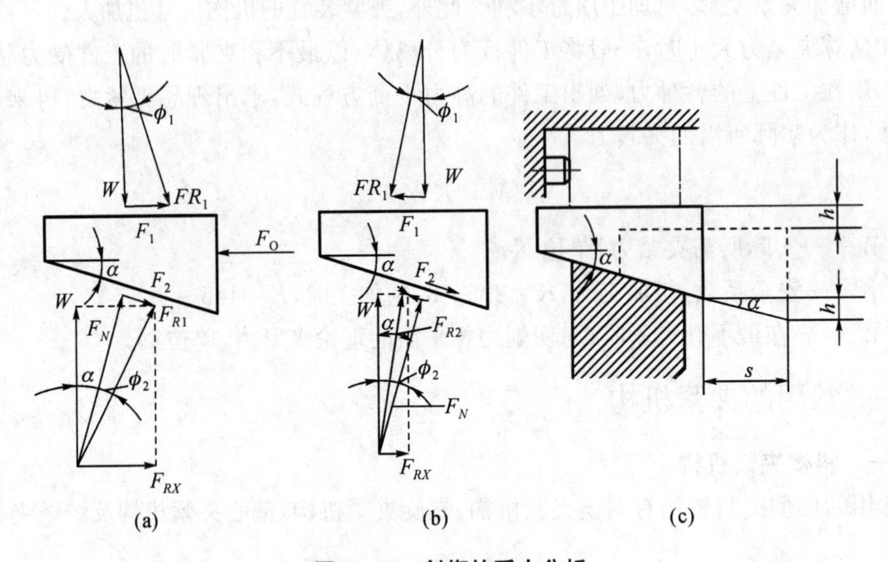

(a)　　(b)　　(c)

图 6-34　斜楔的受力分析

$$F_1 + F_{RX} = F_Q$$

其中　　$F_1 = W\tan\phi_1, F_{RX} = W\tan(\alpha + \phi_2)$

所以，斜楔夹紧时产生的夹紧力为：

$$W = \frac{F_Q}{\tan\phi_1 + \tan(\alpha + \phi_2)} \tag{6-8}$$

式中：W——斜楔对工件的夹紧力，单位为 N；

α——斜楔升角，单位为(°)；

F_Q——加在斜楔上的作用力，单位为 N；

ϕ_1——斜楔与工件间的摩擦角(°)；

ϕ_2——斜楔与夹具体间的摩擦角(°)。

设 $\phi_1=\phi_2=\phi$，当 $\alpha\leqslant 10°$时，可用下式作近似计算

$$W=\frac{F_Q}{\tan(\alpha+2\phi)} \tag{6-9}$$

(2) 斜楔的自锁条件

斜楔夹紧后应能自锁。图 6-34 所示，斜楔在没有原始力 F_Q 作用下的受力情况，从图中可见，要自锁，必须满足下式：$F_1\geqslant F_{RX}$

其中 $$F_1=W\tan\phi_1,\ F_{RX}=W\tan(\alpha-\phi_2)$$

整理后 $$\phi_1\geqslant\alpha-\phi_2$$

所以 $$\alpha\leqslant\phi_1+\phi_2 \tag{6-10}$$

斜楔的自锁条件是：斜楔的升角小于或等于斜楔与工件、斜楔与夹具体间的摩擦角之和。为保证自锁可靠，手动夹紧机构一般取 $\alpha=6°\sim8°$；用液压或气压驱动的斜楔，可取 $\alpha\leqslant 12°\sim30°$。

(3) 斜楔的扩力比与夹紧行程

斜楔的夹紧力 W 与原始作用力 F_Q 之比称为扩力比或增力系数，用 i_Q 表示，即

$$i_Q=\frac{W}{F_Q}=\frac{1}{\tan\phi_1+\tan(\alpha+\phi_2)} \tag{6-11}$$

若 $\phi_1=\phi_2=6°$，$\alpha=10°$，则 $i_Q=2.6$。可见，在作用力不大的情况下，斜楔的夹紧力是不大的。

图 6-34(c)所示，h 是斜楔夹紧行程，s 是斜楔夹紧工件过程中移动的距离，则

$$h=s\tan\alpha \tag{6-12}$$

由于 s 受到斜楔长度的限制，要增大夹紧行程，就得增大斜角 α，这样会降低自锁性能。当要求机构既能自锁，又有较大的夹紧行程时，可采用双斜面斜楔。如图 6-34(b)所示，大斜角的 α_1 段使滑柱迅速上升，小斜角的 α_2 段确保自锁。

(二) 螺旋夹紧机构

由螺钉、螺母、螺栓或螺杆、压板、垫圈等组成夹紧机构称为螺旋夹紧机构。具有结构简单、制造方便、夹紧行程不受限制、自锁性能好、夹紧可靠等优点，目前夹具应用最多的一种夹紧机构。

(1) 单个螺旋夹紧机构

图 6-35 所示，直接用螺钉或螺母夹紧工件的机构，称为单个螺旋夹紧机构。

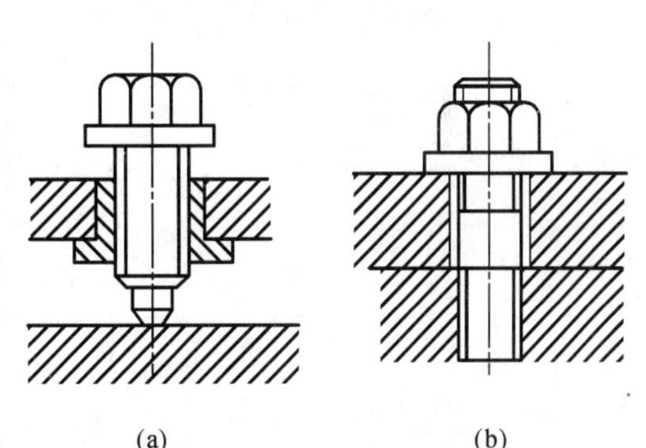

图 6-35 单个螺旋夹紧机构

图 6－35(a)所示的螺钉夹紧机构，螺钉头直接与工件表面接触，可能损伤工件表面或带动工件旋转。为克服这一缺点，可在螺钉头部装上摆动压块。图 6－36(a)、(b)所示，摆动压块的结构有两种类型，A 型的端面光滑，用于夹紧已加工表面；B 型的端面有齿纹，用于夹紧毛坯面。当要求螺钉只移动不转动时，可采用图 6－36(c)所示结构。

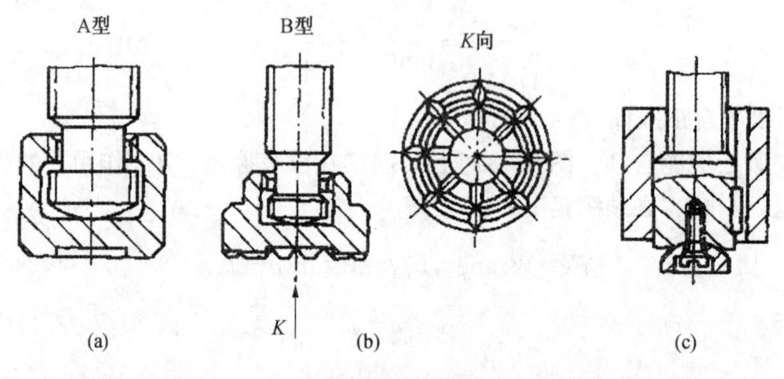

图 6－36　摆动压块

单个螺旋夹紧机构夹紧动作慢，装卸工件费时，为克服这一缺点，可采用各种快速螺旋夹紧机构。图 6－37 所示，是常用的几种快速螺旋夹紧机构。图 6－37(a)使用了开口垫圈 3，夹紧螺母 2 的外径小于工件孔径，只要稍微松开螺母，即可抽出开口垫圈，工件可以方便地装卸。

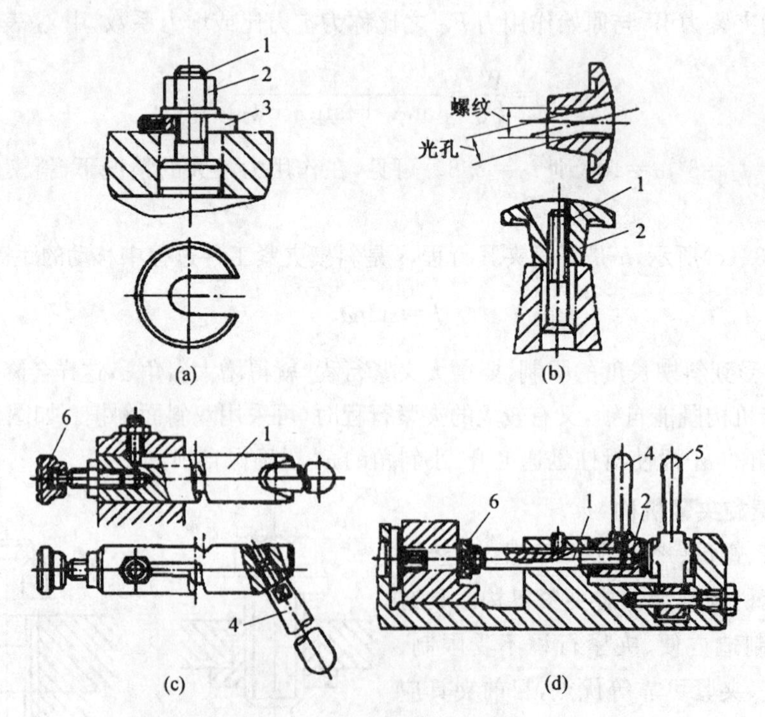

1－螺杆　2－螺母　3－开口垫圈　4、5－手柄　6－摆动压块

图 6－37　快速螺旋夹紧机构

图 6－37(b)采用了快卸螺母，螺母 2 的螺孔内钻有倾斜光孔，其孔径略大于螺纹大径。螺母 2 斜向沿着光孔套入螺杆 1，然后将螺母 2 摆正，使螺母 2 与螺杆 1 啮合，再

拧紧螺母 2，便可夹紧工件。图 6－37(c)中，螺杆 1 上的直槽连着螺旋槽，夹紧时，先推动手柄 4，使摆动压块 6 迅速靠近工件，然后转动手柄 4，夹紧工件并自锁。松开时，把螺杆 1 转至直槽处，即可迅速轴向拉回螺杆 1，达到快速装夹的目的。图 6－37(d)中。夹紧时，手柄 4 带动螺母 2 旋转时，因手柄 5 的限制，螺母 2 不能右移，致使螺杆 1 带着摆动压块 6 往左移动，从而夹紧工件。松开时，只要反转手柄 4，稍微松开后，即可扳转手柄 5，为手柄 4 的快速右移让出了空间。

由于螺旋可以看作一斜楔绕在圆柱体上而形成的。因此，可以从斜楔的夹紧力计算公式直接导出螺旋夹紧力的计算公式

$$W=\frac{2FL}{d_2\tan(\alpha+\phi_1)+r'\tan\phi_2} \tag{6-13}$$

式中：W——沿螺旋轴线作用的夹紧力，单位为 N；

F——作用在扳手上的原始力，单位为 N；

L——螺杆扳手作用长度，单位为 mm；

d_2——螺纹中径，单位为 mm；

α——螺纹升角，单位为 mm；

ϕ_1——螺杆、螺母间的当量摩擦角；

ϕ_2——螺杆端部与工件间的摩擦角；

r'——螺杆端部与工件间的当量摩擦半径，单位为 mm。

(2) 螺旋压板夹紧机构

常见的螺旋压板夹紧机构如图 6－38 所示。图 6－38(a)、(b)为移动式压板，图 6－38(c)为回转式压板，图 6－38(d)为翻转式压板。图 6－39 是自动回转钩形压板夹紧机构，其特点是结构紧凑，装卸工件方便。

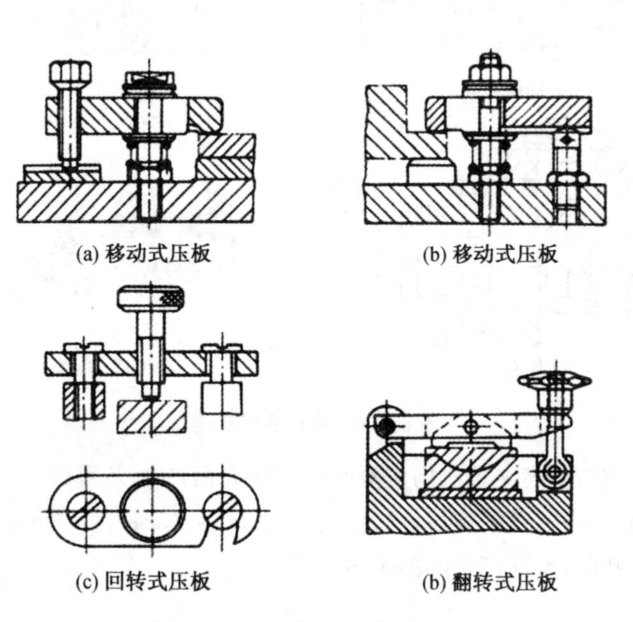

图 6－38　螺旋压板夹紧机构

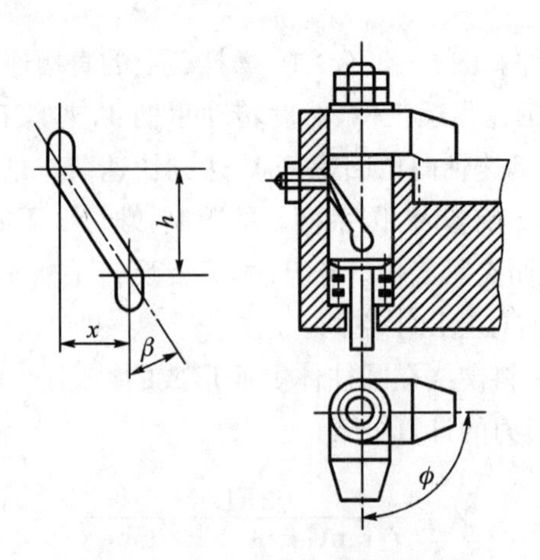

图 6-39　自动回转钩形压板图

（三）偏心夹紧机构

用偏心件直接或间接夹紧工件的机构称为偏心夹紧机构。常用的偏心件是圆偏心轮和偏心轴，图 6-40 所示为常见的几种偏心夹紧机构，图 6-40(a)、(b)、(d)用的是圆偏心轮，图 6-40(c)用的是偏心轴。

偏心夹紧机构操作方便、夹紧迅速，但夹紧力和行程较小，一般用于切削力不大、振动小、夹压面公差小的情况。

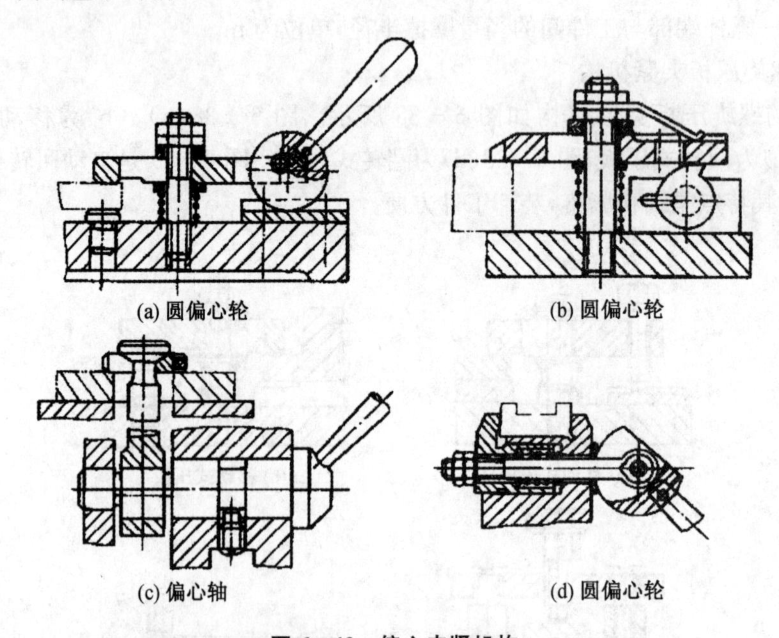

图 6-40　偏心夹紧机构

偏心夹紧原理与斜楔夹紧机构依斜面高度增高而产生夹紧相似，不同的是斜楔夹紧的楔角不变，而偏心夹紧的楔角是变化的。图 6-41(a)所示为偏心轮，图 6-41(b)所示为偏心轮展开图，不同位置的楔角用下式求出

$$\alpha=\arctan\left(\frac{e\sin\gamma}{R-e\cos\gamma}\right) \tag{6-14}$$

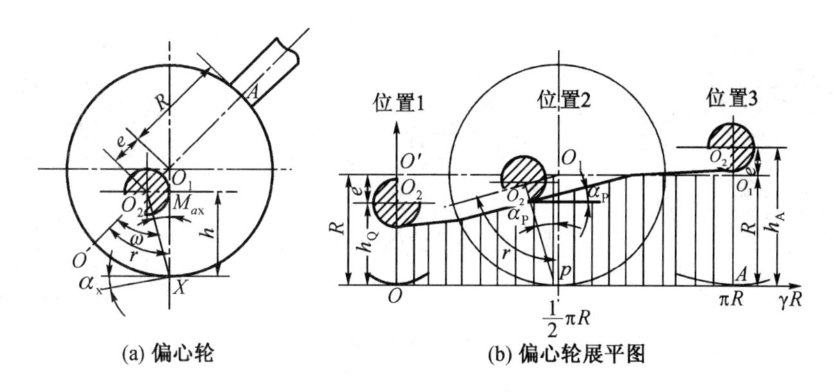

(a) 偏心轮　　　　(b) 偏心轮展平图

图 6-41　偏心夹紧原理

式中：α——偏心轮的楔角，单传为(°)；

e——偏心轮的偏心距，单位为 mm；

R——偏心轮的半径，单位为 mm；

γ——偏心轮作用点 X 与起始点 O 之间的圆心角。

当 $\gamma=90°$时，接近最大值

$$\alpha_{\max}\approx\arctan\left(\frac{e}{R}\right)$$

根据斜楔自锁条件，偏心轮工作点 P 处的楔角 $\alpha_p=\phi_1+\phi_2$，这里 ϕ_1 为轮周作用点处的摩擦角，ϕ_2 为转轴处的摩擦角。不考虑转轴处的摩擦，并考虑不利的情况，或更保险的情况。偏心轮夹紧的自锁条件为

$$\frac{e}{R}\leqslant\tan\phi_1=\mu_1$$

式中：μ_1——轮周作用点处的摩擦因数

偏心夹紧的夹紧力可用下式计算

$$F_J=\frac{F_QL}{\rho[\tan\phi_1+\tan(\alpha_p+\phi_2)]} \tag{6-15}$$

式中：F_J——夹紧力，单位为 N；

F_Q——作用在手柄上的原始力，单位为 N；

L——原始作用力的力臂，单位为 mm；

ρ——转动中心 o_2 到作用点 P 间的距离，单位为 mm。

(四)铰链夹紧机构

图 6-42 所示是三种类型的铰链夹紧机构，图 6-42(a)为单臂铰链夹紧机构；图 6-42(b)为双臂单作用铰链夹紧机构；图 6-42(c)为双臂双作用铰链夹紧机构。铰链夹紧机构是一种增力机构，其结构简单，动作迅速，增力比大，易于改变力的作用方向，缺点是自锁性能差，常与具有自锁性能的机构组成复合夹紧机构。所以铰链夹紧机构适用于多点、多件夹紧，在气动、液压夹具中获得广泛应用。

(五) 定心夹紧机构

定心夹紧机构是一种特殊夹紧机构，其定位和夹紧是同时实现的，即在夹紧过程中

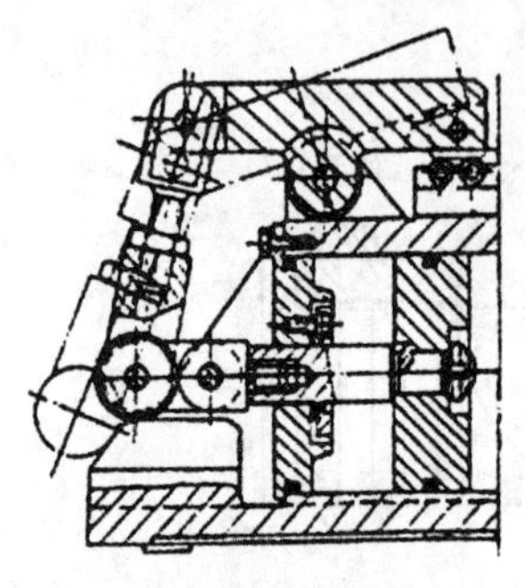

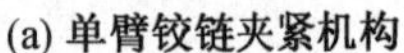

(a) 单臂铰链夹紧机构

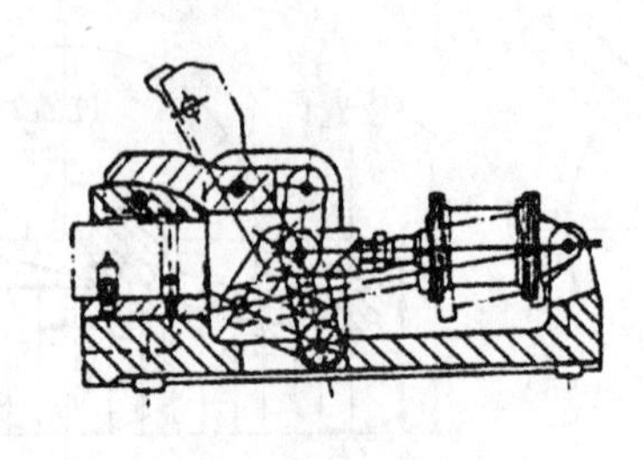

(b) 双臂单作用铰链夹紧机构

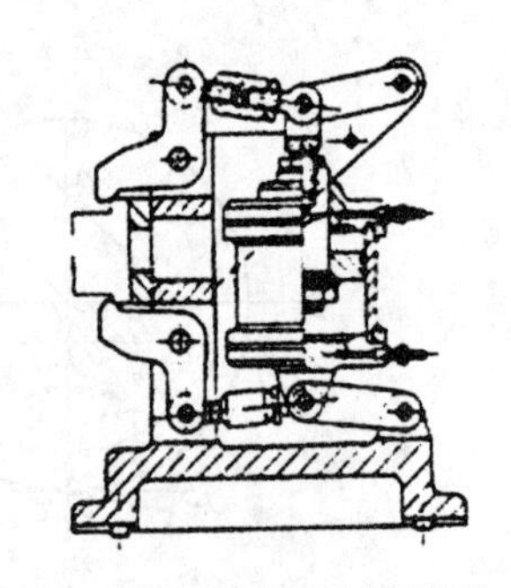

(c) 双臂双作用铰链夹紧机构

图 6－42　铰链夹紧机构

能使工件实现定心或对中。夹具上与工件定位基准相接触的元件，既是定位元件，又是夹紧元件。定心夹紧机构一般按照以下两种原理设计。

(1) 以等速移动原理来实现定心夹紧。图 6－43 所示为螺旋式定心夹紧机构。旋动有左、右螺纹的螺杆 1，使滑座上的 V 形块钳口 2、3 作对向等速移动，从而实现对工件的定心夹紧；反之，便可松开工件。V 形块钳口可按工件需要更换，对中精度可借助调节杆 5 实现。这种定心夹紧机构的特点是结构简单、工作行程大、通用性好，但定心精度不高，主要适用于粗加工或半精加工中需要行程大而定心精度要求不高的工件。

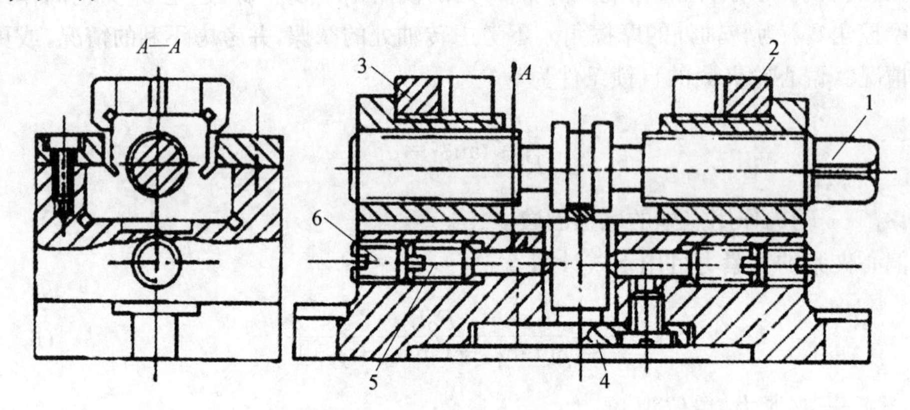

图 6－43　螺旋定心夹紧机构

(2) 以均匀弹性变形原理实现定心夹紧，如各种弹簧夹头、弹簧心轴、液性塑料夹头等。图 6－44 为弹簧夹头的结构。在原始力 Q 作用下拉杆 2 使弹簧筒夹 1 往左移动，由于锥面的作用使弹簧筒夹 1 上的簧瓣向心收缩，对工件进行定心夹紧。

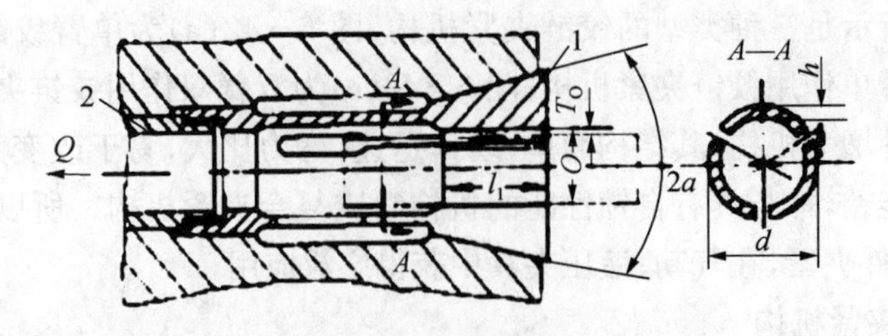

图 6－44　弹簧夹头

（六）联动夹紧机构

联动夹紧机构是利用一个原始作用力实现单件或多件的多点、多向同时夹紧机构。

图 6－45(a)为通过摆动压块 1 实现斜交力两点联动夹紧。图 6－45(b)所示为通过浮动柱 2 的水平滑动协调浮动压头 1、3 实现对工件的夹紧。图 6－45(c)所示为双向浮动四点联动夹紧机构。夹紧力分别作用在两个互相垂直的方向上，每个方向各有两个夹紧点，通过浮动元件 1 实现对工件的夹紧，调节杠杆 L1、L2 的长度可改变两个方向夹紧力的比例。

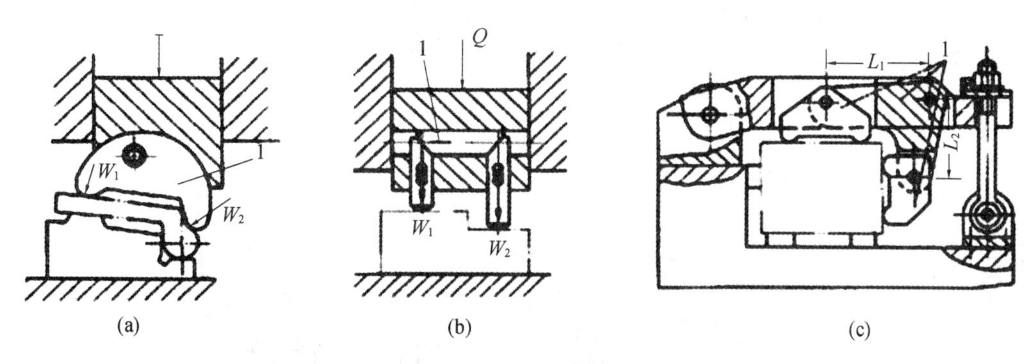

图 6－45　浮动压头和四点双向浮动夹紧机构

第四节　典型机床夹具

一、车床夹具

在车床上用来加工工件的内外回转面及端面的夹具称为车床夹具。车床夹具多数安装在车床主轴上，少数安装在车床的床鞍或床身上。

（一）车床夹具的种类

安装在车床主轴上的夹具，根据被加工工件定位基准和夹具的结构特点，分为以下四类：

(1) 以工件外圆定位的车床夹具，如三爪自定心卡盘及各种定心夹紧卡头等。

(2) 以工件内孔定位的车床夹具，以工件内孔为定位基面，如各种定位心轴（刚性心轴）、弹簧心轴等。

图 6－46 为一种顶尖式心轴，套类工件以内孔端口在 60°顶尖锥面上定位，活动顶尖套 4 左移，使工件定心夹紧。由于各类心轴结构简单，操作方便，被广泛应用于普通车床、圆磨床中。

(3) 以工件顶尖孔定位的车床夹具，如顶尖、拨盘等。

(4) 用于加工非回转体的车床夹具，如角铁和花盘式夹具。

图 6－47 为一种导板可移动式花盘夹具，工件在夹具平面、双 V 形块上定位，移动 V 形块 2 将工件夹紧在可移动导板 3 上，导板在楔形导轨 7 的约束下，可以左右滑动，实现直线方向上的工位转换。把导板移向滑轨的左侧，与挡销 1 接触，并由压板 4 锁

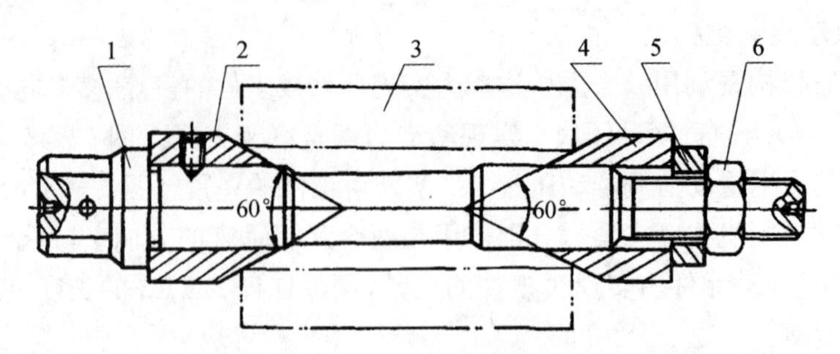

1-心轴　2-固定顶尖套　3-工件　4-活动顶尖套　5-快换垫圈　6-螺母

图 6-46　顶尖式心轴夹具

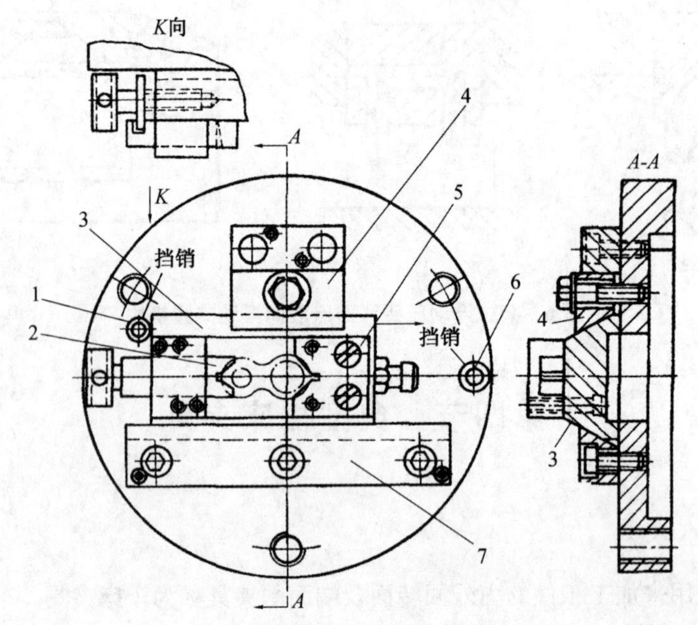

1、6-挡销　2-V形块　3-可移动导板　4-压板　5-固定V形块　7-楔形导轨

图 6-47　可移动式花盘夹具

紧,即可对工件右侧孔进行加工;将导板移向右侧并与挡销6接触、并由压板4锁紧,就可对工件的左侧孔进行加工。这种夹具可以通过导板的移动转换工位,依次完成不同位置的加工内容。

(二) 车床夹具设计要点

车床夹具工作时,和工件随机床主轴或花盘一起高速旋转,具有离心力和不平衡惯量。因此设计夹具时,除了保证工件达到工序精度要求外,还应着重考虑以下问题:

(1) 定位装置的设计

车床夹具主要用来加工回转体表面,定位装置的作用必须使工件加工表面的轴线与车床主轴的回转轴线重合。对于盘套类或其他回转体工件,要求工件的定位基面、加工表面和车床主轴三者轴线重合,常采用心轴或定心夹紧夹具;对于壳体、支架等形状复杂的工件,被加工表面与工序基准之间有位置尺寸和位置精度要求,定位装置主要是保证定位基准与车床主轴回转轴线具有正确的尺寸和位置关系。加工这类工件多采用花盘式、角铁式车床夹具。

（2）夹紧装置的设计

车削时工件和夹具一起随主轴高速旋转，在加工过程中，工件除了受切削力、重力外，还有离心力的作用。因此，要求车床夹具的夹紧机构所产生的夹紧力必须足够，自锁性能要好，以防止工件在加工过程中脱离定位元件的工作表面。若采用螺旋夹紧机构，一般要加弹簧垫圈或使用锁紧螺母。

（3）夹具的平衡问题

车床夹具高速回转，若不平衡，由于离心力，会产生振动，影响零件的加工精度和零件的表面质量，降低刀具寿命。因此，设计车床夹具时，特别是角铁式、花盘式等结构不对称的车床夹具，必须采取平衡措施。平衡措施有两种，一种是在较轻的一侧加平衡块，平衡块的位置最好可以调节，一种是在较重一侧加工减重孔。通过平衡试验，来达到平衡夹具的目的。此外，夹紧装置的自锁性能应可靠，以防止在回转过程中工件松动、甚至飞离的危险。

（4）夹具与机床的连接方式

根据车床夹具径向尺寸的大小，其在机床主轴上的安装一般有两种方式。

对于径向尺寸 $D<140$ mm，或 $D<(2\sim3)d$ 的小型夹具，其连接结构如图 6-48(a)所示，一般通过莫氏锥柄直接安装在车床主轴莫氏锥孔中，由通过主轴孔的拉杆拉紧。这种连接方式安装误差较小。

对于径向尺寸较大的夹具，通过过渡盘与车床主轴前端连接。图 6-48(b)中过渡盘 2，以锥孔在主轴前端的短圆锥面上定位。安装时，先将过渡盘 2 推入主轴 1，使其端面与主轴 1 端面之间有 0.05～0.1 mm 间隙，用螺钉均匀拧紧后，产生弹性变形。使端面与锥面全部接触，这种安装方式定心准确，刚性好，但加工精度要求高。

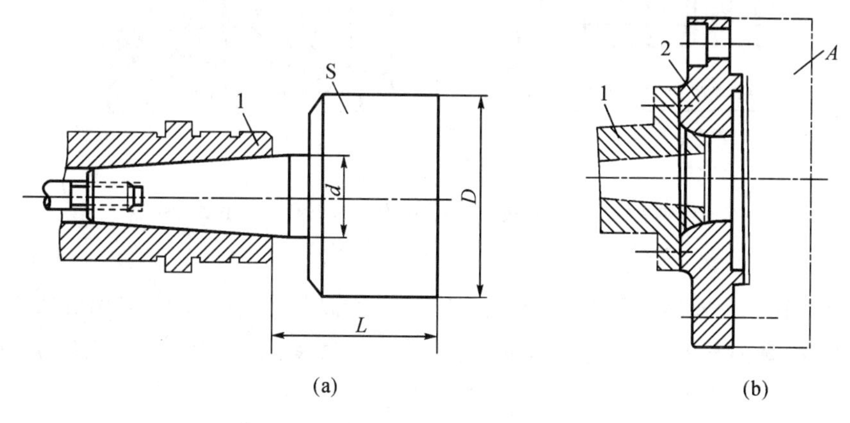

图 6-48　车床夹具与机床主轴的连接

（5）车床夹具的总体结构

车床夹具一般是在悬臂状态下工作，为了保证加工过程的稳定性，夹具结构应力求紧凑、轻便，悬臂尺寸要短，使重心尽可能靠近主轴前支承。夹具的悬伸长度 L 与其外轮廓直径 D 之比，应有一定比例关系：

$D<150$ mm 的夹具，$L/D\leqslant1.25$；

150 mm$<D<$300 mm 的夹具，$L/D\leqslant0.9$；

$D>300$ mm 的夹具，$L/D\leqslant 0.6$。

二、钻床夹具

在钻床上进行孔的钻、扩、铰、攻螺纹加工所用的夹具，称为钻床夹具，这类夹具的特点是装有钻套和安装钻套用的钻模板，故习惯上简称为钻模。钻模用钻套引导刀具进行加工，有利于保证被加工孔对其定位基准和各孔之间的尺寸精度和位置精度，可显著提高生产率。

（一）钻床夹具的种类

根据结构特点，钻模可分为固定式钻模、回转式钻模、翻转式钻模、盖板式钻模和滑柱式钻模等。

(1) 固定式钻模

在使用过程中，钻模和工件在机床上的位置固定不变。图 6－49 所示是在阶梯轴的大端钻径向孔的固定式钻模。工序图已确定了工件的定位基准，钻模上采用 V 形块 2、V 形块 2 端面及其手动拔销 5 定位，用偏心压板夹紧工件。这类钻模主要用于立式钻床加工单孔，或在摇臂钻床上加工平行孔系，也可在组合机床上加工孔系。

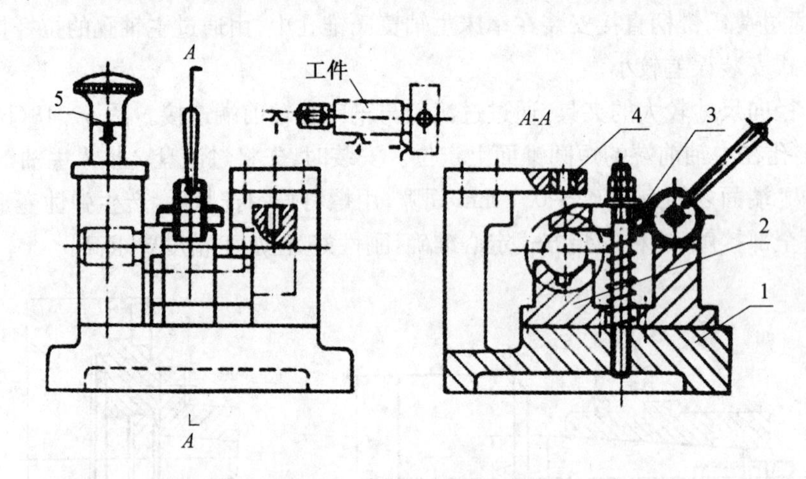

1－夹具体　2－V 形块　3－偏心压板　4－钻套　5－手动拔销

图 6－49　固定式钻模

在立式钻床上安装钻模时，一般先将安装在主轴上的定尺寸刀具(精度要求高时用心轴)伸入钻套内孔中，以确定钻模的位置，然后将其紧固。这种加工方式的钻孔精度较高。

(2) 回转式钻模

回转式钻模用于加工工件上同一圆周上平行孔系或加工分布在同一圆周上的径向孔系。它包括立轴、卧轴和斜轴回转三种基本形式。由于回转台已经标准化，故回转式夹具的设计，在一般情况下是设计专用的工作夹具和标准回转台联合使用，必要时才设计专用的回转式钻模。图 6－50 所示为一套专用回转式钻模，工件一次装夹中，靠钻模依次回转加工工件上均布的径向孔系。回转式钻模使用方便、结构紧凑，在成批生产中广泛使用。

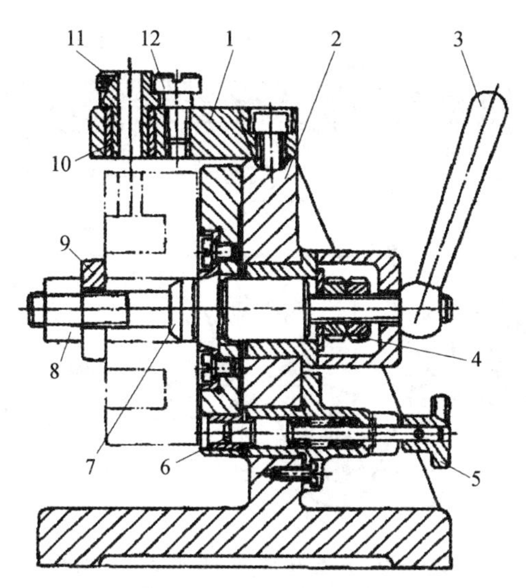

1-钻模板　2-夹具体　3-手柄　4、8-螺母　5-把手　6-插销　7-圆柱销　9-垫圈　10-衬套　11-钻套　12-螺钉

图 6-50　回转式钻模

(3) 翻转式钻模

翻转式钻模是一种没有固定回转轴的回转钻模。在使用过程中，需要用手进行翻转，因此，夹具连同工件的重量不能太重。图 6-51 所示为加工工件上两组径向孔的翻转式钻模。工件以内孔及端面在台肩销 1 上定位，用快换垫圈 2 和螺母 3 夹紧。钻完一组孔后，翻转 60°，钻另一组孔。这类钻模主要用于加工批量不大的小型工件上分布在不同表面上的孔，这样可减少工件的装夹次数，提高工件上各孔之间的位置精度。

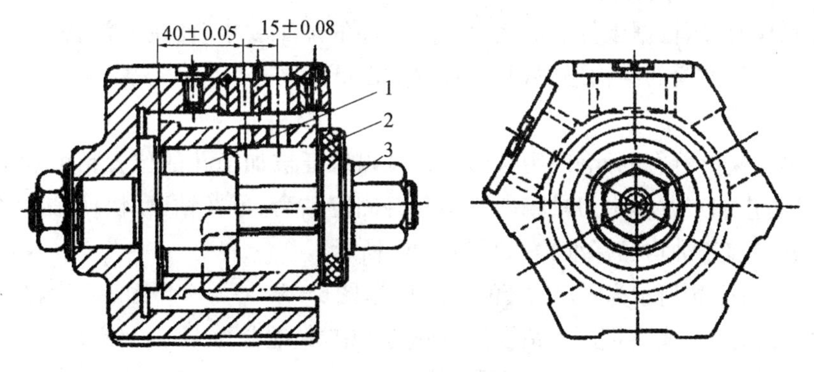

1-定位销　2-垫圈　3-螺母

图 6-51　翻转式钻模

(4) 盖板式钻模

盖板式钻模没有夹具体，只有一块钻模板，在钻模板上除了装钻套外，还有定位元件和夹紧装置。加工时，钻模板盖在工件上定位、夹紧即可。图 6-52 所示为加工箱体上多个小孔所用的盖板式钻模，它利用圆柱销 1 和菱形销 3 在工件的两个定位孔中定位，并通过三个支承钉 4 安放在工件上平面。盖板式钻模的优点是结构简单，制造方便、成本低廉、加工孔的位置精度较高，多用于加工大型工件上的小孔。加工小孔的盖板式钻模，因切削力矩小，可不设夹紧装置。

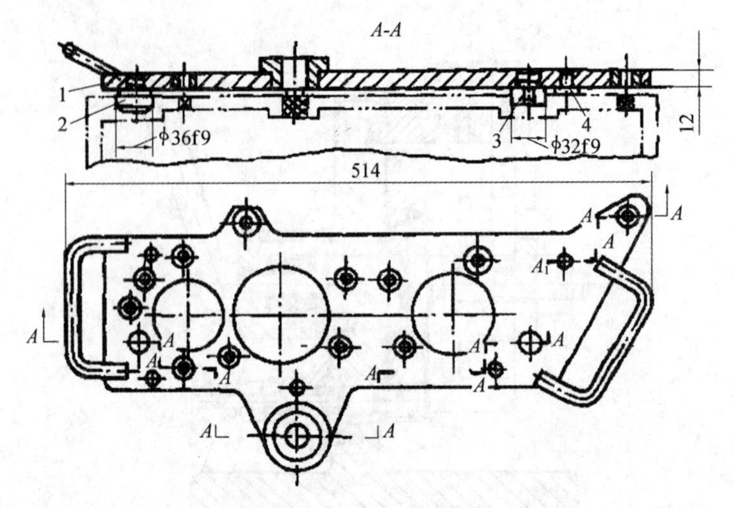

1-钻模盖板　2-定位销　3-菱形销　4-支承钉

图 6-52　盖板式钻模

(5) 滑柱式钻模

滑柱式钻模是一种带有升降钻模板的通用可调夹具。通过钻模板的升降，滑柱式钻模可以适应不同尺寸的工件，或便于工件的装卸，或同时实现定位和夹紧。它适用于不同生产类型的中小型工件上一般精度的孔加工。滑柱式钻模的夹具体、滑柱、锁紧机构和钻模板等结构已标准化并形成系列。使用时，只需根据工件的形状、尺寸和定位夹紧要求，设计制造与之相配的专用定位、夹紧装置和钻套，并将其安装在夹具体上，便可组成一个滑柱式钻模。

(二) 钻床夹具的设计要点

设计钻模时，应根据工件的形状、尺寸、工序的加工要求、使用的设备及生产类型，经济合理地选用钻模的结构形式，并注意解决以下问题：

1. 钻套

钻套是钻模上特有的元件，用来引导刀具以保证被加工孔的位置精度和提高刀具的刚度，并防止加工过程中刀具偏斜。钻套有固定钻套、可换钻套、快换钻套和特殊钻套四种。其中前三种均已标准化，如图 6-53 所示。

图 6-53(a)、(b)所示为固定钻套的两种形式，图 6-53(a)为 A 型固定钻套；图 6-53(b)为 B 型固定钻套。钻套直接压入钻模板或夹具体中，其配合为 $H7/r6$ 或 $H7/n6$。固定钻套结构简单，位置精度高，但磨损后不易更换，适合于中、小批生产中只需要钻孔的情况。

图 6-53(c)所示为可换钻套的结构。可换钻套装在衬套中，而衬套压入钻模板或夹具体的孔中。钻套与衬套的配合为 $F7/m6$ 或 $F7/k6$，衬套与钻模板的配合为 $H7/r6$ 或 $H7/n6$，为防止钻套在衬套中转动，用螺钉压住钻套。可换钻套在磨损后可以更换，适用于中批以上的钻孔工序。

图 6-53(d)所示为快换钻套的结构。快换钻套与衬套的配合为 $F7/m6$ 或 $F7/k6$，衬套与钻模板的配合为 $H7/r6$ 或 $H7/n6$。适用于在一道工序中，需要依次进行钻、扩、铰孔。快换钻套在头部多一缺口，更换时只需将钻套逆时针转动，当缺口转到螺钉位置时即可将其取出。

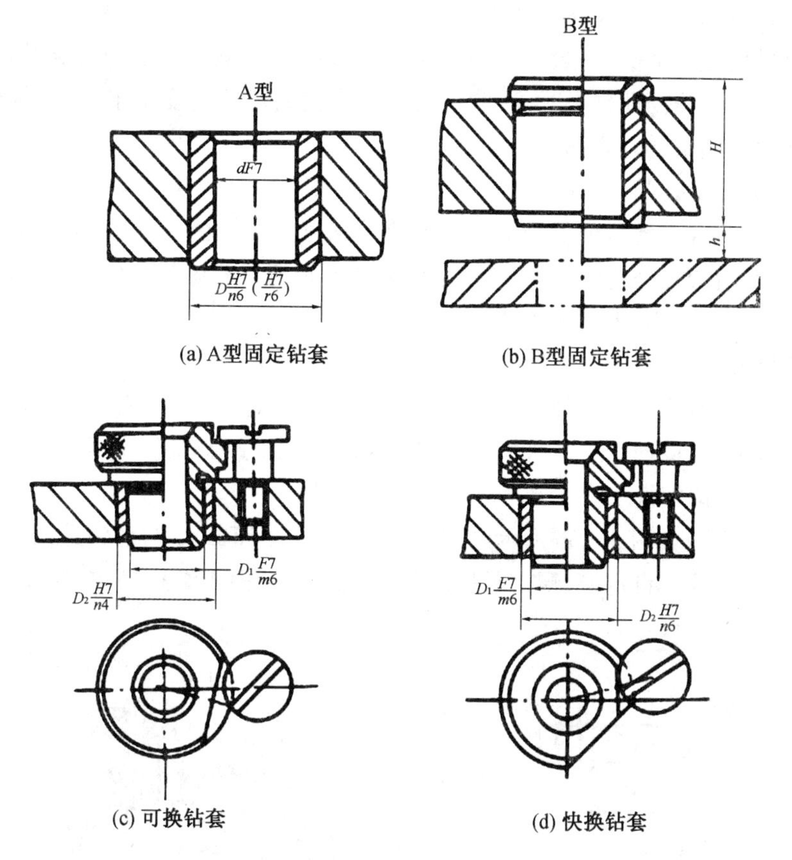

(a) A型固定钻套　(b) B型固定钻套

(c) 可换钻套　(d) 快换钻套

图 6－53　标准钻套

因工件形状或被加工孔的位置需要而不能使用标准钻套时，则需要设计专用钻套。图 6－54 所示的几种特殊钻套，图 6－54(a)是小孔距钻套，加工多个小间距孔。图 6－54(b)是加长钻套，加工凹面上的孔。图 6－54(c)是斜面钻套，用于斜面上钻孔。

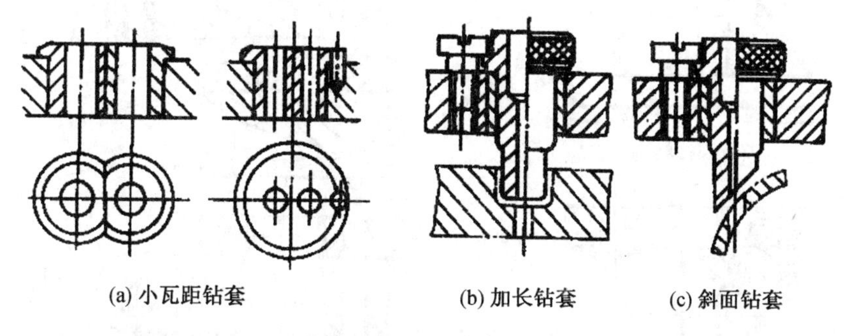

(a) 小瓦距钻套　(b) 加长钻套　(c) 斜面钻套

图 6－54　特殊钻套

在选定了钻套结构类型之后，需要确定钻套的内孔尺寸、公差及其他相关尺寸。钻套的高度 H[图 6－53(b)]的大小对刀具的导向作用和钻套与刀具之间的摩擦影响很大，通常取 $H=(1\sim2.5)D$。对于精度要求较高的孔、直径较小的孔和刀具刚性较差时，应取较大值，反之取较小值。

排屑间隙 h[图 6－53(b)]。指钻套底部与工件表面之间的空间，钻套与工件之间应留有适当的排屑间隙 h，若 h 太小，排屑困难，会加速导向表面的磨损；若 h 太大，排屑方便，但导向性能降低，一般取 $h=(0.3\sim1.2)D$。加工铸铁和黄铜等脆性材料时，可取较小值；加工钢等韧性材料时，应取较大值。当孔的位置精度要求很高时，也可以取 $h=0$，使切屑从钻头的螺旋槽中排出。

一般钻套导向孔的基本尺寸等于刀具的最大极限尺寸，与标准的定尺寸刀具之间取基轴制间隙配合。孔径公差依加工精度要求来确定，钻孔和扩孔时公差取 $F7$，粗铰时公差取 $G7$，精铰时公差取 $G6$。若钻套引导的不是刀具的切削部分，而是刀具的导向部分，常取配合公差为 $H7/f7$，$H7/g6$、$H6/g5$。

2. 钻模板

钻模板通常装配在夹具体或支架上，或与夹具上的其他元件相连接。钻模板用于安装钻套，并确保钻套在钻模上的正确位置。常见的钻模板有以下几种：

(1) 固定式钻模板

固定式钻模板如图 6－55 所示的三种结构：图 6－55(a)为整体铸造结构；图(b)为焊接结构；图(c)为销钉定位、螺钉紧固结构。固定式钻模板结构简单、精度较高、制造容易。

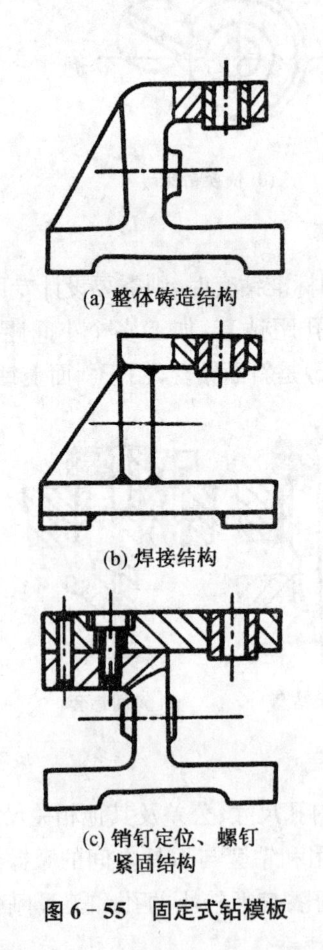

图 6－55 固定式钻模板

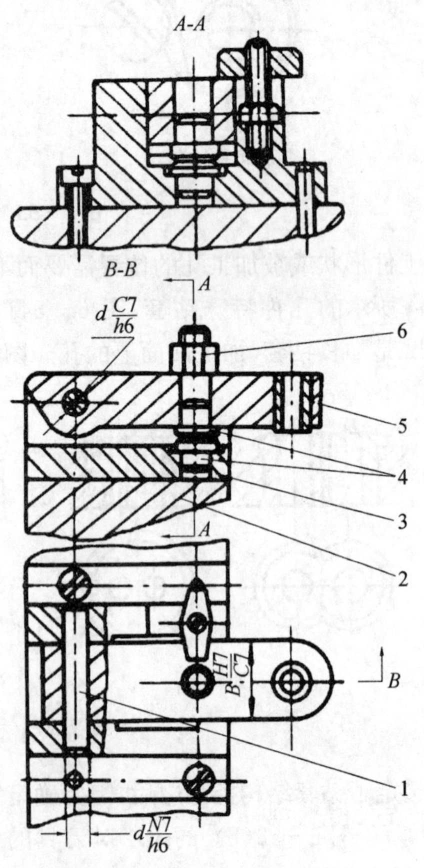

1－铰链销 2－夹具体 3－铰链座 4－支承钉 5－钻模板 6－菱形螺母

图 6－56 铰链式钻模板

(2) 铰链式钻模板

当钻模板妨碍工件装卸或钻孔后需攻螺纹时，可采用如图 6－56 所示的铰链式钻模板。钻模板 5 与铰链座 3 之间的配合为 $H8/g7$。铰链销 1 与铰链座 3 的销孔配合为 $N7/h6$，与钻模板 5 的销孔配合为 $G7/h6$。钻套内孔与夹具安装面的垂直度可通过修磨两个支承钉 4 的高度保证。加工时，钻模板 5 由菱形螺母 6 锁紧。采用铰链式钻模板，装卸工件方便，但由于铰链销孔之间存在配合间隙，因此加工精度比采用固定式钻模板低。

(3) 可卸式钻模板

也叫分离式钻模板，如图 6－57 所示，可卸式钻模板以两孔在夹具体上的圆柱销 3 和菱形销 4 上定位，并用铰链螺栓将钻模板和工件一起夹紧。可卸式钻模板是可拆卸的，工件每装卸一次，钻模板也要装卸一次。这类钻模板钻孔精度比铰链式钻模板高，装卸时间较长，效率较低，一般多在使用其他类型钻模板不便于装夹工件的情况下采用。

(4) 悬挂式钻模板

悬挂在机床主轴上，并随主轴一起靠近或离开工件的钻模板称为悬挂式钻模板。如图 6－58 所示，钻模板 5 的位置由滑柱 2 来确定，通过弹簧 1 和横梁 6 与机床主轴或主轴箱连接。这类钻模板多与组合机床或多轴箱联合使用。

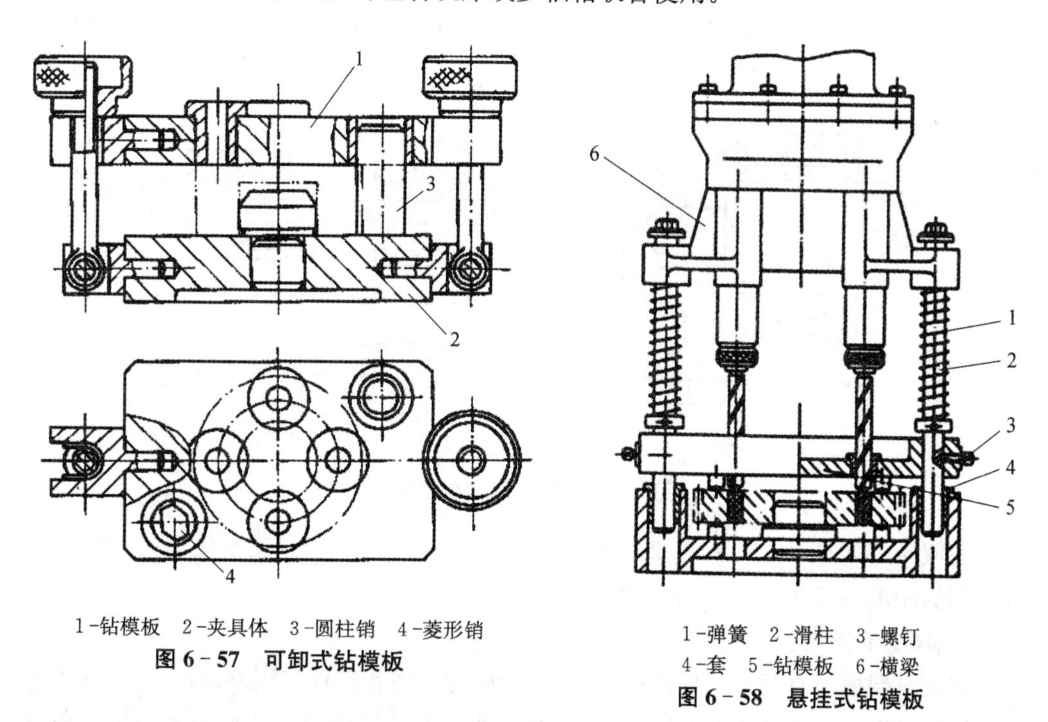

1－钻模板　2－夹具体　3－圆柱销　4－菱形销

图 6－57　可卸式钻模板

1－弹簧　2－滑柱　3－螺钉
4－套　5－钻模板　6－横梁

图 6－58　悬挂式钻模板

三、镗床夹具

镗床夹具又称镗模。主要用于加工箱体，支座等零件上的精密孔或孔系。镗模与钻模相似，一般具有引导刀具的导套称为镗套，及安装镗套的镗模架。但镗模的制造精度比钻模高得多。

(一) 镗模的种类

根据镗套的布置形式不同,分为单支承镗模、双支承镗模和无支承镗模。

1. 单支承镗模

这类镗模只有一个导向支承,镗杆与机床主轴采用刚性连接,并应保证镗套中心线与主轴轴心线重合。采用这种布置方式,机床主轴回转精度会影响工件的镗孔精度。因此,这种方式适用于小孔和短孔的加工。根据支承相对于刀具的位置分为以下两种。

(1) 单支承前导向镗模

图 6-59 为单支承前导向镗孔,在刀具的前方设置一个支承导向,主要用于加工孔径 $D>60$ mm、长度 $L<D$ 的通孔。一般镗杆的导向部分直径 $d<D$,这种方式便于加工过程中进行观察和测量。

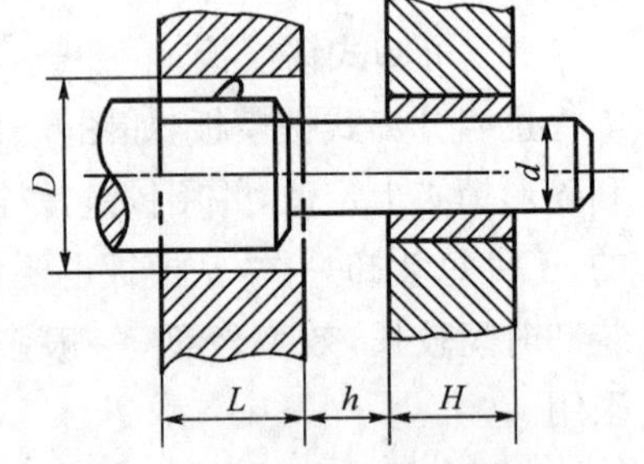

图 6-59　单支承前导向镗孔

(2) 单支承后导向镗模

图 6-60 所示为单支承后导向镗孔,在刀具的后方设置一个支承导向。如图 6-60(a)所示,当镗削 $D<60$ mm、$L<D$ 的通孔或盲孔时,可使镗杆导向部分的尺寸 $d<D$,这样镗杆刚性好,加工精度高,装卸工件和更换刀具方便。如图 6-60(b)所示,当加工孔长度 $L=(1\sim1.25)D$ 时,应使镗杆导向部分直径 $d<D$,这样镗杆导向部分可伸入加工孔,缩短镗套与工件之间的距离及镗杆的悬伸长度。

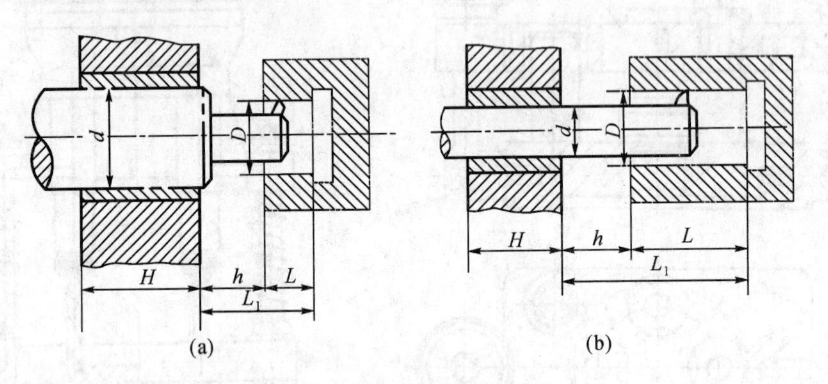

图 6-60　单支承后导向镗孔

为便于刀具及工件的装卸和测量,一般取 $h=(0.5\sim1)D$,单支承镗模的镗套与工件之间的距离一般在 20~80 mm 之间。

2. 双支承镗模

双支承镗模上有两个引导镗杆的支承,镗床的主轴和镗杆采用浮动连接,消除了机床主轴回转误差对镗孔精度的影响,镗孔的位置精度由镗模的制造精度来保证。根据支承相对于刀具的位置分为以下两种。

(1) 前后单支承双面导向镗模

图 6-61 为镗削车床尾座孔镗模,镗模上有两个引导镗刀杆的支承,并分别设置在刀具的前方和后方,镗杆 9 和主轴之间采用浮动卡头 10 连接。工件以底面、侧面及槽

在定位板 3、4 及可调支承钉 7 上定位，限制工件的六个自由度。拧紧夹紧螺钉 6，通过联动夹紧机构，压板 5、8 同时将工件夹紧。镗模支架 1 上装有滚动回转镗套 2，用以支承和引导镗杆。镗模以底面 A 安装在机床工作台上，其侧面设置找正基面 B。

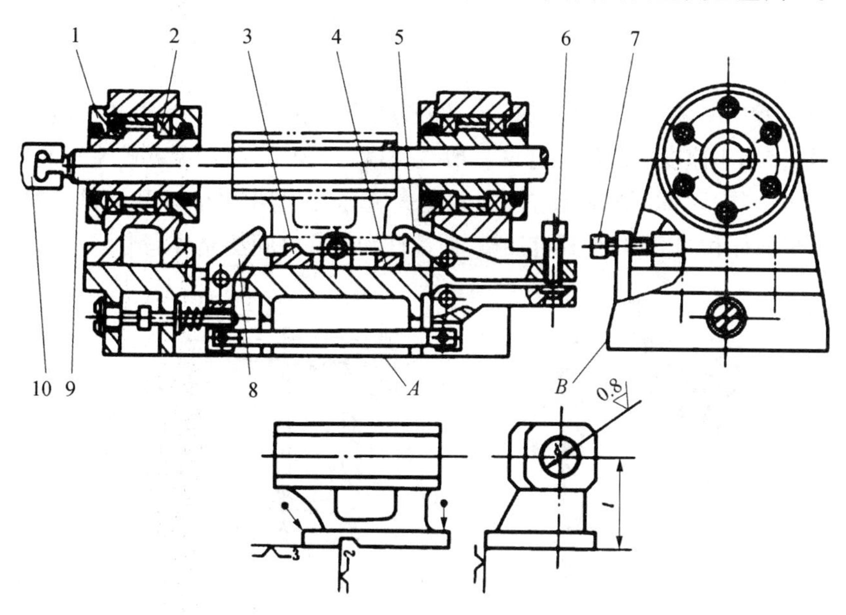

1-支架 2-镗套 3、4-定位板 5、8-压板 6-夹紧螺钉 7-可调支承钉 9-镗杆 10-浮动卡头

图 6-61 车床尾座镗模

前后单支承双面导向镗模，一般用于镗削孔径较大、孔的长径比 $L/D<1.5$ 的通孔或孔系，其加工精度较高，但更换刀具不方便。

(2) 双支承后导向镗模

图 6-62 为双支承后导向镗孔示意图，受加工条件限制，不能使用前后双支承结构时，可在刀具后方设置两个支承。由于镗杆为悬臂梁，为保证镗杆刚性，镗杆悬伸量 $L_1<5d$。为保证镗孔精度，两支承导向长度 $L>(1.25\sim1.5)L_1$。

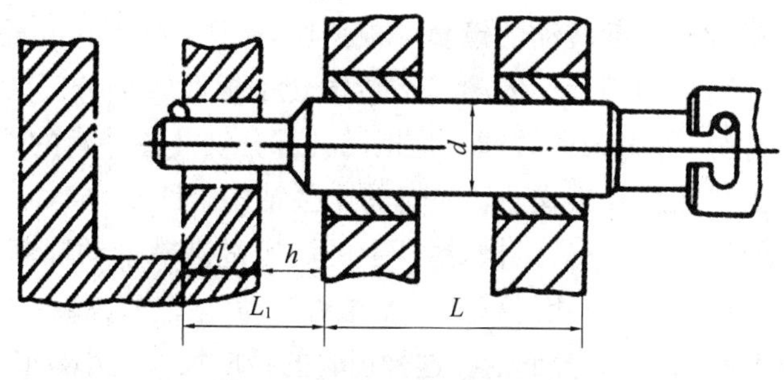

图 6-62 双支承后导向镗孔

(3) 无支承镗模

当工件在刚性好、精度高的坐标镗床、加工中心机床或金刚镗床上镗孔时，夹具上不设置镗模支承，被加工孔的尺寸精度和位置精度有镗床精度保证。

(二) 镗模的设计要点

设计镗模时，除了定位、夹紧装置外，主要考虑与镗刀密切相关的刀具导向装置的合理选用(镗套、镗杆)。

1. 镗套

镗套用于引导镗杆。根据镗套在加工中是否运动,可分为固定式镗套和回转式镗套两类。

(1) 固定式镗套

在镗孔过程中不随镗杆转动的镗套。外形尺寸较小,制造简单,位置精度较高,缺点是易于磨损,多用于速度较低的场合。一般线速度 $V\leqslant 0.3$ m/s,固定式镗套的导向长度 $L=(1.5\sim 2)d$。图 6-63 是标准结构的固定式镗套,A 型不带油杯和油槽,镗杆上开油槽。B 型则带油杯和油槽,内孔开有油槽,使镗杆和镗套之间能充分润滑。

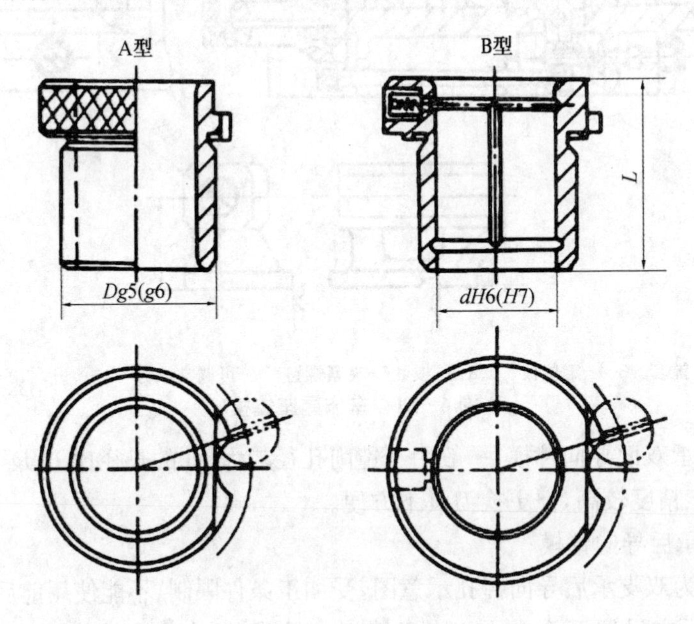

图 6-63 固定式镗套

(2) 回转式镗套

在镗孔过程中随镗杆一起转动的镗套。根据回转部分安装的位置不同,可分为外滚式回转镗套和内滚式回转镗套。内滚式回转镗套是把回转部分安装在镗杆上,并且成为整个镗杆的一部分;外滚式回转镗套是把回转部分安装在导套的外面。

图 6-64 是常见的几种外滚式回转镗套的典型结构。图 6-64(a)为装有滑动轴承外滚式回转镗套,镗套 1 内孔开有键槽,镗杆上的键通过键槽带动镗套 1 在滑动轴承 2 内回转,镗杆本身在导套内只有相对移动而无相对转动。镗模支架 3 上设置油杯,经油孔将润滑油送到回转副,使其充分润滑。这种镗套的径向尺寸较小,回转精度高,抗振性好,承载能力强,但需要充分的润滑。常用于精加工,摩擦面线速度不宜超过 0.3~0.4 m/s。图 6-64(b)为装有滚动轴承外滚式回转镗套,由于镗套 6 与镗模支架 3 之间安装了滚动轴承,所以回转线速度可大大提高,一般摩擦面线速度 $V>0.4$ m/s。但径向尺寸较大,回转精度受轴承精度影响。可采用滚针轴承以减小径向尺寸,采用高精度轴承提高回转精度。图 6-64(c)立式镗孔用的回转镗套,工作时受切屑和切削液的影响,,需要设置防护罩,以免镗杆加速磨损。

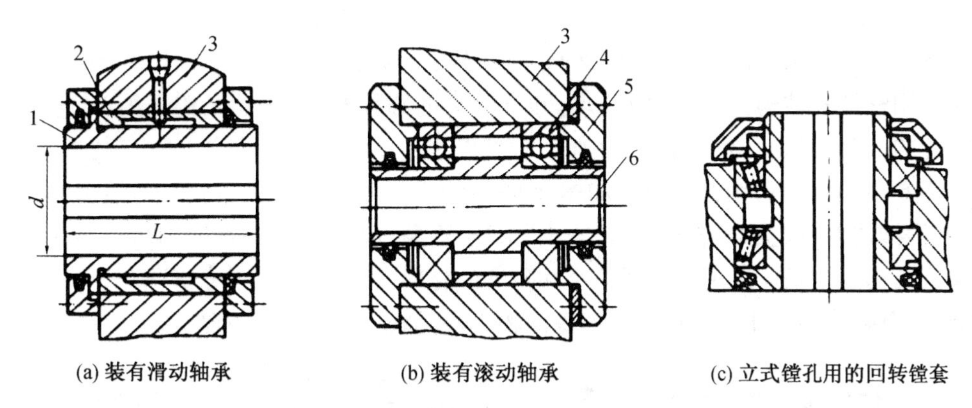

1、6-镗套　2-轴承　3-镗模支架　4-调整垫　5-轴承端盖

图 6-64　外滚式回转镗套

图 6-65 是装有滚动轴承内滚式回转镗套的典型结构，镗套回转部分安装在镗杆上，即轴承安装在镗套 1 的里面。装在支架上的固定支承套 2 不动，镗套 1 只有相对移动而无相对转动，镗杆和轴承内环一起转动。

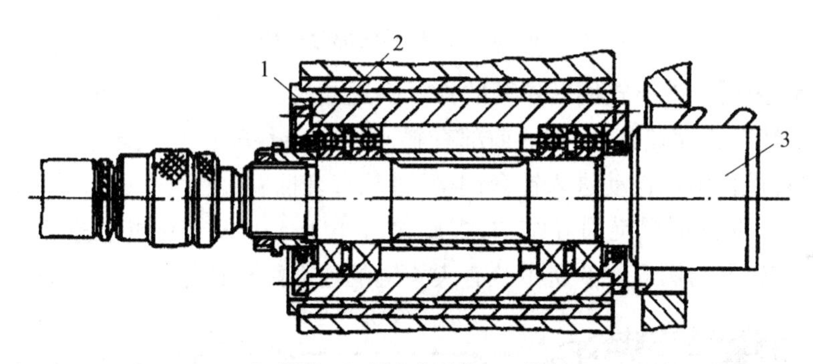

1-镗套　2-固定支承套　3-镗杆

图 6-65　内滚式回转镗套

对于装有滚动轴承内滚式回转镗套，因镗杆上装了轴承，所以其结构尺寸很大，可使刀具顺利通过内滚式回转镗套外的固定支承套，无需引刀槽。采用外滚式镗套进行镗孔时，大多数都是被加工孔径大于镗套孔径的情况，此时需在镗套上开引刀槽，使装好刀的镗杆能顺利进入。为确保进入引刀槽，镗套上设置尖头键或钩头键，如图 6-66 所示。

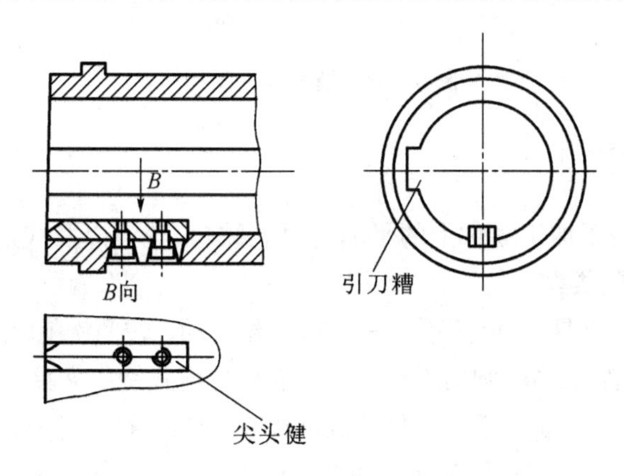

图 6-66　回转镗套的引导槽及尖头键

2. 镗杆

图 6 - 67 为用于固定镗套的镗杆导向部分的结构。当导向直径 $d<50$ mm 时，镗杆常采用整体式结构。图 6 - 67(a)为开有油沟的圆柱导向，这种结构最简单，但镗杆与镗套的接触面积大，润滑不好，在加工时难以避免切屑进入镗套，则易出现“卡死”现象。图 6 - 67(b)、(c)为开有直槽和螺旋槽的镗杆，这种结构可减少镗杆与镗套的接触面积，沟槽内有一定的存屑空间，可减少“卡死”现象，但镗杆刚度降低。图 6 - 67(d)为镶条式结构。镶条应采用摩擦系数小和耐磨的材料，如铜或钢。镶条磨损后，可在底部加垫片，重新修磨使用。这种结构摩擦面积小，容屑量大，不易“卡死”。

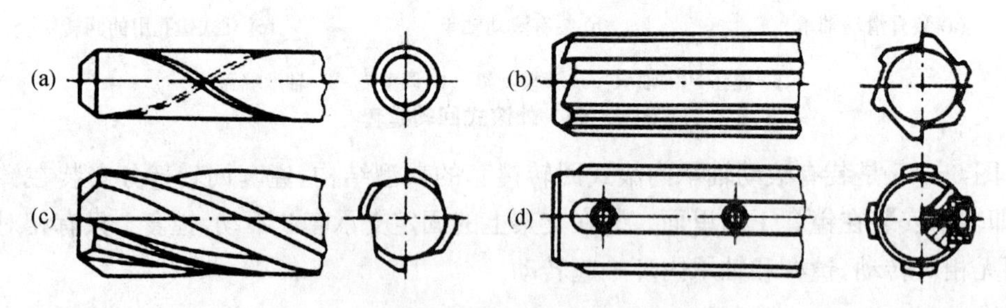

图 6 - 67 镗杆导向部分结构

图 6 - 68 为用于外滚式回转镗套的镗杆引进结构。图 6 - 68(a)在镗杆前端设置平键，在平键下装有压缩弹簧，平键的前部有斜面，引进镗杆时，平键压缩后进入镗套，这样平键在回转过程中能自动进入镗套键槽，带动镗套回转。图 6 - 68(b)所示的镗杆上开有键槽，其头部做成螺旋引导结构，螺旋角应小于 45°，便于镗杆引进后使键顺利地进入槽内。它还可与图 6 - 66 所示装有尖头键的镗套配合使用。

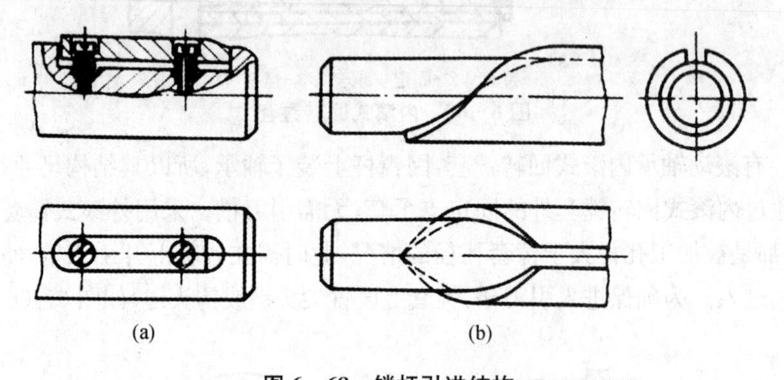

图 6 - 68 镗杆引进结构

四、铣床夹具

铣床夹具主要用于加工零件上的平面、沟槽、缺口、花键以及成形面等。

(一) 铣床夹具的类型

由于铣削过程中，夹具大都与工作台一起作进给运动。按照铣削的进给方式，通常将铣床夹具分为三类：直线进给式、圆周进给式以及靠模进给式铣床夹具。直线进给式铣床夹具用得最多，按照在夹具中同时安装工件的数目和工位多少，它又可分为单件加工铣床夹具和多件加工铣床夹具，或单工位铣床夹具和多工位铣床夹具。圆周进给式铣床夹具通常用在具有回转工作台的铣床上，工作台圆周上安装多套夹具，并实现连续圆周进给，在切削区加工的同时，可在装卸区域装卸工件，使辅助时间与机动时间重合，生产率较高。靠模进给式铣床夹具在机床基本进给运动的同时，由靠模获得一个辅助的进给运动，通过两个运动的合成可加工出成形表面。按照进给运动方式可分为直线进给式和圆周进给式两种。

图 6－69 所示是多件加工铣床夹具，该夹具用于铣削六个小轴端面上的通槽。小轴 1 以外圆柱面在活动 V 形块 2 上定位，小轴端面在支承钉 6 上定位，由薄膜式气缸 5 推动 V 形块 2 依次将小轴夹紧。活动 V 形块安装在两根导柱 7 上，活动 V 形块之间用弹簧 3 分离。由对刀块 9 来确定夹具和刀具的相对位置，由定位键 8 确定夹具与机床工作台的相对位置。该夹具生产率高，多用于生产批量较大的情况。

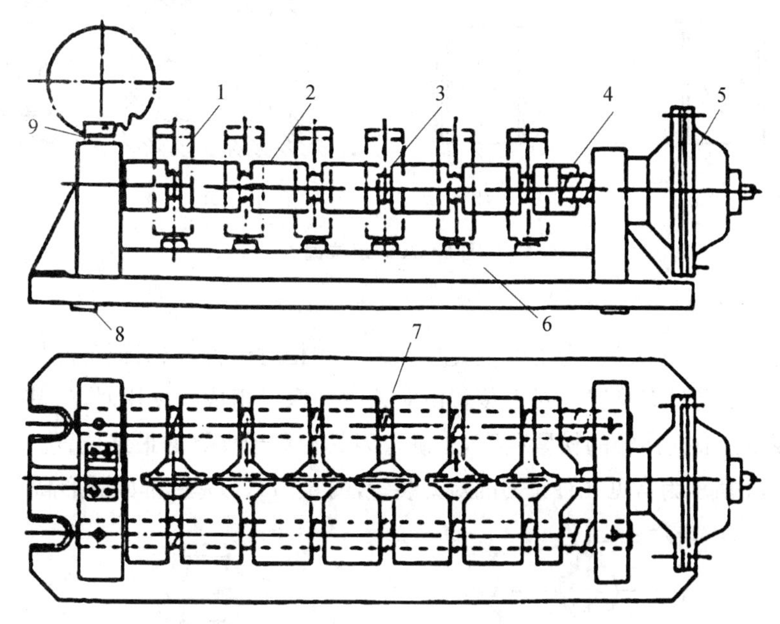

1－小轴　2－活动 V 形块　3－弹簧　4－夹紧元件　5－薄膜式气缸　6－支承钉
7－导柱　8－定位键　9－对刀块

图 6－69　多件加工铣床夹具

（二）铣床夹具的设计要点

由于铣削加工时切削力比较大，且为断续切削，易产生冲击和振动，所以，设计铣床夹具时，夹紧力要求较大，且要求有较好的自锁性能。因此，铣床夹具上各组成元件应具有足够的强度和刚度。

（1）定位键

定位键安装在夹具底面的纵向槽中，一般使用两个，通过定位键与铣床工作台上 T 形槽的配合，确定夹具与机床工作台的相对位置。定位键还可承受铣削时所产生的切削扭矩，以减轻夹具体与铣床工作台连接用螺栓的负荷，增强夹具在加工过程中的稳定性。

如图 6－70 所示，定位键有矩形和圆柱形两种。常用的矩形定位键有 A 型和 B 型两种结构形式，如图 6－70(a)、(b)所示。A 型定位键的宽度，按统一尺寸 B($h6$ 或 $h8$)制作，适宜于夹具的定向精度要求不高时采用。B 型定位键的侧面开有沟槽，沟槽上部宽度尺寸 B 按 $H7/h6$ 或 $J_{s6}/h6$ 与夹具体上的键槽配合，沟槽的下部宽度为 B_1，和铣床

工作台 T 形槽配合。常取 $H8/h8$ 或 $H7/h6$。为了提高夹具的定位精度，在制造定位键时，B_1 应留有余量，以便与工作台 T 型槽修配，达到较高的配合精度。如图(d)所示。使用圆柱形定位键时，夹具体上的两孔在坐标镗床上加工，能得到很高的位置精度。但圆柱形定位键较易磨损，生产中使用不多。

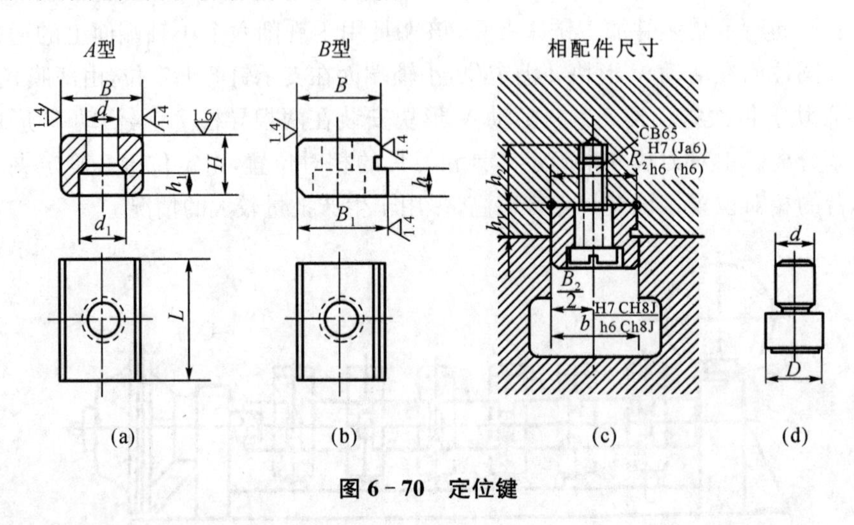

图 6-70 定位键

(2) 对刀装置

对于铣床或刨床夹具，为了确定夹具和刀具的相对位置，以保证工件加工表面的位置要求，需要设置对刀装置。对刀装置由对刀块和塞尺组成。使用时，将其塞入刀具与对刀装置之间，根据接触的松紧程度，来确定刀具相对于夹具的最终位置。

图 6-71 所示为常见几种铣刀的对刀装置，图 6-71(a)是标准的圆形高度对刀块，用

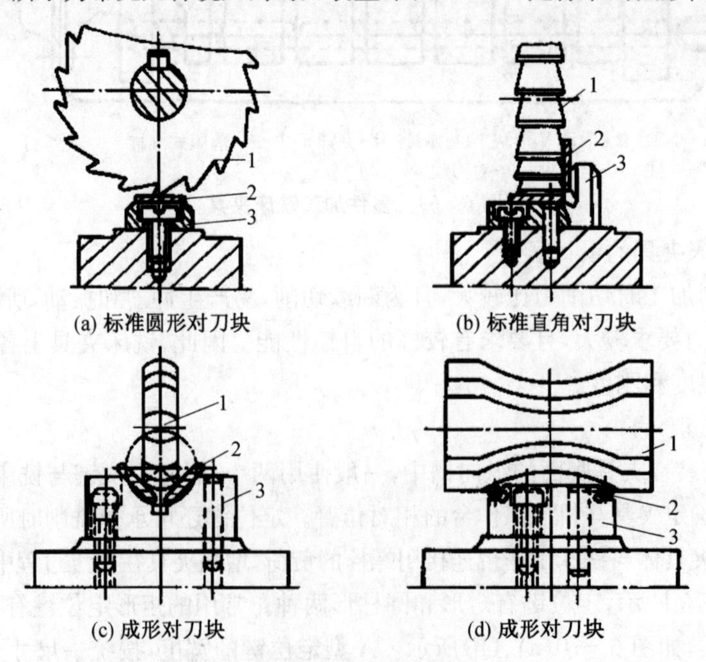

1-铣刀 2-塞尺 3-对刀块

图 6-71 对刀装置

于对准铣刀的高度，用于加工平面；图 6－71(b)是标准的直角对刀块，用于对准铣刀的高度和水平方向位置，用于加工台肩面；图 6－71(c)、(d)是成形对刀块，用于加工成形表面。

第五节 专用夹具的设计方法

一、专用夹具设计的基本要求和设计步骤

（一）专用夹具设计的基本要求

(1) 保证工件的加工精度。这是夹具设计的最基本要求，夹具设计应有合理的定位方案、夹紧方案和导向方案，合理制定夹具的技术要求，必要时应进行误差的分析与计算。

(2) 夹具的总体方案应与生产纲领相适应。在大批大量生产时，应尽量采用各种快速、高效结构，以缩短辅助时间，提高生产率。小批量生产中，则要求在满足夹具功能的前提下，尽量使夹具结构简单、易于制造。对介于大批大量和小批量生产之间的各种生产规模，可根据经济性原则选择合理的结构方案。

(3) 使用性好。夹具的操作维护应安全方便，能减轻工人劳动强度。夹具操作位置应符合操作工人的习惯，必要时应有安全保护装置，工件的装卸要方便，夹紧要省力，排屑要通畅。

(4) 经济性好。应尽量采用标准元件和组合件，专用零件的结构工艺性要好，以便于制造、装配和维修，可缩短夹具设计制造周期，降低夹具制造成本。

（二）专用夹具设计的设计步骤

1. 明确设计任务，收集设计资料

(1) 根据设计任务书，分析研究被加工零件的作用、结构特点、材料、技术要求及生产规模；了解零件的加工工艺过程、本工序加工内容和加工要求、前后工序的联系；了解所用设备的性能、规格和运动情况，掌握与所设计夹具连接部分的结构和联系尺寸。必要时还要了解同类零件所使用夹具的情况作为设计的参考。

(2) 收集有关资料，包括夹具零部件设计的国家标准、部颁标准、企业标准；同类夹具的典型结构、夹具设计手册、夹具图册等资料。

2. 拟定夹具结构方案，画出结构草图

设计方案的确定是一项十分重要的设计程序，方案的优劣往往决定了夹具设计的成败。为使设计的夹具先进、合理，一般应拟定几种结构方案，进行分析比较，从中确定结构简单可行、经济合理的方案。

(1) 确定工件的定位方法及定位元件的结构，定位元件尽可能选用标准件，必要时可在标准元件结构基础上作一些修改，以满足具体设计的需要。

(2) 确定工件的夹紧方式、夹紧力的方向和作用点的位置，设计夹紧机构，计算夹紧力。夹紧可以用手动、气动、液压或其他力源形式。对于气动、液压夹具，应考虑气(液压)缸的形式、安装位置、活塞杆长短等。

(3) 确定刀具的对刀、导向方式，选择对刀、导向元件。

(4) 确定定位、夹紧、导向(或对刀)之后，还要确定其他机构，如分度机构、顶出装

置等。最后设计夹具体，将各种元件、机构有机地连接在一起。

(5) 工序精度分析。根据误差不等式关系检验所规定的精度是否满足本工序加工技术要求，否则应采取措施(如重新确定公差，改变定位基准，更换定位元件，必要时甚至改变原设计方案)，重新分析计算。

3. 绘制夹具装配图

夹具装配图应能清楚地表示出夹具的工作原理、整体结构和各元件之间相互关系。主视图的选择应与夹具在机床上实际工作时的位置相同。夹紧机构应处于"夹紧"位置上。要正确选择必要的视图、剖面、剖视以及它们的配置。尽量按 1∶1 的比例绘制。基本步骤如下：

(1) 首先用双点画线将工件的外形轮廓、加工表面、定位基面及夹紧表面绘制在各个视图的相应位置上。注意工件轮廓是假想的透明体，不会挡住夹具上的任何线条。

(2) 依次画出定位元件、导向(或对刀)元件、夹紧装置、其他辅助元件的结构及夹具体。

(3) 标注轮廓尺寸、装配尺寸、检验尺寸及其公差和技术要求等。

(4) 编制夹具标题栏和明细表。

4. 绘制夹具零件图

对夹具中的非标准零件均应绘制零件图，如夹具体等。

二、夹具体的设计

夹具体是夹具的基础元件，夹具上的各种装置和元件通过夹具体连接成一个整体。因此，夹具体的形状及尺寸取决于夹具上各种装置的布置及夹具与机床的连接。

(一) 对夹具体的要求

(1) 适当的精度和尺寸稳定性

夹具体上有三个重要表面是影响夹具装配后精度的关键，即夹具体在机床安装基面、安装定位元件的表面和安装对刀或导向元件的表面等。一般应以夹具体的安装基面为夹具的主要设计基准及工艺基准，这样有利于制造、装配、使用和维修。

为使夹具体尺寸稳定。铸造夹具体要进行时效处理，焊接和锻造夹具体要进行退火处理。

(2) 足够的强度和刚度

在加工过程中。夹具体要承受工件重力、夹紧力、切削力、惯性力和振动力的作用，夹具体应有足够的强度和刚度。因此夹具体需有一定的壁厚，铸造夹具体的壁厚一般取 15～30 mm，焊接夹具体的壁厚为 8～15 mm。铸造和焊接夹具体常设置加强肋来提高夹具体的刚度，肋的厚度取壁厚的 0.7～0.9 倍。

(3) 结构工艺性好

夹具体应便于制造、装配和检验。铸造夹具体上安装各种元件或装置的表面应铸出 3～5 mm 的凸台，以减少加工面积。对于同一方向上的加工面应尽量等高。夹具体上不加工的毛面与工件表面之间应保证有一定间隙，以免安装时产生干涉，一般为4～15 mm。夹具体结构形式便于工件的装卸，如图 6－72 所示，分为开式结构[图

6－72(a)]，半开式结构[图 6－72(b)]，框架式结构[图 6－72(c)]等。一般来说，开式结构的制造工艺性较好，而框架式结构的整体刚性较强。

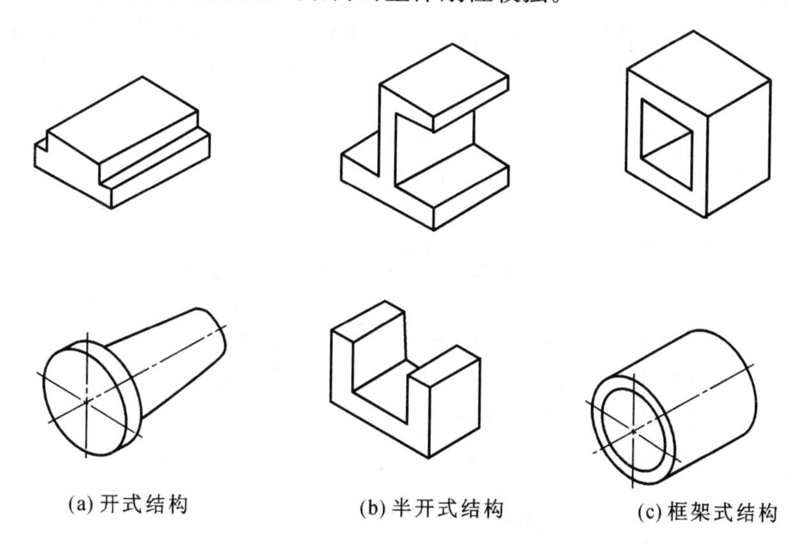

(a) 开式结构　　(b) 半开式结构　　(c) 框架式结构

图 6－72　夹具体结构形式

为了防止加工中切屑聚积在定位元件工作表面上或其他装置中，影响工件的正确定位和夹具的正常工作，在设计夹具体时，要考虑切屑的处理问题。如图 6－73(a)所示，在夹具体上开排屑槽；图 6－73(b)为在夹具体下部设置排屑斜面，斜角可取30°～50°。

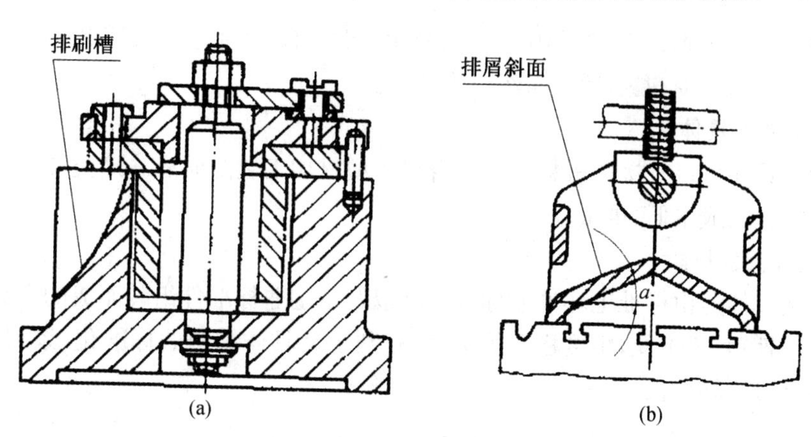

(a)　　(b)

图 6－73　夹具体上设置排屑结构

(4) 在机床上安装稳定、可靠

当夹具在机床工作台上安装时，夹具的重心应尽量低，重心越高则支承面应越大；夹具体底面中心部分应挖空，四周与机床工作台接触，以保证接触面的稳定可靠。当夹具在机床的主轴上安装时，夹具安装基面与主轴相应表面应有较高的配合精度，并保证夹具体安装稳定可靠。在加工中要翻转或移动的夹具体，通常要在夹具上设置手柄以便于操作。对于大型夹具，在夹具体上应设置吊环螺栓或起重孔以便于吊运。

(二) 夹具体毛坯的类型

(1) 铸造夹具体

如图 6-74(a)所示，这是一种常用的方法。其优点是工艺性好，可铸出各种复杂外形。具有较好的抗压强度、刚度和抗振性，但生产周期长，为消除内应力，铸件需进行时效处理。铸造夹具体的材料大多采用 HT150 和 HT200 灰铸铁；当要求强度高时。也可采用铸钢件；要求重量轻时，在条件允许下可采用铸铝件(如 ZL104)。

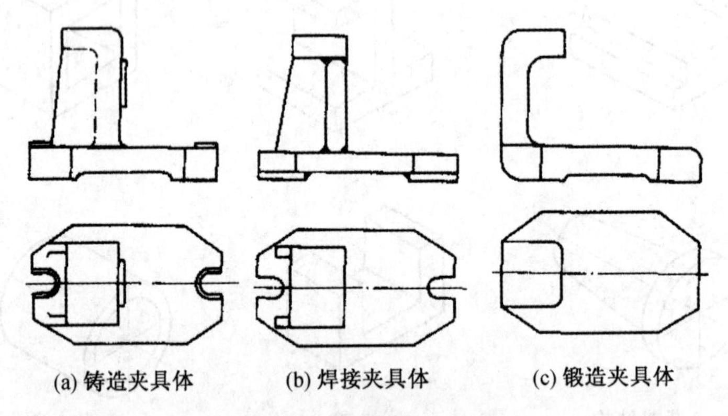

图 6-74　夹具体毛坯类型

(2) 焊接夹具体

如图 6-74(b)所示，它由钢板、型材焊接而成，这种夹具体与铸造夹具体相比，其优点是制造方便、生产周期短、成本低、重量轻。缺点是焊接夹具体的热应力较大。易变形。需经退火处理。以保证夹具体尺寸的稳定性。

(3) 锻造夹具体

如图 6-74(c)所示。它适用于形状简单、尺寸不大、要求强度和刚度大的场合。一般情况下应用较少，锻造后也需经退火处理。

(4) 型材夹具体

小型夹具体可以直接用板料、棒料、管料等型材加工装配而成。这类夹具体取材方便、制造周期短、成本低、重量轻。

(5) 装配夹具体

装配夹具体是由标准毛坯件或标准零件以及个别非标准件组装而成的夹具体。它具有制造周期短，成本低，精度稳定等优点，有利于夹具体结构的标准化、系列化，也便于夹具的计算机辅助设计。

三、夹具装配图上尺寸及技术要求的标注

(一) 夹具装配图上应标注的尺寸和公差

(1) 夹具外形轮廓尺寸。这类尺寸表示夹具在机床上所占据的空间尺寸和可活动的范围。

(2) 保证工件定位精度的有关尺寸和公差。如工件与定位元件的配合尺寸和公差，各定位元件的定位表面之间的位置尺寸和公差等。

(3) 保证刀具导向精度或对刀精度的有关尺寸和公差。如刀具与导向元件之间的配合尺寸和公差，各导向元件之间、导向元件与定位元件的定位表面之间的位置尺寸和公差，或者对刀块的对刀面至定位元件的定位表面之间的位置尺寸和公差，塞尺的尺寸。

(4) 保证夹具安装精度的有关尺寸和公差。如夹具与机床的连接尺寸，夹具安装基面与定位面之间的尺寸和公差，定位键与机床上的 T 形槽的配合尺寸和公差。

(5) 其他影响工件加工精度的尺寸和公差。主要指夹具内部各组成元件之间的配合尺寸和公差，如定位元件与夹具体之间的配合尺寸和公差，导向元件与衬套之间、衬套与夹具体之间的配合尺寸和公差等。

(二) 夹具装配图上应标注的技术要求

(1) 定位元件与定位元件的定位表面之间的相互位置精度要求。

(2) 定位元件的定位表面与夹具安装基面之间的相互位置精度要求。

(3) 定位元件的定位表面与导向元件工作表面之间的相互位置精度要求。

(4) 导向元件与导向元件工作表面之间的相互位置精度要求。

(5) 定位元件的定位表面或导向元件的工作表面对夹具找正基面的位置精度要求。

(6) 与保证夹具装配精度有关的或与检验方法有关的特殊的技术要求。

(三) 夹具装配图上公差与配合的确定

(1) 与加工精度直接有关的夹具公差与配合的确定

对于直接影响工件加工精度的夹具公差，其公差取

$$\delta_J=(1/2\sim1/5)\delta_k$$

式中：δ_J——夹具装配图上的尺寸公差或形位公差值；

δ_k——与 δ_J 相对应的工件尺寸公差或形位公差值。

当工件精度要求低，批量大时，δ_J 取小值，以便延长夹具的使用寿命，又不增加夹具制造的难度，反之取大值。

当工件的加工尺寸为未注公差时，夹具上相应尺寸公差值按 IT9～IT11 选取；形位公差为未注公差时，夹具上相应的形位公差值按 IT7～IT9 选取；工件上的角度为未注公差时，夹具上相应的角度公差值按 $\pm3'\sim\pm5'$ 选取。

对于直接影响工件加工精度的配合类别的确定，应根据夹具上配合公差的大小，通过计算或类比来确定，应尽量选用优先配合。

(2) 与加工精度无直接关系的夹具公差与配合的确定

对于与工件加工精度无直接关系的夹具公差与配合，其中位置尺寸一般按 IT9～IT11 选取，夹具的外形轮廓尺寸可不标注公差，按 IT13 选取。其他的形位公差数值、配合类别可参考有关的夹具设计手册选取。

四、工件在夹具中加工精度的分析

用夹具装夹工件进行机械加工时，其工艺系统中影响工件加工精度的因素很多。与夹具有关的因素有定位误差 Δ_D、对刀误差 Δ_T、夹具的安装误差 Δ_A 和夹具误差 Δ_Z。在机械加工工艺系统中，影响加工精度的其他因素综合称为加工方法误差 Δ_G。上述各项误差均导致刀具相对工件的位置不精确，从而形成总加工误差 $\sum\Delta$。

1. 影响加工精度的因素

(1) 定位误差 Δ_D。工件在夹具中定位时产生的误差，称为定位误差。

(2) 对刀误差 Δ_T。由于刀具相对于对刀元件或导向元件的位置不准确而造成的加工误差，称为对刀误差。

(3) 夹具的安装误差 Δ_A。由于夹具在机床上的安装不准确而造成的加工误差，称为夹具的安装误差。

(4) 夹具误差 Δ_Z。由于夹具上定位元件、对刀元件(或导向元件)及安装基面三者之间的位置不准确而造成的夹具制造误差，称为夹具误差。

(5) 加工方法误差 Δ_G。由于机床、刀具的精度，工艺系统的受力、受热变形等因素造成的加工误差，统称为加工方法误差。因该误差影响因素多，又不便于精确计算，所以常取工件公差的 1/3，即

$$\Delta_G = \delta_k/3$$

2. 保证加工精度的条件

工件在夹具中加工时，总加工误差 $\sum\Delta$ 为上述各项误差之和，由于上述各项误差均为独立随机变量，不可能同时出现最大值，故对于这些随机变量用概率法合成。因此，保证工件加工精度的条件是

$$\sum\Delta = \sqrt{\Delta_D^2 + \Delta_T^2 + \Delta_A^2 + \Delta_Z^2 + \Delta_G^2} \leqslant \delta_k$$

即工件的总加工误差 $\sum\Delta$ 应不大于工件的加工尺寸公差 δ_k。

为保证夹具有一定的使用寿命，在分析计算工件加工精度时，需留出一定的精度储备量 J_c。因此将上式改写为

$$\sum\Delta \leqslant \delta_k - J_c$$

或

$$J_c = \delta_k - \sum\Delta \geqslant 0$$

当 $J_c > 0$ 时，夹具能满足工件的加工要求，这是夹具设计必须要满足的基本条件。

例 6-5 被加工连杆盖工序图，如图 6-75 所示，连杆盖材料为 45 钢，大批量生产，本工序前连杆盖的平面均已加工，都达到工序精度要求。本加工工序的内容是：钻连杆盖螺栓孔 2×ϕ11.8，表面粗糙度 R_a 均为 12.5，其平行度、垂直度要求均为 0.04。图 6-76 是连杆盖螺栓孔夹具总装图，计算工序尺寸 92±0.1 mm，20.6±0.08 mm加工精度。

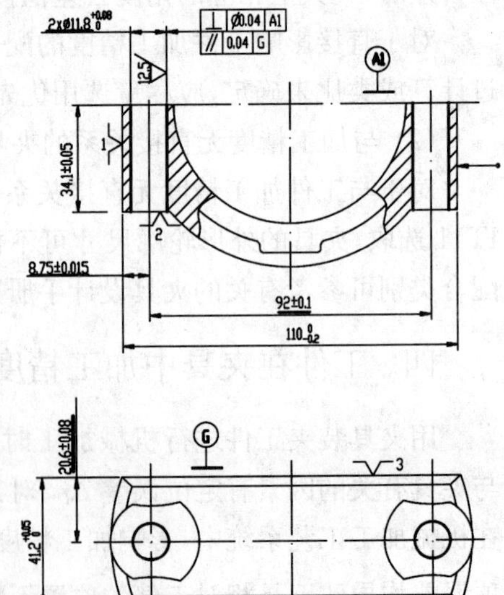

图 6-75 被加工连杆盖工序图

解：(1) 定位误差 Δ_D

定位误差 Δ_D 包括基准不重合误差 Δ_B 和基准位移误差 Δ_Y。

基准不重合误差 Δ_B，工序尺寸 92±0.1 mm，

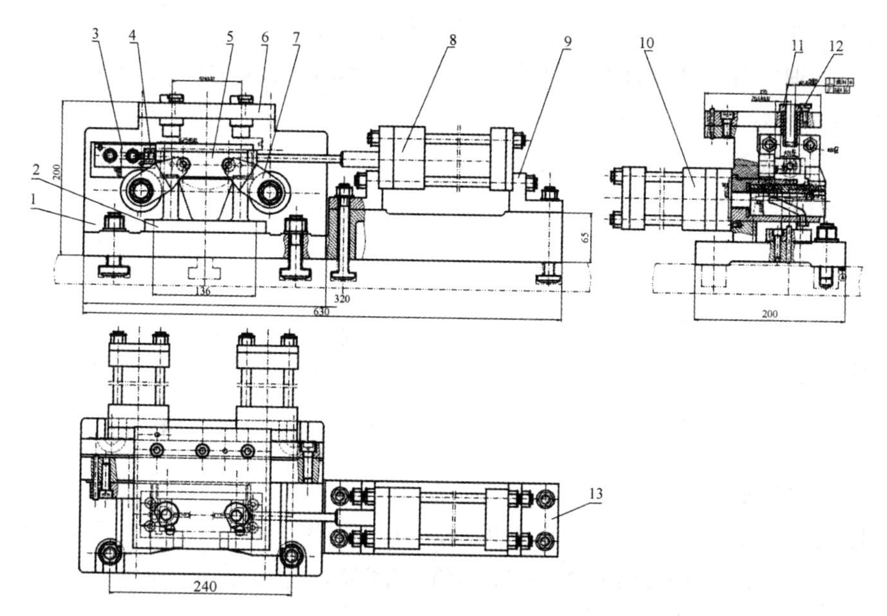

1-夹具体　2-支承架　3-支座　4-支承钉　5-支承板　6-钻模板　7-钩形压板　8-轴向底座式油缸　9-油缸支座　10-头部法兰固定式油缸　11-可换钻套　12-衬套　13-座底

图 6-76　连杆盖螺栓孔夹具总装图

定位基准与工序基准不重合，由于工件左端面到孔的中心线距离尺寸 8.75±0.015 mm，Δ_B=0.03。工序尺寸 20.6±0.08 mm，定位基准与工序基准重合，Δ_B=0。

基准位移误差 Δ_Y，定位元件在装配时要配磨，平面度很小，Δ_Y=0.005。

因此，工序尺寸 92±0.1 mm，$\Delta_D=\Delta_B+\Delta_Y=0.03+0.005=0.035$。工序尺寸 20.6±0.08 mm，$\Delta_D=\Delta_B+\Delta_Y=0+0.005=0.005$。

(2) 对刀误差 Δ_T

如图 6-77 所示，刀具与钻套的最大配合间隙 X_1 的存在会引起刀具的偏斜，将导致加工孔的偏移量 X_2。

$$X_1=0.034-(-0.011)=0.045\ \text{mm}$$

$$X_2=\frac{34+10+22.5}{45}\times X_1=0.066\ \text{mm}$$

$$\Delta T=X_2=0.066\ \text{mm}$$

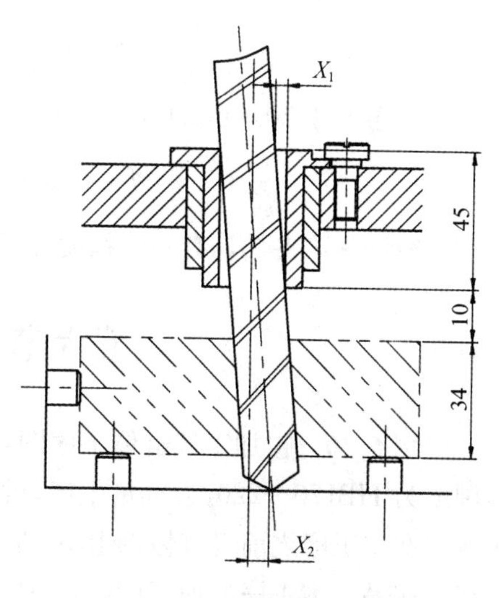

图 6-77　夹具导向误差

(3) 夹具的安装误差 Δ_A

由于夹具的安装基面是平面，因而可以认为它的安装误差很小，即 Δ_A=0.005。

(4) 夹具误差 Δ_Z

夹具误差由以下几项组成：

① 在尺寸 92±0.1 mm 方向上产生的误差为 Δ_{Z1}=0；

② 在尺寸 20.6±0.08 mm 方向上产生的误差为 $\Delta_{Z2}=0$；

③ 钻套轴线对工件接合面的垂直度为 ϕ0.02 mm，它在两个尺寸方向上所产生的误差为 $\Delta_{Z3}=\Delta'_{Z3}=0.02$ mm。

④ 钻套轴线对工件大头端面的平行度为 0.02 mm，它在尺寸 20.6±0.08 mm 方向上产生的误差为 $\Delta_{Z4}=0.02$ mm。

工序尺寸 92±0.1 mm，

$$\Delta_z=\sqrt{\Delta_{Z1}^2+\Delta_{Z3}^2}=\sqrt{0^2+0.02^2}=0.02\ \text{mm}$$

工序尺寸 20.6±0.08 mm，

$$\Delta'_z=\sqrt{\Delta_{Z2}^2+\Delta_{Z3}^2+\Delta_{Z4}^2}=\sqrt{0^2+0.02^2+0.02^2}=0.028\ \text{mm}$$

(5) 加工方法误差 Δ_G

工序尺寸 92±0.1 mm，$\Delta_{G1}=0.2/3=0.067$。

工序尺寸 20.6±0.08 mm，$\Delta_{G2}=0.16/3=0.053$。

(6) 总加工误差 $\sum\Delta$

工序尺寸 92±0.1 mm，

$$\sum\Delta=\sqrt{0.035^2+0.066^2+0.005^2+0.02^2+0.067^2}=0.017\ \text{mm}$$

工序尺寸 20.6±0.08 mm，

$$\sum\Delta'=\sqrt{0.005^2+0.066^2+0.005^2+0.028^2+0.053^2}=0.089\ \text{mm}$$

(7) 夹具精度储备 J_c

工序尺寸 92±0.1 mm，

$$J_c=0.2-0.102=0.098\ \text{mm}>0$$

工序尺寸 20.6±0.08 mm，

$$J'_c=0.16-0.089=0.071\ \text{mm}>0$$

经计算该夹具具有一定精度储备，能满足加工尺寸的精度要求。

第六节　夹具设计实例

例 6-6　被加工气缸体工序图，如图 4-2 所示，柴油机气缸体材料为 HT200，其硬度为 HB170～220，大批量生产，设计气缸体三面精镗组合镗床夹具。

在本工序之前气缸体的上下、左右、前后六个面均已加工成为成品，各孔都已加工成半成品。本工序的加工内容：左侧面：精镗平衡轴孔 4×ϕ52M7，凸轮轴孔 ϕ47H7、ϕ35H7，调速轴孔 ϕ25V7，起动轴孔 ϕ37H7；右侧面：精镗曲轴孔 ϕ195H7、ϕ78H7，锪平 ϕ95 平面；后面：精镗缸套孔 ϕ118H9、ϕ111H8、ϕ110H7。圆柱度要求在 0.007 mm 以内，同轴度要求在 ϕ0.03 mm 内，平行度要求被测孔轴线平行于曲轴孔轴线且在给定方向上 0.05 mm 以内，表面粗糙度 R_a 均为 1.6。

解：(1) 定位方案的确定

气缸体在夹具上定位方案如图 4－2 所示，气缸体底面与支承板平面接触，限制 3 个自由度，气缸体侧面与台阶支承板肩侧面接触，限制 2 个自由度，气缸体端面与一圆柱定位销端面接触，限制 1 个自由度，这样就限制了工件 6 个自由度。

定位元件要求具有足够的精度、刚度、硬度和耐磨性，为此，圆柱定位销采用 T8A，淬火硬度 55～60HRC。支承板 5 采用 20 钢，渗碳后淬火硬度 60～64HRC。支承架 2 采用 HT200，经过时效处理，支承板平面、台阶支承板平面及肩侧面装配前要配磨，以保证工件的定位精度。工件采用三面定位，符合基准统一、基准重合原则，能够保证工件加工的位置精度要求，便于工件的装夹，有利于夹具的设计和制造。

(2) 夹紧方案的确定

气缸体夹紧方案示意图如图 6－78 所示。气缸体属于箱体类零件，由于工件为薄壁件，易受力变形，故采用多点同时夹紧工件，均匀分布夹紧力，且对着支承板夹紧工件的边缘实体上，以减少气缸体夹紧变形误差。夹紧力为液压缸驱动，用推杆将推力传递至钩形压板，然后由钩形压板将夹紧力分散到工件表面，从而将工件夹紧。采用自动回转钩形压板机构，结构紧凑，装卸方便。钩形压板的工作原理为：钩形压板在油缸活塞杆驱动下通过连杆机构联动夹紧。活塞杆向上时，工件松开，钩形压板在抬起的同时，借助活塞杆头部的螺旋槽可以实现钩形压板的自动向外旋转，以便装卸工件。活塞杆向下时，工件夹紧，在夹紧时，钩形压板能自动地转回到工作位置。

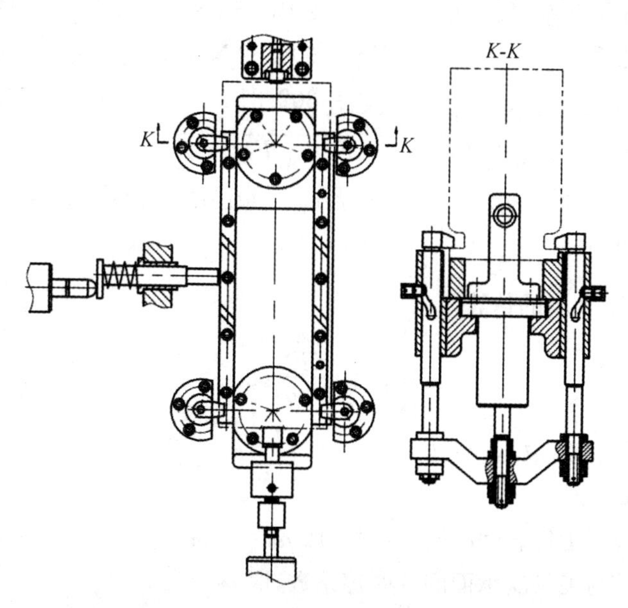

图 6－78　气缸体夹紧方案示意图

为了工件定位可靠，在工件的侧面、前面采用液压夹紧，使工件与定位元件的侧面、端面可靠接触。它必须在钩形压板夹紧之前完成辅助夹紧动作。

(3) 切削力与夹紧力的计算

所谓夹紧力的大小，从广义上说就是要正确地确定夹紧力的三个要素：大小、方向、作用点。根据工件所受切削力、夹紧力的作用情况，找出加工过程中对夹紧最不利的状态，按静力平衡原理求出理论夹紧力，最后为保证夹紧可靠，再乘以安全系数作为所需夹紧力的数值来确定夹紧力。工件承受切削力示意图，如图 6-79 所示。

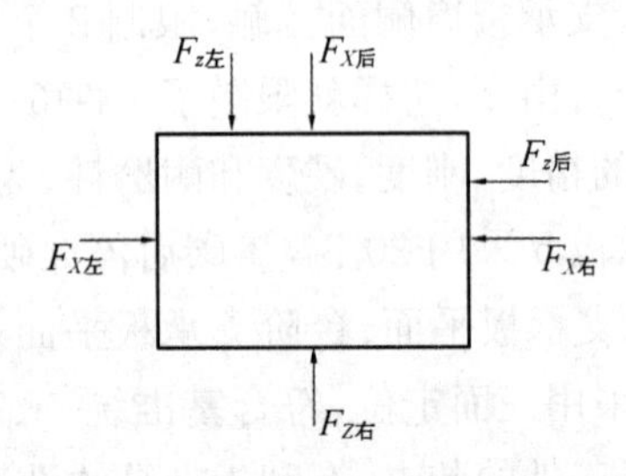

图 6-79　工件承受切削力示意图

1) 镗孔切削力 F 的计算

$$F_z = 51.4 a_p f^{0.75} HB^{0.55} \tag{6-16}$$

$$F_x = 0.51 a_p^{1.2} f^{0.65} HB^{1.1} \tag{6-17}$$

式中：F_Z——圆周力(N)；F_X——轴向切削力(N)；f——进给量(mm/r)；a_p——切削深度(mm)；HB——布氏硬度，$HB = HB_{max} - 1/3(HB_{max} - HB_{min})$，在本设计中，$HB_{max} = 220$，$HB_{min} = 170$，得 HB=203。$a_p = 1.25$，$f$ 大小见加工示意图。

加工过程中最不利的状态下，工件三面总的切削力分别是：

左面　1、2、6 组孔系，4、5 孔　　$F_{Z左} = 2\,185.53$ N　　$F_{X左} = 513.09$ N

右面　3 组孔系　　$F_{Z右} = 604.62$ N　　$F_{X右} = 140.14$ N

后面　7 组孔系　　$F_{Z后} = 302.31$ N　　$F_{X后} = 70.07$ N

$$\begin{aligned} F &= \sqrt{(F_{X右} + F_{Z后} - F_{X左})^2 + (F_{X后} + F_{Z左} - F_{Z右})^2} \\ &= \sqrt{(140.14 + 302.31 - 513.09)^2 + (70.07 + 2\,185.53 - 604.62)^2} \\ &= 1\,652 \text{ N} \end{aligned}$$

2) 夹紧力 W_K 大小的估算

$$W_K = \frac{KF}{\mu_1 + \mu_2} (\text{N}) \tag{6-18}$$

式中：K——安全系数；取 $K = 2.0$；

F——切削力；

μ_1——压板与工件表间的摩擦系数，取 $\mu_1 = 0.2$；

μ_2——工件与夹具支承面间的摩擦系数，取 $\mu_2 = 0.2$。

根据上面的计算结果，得

$$W_K = \frac{KF}{\mu_1 + \mu_2} = \frac{2.0 \times 1\,652}{0.2 + 0.2} = 8\,260 \text{ N}$$

(4) 液压缸的选择

本设计选用两个头部法兰固定式油缸，采用头部法兰固定式油缸的好处是使得夹具体的整个装配空间显得紧凑。因为本机床采用双油缸驱动夹紧，所以活塞最大作用力 $P=4\,130\ \mathrm{N}$，查表知液压缸的有效工作压力：$p=1.5\ \mathrm{MPa}$，液压缸机械效率 $\eta=0.9$。

液压缸内径：$$D=1.13\sqrt{\frac{P}{P_2\eta}}=1.13\sqrt{\frac{4\,130}{1.5\times0.9}}=62.5\ \mathrm{mm} \tag{6-19}$$

选用标准值，液压缸内径为 63 mm。

(5) 导向方案的确定

导向方案如图 6-80 所示，镗套是镗模支架上特有的元件，用来引导刀具以保证被加工孔的位置精度和提高工艺系统的刚度。为了保证孔系的同轴度要求，平衡轴孔系 1～2、曲轴孔系 3 和凸轮轴孔系 6 从一端加工，导向装置采用前、后导向，且前导向采用内滚式导向结构，后导向采用外滚式导向结构；起动轴孔 4 和调速轴孔 5 采用单导向；缸套孔 7 采用长型镗套单导向，并设计托架，以便在单导向镗杆退出镗套时，托住镗杆。

镗杆与机床主轴采用浮动连接，被加工孔的位置精度由镗模和镗杆的制造精度来保证。镗模、镗杆、镗套经精磨后研磨，加工精度达 IT4 级，其配合间隙采用研磨。镗杆要求具有足够的刚度、硬度和耐磨性，为此，镗杆采用 20Cr，渗碳淬火，渗碳后淬火硬度 61～63HRC。

(6) 夹具体的设计

夹具上的各种装置和元件通过夹具体连接成一个整体。因此夹具体的形状及尺寸取决于夹具上各种装置的布置及夹具与机床的连接。夹具体材料选用 HT200，时效处理。

1) 有适当的精度和尺寸的稳定性

夹具体上的重要表面，如安装定位元件的表面、安装对刀或导向元件的表面以及夹具体的安装基面等，应有适当的尺寸和形状精度，它们之间应有适当的位置精度关系。

2) 有足够的强度和刚度

加工过程中，夹具体要承受较大的切削力和夹紧力。为保证夹具体不允许的变形和振动，夹具体应具有足够的强度和刚度。因此夹具体设计成中空的，需有一定的壁厚。为了补偿中空刚度不足，可在夹具体内侧壁上设置加强筋。

3) 结构工艺好

夹具体应便于制造、装配、检验。铸造夹具体上安装各种元件的表面应铸造出凸台，以减少加工面积。夹具体结构形式应便于工件的装卸。

4) 排屑方便

夹具体上应考虑排屑结构，保证因钻头在切削时所带出来的切屑能及时排除。由于夹具体放置在组合机床的中间底座上，工件加工时的铁屑必须从夹具体排屑到中间底座，再由中间底座排屑到外部。夹具体内部必须设计成有加强筋的空腔，并且夹具体顶部设计成一个一个槽，便于铁屑从此落下。

5) 在机床上安装稳定可靠

夹具体在机床上的安装都是通过夹具体上的安装基面与机床上的相应表面的接触或配合实现的。当夹具在机床工作台上安装时，夹具的重心应尽量低，夹具底面应有凸缘，使其接触良好。

(7) 绘制夹具装配图及零件图

气缸体三面精镗组合镗床夹具装配图如图 6 - 80 所示。夹具装配图能清楚地表示出夹具的工作原理和结构，各元件间相互位置关系和外廓尺寸。主视图选择夹具在机床上使用时正确安放时的位置，并且是工人操作面对的位置，夹紧机构应处于夹紧状态下。

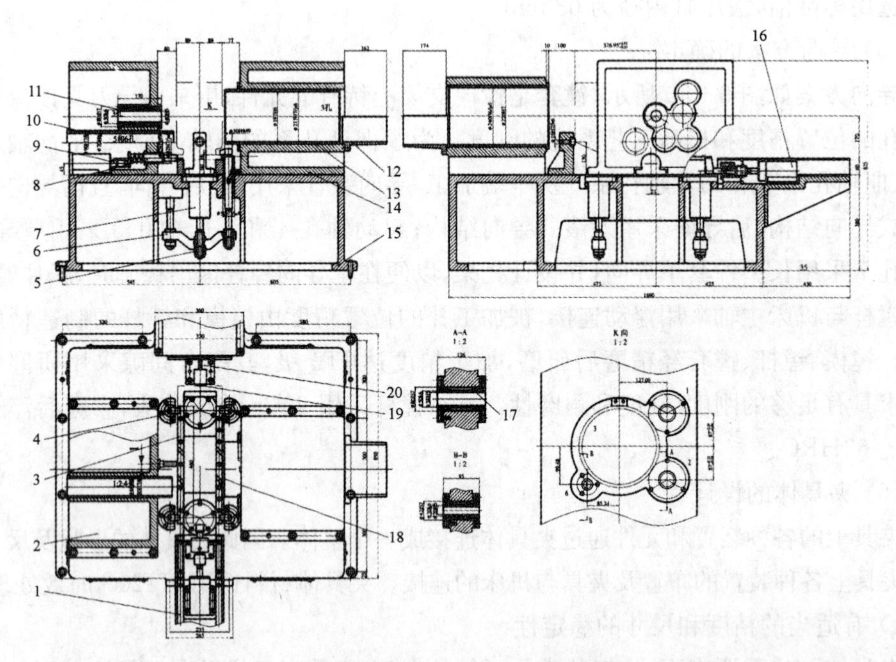

1-送料导轨　2-左支架　3-支承板　4-钩形压板　5-球形垫圈　6-杆　7-头部法兰固定式油缸　8-推杆　9、16-轴向底座式油缸　10、11、13-镗套　12-托架　14-右支架　15-夹具体　17-轴承　18-台阶支承板　19-定位销　20-支座

图 6 - 80　气缸体三面精镗组合镗床夹具装配图

1) 参考草图设计布局。先将被加工零件用双点画线勾出轮廓，工件轮廓是假想的透明体，不会挡住夹具上的任何线条。

2) 依定位元件、导向元件、夹紧装置、夹具体的顺序画出整个夹具结构。

3) 标注夹具的有关尺寸、公差与技术要求。

4) 编制、标注零件序号，填写明细表、标题栏。

5) 绘制非标准的夹具零件图。

例 6 - 7　扣锁连接器中 U 形件(中心距尺寸为 49±0.1)如图 6 - 81 所示，该零件中心距有多种规格，小批量生产，生产工艺路线是模锻→调质→铣(铣成两个零件环料)→车。设计多工位可调整夹具来加工该零件两端圆柱面及端面。

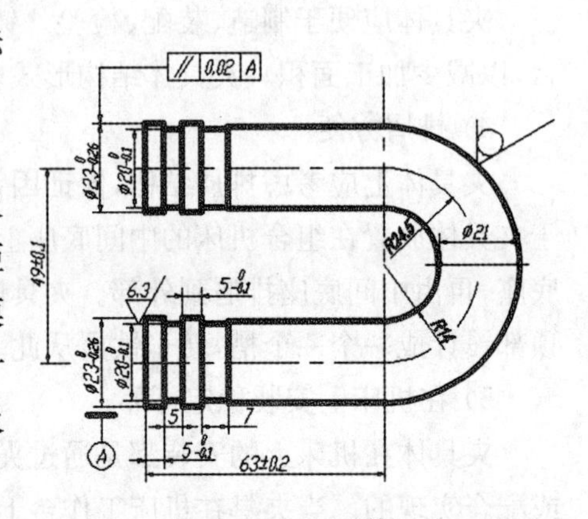

图 6 - 81　U 形件

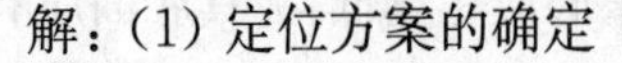

解：(1) 定位方案的确定

夹具总装图如图 6－82 所示，夹具总体造型图如图 6－84 所示，该夹具主要由子夹具与母夹具两部分组成，其中子夹具由零件 5、6、12—19、21—27 构成，母夹具由零件 1—4、7—11、20、28—30 构成。U 形件在子夹具中定位，定位元件有 V 形块 22(有两个 V 形槽)，定位板 18。V 形块 22(有两个 V 形槽)综合限制 U 形件的五个自由度，即$\vec{X}$、$\vec{Z}$、$\widehat{X}$、$\widehat{Y}$、$\widehat{Z}$。定位板 18 限制 U 形件的一个自由度，即$\vec{Y}$。因此，U 形件在子夹具中属完全定位。模锻工件尺寸精确，表面光洁，工件在 V 形块中定位可靠。子夹具在母夹具中的定位，定位元件有 L 形板 9 的限位表面，圆柱销 17 和菱形销 16。L 形板 9 的限位表面限制 3 个自由度，即$\vec{Z}$、$\widehat{X}$、$\widehat{Y}$。圆柱销 17 限制 2 个自由度，即$\vec{X}$、$\vec{Y}$。菱形销 16 限制 1 个自由度，即$\widehat{Z}$。子夹具在母夹具中的定位属一位两孔定位，因此，定位也是合理的。

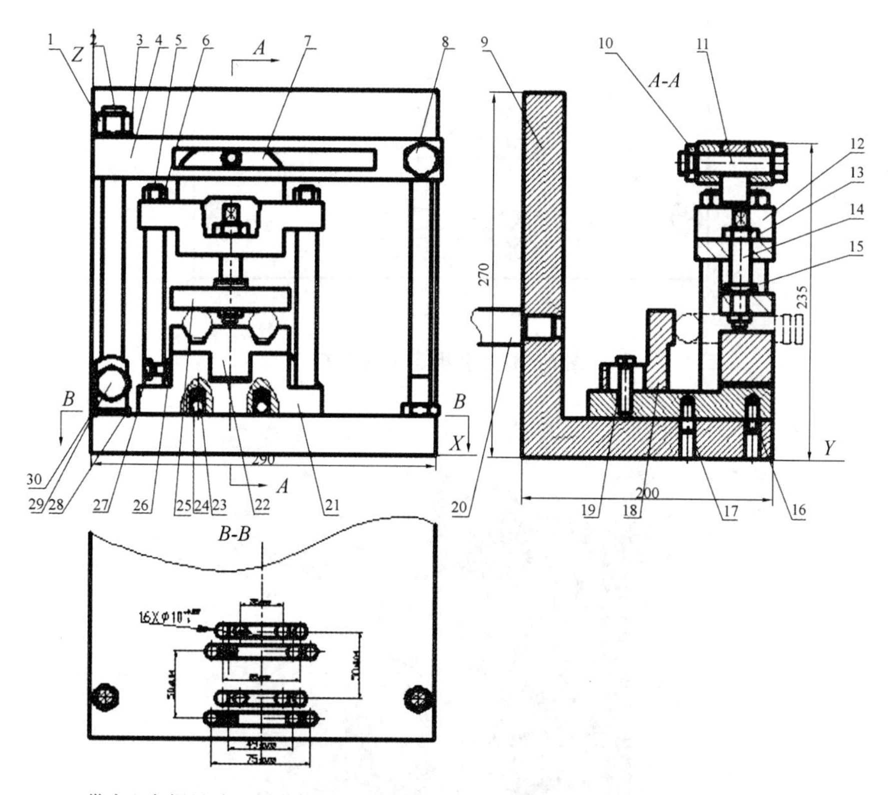

1、6－带肩六角螺母　2－活节螺栓　3、28－垫圈　4－铰链压板　5－双头螺柱　7－浮动压块　8、11、19、27、29－六角螺栓　9－L 形板　10、13、26－六角螺母　12－支撑板　14－方头螺栓　15－球面垫圈　16－菱形销　17－圆柱销　18－定位板　20－拉杆　21－底板　22－V 形块　23－钢球　24－弹簧　25－压板　30－铰链支座

图 6－82　夹具总装图

(2) 多工位方案的确定

如图 6－83 所示，子夹具可夹持工件，并在母夹具中能平移、变换工位，第一工位车削 U 形件一端，然而，平移到第二工位，加工 U 形件另一端。子夹具平移运动是通过底板 21 上的圆柱销 17 和菱形销 16 在滑槽中滑动实现的，两销中心距为 50±0.03，子夹具平移的距离为 L 形板 9 限位表面上沿平移方向定位孔中心距尺寸，其公称尺寸等于 U 形件的中心距的公称尺寸，其公差为 U 形件中心距公差的 1/3～1/5。由于 U 形件中心距有 4 种规格，即 32±0.1，49±0.1，59±0.1，75±0.1。故 L 形板 9 限位表面上

设计有 4 组定位孔，多组定位孔分布如图 6－83 所示，每组定位孔为 4－ϕ10，对称分布，每组定位孔沿平移方向定位孔中心距尺寸分别为 32±0.03，49±0.03，59±0.03，75±0.03，与其垂直方向定位孔间中心距尺寸为 50±0.04。为了保证各组定位孔之间不会干涉，把 4 组定位孔分为 2 排，中心距尺寸为 49±0.03、75±0.03 位于第一排，中心距尺寸为 32±0.03、59±0.03 位于第二排，每排定位孔孔壁之间距离为 5 mm。为此，L 形板 9 限位表面上每组定位孔与每种规格的中心距匹配，使该夹具具有可调性与通用性。

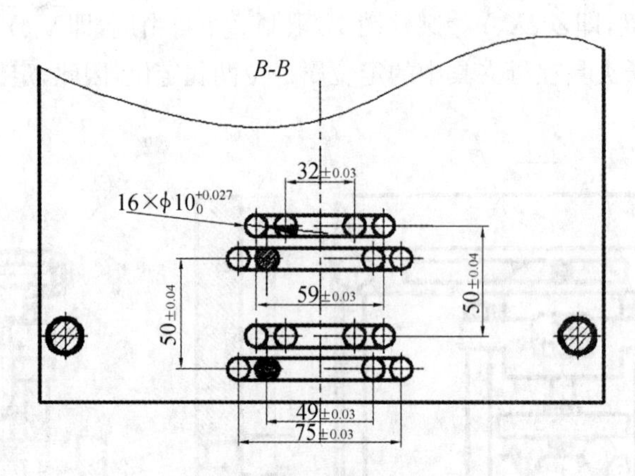

图 6－83　多组定位孔分布

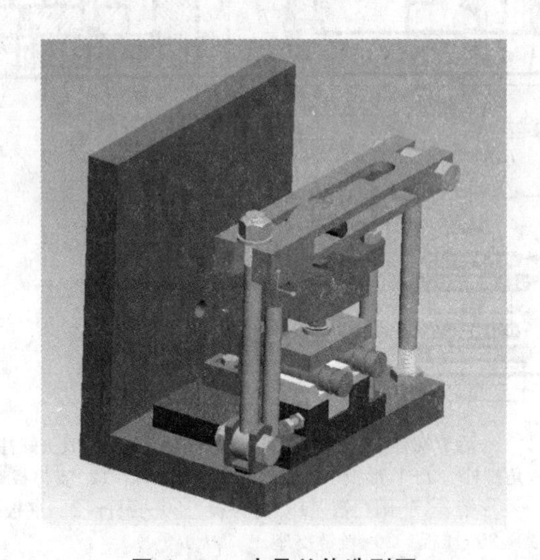

图 6－84　夹具总体造型图

(3) 定位销尺寸的确定

已知 L 形板 9 限位表面上每组定位孔为 4－$\phi10^{+0.027}_{0}$，每组定位孔沿平移方向中心距尺寸公差均为±0.03，与其垂直方向定位孔间中心距尺寸为 50±0.04，子夹具底板 21 上两定位销间中心距尺寸为 50±0.02。

1) 确定圆柱销的直径和偏差

为了减少工件的移动定位误差，并考虑到定位销制造时可能达到的经济精度，取圆柱定位销的定位直径与偏差为 $\phi12g6(^{-0.006}_{-0.017})$。

2）确定菱形销的尺寸和偏差

中心距偏差补偿量：$S=2\Delta_k+2\Delta_J-\Delta_1=2\times0.04+2\times0.02-0.006=0.114$。式中：$\Delta_k$——两定位孔中心距偏差；$\Delta_J$——两销中心距偏差；$\Delta_1$——圆柱销和定位孔最小配合间隙。

查《机床夹具设计》得知 $\phi10$ 菱形销的圆柱部分宽度 b 为 3，则菱形销和孔配合最小间隙 $\Delta_2=Sb/D=0.114\times3/12=0.029$，这里 D 为定位孔最小极限尺寸。菱形销圆柱部分定位直径的最大极限尺寸 $d=D-\Delta_2=12-0.029=11.971$。

按其一般经济制度精度，取其直径公差带为 $h6$，则 $d=9.971^{0}_{-0.011}$ 或 $\phi10^{-0.029}_{-0.040}$。

（4）夹紧方案的确定

工件在子夹具中的夹紧是通过方头螺栓 13 和压块 25 实现的，子夹具在母夹具中的夹紧是通用铰链压板机构实现的，夹紧省力，迅速可靠。整个夹具用四爪卡盘（反装卡爪）夹持在 CA6140 型车床的主轴上，随同主轴一起旋转。

（5）夹具设计注意事项

1）用 Pro/E 软件对车削装置进行三维造型，检查整体结构工艺性，定位和夹紧机构合理性，对车削夹具中零件结构参数进行修改、调整，直到满足功能要求。

2）两个工位无先后之分，工件被加工好以后，不须回到初始位置，只需更换未加工零件，即可进行加工。

3）因夹具可以平移工位，无论如何调整，不会完全平衡，因此，在加工时所选用的主轴转速不宜过高。

4）为了安全起见，整个夹具夹持在四爪卡盘中，调试好后，拉杆 20 通过主轴通孔用双螺母锁紧在主轴的尾端，以防夹具意外甩出。

（6）夹具的工作过程

加工时，首先将 U 形件放入子夹具 V 形块 22 中，并和定位板 18 接触，通过方头螺栓 13 和压板 25 夹持 U 形件，夹紧后，拧紧螺母，防止方头螺栓 13 在加工过程中松开。子夹具底板上的两销根据 L 形板上粗定位挡块插入对应的定位孔中，拧紧带肩六角螺母 1，通过铰链压板机构将子夹具夹紧。加工第一个工件时，需调整 U 形件一端的旋转中心，与车床的主轴中心重合，即可加工其中一端。加工完一端后，松开带肩六角螺母 1，由于子夹具底板下方有两个弹簧钢球支托，在弹簧力的作用下，整个子夹具向上方抬动，用手将子夹具向上方轻轻托起，使圆柱销和菱形销脱离定位孔进入滑槽，并移至另一工位，旋紧带肩六角螺母 1，即可加工 U 形件的另一端。因此加工一个工件的两端，工件只需安装一次。加工不同中心距的 U 形件时，只需更换 V 形块，并将子夹具底板上的两销插入 L 形板上对应的定位孔中，即可进行加工。

（7）工序精度分析（对原始尺寸 49±0.1 的误差分析）

影响该加工尺寸的误差之和应满足计算不等式 $\tau+\Delta_A+\lambda+\Delta_D<\delta_k$。　（6-20）
式中：τ——加工误差；Δ_A——夹具在机床上安装误差；λ——两销平移误差；Δ_D——定位误差，原始尺寸的允差 $\delta_k=0.2$。

加工误差包括刀具调整误差 δ_H、刀具误差 δ_D、变形误差 δ_B、机床误差 δ_C。机床误差 δ_C 此处主要为机床主轴的径向跳动，对车削圆柱表面时，工件相对车刀旋转，刀具调

整误差 δ_H、刀具误差 δ_D、变形误差 δ_B，虽对圆柱面的直径和形状有较大影响，但对圆柱面的轴线位置影响较小，此时，主要考虑机床主轴径向跳动量对圆柱面轴线位置的影响，加工误差 $\tau=0.02$。

夹具在机床上安装误差 Δ_A。夹具用四爪卡盘(反装卡爪)夹持，由于四爪卡盘的四个卡爪是独立移动的，在安装夹具时必须进行仔细找正，用百分表找正，安装精度可达0.01，夹具在机床上安装误差 $\Delta_A=0.01$。

两销平移误差 λ。因为夹具体限位表面上沿平移方向定位孔间中心距尺寸为49±0.03，故两销平移误差 $\lambda=0.06$。

定位误差 Δ_D。定位误差 Δ_D 包括工件在子夹具中的定位误差和子夹具在母夹具中的定位误差。工件在子夹具中的定位误差又包括基准不重合误差和基准位移误差，因为工序基准与定位基准重合，所以基准不重合误差为零。工件在V形块中定位，V形块具有对中性，使工件的定位基准总处在V形块两限位基面的对称面内，故基准位移误差对原始尺寸精度影响为零，因此，工件在子夹具中的定位误差对原始尺寸精度影响为零。子夹具在母夹具中的定位误差，影响原始尺寸精度是两销的基准位移误差，

即　$\Delta_D=(\Delta_{d_1}+\Delta_H+\Delta_1)\times 2=(0.011+0.027+0.006)\times 2=0.044\times 2=0.088$

式中：Δ_{d_1}——圆柱销误差，Δ_H——定位孔公差，Δ_1——圆柱销和定位孔最小配合间隙。

把以上所求得的各项误差数值代入计算不等式得：

$$\tau+\Delta_A+\lambda+\delta_p=0.02+0.01+0.06+0.088=0.178<\delta_k=0.2$$

如上述误差再考虑其方向性，以及误差的最大值很难同时出现，按概率的方法来计算，即 $\sum\Delta=\sqrt{\tau^2+\Delta_A^2+\lambda^2+\Delta_D^2}=0.11<\delta_k=0.2$，则误差数值还要小，因此，此夹具容易保证工件这一项原始尺寸公差的要求。

该夹具由子夹具和母夹具两部分组成，与车床匹配，用四爪卡盘夹持在车床的主轴上。该夹具用于U形件两端的车削加工，由于子夹具在母夹具中能平移到不同位置，且能实现准确定位，所以，该夹具在U形件一次安装中能加工U形件的两端，加工不同规格的U形件时，只需更换V形块，即可加工。既保证了工件的精度，又提高了生产效率。

习题与思考题

6-1　机床夹具作用是什么，它一般有那几个部分组成？

6-2　机床夹具应满足哪些基本要求？

6-3　欠定位和过定位是否均不允许存在？为什么？

6-4　试述基准不重合误差、基准位置误差和定位误差的概念及产生的原因。

6-5　分析图6-85所列定位方案：① 指出各定位元件所限制的自由度；② 判断有无欠定位或过定位；③ 对不合理的定位方案提出改进意见。图6-85(a)所示为过三通管中心加工一孔，使孔轴线与管轴线 ox、oz 垂直相交；图6-85(b)所示为车外圆，保

证外圆与内孔同轴；图 6-85(c)所示为车阶梯轴外圆，保证两外圆柱面的同轴度；图 6-85(d)所示为在圆盘零件上钻孔，保证孔与外圆同轴度；图 6-86(e)所示为钻铰连杆零件小头孔，保证小头孔与大头孔之间的中心距及两孔的平行度。

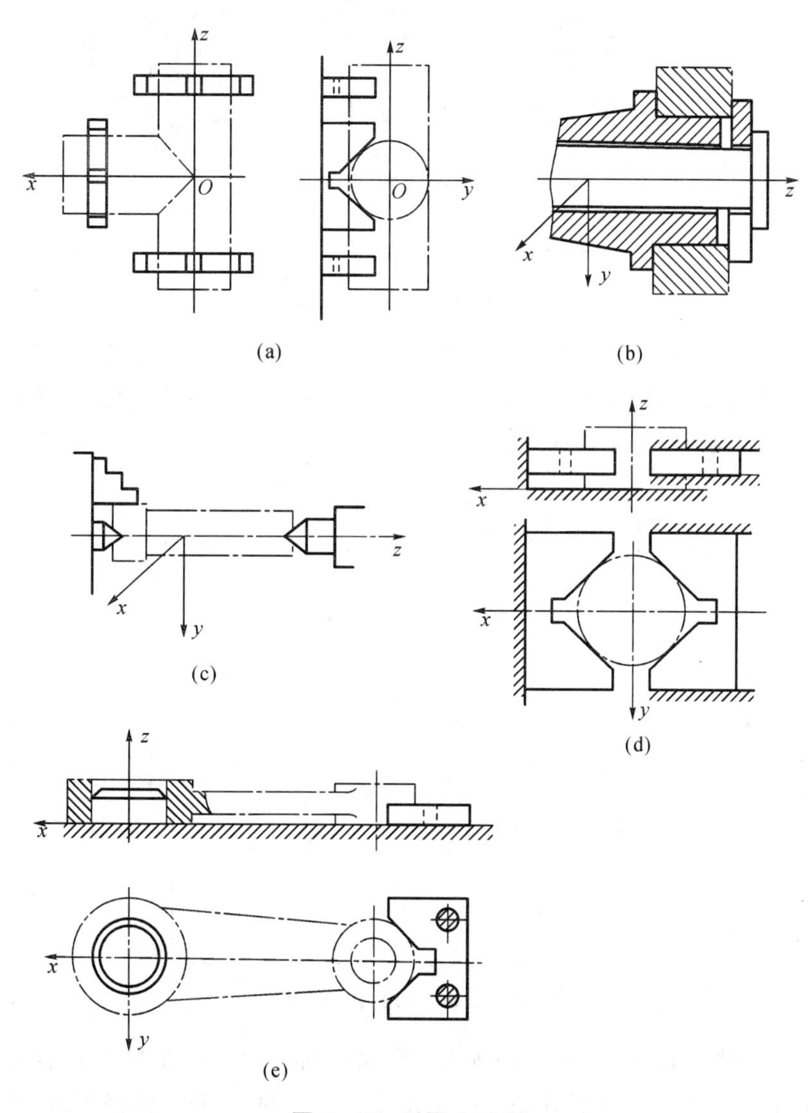

图 6-85　习题 6-5 图

6-6　一批工件以圆孔($\phi20H7$)，用心轴($\phi20g6$)定位，在立式铣床上用顶尖顶住心轴铣槽。定位简图如图 6-86 所示。其 $\phi40h6$ 外圆、$\phi20H7$ 内孔及两端面均已加工合格，而且 $\phi40h6$ 外圆对 $\phi20H7$ 内孔的径向跳动在 0.02 mm 之内。今要保证铣槽的主要技术要求为：① 槽宽 $b=12h9(^{0}_{-0.043})$；② 槽距一端面尺寸为 $20h12(^{0}_{-0.21})$；③ 槽底位置尺寸为 $34.8h11(^{0}_{-0.16})$；④ 槽两侧面对外圆轴线的对称度公差为 0.10 mm。试分析其定位误差对保证各项技术要求的影响。

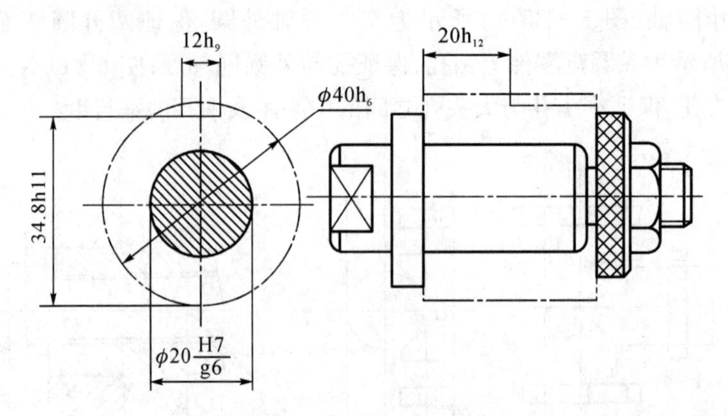

图 6-86　习题 6-6 图

6-7　图 6-87 所示齿坯在 V 形块上定位插键槽，要求保证工序尺寸 $H=38.5_{0}^{+0.2}$ mm。已知：$d=\phi80_{-0.1}^{0}$ mm，$D=\phi35_{0}^{+0.025}$ mm。若不计内孔与外圆同轴度误差的影响，试求此工序的定位误差。

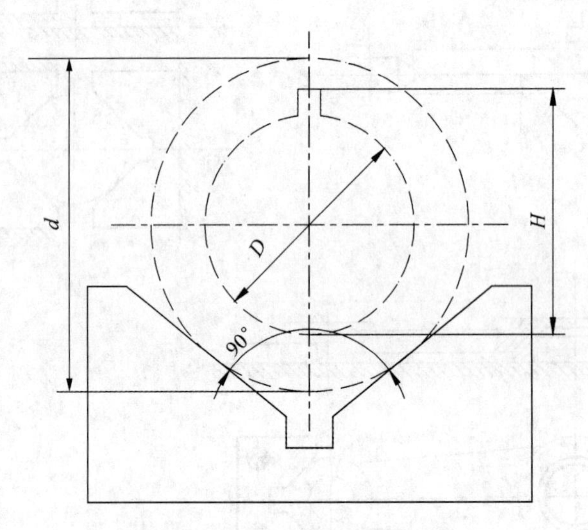

图 6-87　习题 6-7 图

6-8　工件定位如图 6-88 所示，要保证加工面 A 与 B 面的距离尺寸为 100±0.15 mm，试计算其定位误差。在保持原有方案的前提下，试提出减少定位误差的措施。

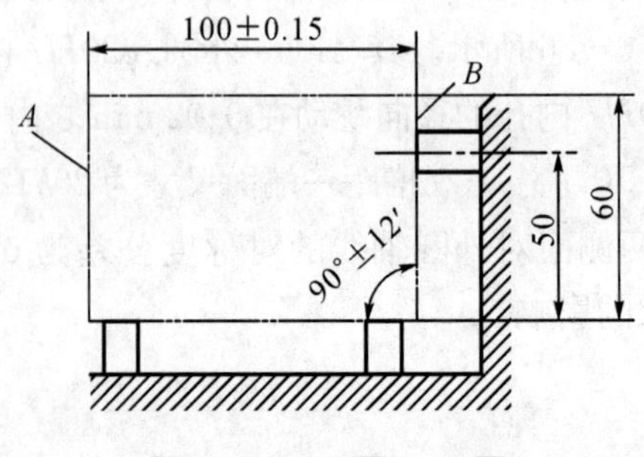

图 6-88　习题 6-8 图

6-9　工件定位如图6-89所示。欲加工 C 面，要求保证尺寸 20 ± 0.1 mm，问该定位方案能否保证精度要求？若不能满足要求时，应如何改进？

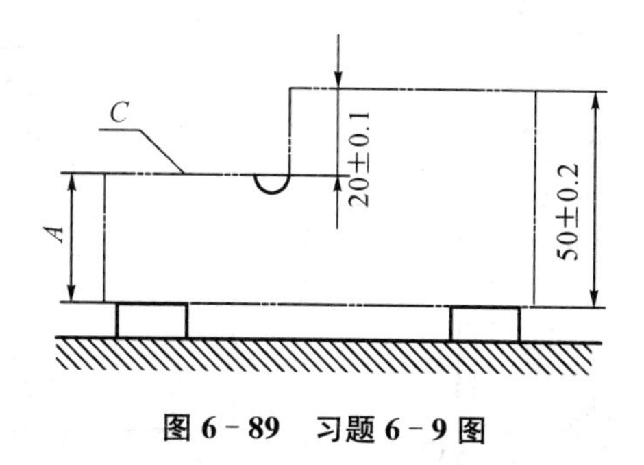

图6-89　习题6-9图

6-10　工件定位如图6-90所示，采用一面两销定位，两定位销垂直放置，欲在工件上钻孔 O_1 及 O_2，试计算其定位误差并判断其定位质量。

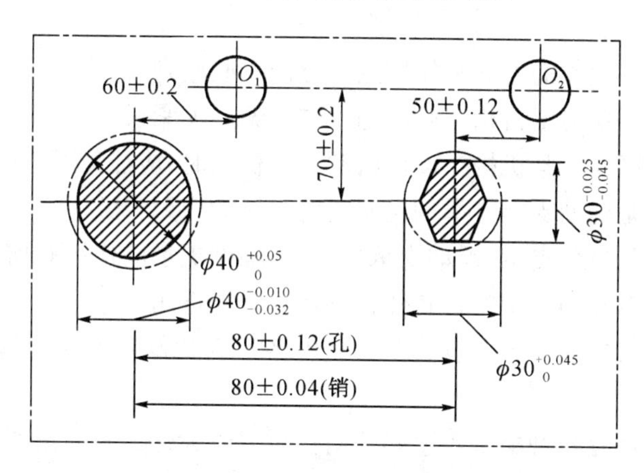

图6-90　习题6-10图

6-11　图6-91所示为一简单螺旋夹紧机构，用螺钉夹紧直径 $d=120$ mm 的工件，已知切削力矩 $M=7$ N·m，各处摩擦系数 $f=0.15$，V形块 $\alpha=90°$。若选用M10螺钉，手柄长度 $d'=100$ mm，施于手柄上的原始作用力 $F_Q=100$ N，试分析夹紧力是否可靠？

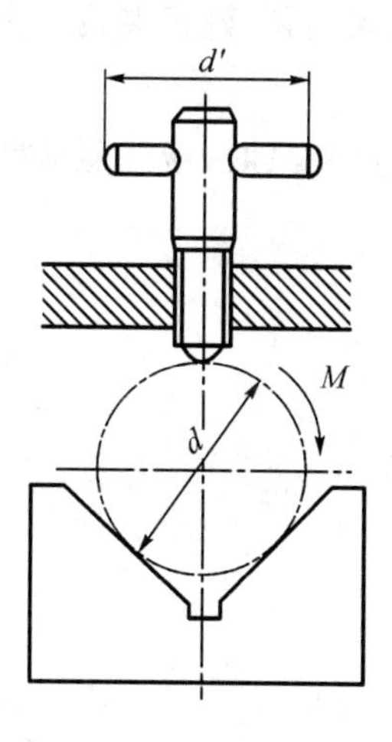

图6-91　习题6-11图

6-12　图6-92所示的联动夹紧机构是否合理？为什么？若不合理、试绘出正确结构。

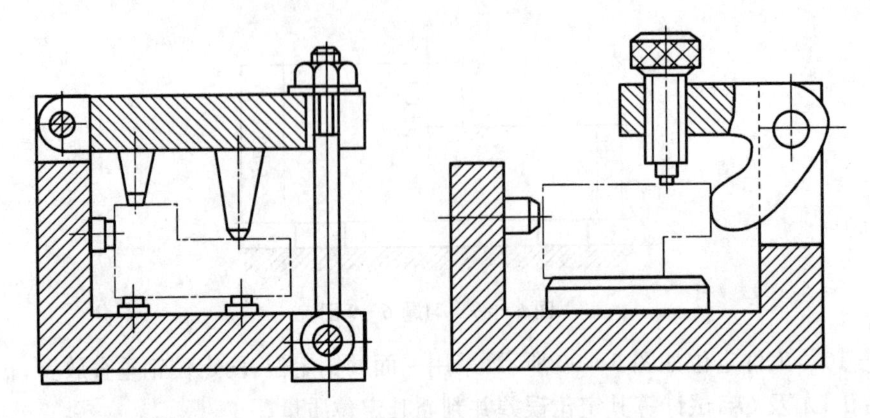

图6-92　习题6-12图

6-13　确定夹紧力的方向和作用点应遵循哪些原则？

6-14　试述斜楔夹紧机构、螺旋夹紧机构、偏心夹紧机构的优缺点及应用范围。

6-15　何谓联动夹紧机构？设计联动夹紧机构时，应注意哪些问题？

6-16　什么是辅助支承？举例说明辅助支承的应用？

6-17　什么是自位支承(浮动支承)？它与辅助支承的作用有何区别？

6-18　钻套有几种类型？各有什么特点？怎样选用？

6-19　镗模按镗套的布置有哪些形式？各有何优缺点？镗套有几种类型？怎样选用？

6-20　对刀块有几种类型？怎样选用？对刀时为什么要使用塞尺？

6-21　夹具体的毛坯有几种类型？各有何优缺点？

6-22　采取哪些措施可以减小夹具的安装调整误差？

6-23　夹具装配图上应标注哪些技术要求？

6-24　夹具装配图上应标注哪些尺寸和公差？如何确定尺寸公差？

6-25　试比较钻床夹具、镗床夹具、铣床夹具和车床夹具与机床连接的特点，其安装在机床上精度如何保证？

6-26　简述设计钻、镗类专用夹具时，应注意哪些问题？

第七章　现代工艺装备简介

随着科学技术的巨大进步，特别是近年来，数控机床、加工中心、柔性制造系统等新技术的应用，对机械制造装备也提出了新的要求。在实现工艺规程所需的各种刀具、夹具、量具、模具、辅具等工艺装备中，刀具和夹具对保证加工质量，提高劳动生产率，改善劳动条件起着至关重要的作用。本章主要介绍一些先进的刀具和夹具。

第一节　自动线刀具和数控机床刀具

机械加工自动线（简称自动线）是一种能实现产品生产过程自动化的机器体系，即通过采用一套能自动进行加工、检测、装卸、运输的机器设备，组成高度连续的、完全自动化的生产线，来实现产品的生产。

自动线能减轻工人的劳动强度，并大大地提高劳动生产率，减少设备布置面积，缩短生产周期，缩减辅助运输工具，减少非生产性的工作量，建立严格的工作节奏，保证产品质量，加速流动资金的周转和降低产品成本。

一、自动线刀具

1. 自动线刀具的特点

自动线刀具与普通机床用刀没有太大的区别，但为了保证加工设备的自动化运行，自动线刀具需具有以下特点：

(1) 刀具的切削性能必须稳定可靠，应具有长的寿命和可靠性；

(2) 刀具应能可靠地断屑或卷屑；

(3) 刀具应具有较高的精度；

(4) 刀具结构应保证其能快速或自动更换和调整；

(5) 刀具应配有其工作状态的在线检测与报警装置；

(6) 应尽可能地采用标准化、系列化和通用化的刀具，以便于刀具的自动化管理。

2. 自动线刀具的类型及选用

自动线上的刀具通常分为标准刀具和专用刀具两大类。为了提高加工的适应性，同时考虑到加工设备的刀库容量有限，应尽量减少使用专用刀具，而选用通用标准刀具、刀具标准组合件或模块式刀具。例如新型的组合车刀（图 7-1）是一种典型的刀具标准组合件。它将刀头与刀柄分别作成两个独立的元件，彼此之间通过弹性凹槽联结在一起，利用连接部位的中心拉杆（通过液压力）实现刀具快速夹紧或松开。这种刀具的最大优点是：刀头可稳固地固定在刀柄底部突出的支承面上，既能保证刀尖高度精确的位置，又能使刀头悬伸长度最小，从而可大大提高刀具的动、静态刚度。此外，它还能和各种系列化的刀具（如镗刀、钻头和丝锥等）夹头相配，实现刀具的自动更换。

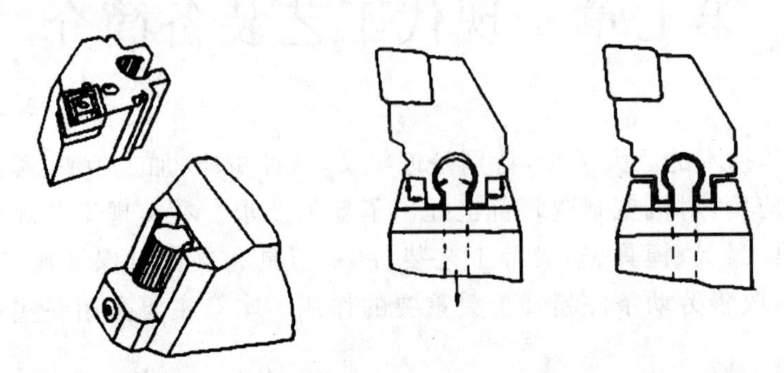

图 7-1　新型的组合车刀

自动线上刀具的选用与其使用条件、工件材料与尺寸、断屑情况及刀具和刀片的生产供应等许多因素有关。如选择适当，可使机床发挥出应有的效率，提高加工质量，降低加工成本。此外，刀具的结构形式有时对工艺方案的拟订也起着决定性影响，因此必须慎重对待，综合考虑。一般选用原则如下：

(1) 为了提高刀具的寿命和可靠性，应尽量选用各种高性能、高效率、长寿命的刀具材料制成的刀具。如使用各种超硬材料刀具、高性能复合陶瓷刀具、涂层刀具、硬质合金刀具和高性能高速钢刀具等。

(2) 应选用机夹可转位的刀具结构。现行的可转位车刀国家标准（GB5345—1985）中所规定的刀具品种，因其刀尖位置精度较低，因此只适用于普通车床及带有快换刀夹的数控机床。如要求刀具不经预调使用（如使用圆盘形或圆锥形刀架），则应选用精密级可转位车刀或使用精化刀具。目前我国生产的精密级可转位车刀的刀尖位置精度可达±0.08 mm。由于带沉孔带后角刀片的刀具（图 7-2）有结构紧凑、断屑可靠、制造方便、刀头部分尺寸小、切屑流出不受阻碍等优点，因此可优先选用。

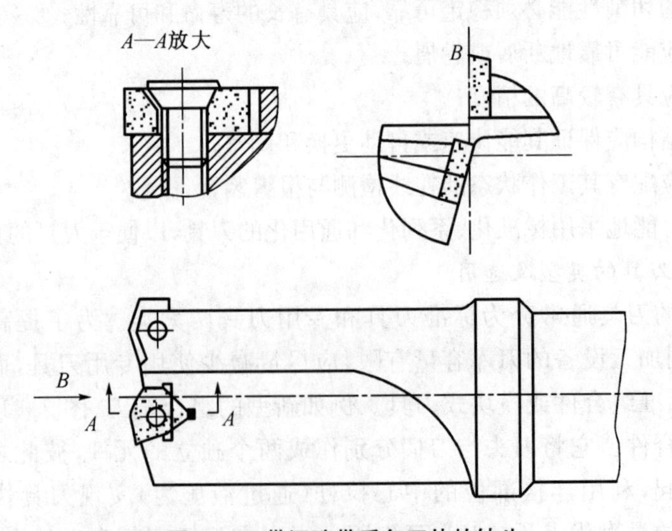

图 7-2　带沉孔带后角刀片的钻头

(3) 为了集中工序，提高生产率及保证加工精度，应尽可能采用复合刀具。目前，以孔加工复合刀具的使用最为普遍。

(4) 应尽量使用各种高效刀具，例如可转位钻头、四刃钻、硬质合金单刃铰刀、波形刃立铣刀、硬质合金螺旋齿立铣刀、可转位螺旋齿立铣刀(玉米铣刀)、模数铣刀和热管式刀具等。

二、数控机床刀具

数控机床刀具主要是指在各种数控机床上所使用的刀具。随着数控加工技术的普及应用和发展，在数控车床、数控铣床及加工中心等机床上都应该使用适合数控加工的数控刀具。

1. 数控机床刀具的特点

为适应数控加工的高精度、高自动化、高效率、高柔性、工序集中及零件装夹次数少等要求，数控机床上所用刀具与普通加工所用的刀具相比，具有以下一些特点：

(1) 刀具应具有较高的精度和良好的精度保持性；

(2) 刀具应具有较高的切削效率；

(3) 刀具应该具有好的刚性、抗振性和抗热变形能力；

(4) 刀具结构应具有良好的互换性，便于快速换刀，缩短调整时间；

(5) 刀具应具有较长的寿命，切削性能应稳定和可靠；

(6) 刀具也应尽可能地采用标准化、系列化。

2. 数控机床刀具的类型及选用

数控机床上所用刀具一般要通过刀柄连接以安装在机床主轴上，所以通常应包括通用刀具、通用连接刀柄及少量专用刀柄，并且已逐渐标准化和系列化。一般可根据刀具结构、刀具材料和切削工艺来进行分类。如按刀具结构，可以分为整体结构、镶嵌结构及特殊结构如复合式、减振式刀具等，其中镶嵌结构可采用焊接式或机夹式，机夹式又有可转位和不可转位两种，目前数控刀具主要采用机夹可转位刀具。制造数控刀具的材料与普通刀具类似，也主要有高速钢、硬质合金、陶瓷以及金刚石、立方氮化硼等超硬刀具材料，目前数控机床使用最广泛的是硬质合金刀具。按照切削工艺来分类，主要有车削刀具、铣削刀具、钻削刀具和镗削刀具等。

数控刀具的选用是数控加工中的一项重要内容，应根据数控机床的加工能力、工件材料、加工内容、切削用量要求及其他相关因素等合理选择。总的选用原则是安装调整方便，刚性好，寿命长和精度高，并要注意在满足加工要求的前提下，尽量选择较短的刀柄以缩短悬伸长度，提高刀具加工的刚性。

(1) 选择刀具时，应使刀具的尺寸和被加工工件的表面尺寸相适应。生产中，平面零件周边轮廓的加工，常采用立铣刀；铣削平面时，应选用硬质合金刀片；加工凸台、凹槽时，选高速钢立铣刀；在加工一些立体平面和变斜角轮廓外形时，则通常采用球头铣刀、环形铣刀、鼓形刀、锥形刀和盘形刀。加工曲面时，常用球头铣刀，但加工曲面较平坦部位时，刀具以球头顶端刀切削，切削条件较差，则应改用环形刀。

(2) 在以数控机床、加工中心为主体构成的柔性自动化加工系统中，因要适应随机变换加工零件的要求，所用刀具数量多，要按程序规定随时进行选刀和换刀，且要求换刀迅速准确，需要采用标准化、系列化、通用化程度较高的刀具，并配备一套标准的刀柄、刀夹等组成的工具系统，以便使刀具能迅速、准确地装到机床主轴或刀库上去。编程人员应了解所用刀柄的结构尺寸、调整方法以及调整范围，这样在编程时才能正确地确定刀具的径向和轴向尺寸。

目前较为完善的工具系统主要有镗铣类数控机床用工具系统（简称“TSG”系统）和车床类数控机床用工具系统（简称“BTS”系统）两大类。它们主要由刀具的柄部（刀柄）、接杆（接柄）和夹头等部分组成。工具系统中规定了刀具与装夹工具的结构、尺寸系列及其连接形式。更完善的工具系统还包括自动换刀装置、刀库、刀具识别装置和刀具自动检测装置等。数控工具系统有整体和模块两种不同的结构形式。整体式结构是每把工具的柄部与夹持工具的工作部分连成一体，因此不同品种和规格的工作部分都必须加工出一个能与机床连接的柄部，致使工具的规格、品种繁多，给生产、使用和管理都带来不便。模块式工具系统是把工具的柄部和工作部分分割开来，制成各种系列化的模块，然后经过不同规格的中间模块，可组装成一套套不同规格的工具。这样既便于制造、使用与保管，又能以最少工具库存来满足不同零件的加工要求，因而它代表了工具系统发展的总趋势。

图 7-3 是数控镗铣床上用的模块式工具系统的结构示意图。图(a)为与机床相连的工具锥柄，其中带夹持梯形槽的适用于加工中心机床，可供机械手快速装卸锥柄用；图(b)、(c)为中间接杆，它有多种尺寸，以保证工具各部分有所需的轴向长度和直径尺寸；图(d)、(e)为用于装夹镗刀的中间接杆，内有微调镗刀尺寸的装置；图(f)为另一种接杆，它的一端可连接不同规格直径的粗、精刀头或面铣刀、弹簧夹头、圆柱形直柄刀具和螺纹切头等，另一端则可直接与锥柄或其他中间接杆相连接。利用这些模块可组成刀具以实现通孔加工[图 7-4(a)]、粗镗—半精镗—精镗孔及倒角[图 7-4(b)]、镗阶梯孔[图 7-4(c)]、镗同轴孔及倒角[图 7-4(d)]，以及钻—镗不同孔等的组合加工[图 7-4(e)]。

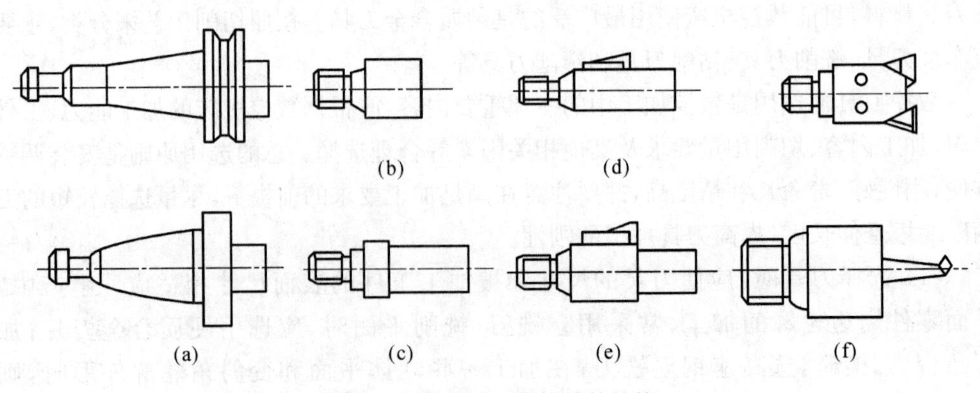

图 7-3 模块式工具系统的结构

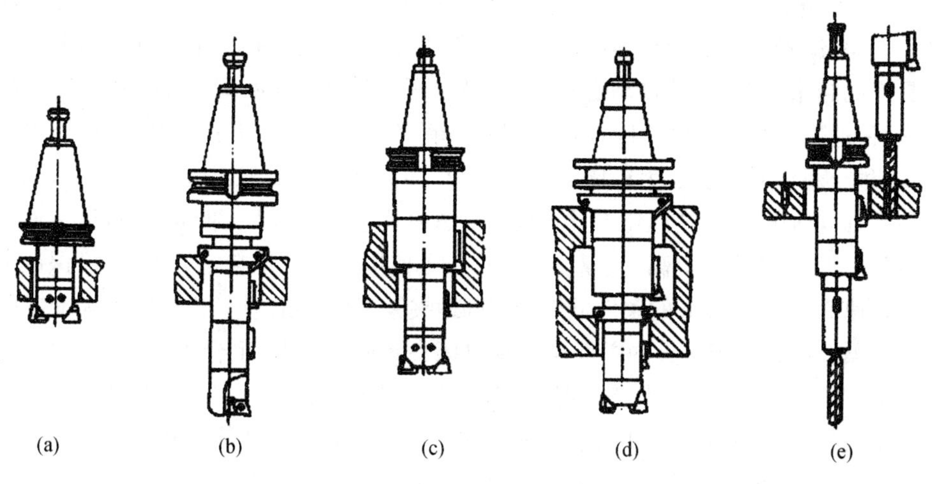

图 7-4 组合刀具加工示例

第二节 现代机床夹具

夹具是机械加工不可缺少的部件，随着机床技术向高速、高效、精密、复合、智能、环保等方向发展，使传统的机械加工的制造方法发生了重大变革，由一次装夹多面加工，代替了传统的多次装夹和多次加工，由大批量生产转变为多品种小批量的生产。这也给夹具的快速定位、快速装夹、使用性能和结构提出了新的要求，随之出现了许多适应新技术要求的现代机床夹具。

一、机床夹具的发展趋势

现代机床夹具的发展方向主要表现为标准化、精密化、高效化、柔性化和模块化等五个方面。

(1) 标准化。机床夹具的标准化与通用化是相互联系的两个方面。标准化、通用化的夹具元件由专业工厂生产供应，有利于夹具的商品化生产，缩短生产准备周期，降低生产总成本。目前我国已有夹具零件及部件的国家标准：GB/T2148—T2259—91以及各类通用夹具、组合夹具标准等。

(2) 精密化。随着机械产品精度的日益提高，为了降低定位误差，势必要相应提高夹具的制造精度。机床夹具的精度已提高到微米级，世界知名的夹具制造公司都是精密机械制造企业。高精度夹具的定位孔距精度高达±5 μm，夹具支承面的垂直度达到0.01 mm/300 mm，平行度高达 0.01 mm/500 mm。精密化夹具的结构类型很多，例如用于精密分度的多齿盘，其分度精度可达±0.1′，精密平口钳的平行度和垂直度在5 μm 以内，夹具重复安装的定位精度高达±5 μm，用于精密车削的高精度三爪自定心卡盘，其定心精度为 5 μm。德国 demmeler(戴美乐)公司制造的 4 m 长、2 m 宽的孔系列组合焊接夹具平台，其等高误差为±0.03 mm，瑞士 EROWA 柔性夹具的重复定位精度高达 2～5 μm。

(3) 高效化。高效化夹具主要用来减少工件加工的基本时间和辅助时间，以提高劳动生产率，减轻工人的劳动强度。为了提高机床的生产效率，双面、四面和多件装夹的夹具产品越来越多，各种自动定心夹紧、精密平口钳、杠杆夹紧、凸轮夹紧、气动和液压夹紧、快速夹紧功能部件不断地推陈出新。新型的电控永磁夹具，加紧和松开工件只用1～2秒，夹具结构简化，为机床进行多工位、多面和多件加工创造了条件。常见的高效化夹具有自动化夹具、高速化夹具和具有夹紧力装置的夹具等。例如，在铣床上使用电动虎钳装夹工件，效率可提高5倍左右；在车床上使用高速三爪自定心卡盘，可保证卡爪在试验转速为9 000 r/min的条件下仍能牢固地夹紧工件，从而使切削速度大幅度提高。

(4) 柔性化。机床夹具的柔性化是指机床夹具通过调整、组合等方式，以适应现代机械工业多品种、中小批量生产的需要，满足工艺可变因素的能力。工艺的可变因素主要有工序特征、生产批量、工件的形状和尺寸等。具有柔性化特征的新型夹具种类主要有组合夹具、通用可调夹具、成组夹具、模块化夹具、数控夹具等。

(5) 模块化。模块化设计是绿色设计方法之一，利用模块化设计的系列化、标准化夹具元件，快速组装成各种夹具，以达到省工、省时，节材、节能的目的，已成为夹具技术开发的基点。模块化设计为夹具的计算机辅助设计与组装打下基础，应用CAD技术，可建立元件库、典型夹具库、标准和用户使用档案库，进行夹具的优化设计，为用户三维实体组装夹具，为用户提供正确、合理的夹具与元件配套方案，不断地改进和完善夹具系统。通用、经济夹具的通用性直接影响其经济性。采用模块、组合式的夹具系统，一次性投资比较大，只有夹具系统的可重组性、可重构性及可扩展性功能强，应用范围广，通用性好，夹具利用率高，收回投资快，才能体现出经济性好。德国demmeler(戴美乐)公司的孔系列组合焊接夹具，仅用品种、规格很少的配套元件，即能组装成多种多样的焊接夹具。元件的功能强，使得夹具的通用性好，元件少而精，配套的费用低，经济实用才有推广应用的价值。

二、组合夹具

1. 组合夹具及其应用特点

组合夹具是一种模块化的夹具，企业只需预先做好一套不同形状、不同尺寸的标准元件及合件，使用时根据工件的不同加工要求组装而成。使用完毕后，将它拆散、清洗保养并入库保存，以便重新组装使用。这是一种标准化、系列化、通用化程度很高的柔性化工艺装备，又称为积木式夹具。

组合夹具因为只需用几个小时的组装时间，就可代替几个月的专用夹具设计、制造周期，所以生产准备时间可大大缩短，减少约90%左右，这样就可以降低产品的制造成本；而且由于许多元件可重复使用，便于管理同时也减少了夹具库房面积。

组合夹具由于采用标准元件及合件，因此万能性好，使用范围广，一般情况下不受工件形状的复杂程度限制。使用也比较灵活，可应用于各种通用机床，在数控机床、加工中心和柔性制造系统(单元)中的应用也日益普及，特别适用于新产品试制及单件、小批量生产的企业，大批量生产的企业，也有相当比例的专用夹具可用组合夹具替代。

组合夹具的元件精度高、耐磨性好，一般为IT6～IT7级，并实现了完全互换。用组合夹具加工的工件，位置精度一般可达 IT8～IT9 级，若精心调整，可达到 IT7 级。

但组合夹具的外形尺寸较大、刚度较差且一次性投资较高。

2. 组合夹具系列及组成

按组装连接基面的形状，组合夹具可分为孔系和槽系两大类。我国采用槽系组合夹具，它们的连接基面为 T 型槽，元件通过键和螺栓等元件定位紧固连接。下面介绍 T 型槽系组合夹具的组成。

根据组合夹具元件功能的不同，T 型槽系组合夹具可由基础件、支承件、定位件、导向件、夹紧件、紧固件、其他件和合件等 8 大类元件组成。

(1) 基础件。基础件主要用作夹具体，这是各类元件组装的基础，通过它将其他元件或合件连成一个完整的夹具。主要有各种规格尺寸的圆形、方形矩形基础板和基础角铁等四种结构。

(2) 支承件。支承件是组合夹具中的骨架元件，规格较多，包括各种垫板和支承、伸长板、角铁和角度支承等，一般情况下，支承件和基础件可共同组成夹具体。

(3) 定位件。定位件包括各种键、定位销、定位盘、角度定位件、定位支承、V 形支承和定位板等，主要用于工件的定位和确定元件与元件之间的相对位置。

(4) 导向件。导向件是确定刀具与工件间相对位置的元件，包括各种尺寸规格的钻套、钻模板、导向支承等。

(5) 夹紧件。夹紧件包括各种形式的压板，用于夹紧工件。

(6) 紧固件。紧固件包括螺钉、螺母、螺栓和垫圈等，用来连接各种元件和通过压板夹紧工件。

(7) 其他件。这些元件为一些辅助元件，有的有较明显的用途，有的则无固定用途，如连接板、各种支承帽、弹簧、平衡块等。

(8) 合件。合件是一种由多种元件组成、使用过程中不拆散使用的独立部件，按其用途可分为定位合件、分度合件、支承合件、导向合件和夹紧合件等。

3. 组合夹具的组装

组装组合夹具，就是将组合夹具的元件和合件按一定的步骤和要求，装配成加工所需的夹具的过程。通常有装前准备、拟订组装方案、试装、连接并调整紧固元件、检验等几个步骤。现以滑块斜孔钻模组合夹具为例，说明组合夹具的装配过程。

图 7-5(a) 为滑块的工序图，内容为在立式钻床上加工 $\phi7$ mm 斜孔，钻孔前 $\phi24_{0}^{+0.033}$ mm 孔和两端面已加工好，加工时要求被加工孔轴线与 $\phi24_{0}^{+0.033}$ mm 孔轴线相交，且要求保证尺寸 40 mm 及 60°角。

该组合夹具的组装方案如下：

(1) 确定定位基面

按定位基准与工序基准重合的原则，选择三点、两点和一点定位面。

(2) 选择基础件

选用方形基础板 1 作底板。以两块大长方支承 2、3 和一块侧中孔定位支承 4 的右侧面组成三点定位面。用装在侧中孔定位支承 $\phi18$ mm 孔中的 $\phi24$ mm 圆形定位销 10 来定位组成两点定位面。定向所用的一点定位面，采用两块 30°的角度垫板 13、14 和一块大长方支承15，来获得所需的60°角。大长方支承可以沿斜槽滑动，安装工件时将它提起，装上工件后使它的下端面和工件一点定位面相贴合。

(3) 连接、调整和紧固各元件

1) 组装定位支承板。在基础板沿 y 方向的第一个T形槽内，将定位支承板2、3和4用螺栓紧固，下面的大长方支承2在 x 方向安装两个定位键，和基础板 y 方向上的第一个T形槽相配合，固定 y 方向的位置。在支承件2、3的左侧面T形槽中安装槽用螺栓5，并垫两个支承环6和7，在基础板左侧面T形槽里安装一根槽用螺栓8，并用连接板9把支承件和基础板连成一体，这样钻孔模板就能以 x 方向右边第一道T形槽来实现定位。

2) 组装定位销。将 ϕ24 mm圆形定位销10装在侧中孔定位支承 ϕ18 mm的孔中。

3) 组装角度垫板和大长方支承。安装两块30°的角度垫板13、14和一块大长方支承15，通过调整它们的位置来获得所需的60°角。

4) 组装钻模板。将钻套17装入钻模板16，并用钻套螺钉18紧固，将钻模板装入夹具。

5) 选择夹紧元件，紧固工件。螺栓11穿过定位支承孔、圆形定位销10和工件孔，通过垫圈12、螺母等实现工件的夹紧。

(4) 检查

主要检查各元件的夹紧情况；距离尺寸：40 mm，角度尺寸60°等。

图7-5(b)为斜孔钻模分解示意图。

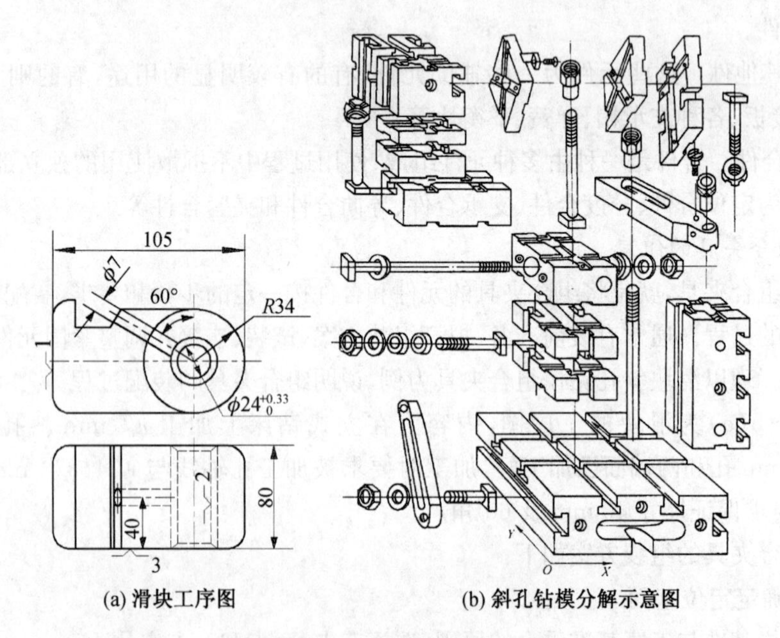

(a) 滑块工序图 (b) 斜孔钻模分解示意图

图7-5 组装实例

三、可调夹具

将夹具的某些元件进行调整或更换，就可以适应多种工件加工要求的夹具，称为可调夹具。可调夹具是针对通用夹具和专用夹具的缺陷而发展起来的一类新型夹具。对不同类型和尺寸的工件，只需调整或更换原来夹具上的个别定位元件和夹紧元件便可使用。它一般又可分为通用可调夹具和成组夹具两种。它们共同的特点是，只要更换或调整个别定位、夹紧或导向元件，即可用于多种零件的加工，从而使多种零件的单件小批生产变为一组零件在同一夹具上的“成批生产”。产品更新换代后，只要属于同一类型的零件，就仍能在此夹具上加工。前者的通用范围比通用夹具更大；后者则是一种专用可调夹具，它按成组原理设计并能加工一族相似的工件，故在多品种，中、小批量生产中使用有较好的经济效果。

为适应扩大夹具的柔性化程度，改变专用夹具的不可拆结构为可拆结构，发展可调夹具结构，将是当前夹具发展的主要方向。

（一）通用可调夹具

通用可调夹具的加工对象较广，有时加工对象不确切。如图 7－6 所示的滑柱式钻模，是一种带有升降钻模板的通用可调夹具。由夹具体 1、三根滑柱 2、钻模板 4 和传动、锁紧机构所组成。使用时，只要根据工件的形状、尺寸和加工要求等具体情况，专门设计制造相应的定位、夹紧装置和钻套等，装在夹具体的平台和钻模板上的适当位置，就可用于加工。转动手柄 6，经过齿轮条的传动和左右滑柱的导向，便能顺利地带动钻模板升降，将工件夹紧或松开。

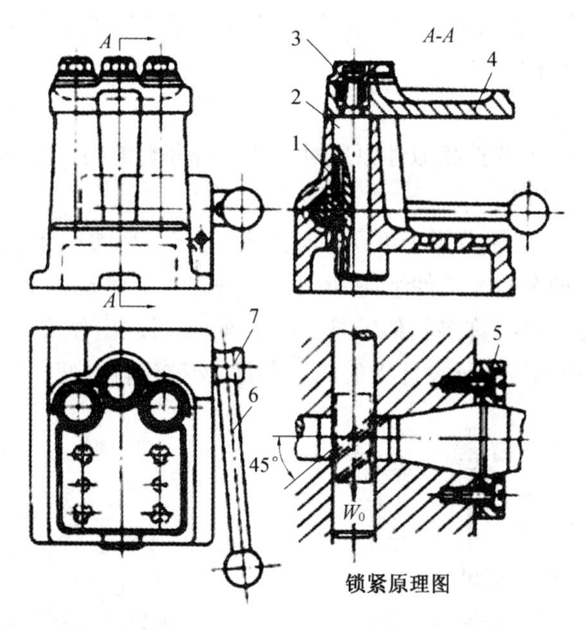

1-夹具体　2-滑柱　3-锁紧螺母　4-钻模板　5-套环　6-手柄　7-螺旋齿轮轴

图 7－6　滑柱钻模的通用结构

这种手动滑柱钻模的机械效率较低，夹紧力不大，此外，由于滑柱和导孔为间隙配合（一般为 H7/f7），因此被加工孔的垂直度和孔的位置尺寸难以达到较高的精度。但是其自锁性能可靠，结构简单，操作迅速，具有通用可调的优点，所以不仅广泛使用于大批量生产，而且也已推广到小批生产中。它适用于一般中、小件加工。只要更换不同的定位、夹紧、导向元件，便可用于不同类型工件的钻孔。

（二）成组夹具

成组夹具属于柔性化的可调夹具，生产中只要更换或调整个别定位、夹紧或导向元件，即可用于形状和工艺相似、尺寸相近的多种零件的加工，可适应各种批量的生产。

1. 成组夹具的设计原理

成组夹具是基于成组工艺，按相似性原理针对一组工件的一个或几个工序而专门设计的。

成组工件的相似性特征主要表现为：

(1) 工艺相似。指工件的加工路线和定位基准相似，可使用功能相同、结构相同或相似的可调或可换的定位元件和夹紧机构。工艺相似程度不同的工件组，所用的机床不同，夹具结构就会有差别。

(2) 形状相似。包括工件的基本形状要素（如外圆、内孔、平面、渐开线齿形等）和几何表面位置的相似，这是设计成组夹具定位元件的结构和分布的依据。

(3) 尺寸相似。工件之间的轮廓尺寸和加工尺寸相近。工件的最大轮廓决定夹具基体的尺寸。

另外还有精度相似和材料相似等。精度相似指的是工件对应表面之间精度相似，不同精度的工件不应归属同一成组夹具加工，这样可以保持成组夹具的稳定精度和合理使用。材料相似包括材料种类、毛坯形式和热处理条件等的相似，一般不宜将不同种材料放在同一成组夹具上加工，主要是不同材料的力学性能差别太大，对夹紧力就有不同要求，影响夹紧机构的设计。

2. 工件的分类编码

设计成组夹具前，先要按相似性原理对工件进行分类编码，建立加工工件组并确定每个工件组的“特征”工件。

(1) 划分工件组。对原分属于不同种类的产品工件，要按照相似性特征进行分组。图 7-7 所示的 a、b 两个拨叉工件组，外形上较为相似，主要差异是叉臂的宽窄不同和叉臂是否弯曲，工艺上具有许多相似特征：铣端面，钻、铰孔，铣叉口平面，铣叉口圆弧面，钻、攻螺纹。按照相应特征设计出的成组夹具，调整比较方便。

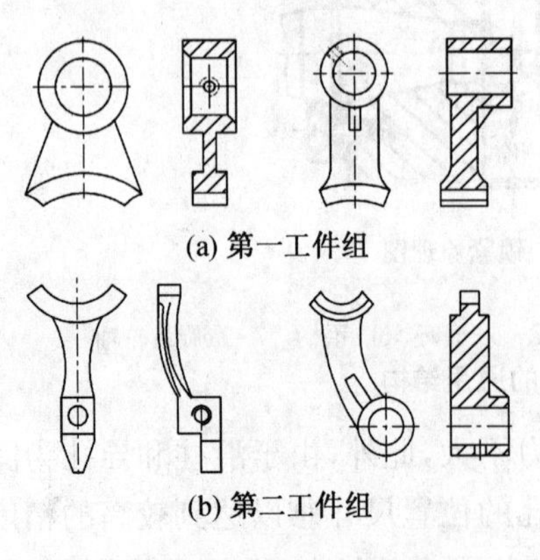

(a) 第一工件组

(b) 第二工件组

图 7-7　拨叉工件组

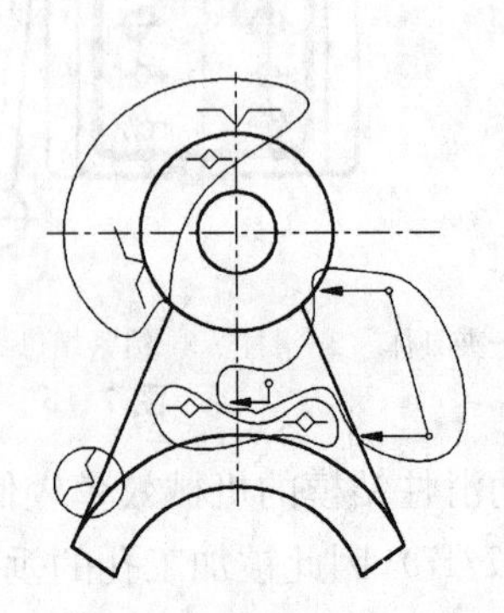

图 7-8　拨叉特征工件图

（2）确定“特征”工件。“特征”工件应能够包含工件组内所有工件的相似特征要素，它可以是工件组中的某一零件，也可是一个人为假想的工件。假想工件要另外绘制工件图。图7-8是拨叉第一工件组的“特征”零件图，可分为四个定位夹紧调整组，实现铣端面、钻孔、精铣叉口平面，铣叉口圆弧面等六工位加工。

3. 成组夹具的设计步骤

（1）收集资料。设计成组夹具的资料主要有：工件分类、分组资料；工件组的全部图样和成组工艺规程；使用成组夹具的机床以及加工所用刀具资料；成组夹具图册、有关标准以及同类型新产品工件等。

（2）确定特征工件。分析组内工件的结构，确定特征工件，它应满足两个基本要求：有相同的装夹方式；工件的被加工面相同。这样对该组工件可以采取统一的定位、夹紧方案。

（3）决定夹具形式。应根据上面确定的特征工件设计夹具形式。当组内零件的品种多、尺寸又分散时，可对工件分段，分别设计若干套成组夹具，以保证结构紧凑，使用方便。

（4）详细结构设计。成组夹具由基础部分和调整部分所组成，基础部分一般包括夹具体、夹紧机构及传动机构等；调整部分包括可调整的定位元件、夹紧元件和导向元件等，按加工需要，这部分可以调整，是成组夹具的重要特征标志之一。所以结构设计主要包括以下内容：

1）确定夹具调整部分的结构；

2）确定夹具基础部分的结构；

3）夹紧力计算和校核；

4）绘制夹具结构草图；

5）绘制夹具总装图；

6）成组夹具工艺审查。

4. 成组夹具的典型结构

成组夹具的结构形式还与成组加工的生产组织方式有关。成组加工有单机成组和成组加工单元两种形式，单机成组是使用一台机床完成工件组的单工序或多工序加工，成组加工单元是将机床（主要是多工位专用机床）布置成一个封闭单元，来加工多组工件。

图7-9是用于成组加工单元的成组夹具，加工图7-7(a)所示的拨叉组，该拨叉组的特征工件见图7-8。夹具的调整部分有四个调整组：第Ⅰ组中有三个支承钉1，其中支承钉C可在坐标孔系中调节相应位置。第Ⅱ组中有两个支承钉6，可在定位板5的坐标孔系中作间断调节，定位板5的凸键E可在钳口3的槽中移动。第Ⅲ组由支承钉4组成，第Ⅳ组为夹紧调整。工件由液压传动的钳口7夹紧。摆动压板10上有两个夹紧点，调整时取下螺母12，将螺杆8插入钳口7的坐标孔系F的孔中，然后再锁紧螺母12即可。夹紧点11的位置可在过渡板9的坐标孔系G中调整。

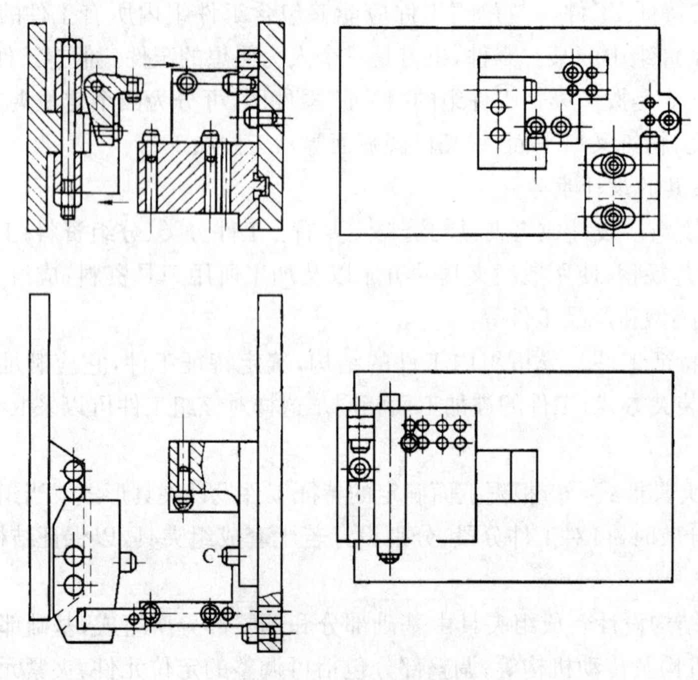

图 7-9　拨叉成组夹具

四、数控机床夹具

数控机床既可采用通用夹具，又可采用可调夹具、组合夹具、模块化夹具、成组夹具、数控夹具和专用夹具。

1. 数控机床夹具的设计要点

数控机床夹具必须适应高精度、高效率、多方向同时加工、数字程序控制以及柔性化、适应单件小批生产等工艺特点。设计时，除应遵循夹具设计的一般原则外，还应注意以下几点：

1）应使工件在夹具中的定位、夹紧误差最小，具有较高的精度；

2）应能使工件在一次装夹后进行多个表面的多种加工，以减少装夹次数；

3）夹紧元件的位置应固定不变，防止夹具与机床、刀具的空间干涉；

4）应按机床坐标系统上规定的定位、夹紧表面和坐标原点，确定夹具在机床上的位置。

2. 数控机床夹具示例

数控夹具是指本身能按数控程序的指令使工件定位和夹紧的夹具。工件一般采用一面两销定位，夹具可按程序自动调节两定位销之间距离和自动完成定位销插入、退出销孔等动作。

图 7-10 为德国斯图加特大学机床研究所开发的回转式自调数控夹具外观图。水平定位转台有 2～4 个偏心定位轴，轴端装有定位销，按照工件定位孔中心距大小，利用双向旋转原理，定位销轴可以通过工作台的回转和定位销轴的自转调节到所需的孔距。水平定位回转工作台通过步进电机、蜗轮蜗杆副、丝杠螺母副、锁紧装置等实现位置调

整与锁紧。

夹具上方的夹紧装置的回转动作与水平回转工作台的原理相同，由夹紧油缸 1 实现工件的夹紧。

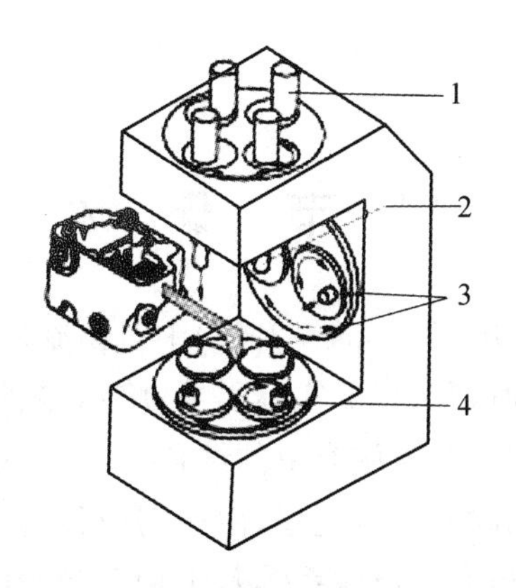

图 7－10　回转式自调数控夹具外观图

习题与思考题

7－1　自动线刀具的特点及选用原则？

7－2　数控机床刀具的特点及选用原则？

7－3　简述机床夹具的发展趋势？

7－4　成组夹具的相似性特征主要体现在哪些方面？

7－5　什么是组合夹具？试说明其工作原理及应用范围？

7－6　简述数控机床夹具的设计要点？

第八章　物流系统设计

第一节　概　述

国家标准《物流术语》(GB/T18354—2006)中对物流是这样定义的：物流是物品从供应地向接收地的实体流动过程，根据实际需要，将运输、储存、装卸、搬运、包装、流通加工、配送、信息处理等基本功能实施有机的结合。

物流系统是指在一定的时间和空间里，由所需位移的物资、包装设备、装卸搬运机械、运输工具、仓储设施、人员和通讯联系等若干相互制约的动态要素所构成的具有特定功能的有机整体。

机械制造系统中的物流即生产物流，是指从原材料和毛坯进厂，经过储存、加工制造、检验、装配、包装、成品出厂，在仓库、车间、工序之间流转、移动和储存的全过程。在物流流动过程中，尽管不增加物料的使用价值，也不改变物料的性质，然而物流过程必然占用一定的资本，物流就是资金的流动，库存就是资金的积压。因此物流系统的改进有助于减少生产成本，加快资金周转，压缩库存，提高企业综合经济效益。

一、物流系统设计的意义

在制造业中，单件小批生产的企业约占75%。而在众多的中小型企业的生产过程中，从原材料进厂，经过冷、热加工、装配、检验、油漆、包装等各个生产环节，到成品出厂，按国内的统计，机床作业时间仅占5%左右，处于储存、等待或搬运状态的时间占95%左右。德国波鸿鲁尔大学的马斯贝尔格教授在对斯图曼和库茨的企业的生产周期进行调研分析后得出了如下结论：在生产周期中，工件有85%的时间处于等待状态，另外5%的时间用于运输和检测，只有10%的时间用于加工和调整；在一般情况下，改进加工过程最多再缩短生产周期的3%～5%，可见，要缩短生产周期，必须同时改善加工、装配、检验、搬运、停滞等环节，尤其是搬运和停滞环节。据统计，在总经营费用中20%～50%是物料搬运费用，而合理化的物流设计可使这项费用至少减少10%～30%，被认为是企业利润的一大源泉，是这些年备受重视的一个方向。

拿我国情况来说，现有企业物流不合理的现象普遍存在，如毛坯和在制品库存量大，搬运机具落后，搬运路线迂回、往返，资金周转率低。合理进行物流系统的设计可以在不增加或少增加投资的条件下，取得明显的技术经济效益。

二、现代物流系统的特点、基本构成和功能

（一）现代物流系统的特点

1. 实现价值的特点

企业生产物流的最本质的特点是实现加工附加价值的经济活动。企业生产物流伴随加工活动而发生，实现加工附加价值，即实现企业主要目的；企业生产物流通常在企业的范围内完成，其空间距离的变化不大；企业生产物流在企业内部的储运是对生产的保证，与社会储运追求利润的目的不同，其时间价值不高。由此可见，物流空间、时间价值潜力都不高，但加工附加价值却很高。

2. 主要功能要素的特点

企业生产物流的主要功能要素是搬运活动。企业的生产过程实际上是物料不停搬运的过程，在不停地搬运中，物料完成了加工。即便是批发和配送企业的企业内部物流，实际也是不停搬运的过程。通过搬运，完成了大改小、小集大的换装和商品的分货、配货工作，使商品形成了便于批发和配送的形态。

3. 物流过程的特点

企业生产物流是一种工艺过程性物流。企业的生产工艺、生产流程及生产装备一旦确定，企业物流便成了稳定性的物流，物流也就成了工艺流程的重要组成部分。由于这种稳定性，企业物流的计划性和可控性便更强，而选择性和可变性便更小，对物流的改进只能通过优化工艺流程来实现。

4. 物流运行的特点

企业生产物流的运行具有很强的伴生性，通常是生产过程中的一个组成部分，这就决定了企业物流很难和生产过程分开而形成独立的系统。

（二）现代物流系统的基本构成

现代物流系统的结构一般分为垂直式和水平式两种。

1. 物流系统的垂直结构

垂直式物流系统一般由管理层、控制层和执行层三大部分构成。

(1) 管理层。它是一个计算机物流管理系统，是物流系统的中枢，主要进行库存管理、作业调度、统计分析等信息处理和决策性操作。管理层要具有较高的智能。

(2) 控制层。它主要接受来自管理层的指令，控制物流装备完成指令规定的任务，并将物流系统信息反馈给管理层，为物流系统的决策提供依据。控制层要具有较好的实时性。

(3) 执行层。它有自动化的物流装备组成，包括运输装备、机床上下料装置、立体仓库、缓冲站等。执行层要具有较高的可靠性。

2. 物流系统的水平结构

水平式物流系统由物流供应子系统、物流生产子系统、物流销售子系统等构成。如图 8 - 1 所示。

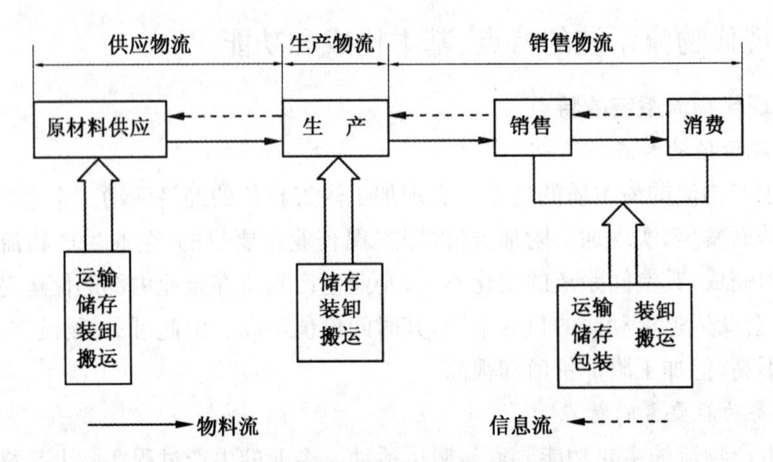

图 8-1　企业生产物流的水平结构

（三）物流系统的功能

物流系统的功能有以下几方面：

(1) 实现原材料和毛坯、外购件、在制品、产品、工艺装备的储存及搬运，做到存放有序，存入、取出容易，且尽可能实现自动化；

(2) 加工设备及辅助设备的上下料尽可能实现自动化，以缩短机床的辅助时间，提高劳动生产率；

(3) 工序间中间工位和缓冲工作站的在制品储存，保证生产的连续进行；

(4) 采用自动化物流装备，减少工件在工序间的无效等待时间；

(5) 各类物料流装置的调度及控制，物料的运输方式和路径能够变化与进行优化；

(6) 实现物料流的监测、监控等。

三、物流系统设计应满足的要求

(1) 运行中应可靠地、快速地、无损伤地实现物料流动，为此应有可靠、方便、快捷的运输通道和运输装备，还应有良好的管理系统。

(2) 物流系统要有一定的柔性，即灵活性、可变性和可重组性。这样能够适应多品种、小批量生产的需要，不会因产品更新而报废原来的物流系统，只要稍作补充、调整即可迅速地重组成新的物流系统；也不会因某些设备故障停机而使生产中断，物料流动路线可灵活地进行变动，使生产继续下去。

(3) 流动路线要尽可能短，以保证物流的高效，也节省物流系统建设的投资。

(4) 尽可能减少在制品积压，为此应合理规划物流系统的流动速度，加强库存管理和生产计划管理，朝“零库存生产”的目标努力。

(5) 毛坯、在制品、产品的储存量，能保证三班制时无人或少人运行时的需要，或能保证易损坏设备在快速排除故障时间内生产还能继续进行。

第二节　机床上下料装置设计

机床上下料装置是指将待加工工件送到正确的加工位置及将加工好的工件从机床上

取下的自动或半自动机械装置。大部分机床的下料机构简单，或上料机构兼有下料功能，所以机床的上下料装置也常被简称为上料装置。

按自动化程度，机床的上下料装置分为人工上下料装置和自动上下料装置两类。人工上下料通常借助传送滚道或起重机等设施，通过人工操作进行机床的上下料。这类操作需要较长时间，耗费体力，主要适用于单件小批生产或大型的或外形复杂的工件。自动化的上下料装置，如料仓式、料斗式、上下料机械手或机器人等。主要适用于大批大量生产中，可缩短上下料时间，提高劳动生产率，降低工人的劳动强度。

一、机床上下料装置的设计原则

(1) 上下料装置的构造要尽可能简单可靠，维护方便。

(2) 上下料时间要满足生产节拍的要求，能够减少辅助时间，提高劳动生产率。

(3) 上下料工作要平稳可靠，尽量减少冲击，以保证工件变形小，避免工件损坏。

(4) 上下料装置要有一定的调整范围，以满足一定尺寸范围内结构相似工件的上下料需求。

(5) 满足工件的一些特殊要求，例如用机器人搬运一些轻薄、易碎的零件时，其夹紧手爪部分应采用较软的材料并能自行调整夹紧力的大小，以免被夹持工件变形和破碎。

二、料仓式上料装置

(一) 料仓的功用和组成

在大量和大批生产中，当工件的尺寸较大，且几何形状比较复杂难于自动定向排列时可以采用料仓式上料装置；在单件工序时间较长，人工定向排列一批工件后可以工作很长时间，也采用这种供料装置。料仓式上料装置是一种半自动上料装置，工件需由人工按一定的方位预先排列在料仓内，然后由送料机构逐个将其送到机床的夹具中。料仓式上料装置所运送的工件可以是锻件、铸件或由棒料加工成的毛坯和半成品。

料仓式上料装置主要由料仓、送料槽、隔料器和上料杆、下料杆组或。其中送料槽用于将工件从料仓(或料斗)输送到上料机构中，有时兼有贮料作用。机床上料装置中所用送料槽，与生产线中作为输送装置的输料槽在结构和工作原理上是相同的。

图 8-2 是料仓式上料装置的构成简图。工件由人工装入料仓 1 中。送料时上料器 3 左移将工件送到主轴前端对准夹料筒夹 4，隔料器 2 在弹簧 8 的作用下顺时针旋转到料仓下方，将工件托住以免落下。随后由上料杆 5 将工件推入筒夹 4 中，筒夹将工件夹紧，上料器 3 和上料杆 5 向右退开，工件开始加工，此时隔料器 2 被上料器 3 上的销钉带动逆时针旋转，料仓中的工件便落在上料器 3 的接收槽中。当工件加工结束，筒夹 4 松开，推料杆 6 将工件顶出，落入导出槽 7 中。料仓中工件加工完时自动停车装置 9 动作使机床停机。

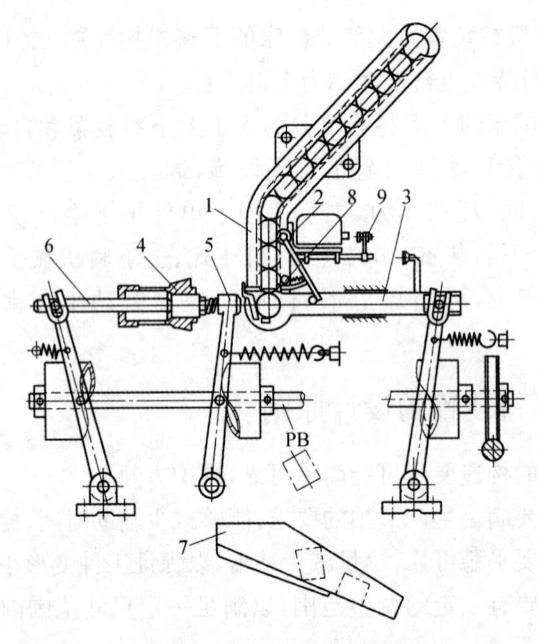

1-料仓　2-隔料器　3-上料器　4-夹料筒夹　5-上料杆
6-推料杆　7-导出槽　8-弹簧　9-自动停车装置

图 8-2　料仓式上料装置

（二）料仓

料仓用于存储已定向的工件。根据工件尺寸、形状和存贮量的大小及上料机构的配置方式的不同，料仓具有不同的结构形式。在自动机床上，工件的储存量应能保证机床连续工作 10～30 min。

料仓按照工件的送进方法不同可分为两类，即靠工件的自重送进和强制送进。

1. 靠工件自重送进的料仓

靠工件自重送进的典型料仓形式如图 8-3 所示，常见的有槽式料仓、管式料仓和斗式料仓。

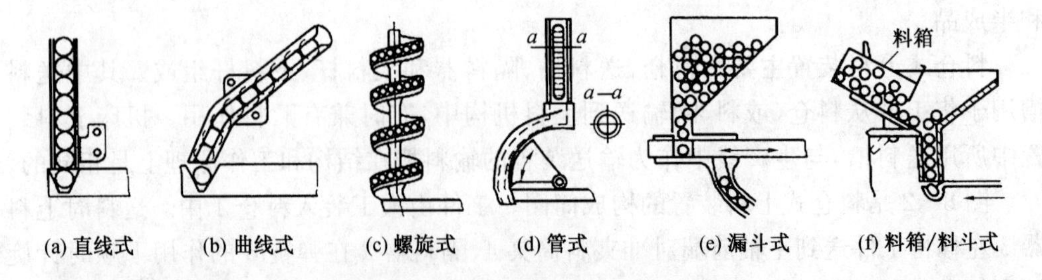

图 8-3　靠工件自重送进的料仓

槽式料仓常见的有直线式料仓、曲线式料仓和螺旋式料仓[图 8-3(a)、(b)、(c)]。料仓常用薄钢板制成，料仓的导向槽表面要求有较高的硬度和较小的表面粗糙度值。料仓的结构通常有开式和闭式两种，开式的便于观看工件的运动及装料情况。料仓的侧壁往往做成可调节的，以适应不同长度的工件。料仓位置可以是垂直放置或倾斜放置。槽式料仓除了用于储存已定向的工件外，还可作为供料装置中靠自重送进的料道。

管式料仓[图 8-3(d)]用于送进平的圆盘料。料仓可用内表面经过很好加工的钢管制成。为便于装入工件和便于观察，通常在管上做出两道纵向槽。管式料仓可以竖直或倾斜地装在机床上。

斗式料仓[图 8-3(e)]的特点是能容纳大量的工件。由于料斗容量较大，因而每次人工装料可以间隔较长的时间。这类料仓的落料口处常设有工件搅动器，防止在落料口的上面，工件堆成拱形而堵塞出口。斗式料仓侧壁的位置可以调节，以适用不同尺寸的工件。为加快装料速度，斗式料仓还常采用辅助料箱装置。事先将工件在料箱中按一定方位装好，当料斗要装料时，把装满的料箱放在料斗上，揭开料箱的活动底板，工件就从料箱落入料斗中。

2. 强制送进的料仓

当工件的质量较小不能保证靠自重可靠地落到上料器中，或工件的形状较复杂不便靠自重送进时，可采用强制送进的料仓。

重锤式料仓[图 8-4(a)]是用重锤的力量推送工件的料仓，其推力为定值，储存量可较大。

弹簧式料仓[图 8-4(b)]是用弹簧力量推送工件的料仓，由于弹簧推力在推送工件过程中逐渐变小，因而工件储存量不宜过大。

摩擦式料仓[图 8-4(c)]是将工件放在由两套三角带传动轮组成的 V 形槽内，靠传动带摩擦力进行推送。这类机构中具有驱动机构，较为复杂，常用于圈、环和柱类工件等。

链式料仓[图 8-4(d)]是将工件放在链条的凹槽上或钩子上，靠链条的传动把工件送到规定的位置。这类链式料仓常用于送进长的轴和套类工件等。

圆盘式料仓[图 8-4(e)]是一个转盘，工件装在转盘周边的料槽中，圆盘间歇地旋转将工件对准接收槽，并沿接收槽滑到上料器中。这类送料机构常用于送圆盘、套筒、盖、光轴和阶梯轴等工件。

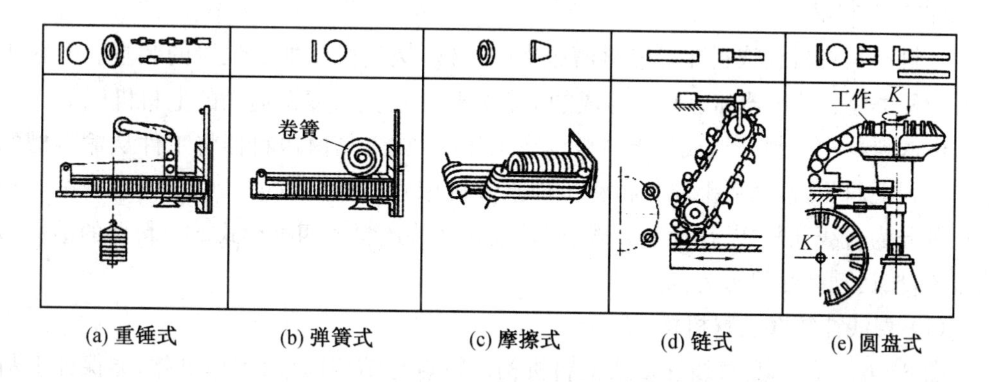

图 8-4　强制送进的料仓

（三）隔料器

隔料器用来控制从输料槽进入送料器的工件数量。它的作用主要是把一个或几个工件从许多工件中分离出来，使其自动地进入上料器，或由隔料器直接将其送到加工位置。在后一种情况下，隔料器兼有上料器的作用。最常用的隔料器有下列几种形式，如图 8-5 所示。

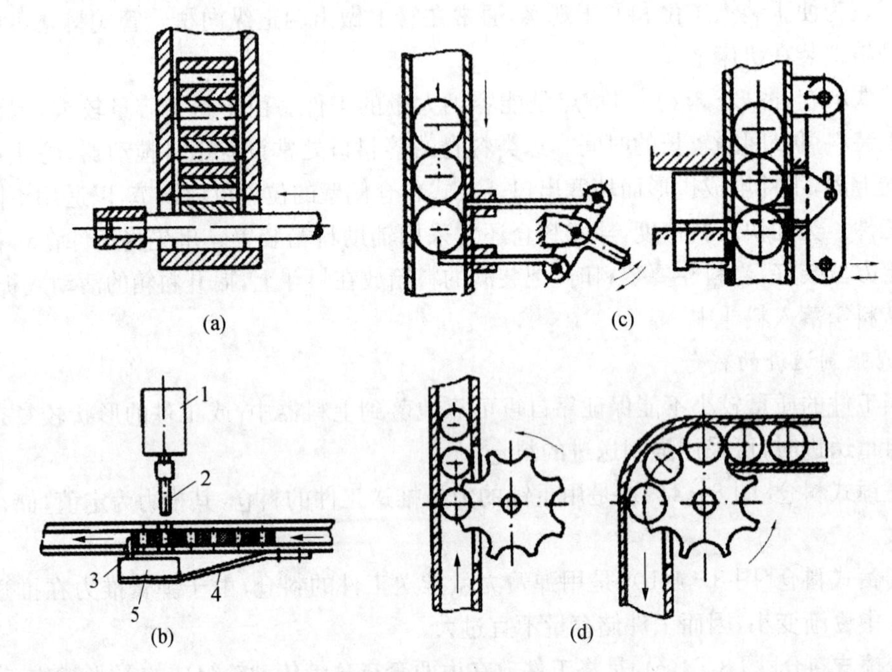

图 8-5　隔料器

图(a)是利用直线往复式送料器的外圆柱表面进行隔料。图(b)是由气缸 1、弹簧片 4 及隔料销 2、3 组成的隔料器。气缸驱动的销 2 拔出时，销 3 在弹簧片 4 的作用下，插入料槽挡住工件。当气缸驱动销 2 插入料槽将第二个工件挡住时，销 2 的前端顶在方铁 5 上，推动销 3 退出料槽，放行第 1 个工件。图(c)是连杆往复销式隔料器。图(d)是牙轮旋转式隔料器。

（四）上料器

上料器是将料仓或料斗经输料槽送来的工件，送到机床加工位置的装置。上料机构有两种类型：送料器和上料杆组成的上料机构和能完成复杂运动的上料机械手。

由送料器和上料杆组成的上料机构在工作时，首先是由送料器将工件从输料槽的出口送到上料位置，然后上料杆再将工件推入机床主轴夹头或夹具中。送料器按运动特性可分为直线往复式、摆动往复式、回转式和连续送料式四种形式。上料器的结构形式很多，按运动特性可分为四类。

(1) 直线往复式上料机构

图 8-6(a)所示是直线往复式上料机构。特点是结构简单，工作可靠，能保证上料的准确性。但往复速度不能太快，太快时可能产生上料跟不上的情况，或使机构很快磨损，因此不适用于加工周期很短的工件。

(2) 摆动往复式上料机构

图 8-6(b)所示是摆动往复式上料机构，送料速度比直线往复式高，有较高的生产率，工作可靠，由于其不需要导轨，因而结构比较简单。送料驱动可以是机械、气动或液

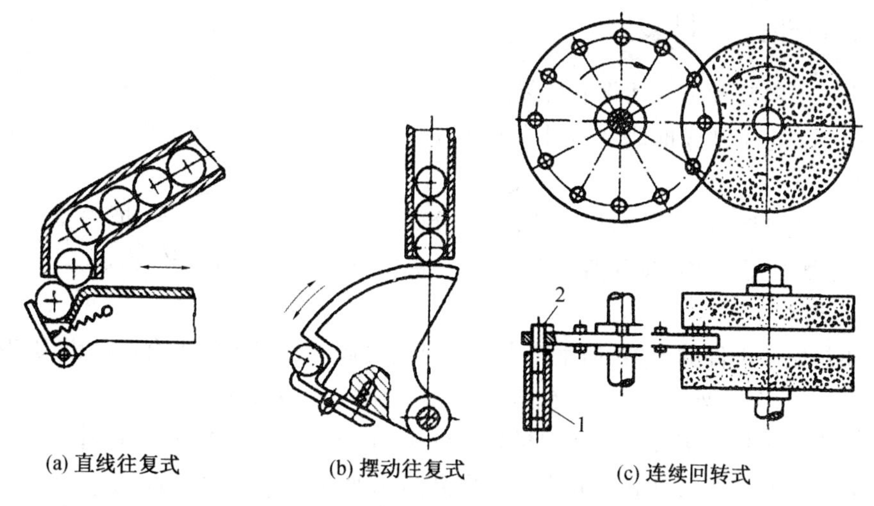

图 8－6　上料机构

压传动方式。

（3）连续回转式上料机构

图 8－6(c)所示是连续回转式上料机构，活塞销、圆柱滚子等回转类工件 2，从输料管 1 中靠重力或上料推杆送入送料圆盘的接料孔中，并被带着通过砂轮的磨削区域后完成加工。连续回转式上料机构多用于在无心磨床及双端面磨床上加工盘类、环形或圆柱体工件时的上料。

（4）回转式上料机构

图 8－7 是用于磨床的间歇旋转运动上料机构。工件 1 从输料器 2 送来，上料杆 3 将工件推进送料器 4 的接料圆槽中并被带到工作地点，由前后顶尖 5 夹紧后进行磨削。当磨好的工件随送料器 4 旋转，并再次回到上料位置时，工件被待加工工件推出送料器，落进输料槽 7 中。送料器 4 通过齿轮齿条机构传动，由液压缸 10、棘爪 8 和棘轮 9 定位，使送料器实现间歇运动。

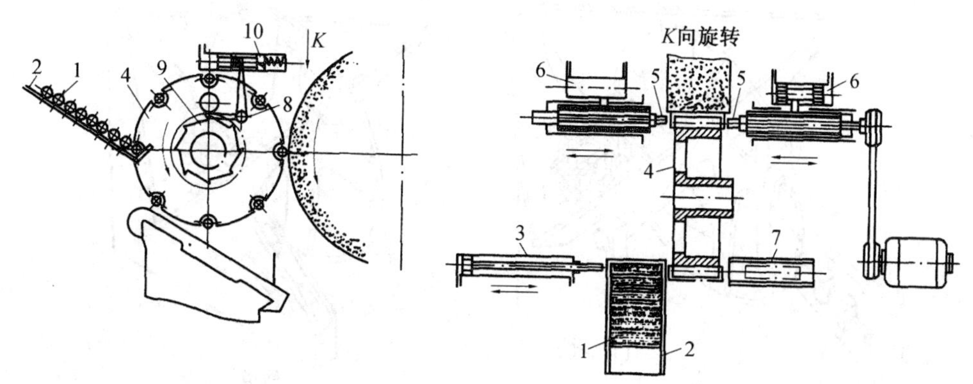

1－工件　2－输料器　3－上料杆　4－送料器　5－顶尖　6、10－液压缸　7－输料槽　8－棘爪　9－棘轮

图 8－7　回转式上料机构

三、料斗式上料装置

料斗式上料装置是自动化上料装置，主要应用于尺寸较小、形状简单的毛坯件的上料。其特点是将工件成批地倒入料斗中，由定向机构按要求将杂乱的工件进行定向后再送给机床。

料斗式上料装置包括装料和储料两部分机构。装料机构由料斗、搅动器、定向器、剔除器、分路器、送料槽、减速器等组成；储料机构由隔离器、上料器等组成。

（一）料斗

料斗是盛装工件的容器，但生产中也常见能完成工件定向的带有定向机构的料斗。料斗的形式很多，从外形结构看，有圆柱形、锥形和矩形等几种，如图 8－8 所示。根据在料斗中获取工件及工件进入送料槽方式的不同，料斗又可分为叶轮式、摆动式、振动式、回转式、往复式和气动式等几类。下面介绍几种典型的料斗装置。

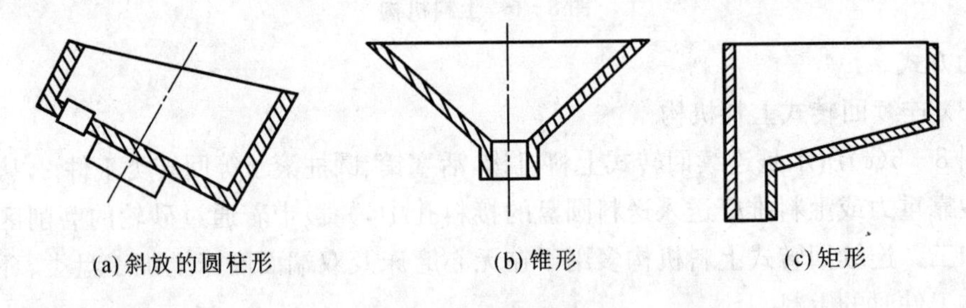

图 8－8　料斗的形状

1. 叶轮式料斗

叶轮式料斗由叶轮和料仓构成。图 8－9(a)所示的叶轮在旋转过程中将位姿正确的工件从料堆中分离出来，此时叶轮有搅动器和定向器的作用。图 8－9(b)所示的叶轮式料斗装置，在叶轮的搅动下，位姿正确的工件落入料仓底部的槽中，不正确的被刮

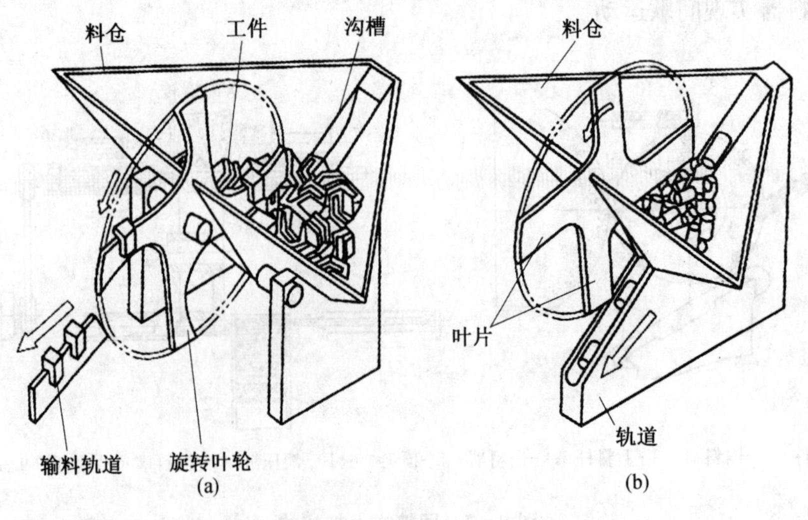

图 8－9　叶轮式料斗装置

回到料堆，叶轮起着搅动器和剔除器的作用。

叶轮式料斗装置不宜用于易变形工件，而适用于只有一个布置特性，形状简单而尺寸较大的工件。料斗的容量取决于填料高度、叶轮转速和主动面的大小。

2. 摆动式料斗

摆动式料斗有中心摆动式和扇形块摆动式等。

中心摆动式料斗如图 8-10 所示，摆板 2 绕支点 3 作上下摆动过程中，落入其顶部定向槽内的工件沿该槽滑入送料槽 4 中，不正确排列的工件回落到锥形料仓 1 中，摆板 2 具有搅动器和定向器的作用。摆板的摆动由凸轮或曲柄驱动，该料斗适用于圆柱、球形、销钉和螺栓等工件的定向上料。

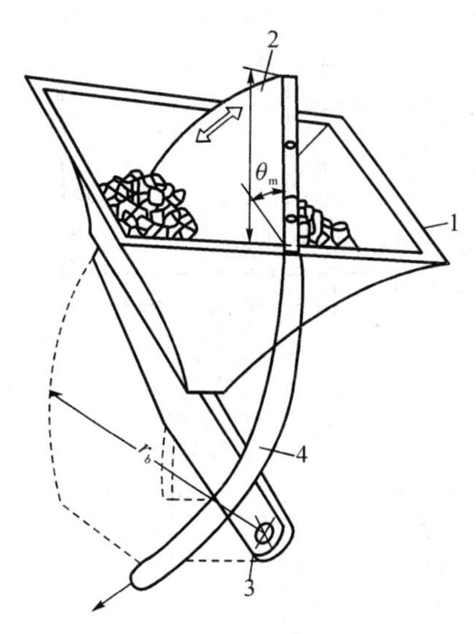

1-料仓　2-摆板　3-支点　4-输料槽

图 8-10　摆动式料斗

3. 振动式料斗

振动式料斗借助于电磁力产生的微小振动，依靠摩擦力和惯性力的综合作用驱使工件向前运动，并在运动过程中完成自动定向。

振动式料斗工作平稳，结构简单，易于维护，送料速度可任意调节，具有一定的通用性，当用于尺寸、质量相近的不同工件时，只需更换定向机构。其缺点是工作过程中噪声较大，不适于传送大型工件；料斗中不洁净，会影响送料速度和工作效果。

图 8-11 为一种典型的振动式料斗自动上料装置，内壁带有螺旋送料槽的圆筒 1 和底部呈锥形的筒底 2 组成圆筒形料斗。筒底呈锥形可使工件向四周移动，便于进入筒壁上的螺旋料道。三个板弹簧 4 与料斗底部用三个连接块相连接，并倾斜安装在底盘 6 上。衔铁 15 固定在筒底 2 的中央，电磁振动器的铁心线圈 14 固定在支承盘 12 上，支承盘 12 又固定在底盘 6 上。当线圈通入交流电时，衔铁 15 被吸、放。由于板弹簧 4 的两端是固定的，因此板弹簧产生弯曲变形，又因板弹簧 4 是沿圆周切向布置的，因而产生扭转，这样料斗就作上下和扭转振动。当整个圆筒做扭转振动时，工件沿着螺旋送料槽向上爬升，并在上升过程中进行定向，自动剔除位姿不正确的工件。上升的工

件最后通过料斗上方的出口进入送料槽。

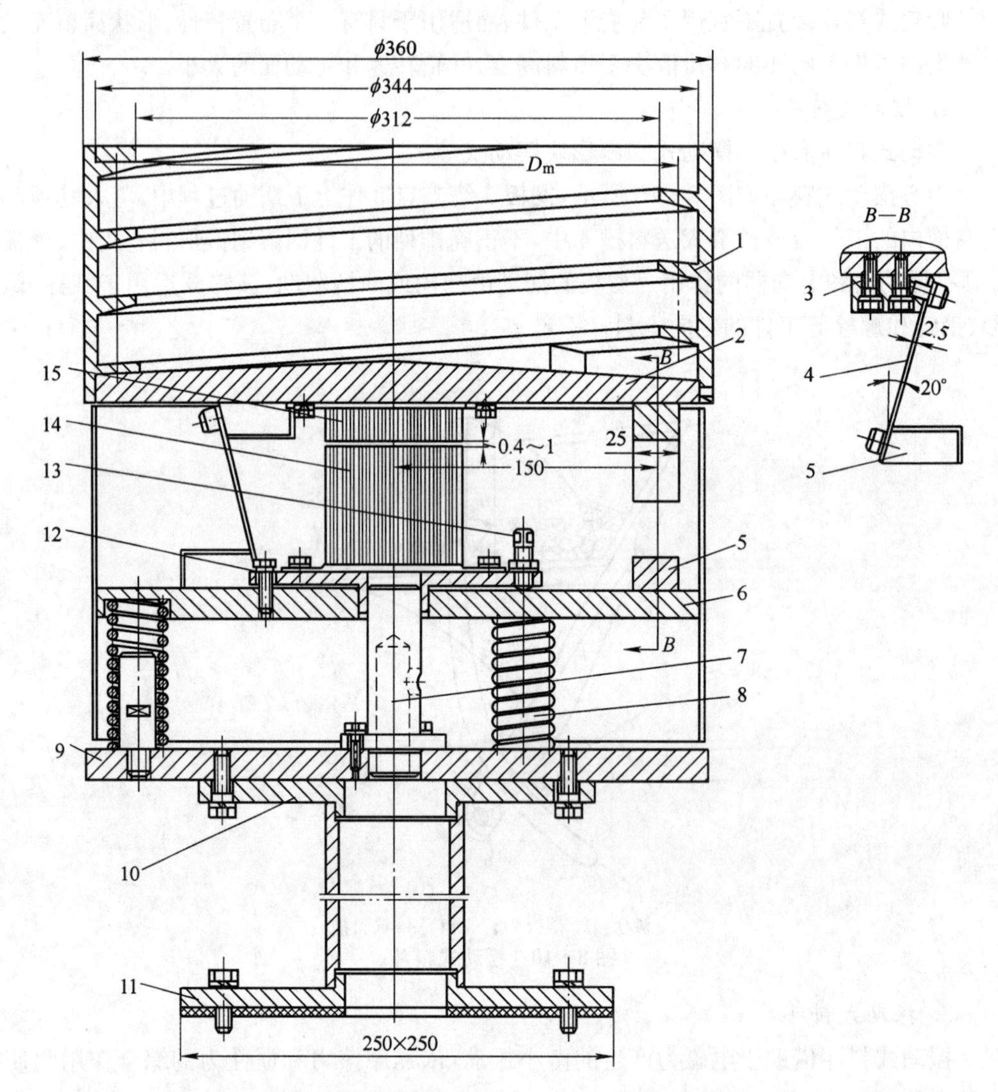

1-圆筒　2-筒底　3、5-连接块　4-板弹弹簧　6-底盘　7-导向轴　8-弹簧　9-支座　10、11-支架　12-支承盘　13-节螺钉　14-铁心线圈　15-衔铁

图 8-11　振动式料斗自动上料装置

为减少振动式料斗对机床的不利影响，底盘 6 和支座 9 之间安装了三个隔振弹簧 8，并设置导向轴 7 使料斗围绕自身的轴线扭转振动。

振动式料斗是以剔除法进行定向的。通常在螺旋送料槽的最上一层，根据工件的形状特性及定向要求，安装一些剔除构件，或将某一段送料槽开出槽子、缺口或做出斜面等，将符合定向要求的工件通过，不符合定向要求的工件重新落入料斗底部。

图 8-12 所示为振动式料斗自动定向方法。图 8-12(a)适用于长度小于直径($L<D$)的短圆柱体的自动定向，图 8-12(b)适用于空心圆柱体的自动定向，图 8-12(c)适用于两端不对称的圆柱体的自动定向，图 8-12(d)适用于槽形块件的自动定向，图 8-12(e)适用于圆盘体的自动定向，图 8-12(f)适用于一侧带凸台的圆盘体的自动

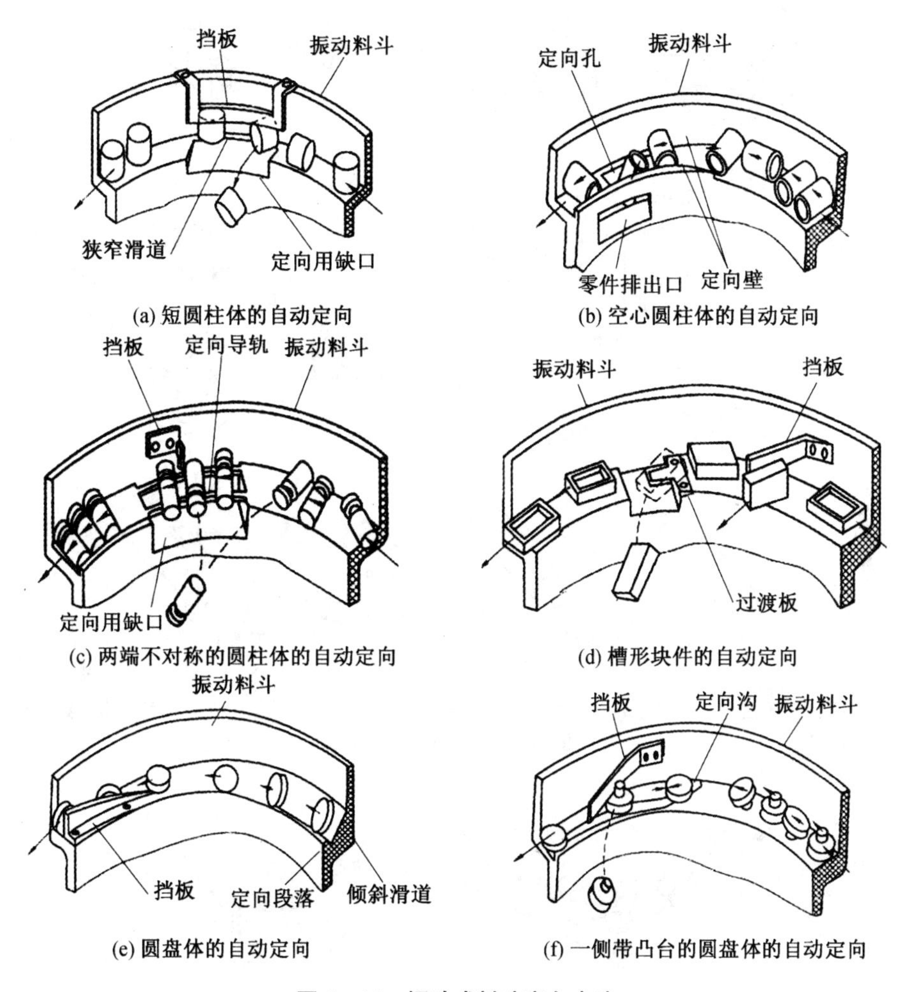

图 8－12　振动式料斗定向方法

定向。

（二）送料槽

送料槽是输送工件的通道，要求工件能在其中顺利、流畅、稳速移动，不能发生阻塞或滞留现象。送料槽的截面根据工件的尺寸和形状而定。按其外部形状可分为直线型、曲线型、平面螺旋型、蛇形等形式。按工件在输送时的运动状态可分为滑动式和滚动式两种形式。按驱动方式可分为工件自重输送和强制输送两种形式。

图 8－13 所示为几种典型的送料槽形式。

（三）搅动器

为了保证工件的连续输送，在斗式料仓或料斗中设有搅动器，图 8－14 所示为搅动器的几种形式。图(a)为上料器兼作搅动器，利用齿式上料器往复运动产生的摩擦力使工件产生扰动。图(b)为摆动杠杆式搅动器。图(c)除有摆动杠杆外，料斗内还装有往复摆动的菱形搅动器。图(d)搅动器安装在出料口处。图(e)为电磁振动式搅动器。

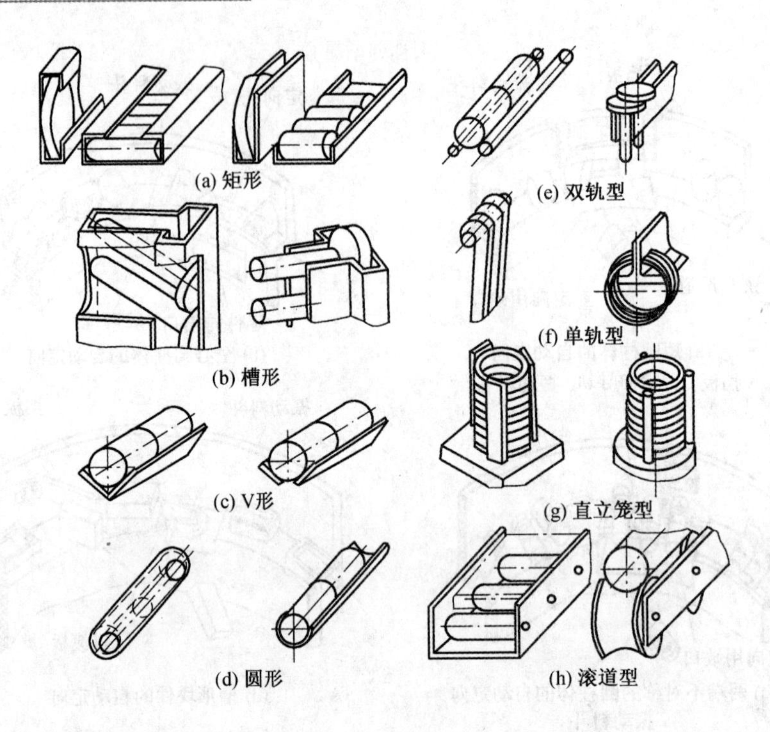

(a) 矩形 (b) 槽型 (c) V 型 (d) 圆型 (e) 双轨型 (f) 单轨型 (g) 直立笼型 (h) 滚道型

图 8-13 送料槽形式

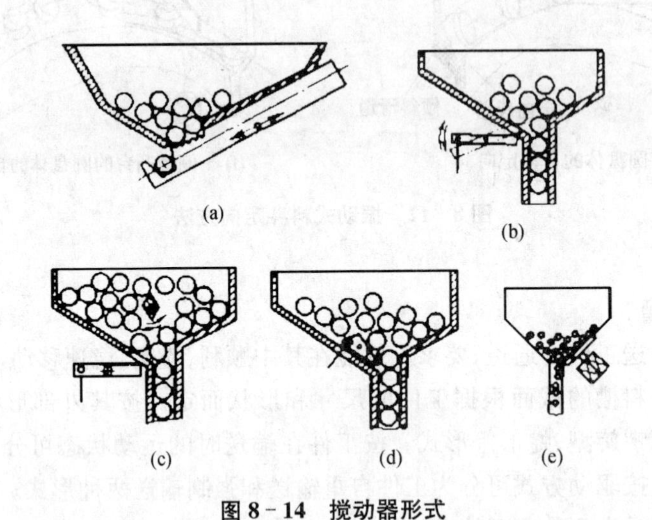

图 8-14 搅动器形式

(四) 减速器

工件在长度较大的送料槽中靠重力移动时,可能会产生较大的速度,以致在移动到终点时发生碰撞,造成工件的损坏,故在送料槽上宜采取一些减速措施。图 8-15 为采用减速器的送料槽的几种形式。

(五) 分路器

当由一个料斗同时向几台机床供料时,需要分路器把运动的工件分为两路或多路,分别送到各台机床加工。常见分路器结构形式如图 8-16 所示。

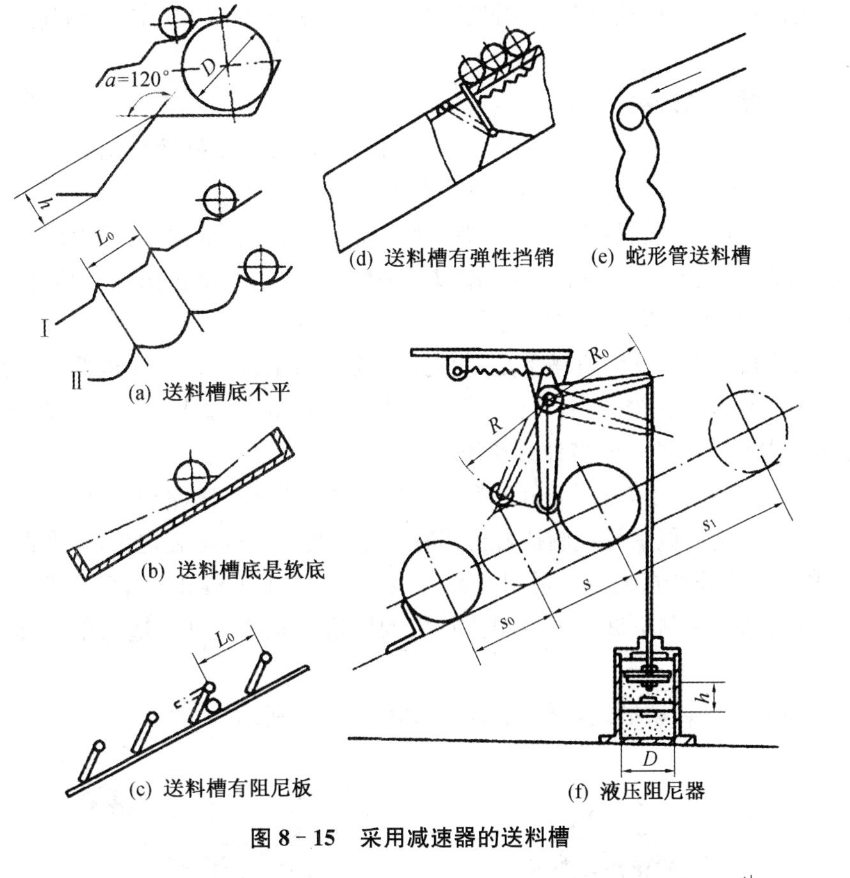

(a) 送料槽底不平　(b) 送料槽底是软底　(c) 送料槽有阻尼板　(d) 送料槽有弹性挡销　(e) 蛇形管送料槽　(f) 液压阻尼器

图 8－15　采用减速器的送料槽

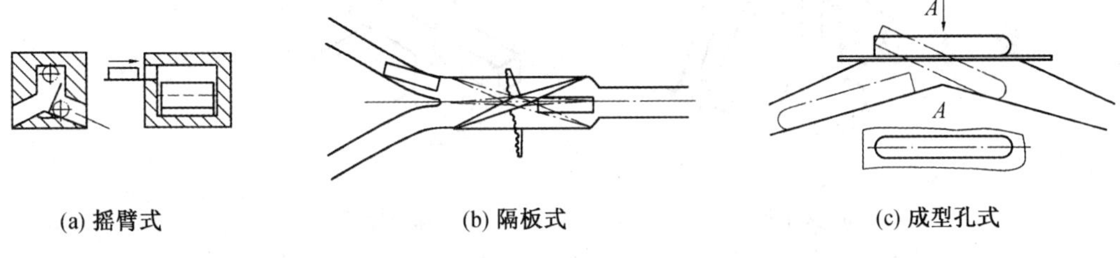

(a) 摇臂式　(b) 隔板式　(c) 成型孔式

图 8－16　分路器结构形式

四、装卸料机械手

机械手是一种能模仿人手的某些工作机能，按照程序要求实现抓取和搬运工件，或完成某些劳动作业的机械自动化装置。有时也称为操作机（ManiDulator）或工业机器人（Industrial Robot 或 Robot）。生产线上的机械手能完成简单的抓取、搬运，实现机床的自动上、下料工作。

（一）机械手的组成

机械手由三个基本组成部分：主体、驱动单元和控制系统。

（1）主体。即机械手的机械本体，主要包括手部、手腕、手臂及机座。

（2）驱动单元。由驱动装置（如电动机、液压或气压装置）、减速器和内部检测元件等组成，为机械手各运动部件提供动力和运动。

（3）控制系统。由检测和控制两部分组成，用来控制驱动单元，检测其运动参数并进行反馈。

（二）机械手的分类

从不同的角度出发，机械手的分类方法有多种，下面介绍几种常用的分类方法。

（1）按使用范围，可分为专用机械手和通用机械手两大类。

① 专用机械手。这种机械手一般仅由手臂、手腕和手爪构成，是附属于机床的辅助设备，要求其动作必须与机床的工作节拍一致，多数动作由机床控制系统来完成，大多数生产线的机械手都属专用机械手。

② 通用机械手。这种机械手是一种独立的自动化装置。工业机器人就是一种通用机械手，又称工业机械手，其自由度较多，功能完善，能实现多种工件的抓取和搬运工作，并能使用不同工具完成多种劳动作业。

（2）按运动的控制方式不同，分为点位控制机械手和连续路径控制机械手两类。

① 点位控制机械手只控制执行机构有一点到另一点的准确定位，但在两点之间运动路径和姿态不作严格控制。适用于搬运、装卸、机床上下料和点焊等作业。

② 连续路径控制机械手可控制执行机构按给定轨迹运动。适用于连续焊接和喷漆等作业。

（3）按臂部的运动形式，分以下四类，如图 8－17 所示。

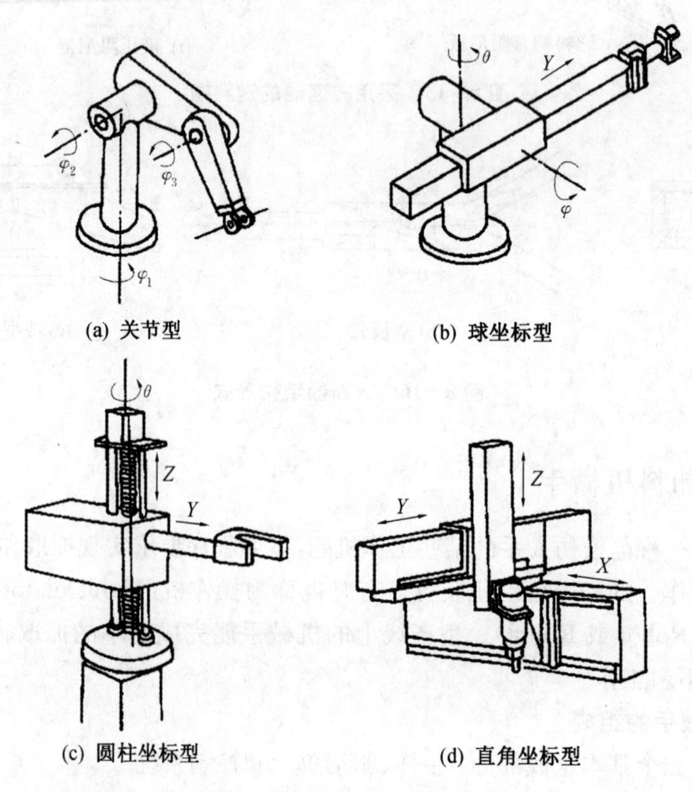

图 8－17　机械手的运动形式

① 关节型机械手。所谓关节就是运动副,臂部有多个关节。其特点是工作空间范围大,灵活性好,但刚度、精度较低。

② 球坐标型机械手。又称极坐标型,臂部能回转、俯仰和伸缩。其特点是工作空间范围大,灵活性好,但刚度、精度较差。

③ 圆柱坐标型机械手。按圆柱坐标形式动作,臂部能升降、伸缩和回转。其特点是工作空范围较大,灵活性较好,刚度、精度较好。

④ 直角坐标型机械手。与机床相似,按直角坐标形式动作。其特点是刚度和精度高,工作空间范围小,灵活性差。

(4) 按照机械手是否移动,分为固定式和行走式两类。

① 固定式机械手其本体是固定的,它是利用臂部的运动实现上下料作业的,传送距离受到限制。固定式机械手可分为服务于多台机床与固定机床两类。

图 8-18 是一固定式机械手为一台机床上下料,图 8-19 为一固定式机械手给三台机床上下料的柔性制造单元。

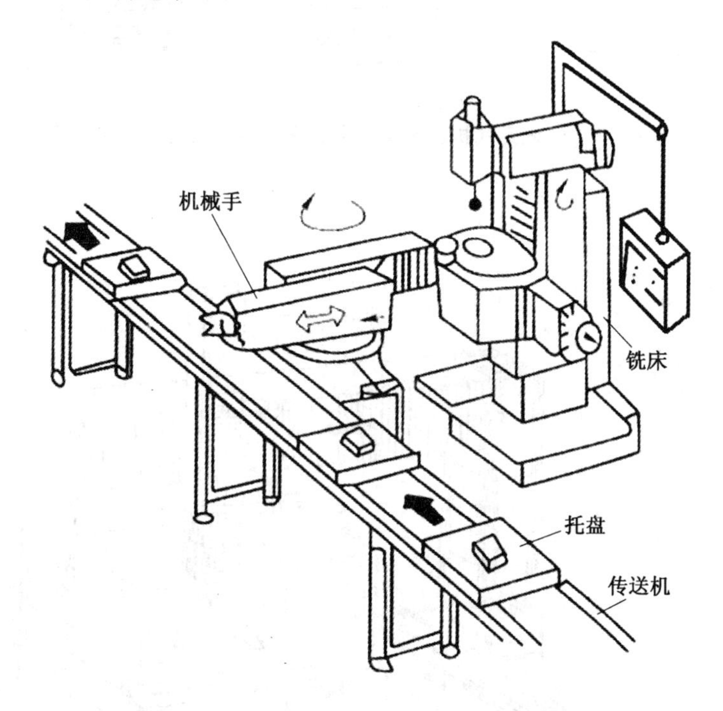

图 8-18　一固定式机械手为一台机床上下料

② 行走式机械手又称为移动式机械手,它具有较大的活动范围,灵活性较好。现在有许多双主轴头加工中心机床和车削加工中心机床都自带这种行走式上下料机械手,并可以通过更换手爪来适应不同形状工件的加工。

图 8-20 是车削加工中心的行走式机械手,图 8-21 采用有轨小车的移动式机械手。

随着柔性制造技术的不断发展,装卸料机械手在物流系统中的应用会越来越广泛。图 8-22 所示为工业机械手在物流系统中的应用。

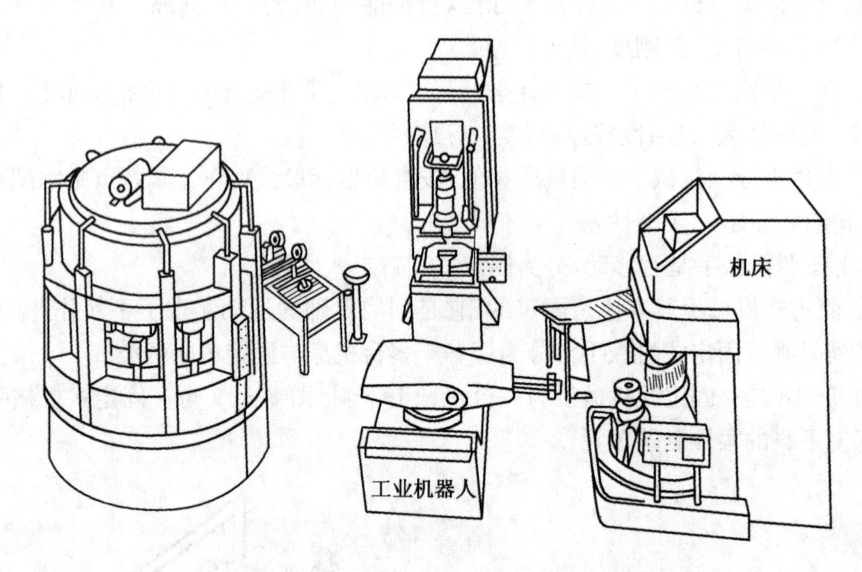

图 8-19　一固定式机械手给三台机床上下料的柔性制造单元

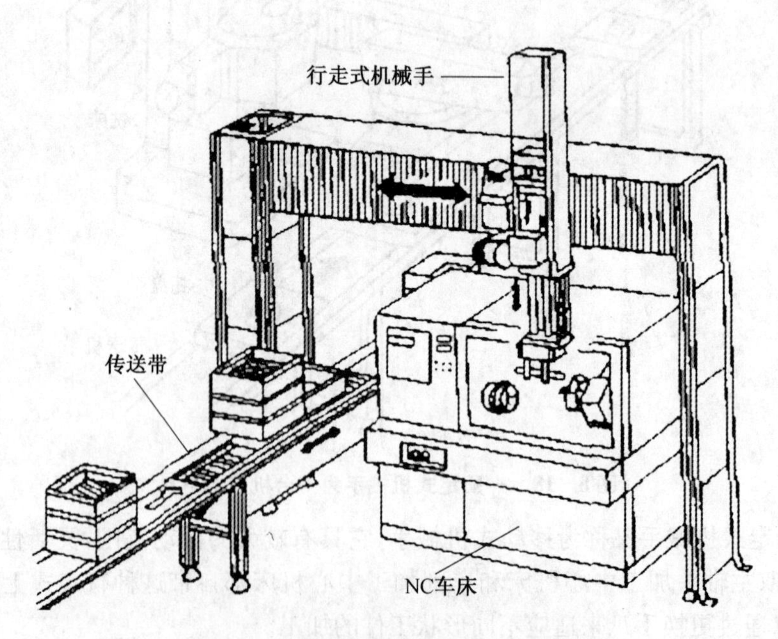

图 8-20　车削加工中心的行走式机械手

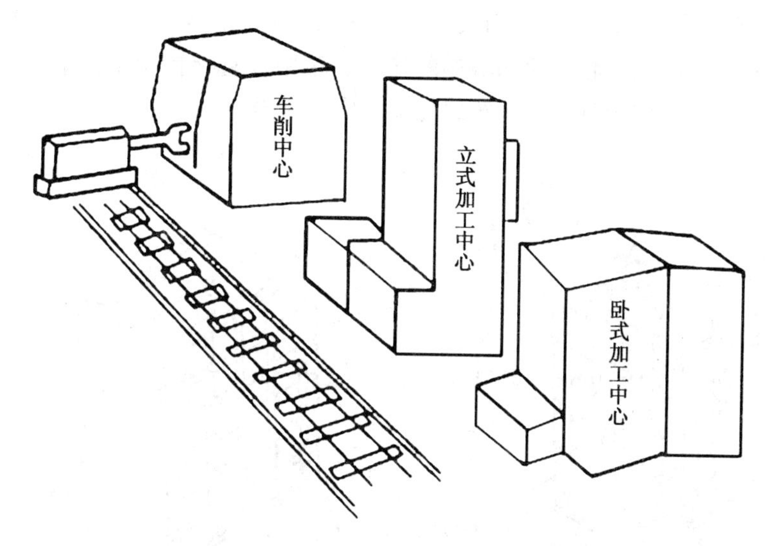

图 8－21　采用有轨小车的移动式机械手

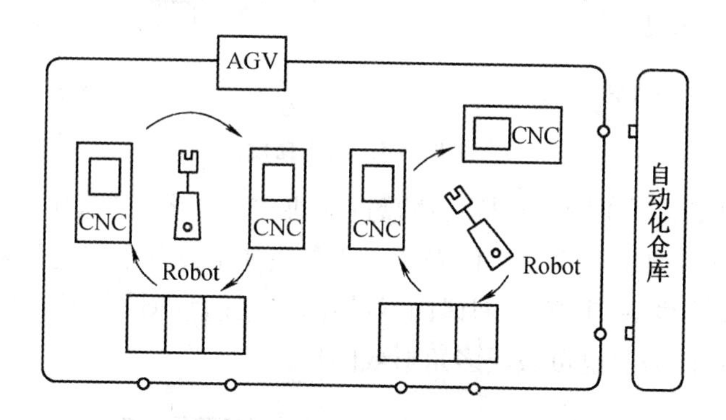

图 8－22　工业机械手在物流系统中的应用

第三节　机床间工件传送装置的设计

工件传送装置是机械加工生产线的一个重要组成部分，用于实现工件在加工设备之间或加工设备与仓储装备之间的传输。

机床间的工件传送装置主要有托盘及托盘交换器、随行夹具、各种传送装置、有轨小车和无轨小车等。

一、托盘与托盘交换器

（一）托盘

托盘是实现工件和夹具系统、输送设备及加工设备之间连接的工艺装备，它是静态货物转变成动态货物的载体，是装卸搬运、运输及仓储保管中均可利用的工具。用托盘堆码货物，可大幅度提高仓库利用率；与叉车配合使用，可大幅度提高装卸搬运效率。托盘是柔性制造系统中物料输送的重要装置。

托盘按其结构形式可分为箱式和板式两类。

箱式托盘如图 8－23 所示。箱式托盘不进入机床工作空间，主要用于回转体工件及小型工件，主要功能是起储存和输送的作用。箱中设置保持架来保证工件在箱中的位置和姿态。为了节约储存空间，箱式托盘可多层堆放。

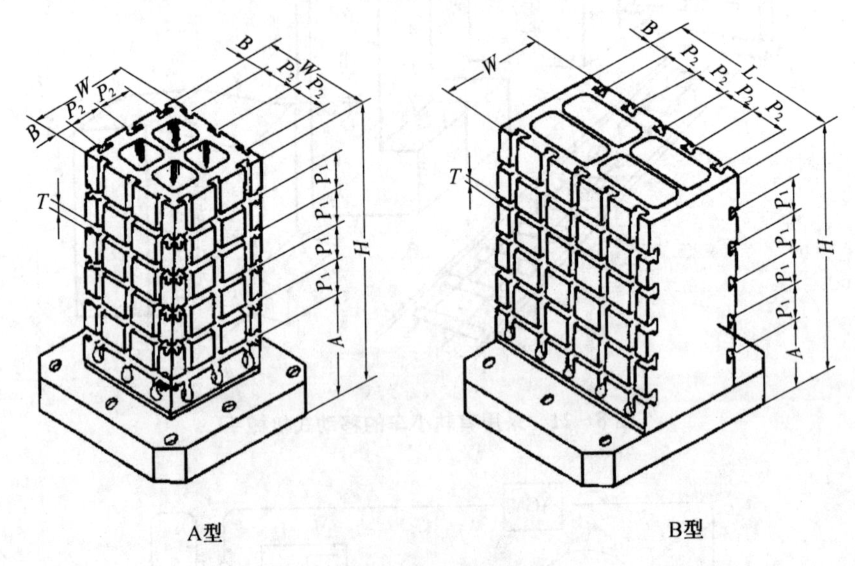

A型　　B型

图 8－23　箱式托盘

板式托盘如图 8－24 所示。板式托盘进入机床的工作空间，主要用于较大型非回转体工件，工件在托盘上通常是单件安装。托盘在加工过程中起定位和夹持工件，承受切削力、热变形、振动、冷却液、切屑诸因素的作用。托盘的形状通常为正方形，也可以是长方形，根据具体需要也可做成多角形或圆形。

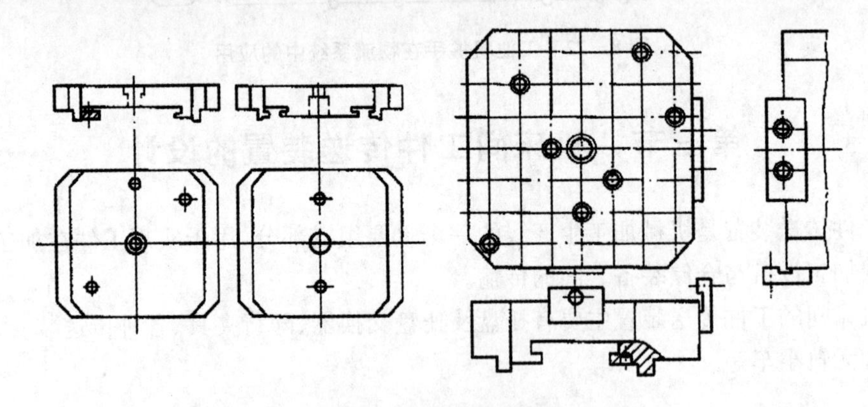

图 8－24　板式托盘

在自动化生产中，一般由操作工通过夹具把工件固定在标准尺寸的托盘上，经托盘交换装置，将工件自动安装到机床的加工位置上，加工结束后工件仍固定在托盘上，随托盘一起进入装卸站，有操作工从托盘上取下工件。

（二）托盘交换器

托盘交换器（或称自动托盘交换装置）是机床和传送装备之间的桥梁和接口。它主要起连接作用及暂时存储工件、防止物流系统阻塞的缓存作用。

图 8-25 所示为往复式托盘交换器，工件加工完后，机床工作台横移至图示的卸料位置，将装有已加工工件的托盘移到托盘库的空位上，然后工作台横移至装料位置，托盘交换器将装有待加工工件的托盘送到机床工作台上。

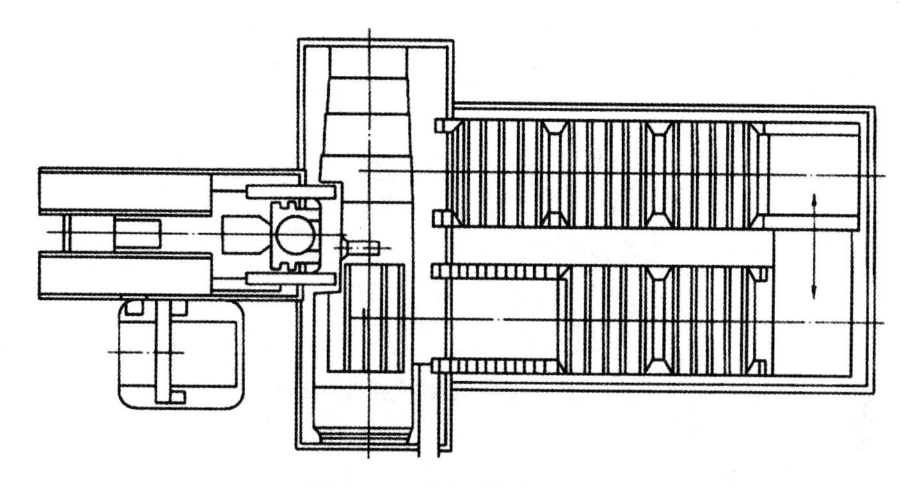

图 8-25　往复式托盘交换器

回转式托盘交换器与分度工作台相似，通常有两位、四位和多位。多位托盘交换器可以存储若干个工件，有时也称为托盘库。图 8-26 为两工位回转式托盘交换器，在托盘导轨上可放置两个托盘，托盘交换器的回转和托盘的移动通常由液压驱动。工件加工完成后，可将机床工作台上已加工工件的托盘移送到托盘交换器的托盘导轨上，然后随托盘交换器回转 180°，再将托盘导轨上另一端的装有待加工工件的托盘移到机床的工作台上。图 8-27 为八工位回转式托盘交换器。操作工在装卸工位从托盘上卸下已加工件，装上待加工件，由电动或液压推拉机构将托盘推到回转式托盘交换器上。回转式托盘交换器由单独电动机驱动，按顺时针作间歇回转运动，不断将装有待加工件的托盘送到加工中心工作台的左端，由电动或液压推拉机构将其与加工中心工作台上的托

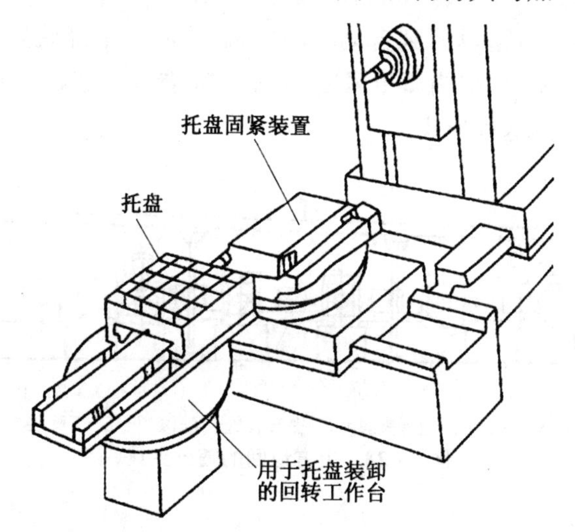

图 8-26　两工位回转式托盘交换器

盘进行交换，将装有已加工件的托盘由回转式托盘交换器带回到装卸工位。如此反复不断地进行工件的传送。

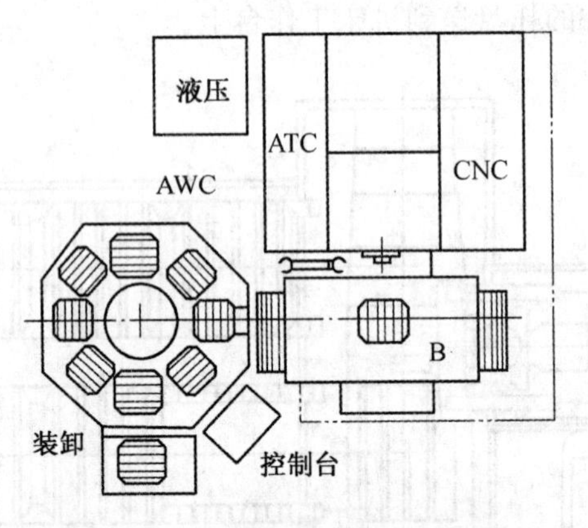

图 8-27　八工位回转式托盘交换器

二、随行夹具

在机械加工、装配自动线上，为了保证工件的加工精度和工件的输送，对于结构形状比较复杂而缺少可靠运输基面的工件或质地较软的有色金属工件，常将工件先安装在随行夹具上，由随行夹具带着工件按自动线的工艺流程随自动线的运输机构运送到各台机床的机床夹具上，并由机床夹具对随行夹具进行定位和夹紧。这样工件在随行夹具上顺序通过自动线各台机床，完成工件所规定的全部工序的加工。工件加工完毕后与随行夹具一起被卸下机床，送到卸料工位，将加工好的工件从随行夹具上卸下，随行夹具返回到原始位置，以供循环使用。

随行夹具的返回方式有上方返回、下方返回和水平返回三种。

(1) 上方返回

如图 8-28 所示，随行夹具 2 从自动线的末端用提升装置 3 升到机床上方，经空中滚道 4(坡度 1：50)靠自重返回到自动线的始端，然后用下降装置 5 降至主输送带 1 上。这种方式占地面积小，结构简单紧凑，但不宜布置立式机床，调整维修机床不便。较长的自动线不宜采用这种形式。

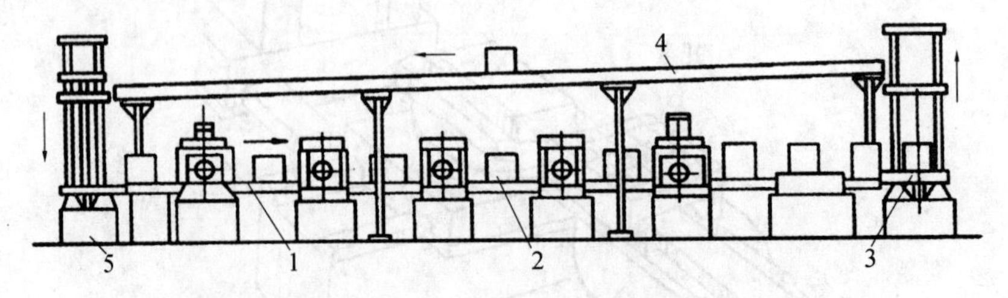

1-输送带　2-随行夹具　3-提升装置　4-滚道　5-下降装置

图 8-28　上方返回的随行夹具

(2) 下方返回

如图 8-29 所示，装有工件的随行夹具 2 由往复液压缸 1 驱动，一个接一个地沿着输送导轨移动到加工工位。加工完成后，随行夹具通过末端的回转鼓轮5翻转到下面，经机床底座内部或底座下地道内的步伐式输送带4送回自动线的始端，经回转鼓轮3翻转至上面的装卸料工位。下方返回方式占地面积小，结构紧凑，但调整维修机床不便，同时会影响机床底座的刚性和排屑装置的布置。多用于工位数少，精度要求不高的小型组合机床的自动线上。

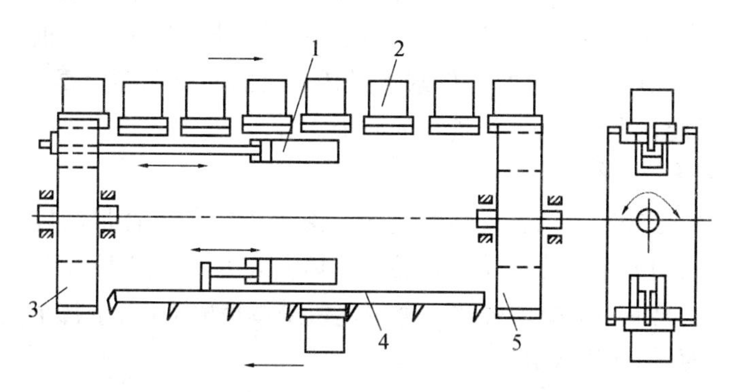

1-液压缸　2-随行夹具　3、5-回转鼓轮　4-步伐式输送带

图8-29　下方返回的随行夹具

(3) 水平返回

如图8-30所示，随行夹具在水平面内作框形运动返回。图(a)的返回装置是由三条步伐式输送带1、2、3组成，图(b)采用了三条链条代替步伐式输送带。水平返回方式占地面积大，但结构简单，敞开性好，适用于工件及随行夹具比较重、比较大的情况。

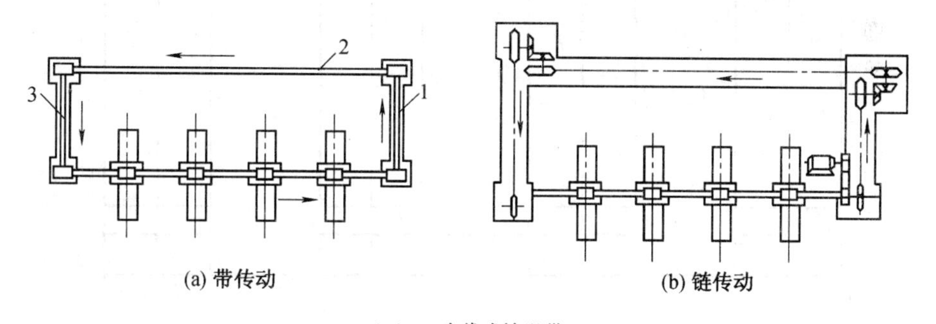

(a) 带传动　　(b) 链传动

1、2、3-步伐式输送带

图8-30　水平返回的随行夹具

三、传送装备

传送装备是物流中的重要设备，起着衔接各物流站、加工单元、装配单元的作用，同时具有物料的暂存和缓冲功能。常见的传送装备有滚道式、链式、悬挂式等多种。

(一) 滚道式传送机

滚道式传送机由一系列以一定的间距排列的滚子组成，是利用转动的滚子或圆盘输送成件物品的。按照输送方向及生产工艺要求，传送机可以布置成各种线路，如直线的、转弯的和具有各种过渡装置的交叉线路等。它可以单独使用，也可以与其他传送装置或工作机配套使用，具有结构简单、维护方便、线路布置灵活且工作可靠等优点。

滚道式传送机按是否有驱动装置分为无动力式和动力式两类。

1. 无动力式滚道传送机

滚道的滚子可以是圆柱形、圆锥形或曲面形。滚道的拐弯段可以采用双排圆柱形滚子或圆锥滚子。滚道是无动力的，货物由人力推动。滚道也可以布置成一定的坡度，使货物能靠自身重力从一处自然移动到另一处。如果传送距离较长，必须分成几段，在每段的终点设一个升降台，把货物提升至一定的高度，使物料再次沿重力式滚道移动。这种重力式滚道的优点是结构简单，但缺点是传送机的起点和终点要有高度差，移动速度无法控制，有可能发生碰撞，导致货物的破损。

2. 动力式滚道传送机

常用于水平传送或向上微斜线路的输送。滚子由驱动装置带动旋转，通过滚子表面与输送物品表面间的摩擦力来输送物品。具体实施方案有以下几种：

(1) 每个滚子配备一个电动机和一个减速机来单独驱动，由于每个滚子自成系统，更换维修比较方便，但费用较高。

(2) 每个滚子轴上都装两个链轮(见图 8-31)。第一个滚子由电动机、减速机和链传动装置驱动，然后再由第一个滚子通过链传动装置驱动第二个滚子，以此类推，实现全部滚子的驱动。

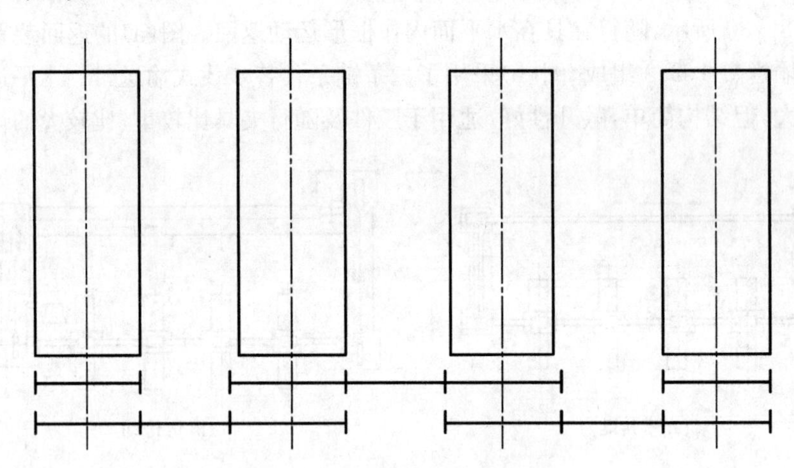

图 8-31　滚子逐级驱动示意图

(3) 用一根链条通过张紧轮驱动所有滚子(见图 8-32)。当运送的货物尺寸较长、滚子间距较大时，这种方案才可行。

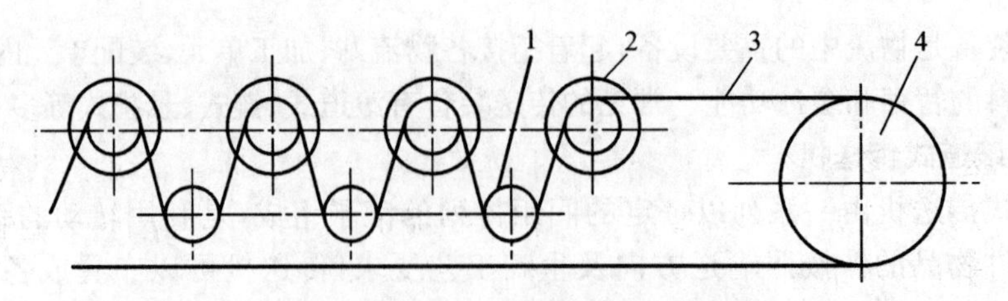

1-张紧轮　2-辊子　3-链条　4-驱动轮

图 8-32　单链驱动示意图

(4) 在滚子底下布置一条胶带，利用压滚顶起胶带，使之与滚子接触，在摩擦力的作用下，当胶带向一个方向运行时，滚子便开始转动，使货物向相反方向移动(见图8-33)。把压滚放下，滚子与胶带脱开而停止转动。有选择地控制压滚的顶起和放下，即可使一部分滚子转动，另一部分滚子不转，从而实现货物在滚道上的暂存，起到工序间的缓冲作用。

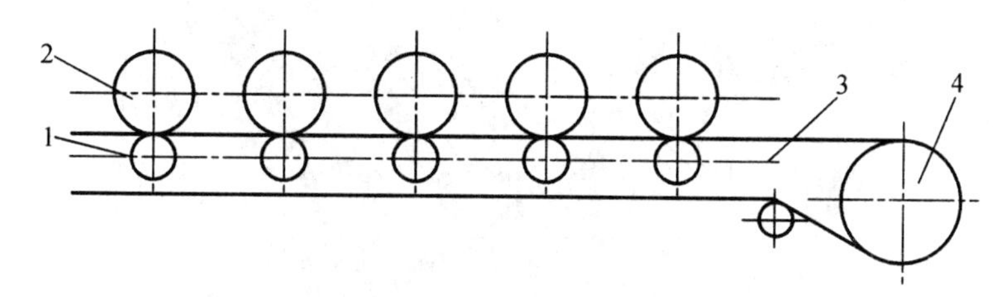

1-压辊　2-辊子　3-脱带　4-驱动轮

图8-33　压滚胶带驱动示意图

(5) 用一根纵向的通轴，通过扭成8字形的传动带驱动所有的滚子(见图8-34)。在通轴上，对应每个滚子的位置上开有凹槽。用传动带套在滚子和通轴凹槽上，呈扭转90°的8字形布置，即可传递驱动力，使所有滚子转动。这种方案应用在货物较轻，对驱动力的要求不大的场合。

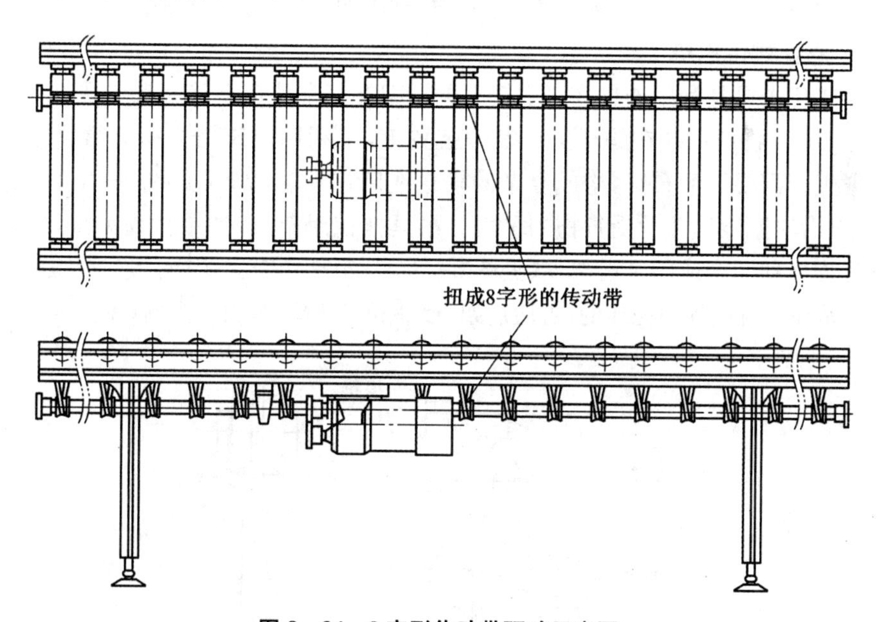

图8-34　8字形传动带驱动示意图

(二) 链式传送机

链式传送机有多种形式，在物料传输中使用广泛。图8-35所示的链式传送机由两根套筒滚子链条组成，链条由驱动链轮牵引，链条下面的导轨支承着链节上的套筒滚子。货物直接压在链条上，随着链条的运动而向前移动。

当链片制成特殊形状时，就可以用来安装托板等附件，用链条和托板组成的链板传送机是一种广泛使用的连续传送机械。

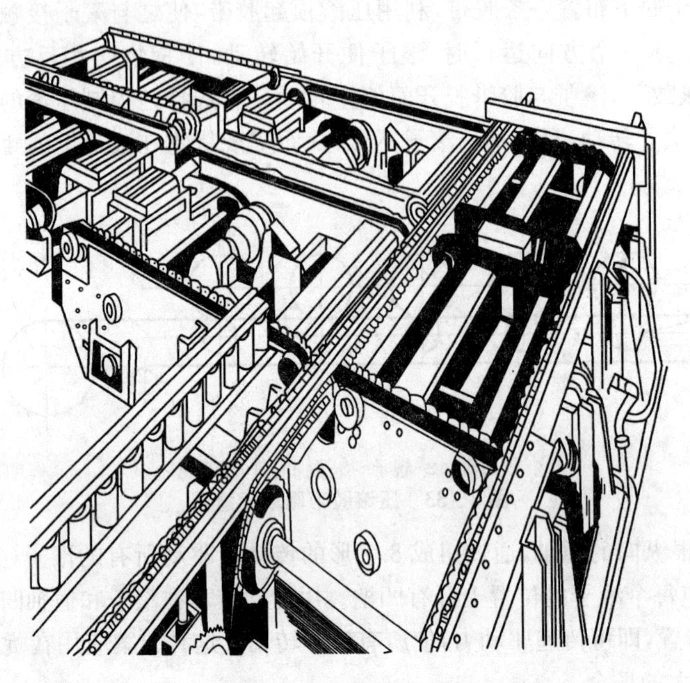

图 8-35　链式传送机

（三）悬挂式传送机

悬挂式传送机是利用连接在牵引链上的滑架在架空轨道上移动来实现物料传送的(见图 8-36)。物料可挂在钩子上或其他装置上,可利用建筑结构搬运重物。架空轨道可根据生产需要灵活布置,构成复杂的输送线路。承载滑架(见图 8-36)上有一对滚轮,可以沿轨道滚动并承受货物的重力。吊具挂在滑架上,如果货物太重,可以用平衡梁把货物挂到两个或四个滑架上(见图 8-37)。滑架由链条牵引。悬挂传送机的上、下料作业是在运行过程中完成的,可通过架空线路的升降实现自动上料(见图 8-38)。

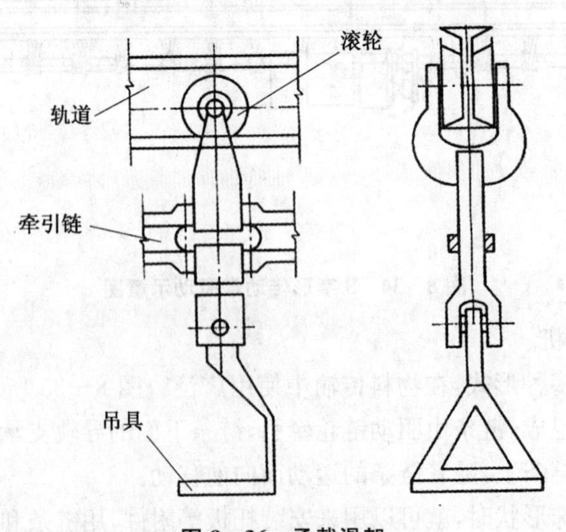

图 8-36　承载滑架

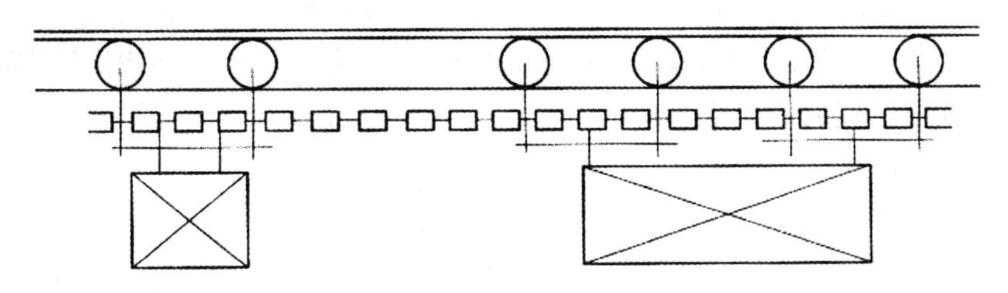

图 8-37　多滑架输送

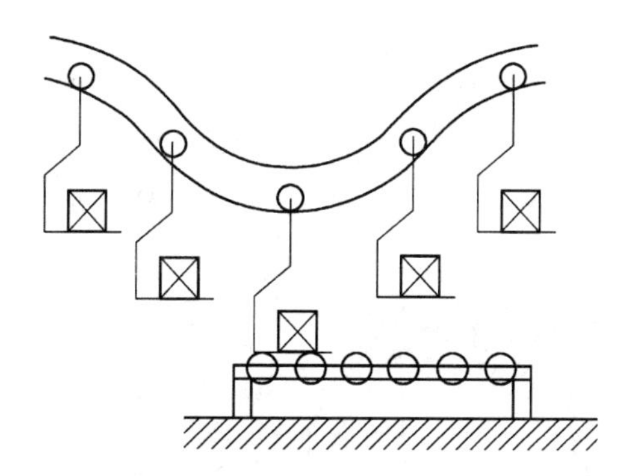

图 8-38　自动上料的悬挂式传送机

悬挂式传送机主要用于在制品的暂存。物料可以在悬挂传送系统上暂时存放一段时间，这样节省生产面积，能耗也小。另外也适合于批量产品的喷漆，挂在钩子上的产品自动通过喷漆车间，接受喷漆或浸漆。

四、自动运输小车

自动运输小车是现代生产系统中机床间传送物料的重要设备，它分为有轨小车(RGV)和无轨小车(AGV)两大类。

(一) 有轨运输小车

有轨自动运输小车(Railing Guided Vehicle，RGV)是沿直线导轨运动，机床和辅助装备在导轨一侧，安放托盘或随行夹具的台架在导轨的另一侧，如图 8-39 所示。

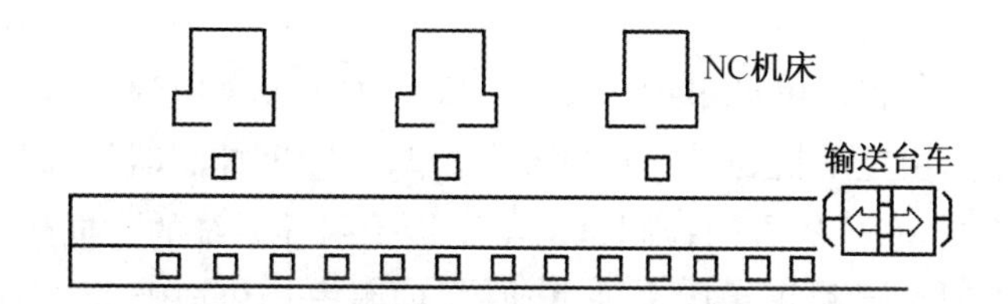

图 8-39　采用 RGV 搬运物料的生产系统

有轨自动运输小车(RGV)采用交流或直流伺服电动机驱动，由生产系统的中央计算机控制。当小车运行到接近指定位置时，小车上的光电传感器、接近开关或限位开关等识别出减速点和准停点，向其控制系统发出减速和停车信号，使小车准确地停靠在指定位置上。小车上的传动装置将小车上的托盘或随行夹具送给托盘台架或机床，或将托盘台架或机床上的托盘或随行夹具拉上小车。

有轨自动运输小车(RGV)适用于运送质量和尺寸均较大的托盘或随行夹具,而且传送速度快,成本低,控制系统简单。缺点是铁轨一旦铺成后,改变路线比较困难,适用于运输路线固定不变的生产系统。

(二) 无轨运输小车

无轨运输小车也称自动导向小车(Automated Guided vehicle,AGV),它是指装备有电磁或光学自动引导装置,能够沿既定的引导路径行驶,具有小车编程与停车选择装置、安全保护以及各种运载功能的运输小车。它是现代物流系统的关键装备,广泛应用于现代生产系统中。

1. 无轨运输小车(AGV)的构成

无轨运输小车(AGV)主要由车体、电源和充电系统、驱动装置、转向装置、控制系统、通信装置、安全装置等组成。图 8-40 为自动引导小车的结构示意图。

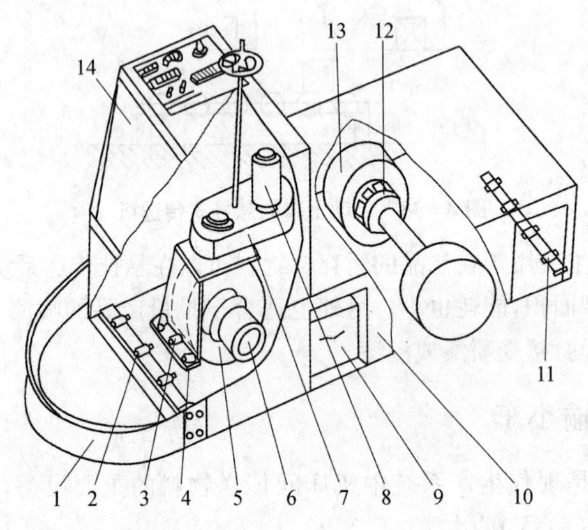

1-安全挡圈 2、11-认址线圈 3-失灵控制线圈 4-导向探测线圈 5-驱动轮 6-驱动电动机 7-转向机构 8-转向伺服电动机 9-蓄电池箱 10-车架 12-制动用电磁离合器 13-后轮 14-操纵台

图 8-40 自动引导小车的结构示意图

(1) 车体。由车架、车轮等组成,车架采用钢板焊接制成,车轮由支承轮和方向轮组成。

(2) 电源和充电装置。电源采用 24 V 或 48 V 的工业蓄电池,并配有充电装置。

(3) 驱动装置。由电动机、减速器、制动器、车轮、速度控制器等部分组成。

(4) 转向装置。AGV 的方向控制是由小车接受引导系统的方向信息,通过转向驱动装置来实现。驱动电动机可采用步进电动机、伺服电动机或普通直流电动机。常见的转向和驱动方式有如下三种类型:

① 铰轴转向式。方向轮装在转向铰轴上,转向电动机通过减速器和机械连杆机构控制铰轴,从而控制方向轮(也称舵轮)的转向。这种机构要有转向限位开关。主要适用于转向灵活,轻载和单向行驶的场合。

② 差动转向式。如图 8-41(a)所示,小车车体中部有两个驱动轮,分别由各自的电动机驱动,在小车车体前后部各有一个转向轮,通过控制中部两个驱动轮的转速比实

现车体的转向。这种转向驱动方式结构简单，转弯半径小，可实现前后双方向行驶，根据需要可设计成四轮或六轮型，载重量较大(300～3 000 kg)。

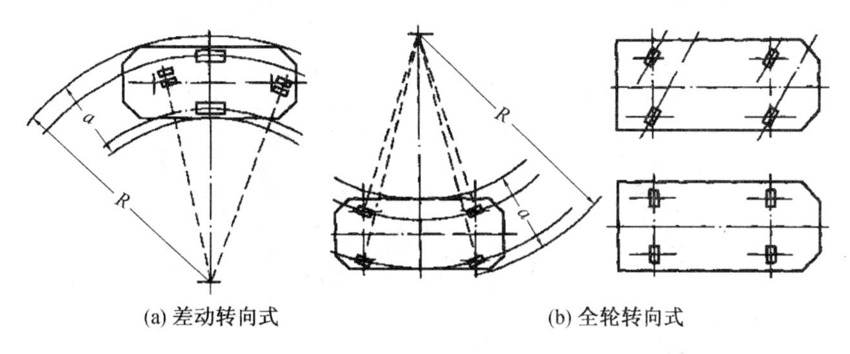

(a) 差动转向式　　(b) 全轮转向式

图 8-41　自动运输小车的转向车轮布局

③ 全轮转向式。如图 8-41(b)所示，小车车体前后各有两个驱动和转向一体化车轮，每个车轮分别由各自的电动机驱动，可实现沿纵向、横向、斜向及回转方向任意路线行走，具有最高的机动性，但其结构和控制都较复杂，只用于有特殊行驶要求的场合。

(5) 车上控制装置。监控小车的运行。通过通信系统接受指令和报告运行状况，并可以实现小车编程。

(6) 通信装置。一般有连续方式和分散方两类。连续方式是通过射频或通信电缆收发信号。分散方式是在预定地点通过感应或光学的方法进行通信。

(7) 安全装置。有接触式和非接触式两类保护装置。接触式常用安全挡圈，并通过触动微动开关而感知外部的故障信息。接触式的安全保护装置结构简单、安全可靠，适用于速度低、质量小、制动距离较短的小型 AGV 上。非接触式安全保护装置采用激光、超声波、红外线等多种形式进行障碍探测，测出小车和障碍物之间的距离。当该距离小于某一设定值时，通过蜂鸣器、警灯或其他音响装置进行报警，并实现 AGV 减速或停止运行。

2. 无轨运输小车(AGV)的引导方式

无轨运输小车(AGV)的引导方式主要有电磁引导、光学引导、磁带引导、激光引导等。

(1) 电磁引导。AGV 通过埋置在地下的电缆提供的电磁感应信号来引导小车行驶。电缆必须预先在地面下铺设，用频率发生器在导线上发出制导信号，其频率范围在 2～35 kHz 内。这个信号在电缆周围产生磁场。如图 8-42 所示，AGV 上装有两个感应线圈，以接受制导电缆产生的交变磁场。当小车在中间位置运行时，两个感应线圈中的感应电压相等。当小车偏向一边或引导路线为曲线时，其左右感应线圈的感应电压不同，由控制系统产生误差信号，经放大后，驱动转向电动机，纠正行驶方向，使小车沿目标引导线准确行驶。

图 8-43 所示为两台 AGV 组成的物流系统图，由预埋在地下的电缆传来的电磁感应信号对小车的运行路径进行引导。由计算机控制的 AGV 可以准确地停在任一个装载台或卸载台处，对物料进行装卸。电池充电站用来为小车充电。

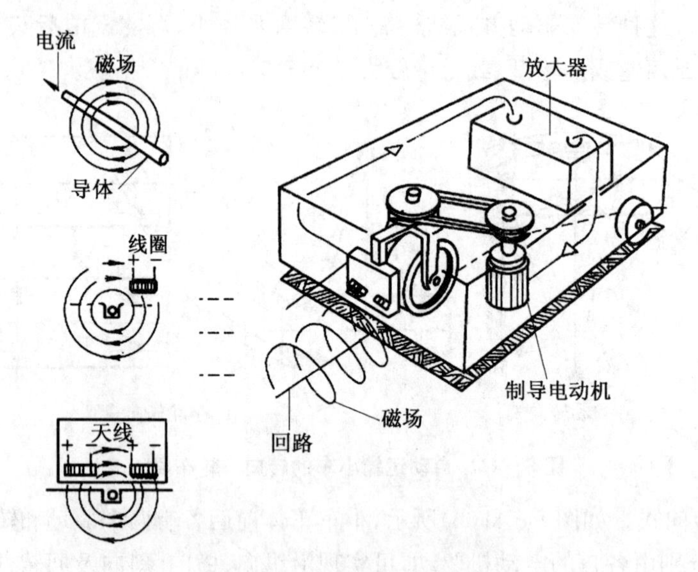

图 8-42　电磁感应制导原理

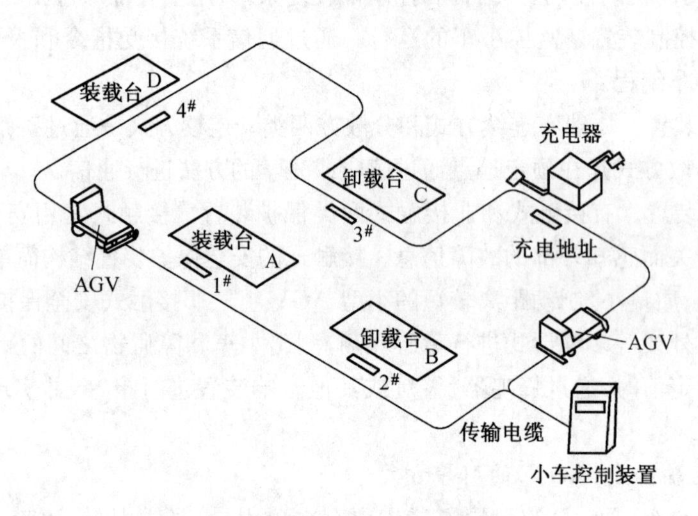

图 8-43　由两台 AGV 组成的物流系统

电磁引导方式具有不怕污染、电线不会破坏、便于通信和控制、停位精度高等优点。但由于需要开挖沟槽，工作量大，改变小车的行车路线较困难，同时路径附近不能有电磁体的干扰。

(2) 光学引导。在行驶路面上用有色油漆或色带绘成行车路线，用 AGV 上的紫外线光源照射漆带，漆带和周围地面就形成不同的亮度。AGV 上装有两套光敏元件。当运行轨迹偏离漆带的引导路径时，两套光敏元件检测到的亮度不等，产生信号差，用以控制 AGV 行车方向。为了提高检测系统可靠性，通常在反射光检测系统上加上滤光镜，以避免发生误测。另一种光学引导方式是在漆带中添加荧光粒子，由于荧光粒子所发出的光在周围地面的光谱中不会存在，因此其抗干扰能力强。这种方式根据漆带中心光强最大、两侧边光强最小的原理很容易找出 AGV 的偏离方向，以保证跟踪正确路径。

光学引导方式容易改变路线，可在任何地面上涂置漆带，但适用于洁净的场合，如实验室内等场合。

(3) 磁带引导。沿小车行驶路线贴上以铁磁材料与树脂组成的磁带，小车上装有磁性感应器，由形成的磁感应信号对小车进行引导。

(4) 激光引导。如图 8-44 所示，在 AGV 车顶部装置一个能转动 360°，并发射一定频率激光的装置，在厂房的墙壁、柱子或行走的地面上放置反光带。当 AGV 运行时，激光扫描器不断检测来自三个以上已知位置反射来的激光束，经过简单的几何运算算出小车所处的位置，配合安装在车轮上的测距系统，通过小车上的计算机引导小车按指定路线行驶。

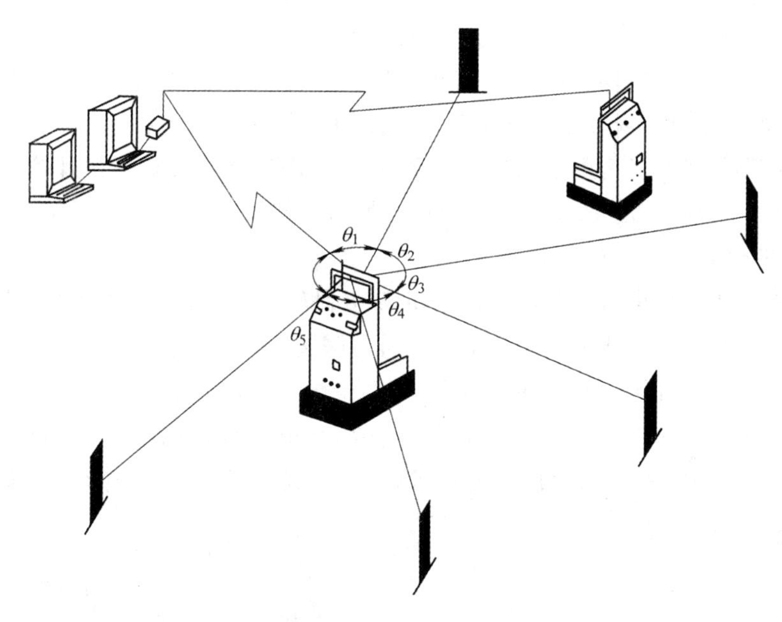

图 8-44　激光引导原理

五、辅助装置

料输送系统中的主要辅助装置有贮料装置、提升装置、转位装置及随行工作台站等。

(一) 贮料装置

贮料装置通常布置在自动生产线或柔性制造系统的各个分段之间，也可布置在每台机床之间。对于小型工件或加工周期较长工件的加工系统，工序间的贮备量也常建立在连接工序的输送设备上，如输料槽等。设置贮料装置可使生产线中各台设备以不同的节拍工作，也可保证当某台设备出现故障时，其他设备在一定的时间内仍能继续工作。根据工件的尺寸与形状、输送方式及要求贮备量的大小，贮料装置的结构形式是多种多样的。

1. 工作方式

贮料装置工作方式有通过式和非通过式两种。

(1) 通过式。每个从上一台机床送来的工件都从贮料装置中通过，再送入下一台机床。

(2) 非通过式。贮料装置为仓库形式。贮料装置在自动线正常工作时不参与工作,工件直接送到下一台机床。当某一台机床发生故障或换刀停歇时,贮料装置才进行贮料或排料。

2. 结构形式

贮料装置结构形式有重力传送式和强制传送式两种。重力传送式利用工件重力进行入料和出料,常见的有曲折形贮料装置和多槽柜式等。强制传送式设有驱动装置,常见的有垂直链条式、水平链条式和螺旋圆盘式等。

(二) 提升装置

采用自重运送工件的输料槽或输料道,往往不可能依靠机床的立面布局来形成两端必要的高度差,必须采用提升机构将工件提升到一定的高度,然后再靠自重传送工件至机床上。通常提升机构有连续传动和间歇传动两种形式。连续传动的提升机构多采用链条传动,由电动机或液压马达驱动,适用于生产节拍短的环和盘类工件的自动生产线。间歇传动的提升机构可采用链条或顶杆传动,用油缸或气缸通过棘轮棘爪机构驱动,适用于生产节拍长的轴和套类工件的自动生产线。

(三) 转位装置

工件在加工过程中,送到下一台机床时需要翻转或转位,以便改变加工表面。在通用机床或专用机床生产线上加工小型工件时,其翻转和转位可以在输送过程中或上下料过程中完成。若加工大型工件或在组合机床生产线中,应设置专用转位装置,包括水平安放的转位台和垂直安放的转位鼓轮、复合转位台以及各种类型的转向器。对于形状简单的短小旋转体工件,可利用各种类型的转向装置来完成转位,如图 8-45 所示。

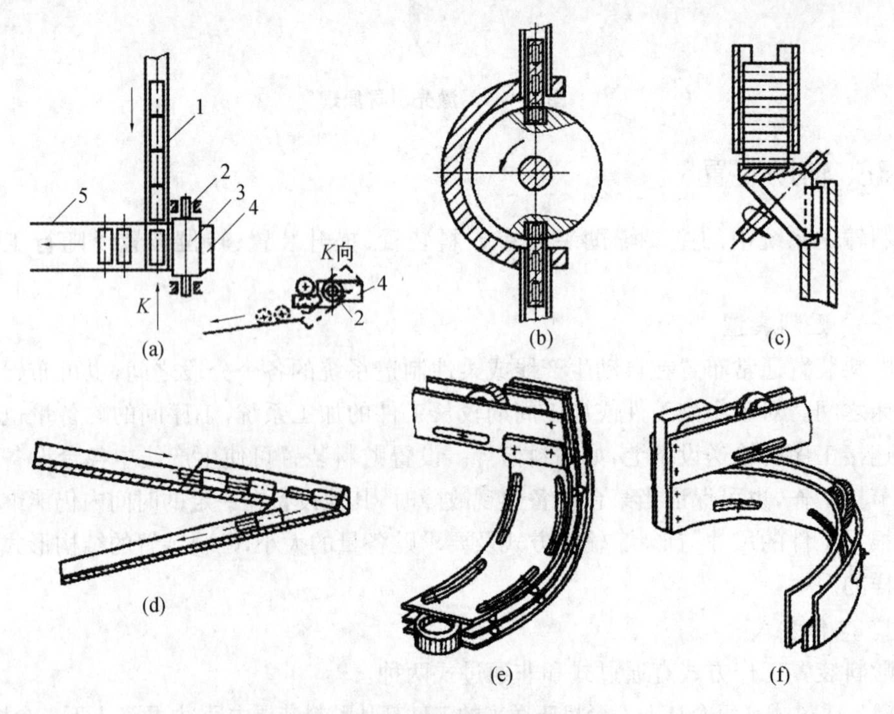

图 8-45 转位装置

图 8－45(a)为摆动转向器,转向器 3 可绕轴心 2 摆动,在重块 4 的作用下,处于 K 向所示位置。当工件从滑道 l 送到转向器 3 上后,由于左边重于重块 4,于是转向器 3 反时针方向摆动,工件便沿斜面进入滚道 5 内。图 8－45(b)为圆盘式转向器,回转 180°后将工件调头。图 8－45(c)为圆锥形转向器,将工件从滚动状态变为滑送。图 8－45(d)利用输料槽的弯曲部分使工件在运送过程中调头。图 8－45(e)和(f)是利用输料槽的特殊组合结构,使环或盘形工件由滚动变为滑送或换向。

(四) 随行工作台站

随行工作台存放站在制造系统中起过渡作用,它是介于制造单元与自动运输小车之间的装置(如图 8－46),也是物流中的一个环节。它的功能是:

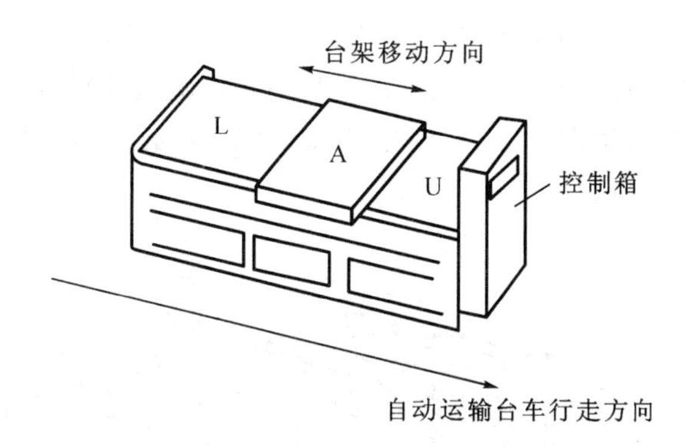

图 8－46　随行工作台存放站

1) 存放从自动运输小车送来的随行工作台(图中 L 位置)。

2) 随行工作台在存放站上有自动转移功能,根据系统的指令,可将随行工作台移至缓冲的位置 U。

3) 当随行工作台移至工作位置时(图中 A 位置),工业机器人可对随行工作台上夹持的工件进行装卸。

第四节　自动化仓库设计

自动化仓库又称立体仓库,它是一种设置有高层货架,并配有仓储机械、自动控制和计算机管理系统,能够自动地储存和取出物料,具有管理现代化的新型仓库,是物流中心重要组成部分。

一、自动化仓库的类型

自动化立体仓库一般按以下几种方法进行分类:

(1) 按建筑形式可分为整体式和分离式。整体式仓库[见图 8－47(a)]的货架除了用于存放货物外,还作为建筑物的支撑结构,即货架与仓库建筑构成了不可分的整体。分离式仓库[见图 8－47(b)]的货架独立存在于建筑物内部,仅用于存放货物,与建筑构件无连接。

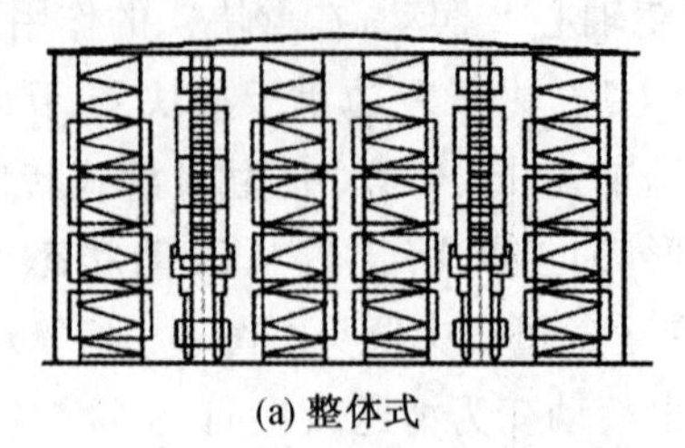
(a) 整体式

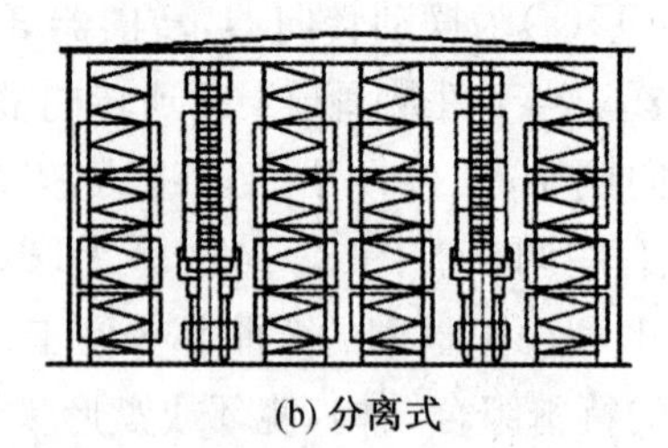
(b) 分离式

图 8-47　立体仓库示意图

（2）按货架构造形式分为单元货格式、贯通式、水平循环式和垂直循环式。

① 单元货格式仓库。又称巷道式立体仓库，如图 8-48 所示，巷道两边是多层货架，巷道的一端为出入库装卸站，巷道内的堆垛机可沿巷道中的轨道移动，利用堆垛机上的装卸托盘可到多层货架的每一个货格存取货物。单元货格式仓库适用于存放多品种少批量货物。

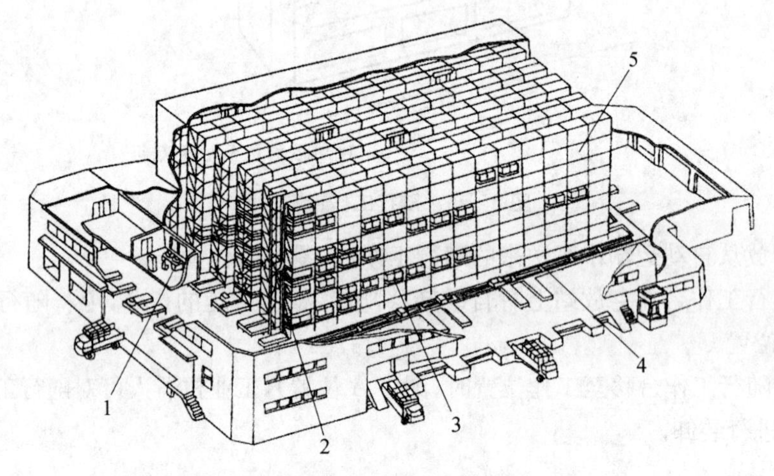

1-控制室　2-堆垛机　3-货物　4-传送机　5-多层货架

图 8-48　单元货格式仓库

② 贯通式仓库。根据货物在仓库中的移动方式的不同分为两类：重力式货架仓库和梭式小车货架仓库。

重力式货架存货通道带有一定的坡度，货物单元在其重力作用下自动地从入库端向出库端移动，直至通道的出库端或者碰上已有的货物单元停住为止。当出库端的货物单元被取走后，位于后面的货物单元在重力作用下依次向出库端移动。由于在重力式货架中，每个存货通道只能存放同一种货物，所以重力式货架主要适用于储存品种少而数量较大的货物。

梭式小车货架仓库的工作方式如图 8-49 所示，由梭式小车在存货通道内往返穿梭来搬运货物。一旦出库起重机从存货通道的出库端搬出一个货物单元[图 8-49(a)]，通道内的梭式小车则开始不断地将通道内的货物单元依次前移[图 8-49(b)]，达到整理完毕待命状态[图 8-49(c)]。这时在存货通道的入库端留出空位来，允许入库起重机将要入库的货物单元搬入。这种货架结构比重力式货架要简单得多。梭式小车可以由起重机从一个存货通道搬运到另一通道。必要时，这种小车可以自备电源。

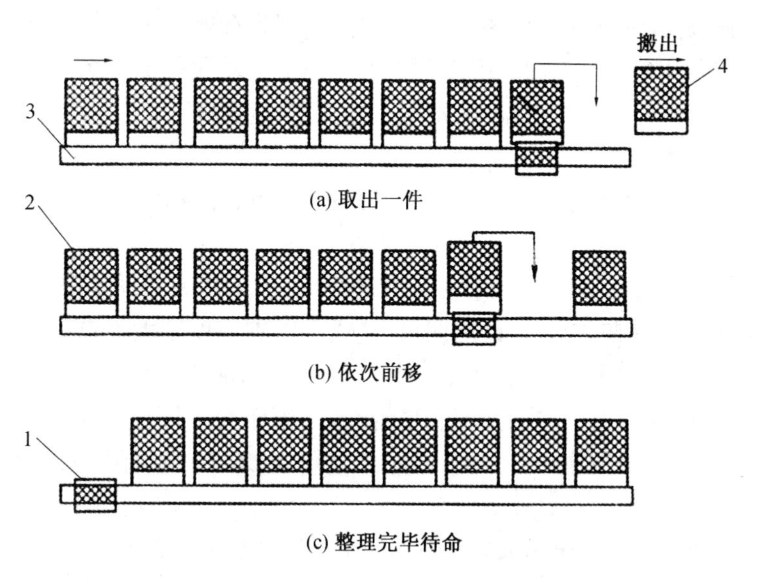

1-梭式小车　2-货物单元　3-小车轨道　4-出库的货物单元

图 8-49　梭式小车工作原理

③ 水平循环货架仓库。这种仓库由若干货架组成，每组货架由数十个独立的货柜用一台链式传送机串联构成。每个货柜上部有导向滚轮，下部有支承滚轮，通过链式传送机使仓库在水平面内沿环路移动。需要提取某种货物时，操作人员只需在操作台上给出指令，相应的一组货架便开始运转。当装有该货物的货柜来到拣选口时，货架便停止运转。操作人员可从中拣选货物。货柜的结构形式根据所存货物的不同而变更。

水平循环货架仓库对于小件物品的拣选作业十分合适，这种仓库灵活、实用，能够充分利用建筑空间，对土建没有特殊要求，适用于作业频率要求不高的场合。对于储存量大、作业频率较高的场合，可采用多层水平循环货架。

④ 垂直循环货架仓库。垂直循环货架仓库与水平循环货架仓库相似，只是把水平面内的环形循环运动改为垂直面内的循环运动。垂直循环式货架适用于存放长的卷状货物，如地毯、地板革、胶片卷、电缆卷等，也可用于储存小件物品。

(3) 按自动化仓库与生产联系的紧密程度分为紧密型、半紧密型和独立型仓库。紧密型仓库与生产系统直接联系；独立型仓库规模大，具有自己的管理、监控和调度控制系统，作为一个相对独立的系统而存在。而半紧密型仓库介于两者之间，与生产系统有一定的联系。

(4) 按所起作用分为生产型仓库和流通型仓库。生产型仓库是为了协调生产系统中的物流平衡而设立的仓库，而流通型仓库是一种服务型的仓库，是为协调生产厂和用户间的平衡而建立的仓库，一般与销售部门有密切联系。

二、自动化仓库的构成

自动化仓库主要由三大组成部分：土建设施、机械装备和电气设备。

(一) 土建设施

土建设施包括厂房和配套设施。厂房主要依据库存容量和货架规格设计，不同载荷情况对厂房设计要求也不同。配套设施主要包括自动化的消防系统、照明、通风、采暖、动力系统等，另外还要考虑排水、避雷、环境保护等设施。

(二) 机械装备

机械装备包括：高层货架、托盘和货箱、搬运装备、存取货装置、安全保护装置、出入库装卸站等。

(1) 高层货架。是立体仓库的主要构筑物，一般采用钢结构或钢筋混凝土结构。钢结构的空间利用率高，安装建设周期短，其成本随着高度增大而迅速增加，尤其超过20 m后，成本将急剧增加。钢筋混凝土货架防火、抗腐蚀能力强，维护保养简单。作为承重结构，货架必须具有一定的强度和稳定性；同时作为一种装备，高层货架还要具有一定的精度，即最大载荷作用下货架的弹性变形要在允许值范围内，必要时要进行力学计算。

(2) 托盘和货箱。主要用来装物料，同时还要便于叉车和堆垛机叉取和存放。托盘多为木制、钢制或塑料制成。

(3) 搬运装备。主要有巷道式堆垛机(也称堆装机)、升降台、搬运车、无轨叉车、转臂起重机等。其中的巷道式堆垛机是自动化仓库中的重要设备，应用最为广泛。图8-50(a)、(b)分别为双柱式和单柱式堆垛机。堆垛机在巷道轨道上行走，其上的装卸托盘可沿框架或立柱导轨上下升降，以便对准每一个货格，取走或送入货箱。

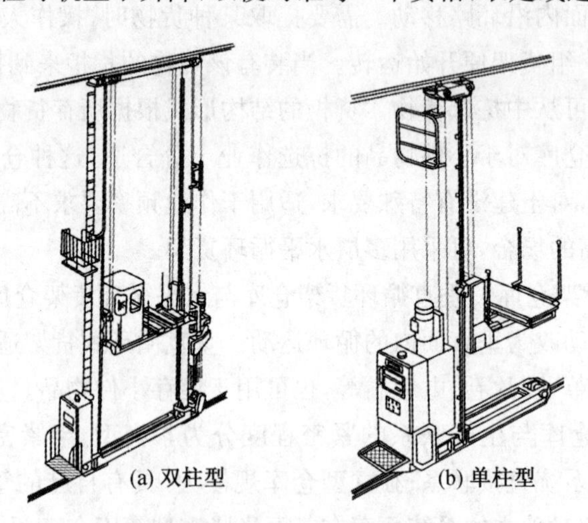
(a) 双柱型　(b) 单柱型

图 8-50　巷道式堆垛机

堆垛机由机架、运行机构、起升机构、装有存取机构的载货台、电气设备及安全保护装置等组成。双柱结构的堆垛机刚性好，其机架由立柱、上横梁、下横梁组成一个框架，适用于起重量较大或起升高度较高的场合。单柱结构的堆垛机整机质量小，造价低，但刚性差。起升机构由电动机、减速器、制动器、卷筒、链轮、柔性件(钢丝绳和起重链)等组成。载货台是货物单元的承载装置，由货台本体和存取货装置组成。

(4) 存取货装置。常见的存取货装置是一副伸缩货叉。

(5) 安全保护装置。主要包括终端限位保护、正位检测控制、连锁保护、载货台断绳保护和断电保护等装置。正位检测控制保证堆垛机停位准确时才能伸缩货叉。连锁保护主要指货叉伸缩、堆垛机行走和载货台升降之间的互锁。

(6) 出入库装卸站。在立体仓库的巷道端口处有出入库装卸站。入库的物品先放置在出入库装卸站上,由堆垛机将其送入仓库;出库的物品由堆垛机自仓库取出后,先放在出入库装卸站上,再由其他运输工具运往别处。

(三) 电气设备

主要包括检测装置、控制装置、信息识别装置、计算机管理设备、通信设备监控调度设备,以及大屏幕显示、图像监视等设备。

三、自动化仓库的工作过程

以图 8-51 所示的四层货架的自动化仓库为例,介绍其工作过程。

(1) 堆垛机停在巷道起始位置,待入库的货物已放置在出入库装卸站上,由堆垛机的货叉将其取到装卸托盘上,如图 8-51(a)所示。将该货物存入的仓位号及调出货物的仓位号一并从控制台输入计算机。

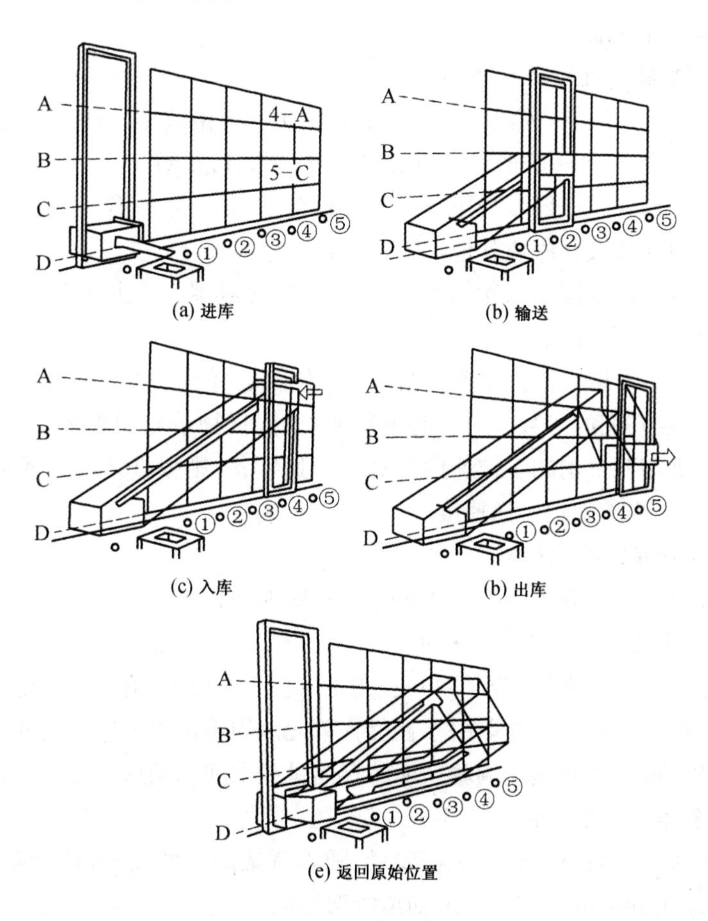

图 8-51 自动化仓库工作过程

(2) 计算机控制堆垛机在巷道行走,装卸托盘沿堆垛机铅直导轨升降,自动寻址向存入仓位行进,如图 8-51(b)所示。

(3) 装卸托盘到达存入仓位前,即图中的第四列第四层,装卸托盘上的货叉将托盘上的货物送进存入仓位,如图 8-51(c)所示。

(4) 堆垛机行进到第五列第二层,到达调出仓位,货叉将该仓位中的货物取出,放在装卸托盘上,如图 8-51(d)所示。

(5) 堆垛机带着取出的货物返回起始位置,货叉将货物从装卸托盘送到出入库装卸站,如图 8-51(e)所示。

(6) 重复上述动作,直至暂无货物调入调出的指令后,堆垛机就近停在某一位置待命。

四、自动化仓库的规划与设计

自动化仓库的规划与设计可按如下步骤进行:

(一) 分析和准备阶段

通过调研搜集设计依据和数据,找出各限制条件,通过分析来确定自动化立体仓库的设计目标和设计标准。

(二) 确定货物单元形式和规格

根据调查和统计结果,列出所有可能的货物单元规格及形式,并进行合理选择。

(三) 确定自动化仓库的形式、作业方式和机械装备参数

确定仓库的形式。一般多采用单元货格式仓库,对于品种不多而批量较大的仓库,也可以采用重力式货架仓库或其他形式的贯通式仓库。

确定作业方式。根据出入库的工艺要求(整单元或零散货出入库)决定是否需要拣选作业,明确拣选作业方式。

确定机械装备参数。根据仓库的规模、货物形式、单元载荷和吞吐量等选择合适的起重装备,并确定它们的参数。对于起重装备,根据货物单元的重量选定起重质量,根据出入库频率确定各机构的工作速度。对于传送装备,则根据货物单元的尺寸选择传送机的宽度,并恰当地确定传送速度。

(四) 立体仓库的结构尺寸

根据单元货物规格确定货架整体尺寸和仓库内部布置。

1. 确定货物尺寸和仓库总体尺寸

自动化仓库的货架由标准部件构成,在立体仓库设计中,恰当地确定货位尺寸是一项极其重要的内容。货位尺寸取决于在货物单元四周需留出的净空尺寸和货架构件的有关尺寸。货位的尺寸直接影响着仓库的存储量和空间利用率。

2. 确定仓库的整体布置

货格数取决于有效空间和系统需要量,随着货架高度的增加,建设费用也将增加,因此,要从技术上和经济上综合考虑确定货架高度。

（五）确定工艺流程，并核算仓库能力

1. 立体仓库的存取模式

存取货物有两种基本模式：复合作业模式和单作业模式。复合作业就是堆垛机从巷道口取一个货物单元送到选定的货位 A，然后直接转移到另一个给定货位 B，取出其中的货物单元，送到巷道口出库。单作业模式是堆垛机从巷道口取一个货物单元送到选定的货位，然后返回巷道口（单入库）。或者从巷道口出发到某一个给定的货位取出一个货物单元送到巷道口（单出库）。应尽量采用复合作业模式，以提高存取效率。

2. 出入库作业周期的核算

仓库总体尺寸确定之后便可以核算货物出入库的平均作业周期，以检验是否满足系统要求。

（六）提出对土建及公用工程的设计要求

根据工艺流程的需要，仓库的土建及公用工程的设计要求主要包括以下几个方面：确定货架的工艺载荷及货架的精度要求，提出对基础的均匀沉降要求，确定对防火、照明、通风和采暖等方面的要求。

（七）选定控制方式

根据作业形式和作业量的要求确定堆垛机的控制方式，一般分为手动控制、半自动控制和全自动控制。出、入库频率比较高，规模比较大，特别是比较高的仓库，使用全自动控制方式，以提高堆垛机的作业速度，提高生产率和运行可靠性。高度在 10 米以上的仓库大都采用全自动控制。

（八）选择仓库管理模式

采用计算机进行管理，并在线调度堆垛机和各种运输装备的作业。

（九）提出自动化装备的技术参数和配置

根据设计要求确定自动化装备的技术参数和配置。

（十）方案评价与仿真

仓库的存货量既要满足使用要求，又不能因为库存物资过多而增加物流成本，造成资金积压。应该存哪些物资、存多少、什么情况补充存量等问题，用计算机仿真会得到比较符合实际的结果，并能及时发现仓库储运工作的问题和不足，并作出相应的更正。当需求变化时，计算机仿真方法可以随时进行再评估，以保证物流成本最低，总效益最好。

习题与思考题

8-1　试述料仓式和料斗式上料装置的特点及基本组成。

8-2　常用的隔料器有哪几种类型？隔料器的主要作用有哪些？

8-3　振动式料斗如何实现工件的定向？

8-4　试述装卸料机械手类型及特点。

8-5　试述机床间工件的传送装置的有哪些？各适用于什么场合？

8-6　何谓托盘，其结构形式有几种，各适用于什么情况？

8-7　为什么要采用随行夹具？随行夹具有哪几种返回方式？

8-8　自动导向小车如何实现自动导向？

8-9　试述自动导向小车几种主要转向和驱动方式的工作原理及特点。

8-10　自动化立体仓库主要由哪几部分组成，简述其工作过程。

参考文献

[1] 关慧贞，冯辛安. 机械制造装备设计(第3版)[M]. 北京：机械工业出版社，2010.

[2] 崔介何. 物流学[M]. 北京：北京大学出版社，2003.

[3] 王启义. 机械制造装备设计[M]. 北京：冶金工业出版社，2002.

[4] 林述温. 机电装备设计[M]. 北京：机械工业出版社，2002.

[5] 杜君文. 机械制造技术装备及设计[M]. 天津：天津大学出版社，1998.

[6] 郑金兴. 机械制造装备设计[M]. 哈尔滨：哈尔滨工程大学出版社，2006.

[7] 陈立德. 机械制造装备设计[M]. 北京：高等教育出版社，2006.

[8] 周堃敏. 机械系统设计[M]. 北京：高等教育出版社，2009.

[9] 黄鹤汀. 机械制造装备[M]. 北京：机械工业出版社，2011.

[10] 陈根琴，宋志良. 机械制造技术[M]. 北京：北京理工大学出版社，2007.

[11] 谢家瀛. 组合机床设计简明手册[M]. 北京：机械工业出版社，1994.

[12] 赵东福. 自动化制造系统[M]. 北京：机械工业出版社，2004.

[13] 赵永成. 机械制造装备设计[M]. 北京：中国铁道出版社，2002.

[14] 戴曙. 金属切削机床[M]. 北京：机械工业出版社，1999.

[15] 陈雪瑞. 金属切削机床设计[M]. 山西：山西科学教育出版社，1988.

[16] 李凯岭、宋强. 机械制造技术基础[M]. 山东：山东科学技术出版社，2005.

[17] 范祖尧等. 现代机械设备设计手册(第3卷)[M]. 北京：机械工业出版社，1996.

[18] 吴国华. 金属切削机床[M]. 北京：机械工业出版社，1997.

[19] 薛源顺. 机床夹具设计[M]. 北京：机械工业出版社，2001.

[20] 韦彦成. 金属切削机床构造与设计[M]. 北京：国防工业出版社，1994.

[21] 吴祖育等. 数控机床[M]. 上海：上海科学技术出版社，1995.

[22] 顾维邦. 金属切削机床概论[M]. 北京：机械工业出版社，1999.

[23] 贾亚洲. 金属切削机床概论[M]. 北京：机械工业出版社，1998.

[24] 徐鸿本. 机床夹具设计手册[M]. 沈阳：辽宁科学技术出版社，2004.

[25] 李庆余，张佳. 机械制造装备设计[M]. 北京：机械工业出版社，2003.

[26] 王爱玲. 现代数控机床[M]. 北京：国防工业出版社，2003.

[27] 林宋，田建君. 现代数控机床[M]. 北京：化学工业出版社，2003.

[28] 陈恒高，田金和. 机床夹具设计原理[M]. 哈尔滨：哈尔滨工程大学出版社，1998.

[29] 朱耀祥. 组合夹具—组装、应用、理论[M]. 北京：机械工业出版社，1990.

[30] 周骥平，林岗. 机械制造自动化技术[M]. 北京：机械工业出版社，2007.

[31] 柳青松.机械设备制造技术[M].西安：西安电子科技大学出版社，2007.
[32] 陆剑中，孙家宁.金属切削原理与刀具[M].北京：机械工业出版社，1998.
[33] 吴道全等.金属切削原理与刀具[M].重庆：重庆大学出版社，1994.
[34] 韩荣第等.金属切削原理与刀具[M].哈尔滨：哈尔滨工业大学出版社，1998.
[35] 黄健求.机械制造技术基础[M].北京：机械工业出版社，2005.